全国测绘地理信息类职业教育“十四五”规划教材

地形测量

(含实训指导)(第2版)

主 编 李永川
主 审 何 宽 陈 琳

本书立体化资源

黄河水利出版社
·郑州·

内 容 提 要

本书的编写是基于工作过程、任务引领知识的基本思路,按照项目、任务、知识点和技能点的架构,进行项目化设计。在编写过程中,针对高等职业教育特色,理论与实践并重,简明易懂,特别注重教材的“简练”“易用”和“新颖”。本教材的编写以地形图测绘为主线,包含测量基础、水准测量、角度测量、距离测量与直线定向、测量误差传播、小区域控制测量、地形图认识和大比例尺地形图测绘八个项目。

本书主要供高职高专院校的工程测量技术、地籍测绘与土地管理、测绘地理信息技术、无人机测绘技术、摄影测量与遥感技术等和职业本科院校的测绘工程技术、导航工程技术、地理信息技术等专业的学生使用,也可供交通、水利、土木、国土、地矿等专业的学生使用,同时可作为从事以上专业的在职专业技术人员的参考用书。

图书在版编目(CIP)数据

地形测量:含实训指导 / 李永川主编. -- 2 版. 郑州:黄河水利出版社,2025. 8. --(全国测绘地理信息类职业教育“十四五”规划教材). -- ISBN 978-7-5509-4077-2

Ⅰ. P217

中国国家版本馆 CIP 数据核字第 2025QT7211 号

策划编辑:陶金志　电话:0371-66025273　E-mail:838739632@qq.com

责任编辑　母建茹　　责任校对　杨秀英
封面设计　黄瑞宁　　责任监制　常红昕
出版发行　黄河水利出版社
地址:河南省郑州市顺河路 49 号　邮政编码:450003
网址:www.yrcp.com　E-mail:hhslcbs@126.com
发行部电话:0371-66020550
承印单位　河南匠心印刷有限公司
开　　本　787 mm×1 092 mm　1/16
印　　张　22.75
字　　数　539 千字
版次印次　2025 年 8 月第 1 版　　2025 年 8 月第 1 次印刷

定　　价　59.00 元

前 言

党的二十大报告强调了职业教育在培养高素质技术技能人才中的重要性,明确要求推动现代职业教育高质量发展,为全面建设社会主义现代化国家提供有力的人才支撑。测绘地理信息是支撑国家战略、驱动数字经济、优化城市治理、守护生态环境、保障民生福祉的“战略性基础设施产业”,培养与之相关的高素质测绘地理信息职业技能人才至关重要,本教材以习近平新时代中国特色社会主义思想为指导,紧跟行业发展前沿,配以丰富数字资源,扎实落实职业教育教材建设任务。

地形测量是测绘地理信息类专业学生入学后学习的第一门专业课,课程内容涉及面广,专业性强,是学习其他后续课程的基础。本书以地形图测绘为主线,根据学生作为初学者的学情,主要讲测量的基本概念、常规仪器的使用、基本的测量和计算方法,最后以地形图测绘为落脚点,阐述地形图基本知识,并紧密结合当前行业发展,系统讲解全站仪测图、GNSS RTK 测图等传统测图方式,以及无人机测图、三维激光扫描测图等新兴测图方式。

本书第 1 版于 2019 年 8 月出版,此次修订内容为:整合充实项目一,改名为测量基础;项目三水准测量和项目四角度测量分别调整为项目二和项目三,其中项目三角度测量中去掉经纬仪测角,只讲经纬仪基本结构与简单使用,加强全站仪的认识与使用;项目四整合了原来项目五距离测量、项目六直线定向和坐标测量两个项目的内容,去掉钢尺量距;原来项目二测量误差传播调整为项目五,并增加任务四误差传播律的应用,学生在学习三大测量基础上再学习误差知识,更易于接受;原来项目七导线测量、项目八三角高程测量和项目九交会测量整合为项目六小区域控制测量,并增加了 GNSS 静态测量和 GNSS RTK 控制测量两部分新内容,以与当前行业发展同步;项目七地形图认识以原来项目十大比例尺地形图测绘为基础,去掉白纸测图内容,加强地形图概念和测图基本方法的讲解;项目八大比例尺地形图测绘为新增内容,包含全站仪测图、GNSS RTK 测图、地形图的绘制、地形图的应用、无人机测图和三维激光扫描测图等六个任务,全面系统阐述当前地形图测绘的方法,紧跟行业步伐,学习最新地形图测绘技术。

综上所述,本书主要内容为:项目一测量基础、项目二水准测量、项目三角度测量、项目四距离测量与直线定向、项目五测量误差传播、项目六小区域控制测量、项目七地形图认识、项目八大比例尺地形图测绘。本书特色:课程学习与课程思政相融合,二者同向同行,落实立德树人根本任务;仪器操作与记录计算配以视频讲解,助力学生对实践操作的掌握;各种测量计算(如水准平差、导线平差等),加入专业软件计算,拓宽学生学习的广度与深度;增加案例学习,搭建课程学习与岗位实践的桥梁;每个项目配以丰富线上试题库及参考答案,便于学生学习与巩固;随书配有活页《地形测量实训指导》,注重新颖、实用与好用,并配备立体化学习资源。

本版编写分工如下:项目一由杨传宽(黄河水利职业技术大学)编写;项目二、项目三和《地形测量实训指导》由李永川(黄河水利职业技术大学)编写;项目四由李开伟(四川水利职业技术学院)编写;项目五由孔令惠(黄河水利职业技术大学)编写;项目六中的任务一、任务二、任务三由齐建伟(黄河水利职业技术大学)编写;项目六中的任务四、任务五由王海涛(中国电建市政建设集团有限公司)编写;项目六中的任务六、任务七由李玉芝(山东水利职业技术学院)编写;项目七由朱曙光(黄河水利职业技术大学)编写;项目八中的任务一、任务二、任务五由王冬梅(黄河水利职业技术大学)编写;项目八中的任务三和任务四由王志浩(中国水利水电第五工程局有限公司)编写;项目八中的任务六由黄飒(黄河水利职业技术大学)编写;王海涛和王志浩两位企业人员同时提供了相关工程案例。全书由李永川担任主编并统稿与定稿,由朱曙光、王冬梅担任副主编。

本书的编写得到全国测绘地理信息职业教育教学指导委员会、黄河水利出版社、黄河水利职业技术大学测绘工程学院的大力支持,何宽教授、陈琳教授对本书进行主审,提出很多宝贵意见,此外还有很多专家也提供了各种帮助,为本书的出版做了大量的工作,在此一并表示谢意!

限于作者水平且时间仓促,书中难免有欠妥之处,敬请专家和广大读者不吝指教。

编　者

2025年7月

目　录

项目一　测量基础

项目概述

本项目是测量概论与入门，主要包含测量学的概念、作用和工作原则，各种测量坐标系，测量坐标系统和高程系统，以及测量的发展历程。

学习目标

通过本项目的学习，同学们需了解测量学的概念与分类、任务和作用，理解测量工作的基本原则，能区分不同的坐标表达方式，理解高斯平面直角坐标系的建立原理，理解高程与高差，了解地形测量的基本工作程序。

【思政导入】

2020年5月27日,三位来自黄河水利职业技术大学的优秀校友马强、李艺、张卫东成功登顶珠峰,在海拔6 500 m的前进营地向他们的母校发来祝福。2020年世界之巅的风雪里,三位优秀校友刻下了母校的名字,为母校争光,在零下数十摄氏度的峰顶,把"中国精度"刻进了世界高度,这就是不畏艰难、勇攀高峰、团结协作、追求卓越珠峰精神的生动诠释。张卫东作为2020年珠峰高程测量冲顶队员,在-40 ℃、空气含氧量不足平原1/3的极限环境中让五星红旗飘扬在8 848.86 m的新高度!这是珠穆朗玛峰的最新高程,我们在本项目中讲到地球形状和大地水准面时,地球的最高处随着这次珠峰高程测量得到了更新!

同学们刚从高中走来,让我们以优秀学长为榜样,沿着他们的足迹,一起探索测量的世界吧。

【正文】

学长寄语

任务一　测量学概述

一、测量学的概念

测量学是研究如何测定地面点的空间位置,将地球表面的地物、地貌及其他信息测绘成图,以及将规划设计的点和线在实地定位的一门科学。从以上定义可知,测量工作大致分为两部分:测定和测设(也叫放样)。测定是指使用测量仪器和工具,通过测量和计算,得到一系列测量数据,或把地球表面的地形按比例缩绘成地形图,供经济建设、规划设计、科学研究和国防建设使用。测设是指把图纸上规划设计好的建筑物、构筑物等的位置在地面上标定出来,作为施工的依据。

广义的测量学根据研究的重点内容和应用范围来分类,可以分为大地测量学、摄影测量学、工程测量学、地图制图学、海洋测绘学、地形测量学等分支学科。

(一)大地测量学

大地测量学是研究和测定地球形状、大小和地球重力场,以及测定地面点几何位置的学科。大地测量学中测定地球的大小,是指测定地球椭球的大小;研究地球形状,是指研究大地水准面的形状;测定地面点的几何位置,是指测定以地球椭球面为参考的地面点的位置。将地面点沿法线方向投影于地球椭球面上,用投影点在椭球面上的大地纬度和大地经度表示该点的平面位置,用地面点至投影点的法线距离表示该点的大地高程。该点的几何位置也可以用一个以地球质心为原点的空间直角坐标系中的三维坐标来表示。

大地测量的主要任务是:为大规模测制地形图进行平面控制和高程控制测量;为用重力勘探地下矿藏提供重力控制点;为发射人造地球卫星、导弹和各种航天器提供地面站的精确坐标和地球重力场资料;为其他测量工作提供起算数据;为空间技术和军事用途提供控制基础;为研究地球形状、大小、地壳变形、地震预报等科学问题提供资料。

(二)摄影测量学

摄影测量学是通过影像,研究信息的获取、处理、提取和成果表达的一门学科。传统的摄影测量学是利用光学摄影机摄得的影像,研究和确定被摄物体的形状、大小、性质和相互关系的一门科学与技术。它包括的内容有:①获取被研究物体的影像;②单张和多张像片处理的理论、方法、设备和技术;③所测得的成果如何用图形、图像或数字表示。

随着摄影与遥感技术的快速发展,摄影方式和研究对象越来越多,无人机测绘在测量领域应用越来越广泛,在多个领域内都得到了广泛应用,其任务已不只局限于测绘地形图。

(三)工程测量学

工程测量学是研究各种工程建设在勘测设计、施工建设和运营管理阶段所进行的各种测量工作的学科。工程测量的任务就是提供规划设计所必需的地形图、断面图和其他观测数据,进行建筑物的施工放样和竣工测量,并进行长期的安全监测工作。工程测量根据研究对象不同,又分为水利工程测量、建筑工程测量、矿山工程测量等。

工程测量学可划分为普通工程测量和精密工程测量。精密工程测量代表着工程测量学的发展方向,大型特种精密工程建设是促进工程测量学科发展的动力。

(四)地图制图学

地图制图学是研究地图制作的基础理论、地图设计、地图投影、地图编绘和制作的技术方法及应用的一门学科。地图设计是通过研究、试验,制定新编地图的内容、表现形式及其生产工艺程序的工作;地图投影是依据一定的数学法则建立地球表面上的经纬线网与在地图平面上相应的经纬线网之间函数关系的理论和方法,也就是研究把不可展曲面上的经纬线网描绘成平面上的图形所产生各种变形的特性和大小,以及地图投影的方法等;地图编制是研究制作地图的理论和技术,即从领受制图任务到完成地图原图的制图全过程;地图制印是研究复制和印刷地图过程中各种工艺的理论和技术方法;地图应用是研究地图分析、地图评价、地图阅读、地图量算和图上作业等的理论和方法。

(五)海洋测绘学

海洋测绘学是研究以海洋水体和海底为对象所进行的测量和海图编制的理论和方法的一门学科。海洋测绘学包括海洋大地测量、海道测量、海底地形测量、海洋专题测量,以及航海图、海底地形图、各种海洋专题图和海洋图集的编制。海洋大地测量是测定海面地形、海底地形,以及海洋重力及其变化所进行的大地测量工作;海道测量是以保证航行安全为目的,对地球表面水域及毗邻陆地所进行的水深和岸线测量,以及底质、障碍物的探测等工作;海底地形测量是测定海底起伏、沉积物结构和地物的测量工作;海洋专题测量是以海洋区域与地理位置相关的专题要素为对象的测量工作,如海洋重力、磁力、领海基线等要素的测量工作;海图制图是设计、编绘、整饰和印刷海图的工作,同陆地地图制图方法基本一致。

(六)地形测量学

地形测量学是研究测绘地形图的理论、方法与技术的一门学科,指的是测绘地形图的作业,即对地球表面的地物、地形在水平面上的投影位置和高程进行测定,并按一定比例缩小,用符号和注记绘制成地形图的工作。中小比例尺地形图的测绘基本上采用数字摄影测量方法,但面积较小的或者工程建设需要的地形图,采用全站仪或 GNSS RTK 进行测图。地形测量的任务就是将地球表面的地物、地貌及其他信息测绘成按一定比例尺和图式符号表示的地形图,以满足国民经济建设、国防建设、科学研究等各个方面的需要。

以上各门学科,既自成系统,又密切联系、互相配合。本课程主要讲述地形测量学内容,着重介绍测量的基本知识、基本技能以及测量仪器的使用、大比例尺地形图的测绘方法和应用等内容。

测绘工作常被人们称为建设的尖兵,在经济建设和国防建设中具有重要作用。这是由于无论是国民经济建设还是国防建设,其勘测、设计、施工、竣工及保养维修等阶段都需要测绘工作,而且都要求测绘工作走在这类任务的前面。如农田水利建设、国土资源管理、地质矿藏勘探与开发、交通航运设计、工矿企业和城乡建设规划、海洋资源开发、江河治理、大型工程建设等,都必须首先进行测绘并提供地形图与数据等资料,才能保证规划设计与施工的顺利进行。在国防建设中,军事工程的设计与施工、火炮及导弹武器的发射、战役及战斗方案的部署、各军兵种军事行动的协同等,都离不开地形图和测绘工作的保障。所以,人们形象地称地形图是"指挥员的眼睛"。在其他领域,如地震灾害的预报、航天、考古、探险,甚至人口调查等工作中,也都需要测绘工作的配合。测量工作贯穿于工程建设的始终。作为一名测量工程技术人员,必须掌握必要的测量知识和技能,才能担负起工程勘测、规划、设计、施工、运营及管理等各项任务。

二、测量的基本工作

如图 1-1 所示,欲确定山峰上 B、C 点的平面位置,应先测定以上各点连接的边长和邻边所夹水平角 β,以及 AB 边与北方向的夹角 α,然后根据 A 点的坐标 (x_A, y_A),AB、BC 边长,用解析法计算出 B、C 的平面坐标。如果再测定相邻点间的高差 h,根据 A 点高程 H_A,推算出 B、C 点的高程 H_B、H_C,这样地面点 B、C 的 X、Y、H 空间位置完全确定。因此,距离、水平角和高差是确定地面点位的三个基本要素。角度测量、距离测量和高差测量是测量的三项基本工作。

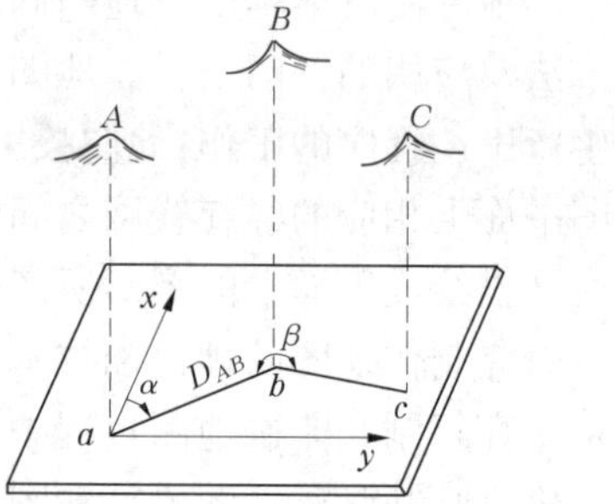

图 1-1　测量工作

三、测量工作的基本原则

测绘地形图,通常是在选定的点位上安置仪器,测绘地物与地貌。但是在一个选定的点位上施测整个测区所有的地物、地貌,则是十分困难甚至是不可能的。如图 1-2 所示,在 T01 点只能测绘 T01 点附近的房屋、道路、地面起伏等地物地貌,对于房屋的另一面或较远的地方就观测不到了,因此必须连续地逐个设站观测,而且若干设站必须控制在统一的坐标系和高程系下,即测量工作必须按照一定的原则进行。这个原则就是"先整体后局部""先控制后碎部""从高级到低级"。所谓"先整体后局部""先控制后碎部",即布局上先考虑整体,再考虑局部;工作步骤是先进行控制测量,再进行碎部测量。

在图 1-2 中,先在整个测区范围内均匀选定若干数量的点,如图中的 T01、T02、T03、T04 诸点,以控制整个测区,这些点称为控制点。如果区域更大,选定的更多控制点应按照一定方式联结成网形,称为控制网。以较精密的测量方法测定网中各个控制点的平面位置和高程,这项工作称为控制测量;然后分别以这些控制点为依据,测定点位附近地物、地貌的特征点(碎部点),并勾绘成图,这项工作称为碎部测量。

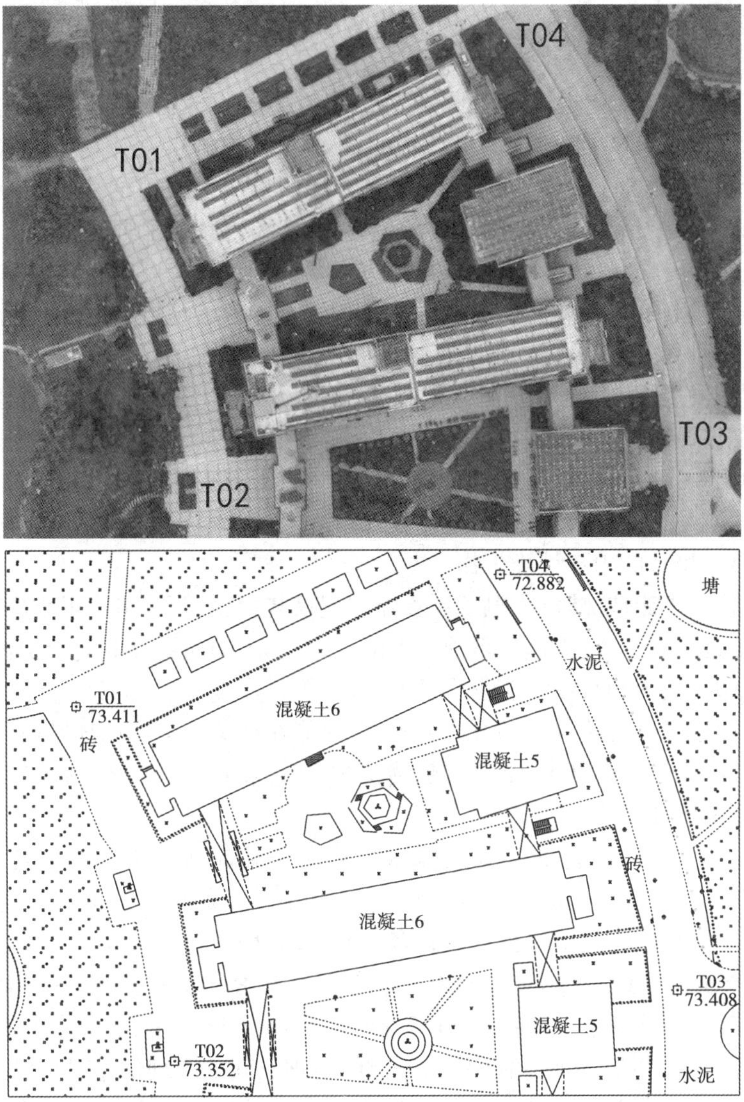

图 1-2　先控制后碎部

按照“先整体后局部”“先控制后碎部”和“从高级到低级”的原则能有效地避免测量误差传递与积累。由于建立了统一的控制系统，使整个测区各个局部都具有相同的误差分布或精度，尤其对于大面积的分幅测图，不但为各图幅的同步作业提供了便利，同时有效地保证了各个相邻图幅的拼接和使用。

四、测量学的发展概况

测量学在我国具有悠久的历史，公元前 21 世纪，在夏禹治水时，就发明和应用了“准、绳、规、矩”等测量工具和方法；春秋战国时期，发明的指南针，至今仍在广泛使用；东汉张衡创造的“浑天仪”，对天象作了形象和正确的表达，在天文测量史上留下了光辉的一页。公元 724 年，唐代南宫说在现今河南丈量了 300 km 的子午线弧长，是世界上第一次的子午线弧长测量。宋代沈括曾使用罗盘、水平尺进行了地形测量。元代郭守敬拟定了全国纬度测量计划并测定了27个点的纬度。清代康熙年间进行了全国测绘工作,出现了我国第一部实测的省级图集和国家图集。

在世界上,17世纪初望远镜的发明和应用,对测量技术的发展起了很大作用。1683年,法国进行了弧度测量,证明地球是两极略扁的椭球体。1794年,德国高斯创立的最小二乘法理论,对测量理论做出了宝贵贡献,至今仍是处理测量成果的理论基础。20世纪初,飞机的发明和使用,使航空摄影测量技术得到了迅速发展,大大减轻了野外测图的劳动强度。

中华人民共和国成立后,我国的测绘事业进入了一个蓬勃发展的新阶段。在全国范围内建立和统一了全国坐标系统和高程系统;建立了遍及全国的大地控制网、国家水准网、基本重力网和卫星多普勒,完成了国家大地网和水准网的整体平差,以及国家基本网的测绘工作等。

科学技术的发展,大大推动了测绘事业的发展。20世纪60年代初,激光红外技术的兴起,开辟了电磁波测距的新天地,目前各类电磁波测距仪在测量工作中得到了广泛应用。电子计算技术的出现,使计算技术得到了根本性变革,几十年来,电子计算机类型之多、更新之快、发展之迅速实属空前,用计算机实施测量计算,尤其是对大规模的控制网严密平差既迅速又准确,减轻了繁重的内业计算工作。

电子经纬仪与电磁波测距仪、电子计算器和记录装置相配合,组成了全站型的电子速测仪,可以自动地记录和运算,迅速获得地面点的三维坐标,构成由外业测量到数据存储、计算机处理乃至打印与绘图的自动化流程,大大加快了工作速度。

传统测绘由于受到观测仪器和方法的限制,只能在地球的某一局部区域进行测量工作,其具有如下特征:①劳动强度大;②时间延续长;③测量精度低;④限于局部范围;⑤静态测量;⑥应用范围和服务对象窄。

随着航天技术和遥感技术的迅速发展,测量技术已由常规的大地测量发展到人造卫星大地测量,由航空摄影发展到航天遥感,测量对象已由单一的地球表面扩展到空间星体,由静态发展到动态。目前测量工作正在向着多领域、多品种、高精度、自动化、数字化的方向发展,以GNSS(全球导航卫星系统)、GIS(地理信息系统)、RS(遥感技术)为核心的“3S”集成技术、“三全(全天候、全天时、全球观测)、三高(高空间分辨率、高光谱分辨率、高时间分辨率)、三多(多平台、多传感器、多角度)”动态测绘地理空间的地理信息时代已经到来。

随着传统测绘技术走向数字化测绘技术,测量科学的服务面不断拓宽,与其他学科互相渗透,新技术、新理论的引进和应用更加深入。因此,今后测量学总的发展趋势为:测量数据采集和处理向一体化、实时化、数字化方向发展;测量仪器向精密化、自动化、智能化、信息化方向发展;测量产品向多样化、网络化、社会化方向发展。

任务二　测绘基准和坐标系

一、测绘基准

一直以来人类对地球进行了长久的探索,最早由麦哲伦实现环球航行,证实了地球大致是一个球体。随着人类科技的发展和现代探测技术的运用,人们最终发现地球是个两极稍扁、赤道略鼓的不规则球体,如图1-3所示。随着测绘科学的发展,通过实测和分析,人们最终得到确切的数据:地球的平均赤道半径为6 378.137 km,极半径为6 356.752 km。同时还发现,北极地区约高出 18.9 m,南极地区则低下 24~30 m。看起来,地球形状像一只梨子:它的赤道部分鼓起,是“梨身”;北极有点放尖,像个“梨蒂”;南极有点凹进去,像个“梨脐”……因此,地球被叫作“梨形地球”。确切地说,地球是个三轴椭球体。

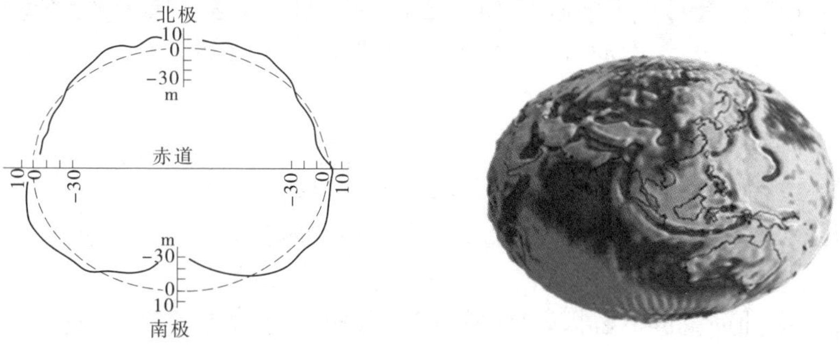

(a)地球形状示意图　　(b)实际地球形状

图 1-3　地球形状

地球是一个极其不规则的椭球体,地球表面有高山、丘陵、平原、盆地、海洋等。最高处珠穆朗玛峰高出海平面 8 848.86 m,海洋最深处的马利亚纳海沟深达 11 034.0 m,看起来起伏变化非常之大,但是这种起伏变化与庞大的地球(半径约 6 371 km)比较起来是微不足道的。同时,就地球表面而言,海洋面积约占 71%,陆地面积仅占 29%,所以海水面所包围的形体基本上代表了地球的形状和大小。

(一)水准面

研究地球的形状主要是指弹性地球外壳的自然形状,以及陆地和海洋(底)的表面形状。由于地球自然表面的复杂性,为准确研究它的形状,就必须把地球表面划分为若干个区域,在每个区域内仔细研究表面点的坐标,最后把它们综合起来。

假设有一个静止的海平面,向陆地延伸而形成一个封闭的曲面,该曲面称为水准面,如图 1-4 所示。人们把由此形成的封闭体看作地球的基本形体。

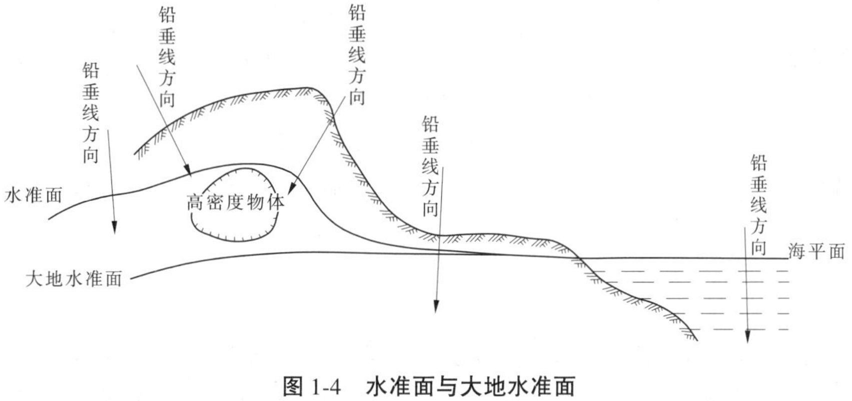

图 1-4　水准面与大地水准面

(二)铅垂线

由于地球的自转运动,地球上任何一质点同时受到地球引力与离心力的作用,两者的合力就是所说的重力,重力的方向线称为铅垂线。水准面是受地球重力影响而形成的,是一个处处与重力方向垂直的连续曲面,如图 1-4 所示,并且是一个重力场的等位面。与水准面相切的平面称为水平面。铅垂线是测量外业工作所依据的基准线。

(三)大地水准面

水准面可高可低,因此符合上述特点的水准面有无数多个,如图1-5所示,其中与平均海水面相吻合并向大陆、岛屿内延伸而形成的闭合曲面,称为大地水准面。大地水准面是测量外业工作的基准面。大地水准面所包围的地球形体,叫作大地体。从总体形状来看,地球的形状可以用大地体来表述。

(四)参考椭球面

由于地球引力大小与其内部质量分布有关,而地球内部质量的分布又不均匀,从而引起地面点的铅垂线产生了不规则的变化,因此大地水准面实际上是一个有一定起伏且不规则的曲面。

如果在这个复杂曲面上进行数据处理,是非常困难的。为了解决这个问题,在测绘工作中常选用一个表面非常接近大地水准面且可以用数学模型表达的几何形体来代替地球的几何形状,此几何形体通常称为地球椭球体。

地球椭球体是一个椭圆绕其短轴旋转而成的形体,地球椭球体又称为旋转椭球体,如图1-6所示,亦即选取合适长半轴、短半轴的椭圆绕其短轴旋转一周而得到的形体,其表面称为旋转椭球体,又称为参考椭球面,其表面作为测量计算工作的基准面。通过椭球面上任一点 P 且与过 P 点切平面垂直的直线 PK,称为 P 点的法线,法线是测量计算的基准线。

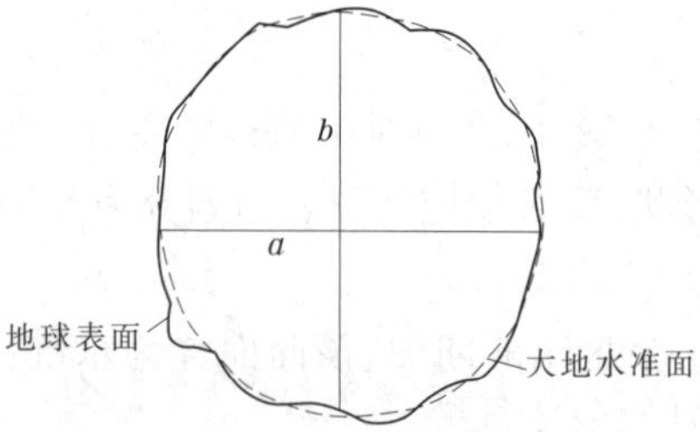

图1-5　大地水准面

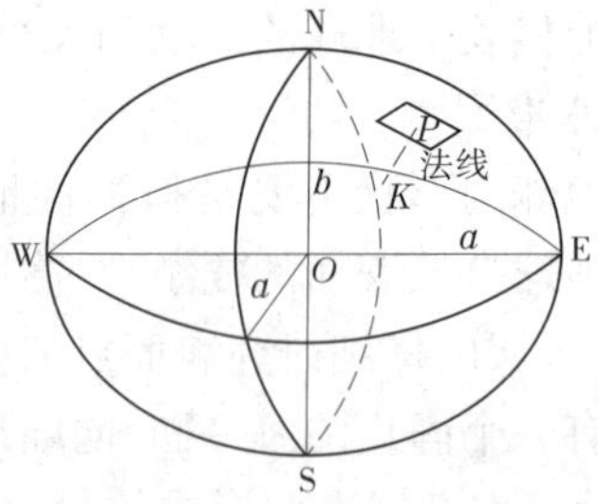

图1-6　旋转椭球体

若对参考椭球面的数学式加入地球重力异常变化参数的改正,便得到大地水准面的近似数学式。但在实际工作中,通常是以大地水准面作为测量的基准面,以铅垂线为基准线,因此在大范围测量时需进行转化。在小范围测量时,对测量成果要求不高时可以不必转化。

参考椭球的元素有长半径 a、短半径 b 和扁率 α,扁率与半径的关系见式(1-1),只要知道其中两个元素,即可确定参考椭球的形状和大小,通常采用 a 和 α 两个元素。

$$\alpha = \frac{a-b}{a} \tag{1-1}$$

我国过去采用的是克拉索夫斯基椭球(a=6 378.245 km,α=1∶298.3),由于该椭球的表面与我国大地水准面情况不相适应,故自1980年以后,采用国际大地测量与地球物理学联合会(IUGG)1975年十六届大会推荐的椭球 a=6 378.140 km,α=1∶298.257。

由于参考椭球的扁率很小,在普通测量中又近似地把大地体视作圆球体,其半径采用与参考椭球同体积的圆球半径,其值 R=6 371 km。当测区范围较小时,又可以将该部分球面当成平面看待,亦即将水准面当成平面看待。

二、测量坐标系

(一)平面直角坐标系

对于小范围测区,以水平面作为投影面,地面点在水平面上的投影位置用平面直角坐标表示。如图 1-7 所示,在水平面上选定一点作为坐标原点,建立平面直角坐标系。纵轴为 X 轴,与南北方向一致,向北为正,向南为负;横轴为 Y 轴,与东西方向一致,向东为正,向西为负。将地面点 P 沿着铅垂线方向投影到该水平面上,则平面直角坐标 (x_P, y_P) 就表示了 P 点在该水平面上的投影位置。如果坐标系的原点是任意假设的,则称为独立平面直角坐标系。为不使坐标出现负值,对于独立测区,往往把坐标原点选在测区西南角以外适当位置。

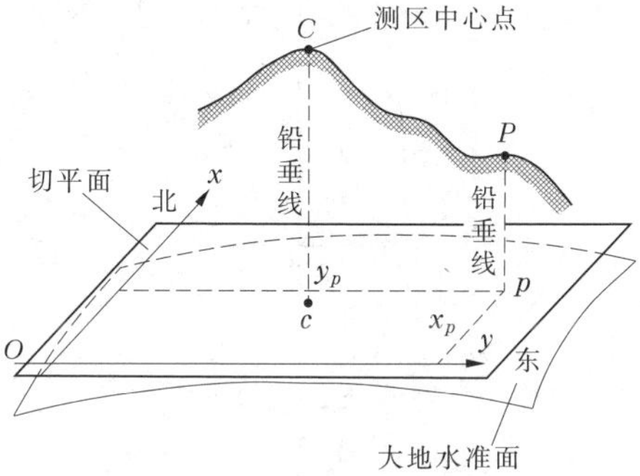

图 1-7　平面直角坐标系

地面点的平面直角坐标可以根据观测有关的角度和距离,通过计算的方法确定。如图 1-8 所示,图 1-8(a)是平面直角坐标系,图 1-8(b)是笛卡儿数学坐标系。平面直角坐标系与笛卡儿数学坐标系区别主要表现在以下几个方面:

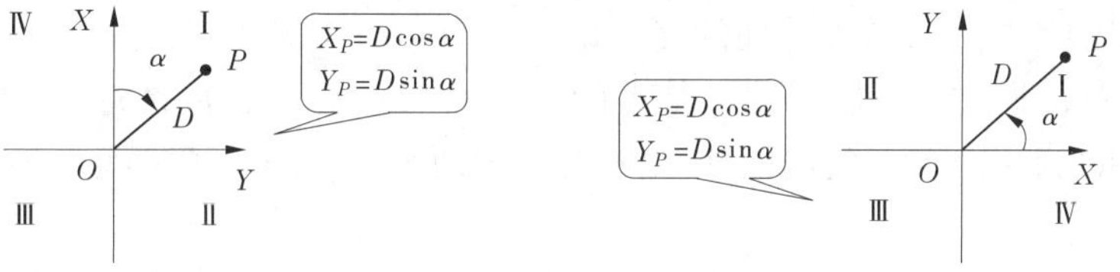

(a)平面直角坐标系　　(b)笛卡儿数学坐标系

图 1-8　平面直角坐标系和笛卡儿数学坐标系

1. X,Y 轴互异

平面直角坐标系以 X 轴表示纵轴,表示南北方向,以北为正,以 Y 轴表示横轴,表示东西方向,以东为正。笛卡儿数学坐标系则与此相反。

2. 表示直线方向的方位角定义不同

平面直角坐标系以坐标纵轴 X 轴正半轴为起始方向,顺时针量至方向线来定义方位角 α;笛卡儿数学坐标系以坐标横轴 X 轴正半轴为起始方向,逆时针量至方向线来定义方位角 α。

3. 坐标象限不同

平面直角坐标系象限从 X 轴正向 Y 轴正向顺时针方向旋转,分为Ⅰ、Ⅱ、Ⅲ、Ⅳ象限;笛卡儿数学坐标系象限从 Y 轴正向 X 轴正向逆时针方向旋转,分为Ⅰ、Ⅱ、Ⅲ、Ⅳ象限。

4. 相同点

三角函数计算公式相同,如图 1-8 所示,某点的坐标 $X = D\cos\alpha, Y = D\sin\alpha$ 。

(二)大地坐标系

用大地经度 L 和大地纬度 B 表示地面点在参考椭球面上投影位置的坐标,称为大地坐标。如图 1-9 所示, O 为参考椭球的球心,NS 为椭球的旋转轴,通过该轴的平面称为子午面(如图 1-9 中的 N*P*S 面)。子午面与椭球面的交线称为子午线,又称为经线,其中通过英国伦敦格林尼治天文台的子午面和子午线分别称为起始子午面和起始子午线。

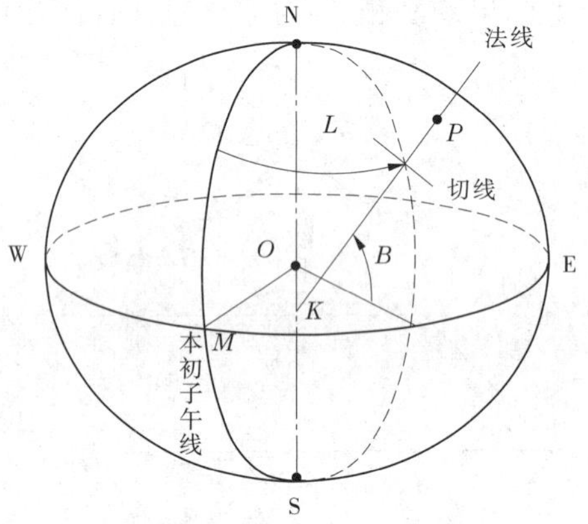

图 1-9　大地坐标

通过球心 O 且垂直于 NS 轴的平面称为赤道面(如图 1-9 中的 W*OM*E 面),赤道面与参考椭球面的交线称为赤道。通过椭球面上任一点 P, P 点沿法线到参考椭球面的距离被称为大地高。地面上任一点都可以向参考椭球面作一条法线。地面点在参考椭球面上的投影,是通过该点的法线与参考椭球面的交点。

大地经度 L,即通过参考椭球面上某点的子午面与起始子午面的夹角。由起始子午面起,向东 0°~180°,称为东半球,向西 0°~180°,称为西半球。同一子午线上各点的大地经度相同。

大地纬度 B,即参考椭球面上某点的法线与赤道面的夹角。从赤道面起,向北 0°~90°称为北纬,向南 0°~90°称为南纬。纬度相同的点的连线称为纬线,它平行于赤道。

地面点的大地经度和大地纬度可以通过大地测量的方法确定。大地坐标系是数学上严密规范的坐标系,是大地测量的基本坐标系。它对大地点精确位置的表示、对大地测量计算、研究地球形状和大小、测绘地形图等都具有不可替代的作用。

(三)空间直角坐标系

以参考椭球为基础,还可以建立空间大地直角坐标系。如图 1-10 所示,以椭球中心 O 为坐标原点,用相互垂直的 X、Y、Z 三个轴表示,通过起始子午面与赤道面交线为 X 轴, Z 轴与地球旋转轴重合, Y 轴垂直于 XOZ 平面,与 X 轴、Z 轴构成 $O\text{-}XYZ$ 右手空间直角坐标系。

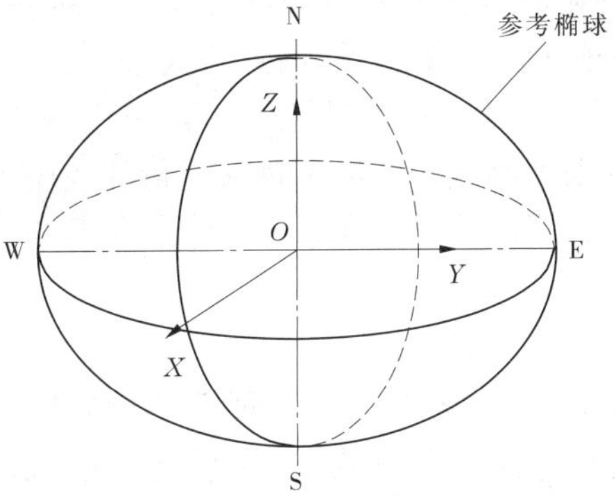

图 1-10 地心空间直角坐标

地面上同一点的大地坐标 (L,B) 及大地高 H 和空间直角坐标 (X,Y,Z) 之间可以进行坐标转换:

$$\left.\begin{aligned} X &= (N + H)\cos B\cos L \\ Y &= (N + H)\cos B\sin L \\ Z &= [(1 - e^2) + H]\sin B \end{aligned}\right\} \tag{1-2}$$

式(1-2)中,e 为第一偏心率。

$$e^2 = \frac{a^2 - b^2}{a^2}$$

$$N = \frac{a}{\sqrt{1 - e^2\sin^2 B}}$$

由空间直角坐标系 (X,Y,Z) 转换为大地坐标 (L,B) 和大地高 H,可采用式(1-3)。

$$\left.\begin{aligned} L &= \arctan\frac{Y}{X} \\ B &= \arctan\frac{Z + Ne^2\sin B}{\sqrt{X^2 + Y^2}} \\ H &= \frac{\sqrt{X^2 + Y^2}}{\cos B} - N \end{aligned}\right\} \tag{1-3}$$

以参考椭球中心为原点建立的坐标系,称为参心坐标系。以包括海洋及大气在内的整个地球质量中心为原点建立的坐标系,称为地心坐标系。当前卫星大地测量蓬勃发展,适合用地心空间直角坐标系表示空间一点的位置。地心空间直角坐标系可以统一各国的大地控制网,可以使各国的地理信息“无缝”衔接。地心空间直角坐标系已在军事、导航及国民经济各部门得到广泛应用,并成为一种实用坐标系。该坐标系已被世界各国认可,所以地心空间直角坐标系又称为世界坐标系。

(四)高斯平面直角坐标系

大地坐标的优点是对于整个地球有一个统一的坐标系统,用它来表示地面点的位置形象直观。但它的观测和计算都比较复杂,而且使用时更多的是需要把它投影到某个平面上来。我国大面积的地形图测绘采用高斯平面直角坐标系。这种坐标系由高斯提出,经克吕格改进而得名,故称为高斯-克吕格(Gauss-Kruger)投影,简称高斯投影。

它是采用分带(经差6°或3°为一带)投影的方法进行投影,将每一投影带经投影展开成平面后,以中央子午线的投影为 X 轴,赤道投影为 Y 轴而建立的平面直角坐标系。地面点在该坐标系内的坐标称为高斯平面直角坐标。我国现行的大于1∶50万比例尺的各种地形图都采用高斯投影。从地图投影的变形角度来看,高斯-克吕格投影属于等角投影,该投影没有角度变形。

1. 高斯投影的几何概念

从几何概念来分析,高斯-克吕格投影是一种横切椭圆轴投影。它是假想一个椭圆柱横套在地球椭球体上,使其与某一条纬线(称为轴子午线或中央子午线)相切,椭圆柱的中心轴通过地球椭球的中心,用解析法按等角条件,将椭球面上轴子午线东西两侧一定经差范围内的区域投影到椭球柱面上,再沿着过极点的母线将椭圆柱剪开,然后将椭圆柱展开成平面,即获得投影后的图形。如图1-11所示为高斯-克吕格投影的几何概念图。

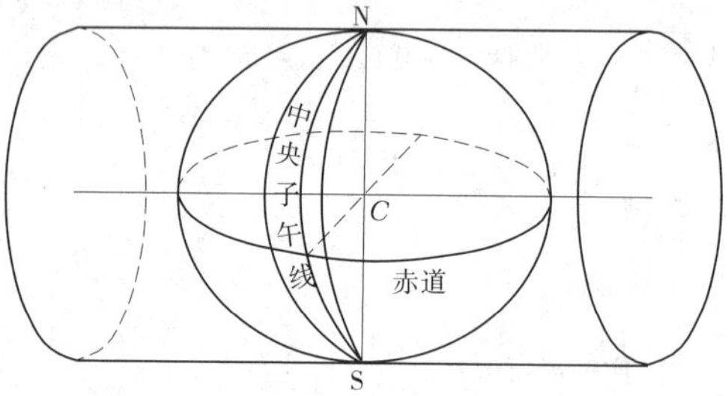

(a)投影前

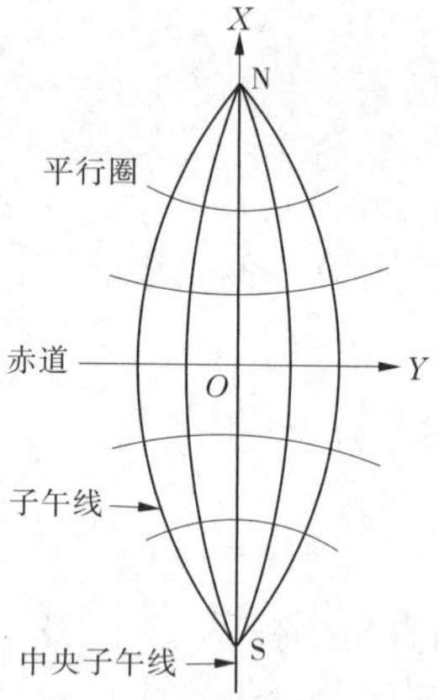

(b)投影后

图1-11 高斯-克吕格投影的几何概念图

2. 高斯投影的基本条件

高斯投影的基本条件:中央子午线的投影为直线,而且是投影的对称轴,赤道的投影为直线并与中央子午线正交;投影后没有角度变形,即经纬线互相垂直,且同一地点各方向的长度比不变;中央子午线上没有长度变形。

若以高斯-克吕格投影中的中央子午线的投影为 X 轴,以赤道的投影为 Y 轴,两轴的交点为原点,则就构成高斯-克吕格平面直角坐标系,如图1-11(b)所示。

3. 高斯-克吕格投影变形的规律

高斯-克吕格投影变形的规律:中央子午线没有长度变形;沿纬线方向,离中央子午线越远变形越大;沿经线方向,纬度越低变形越大;最大投影变形在赤道和投影最外一条经线的交点上;其他子午线的投影为凹向中央子午线的曲线;纬线的投影为凸向赤道的曲线;投影前后的角度保持不变,且小范围内的图形保持相似;具有对称性,面积有变形。

4. 6°分带与 3°分带

如在 6°分带投影中，长度最大变形为 0.138%。显然，随着投影带的增大，变形误差会继续增加，这就是采取分带投影的原因。我国 1∶2.5 万～1∶25 万地形图均采用 6°分带投影，1∶1万及更大比例尺地形图采用 3°分带投影，以保证地图有必要的精度。

1）6°分带

从格林尼治 0°经线（子午线）开始，自西向东每 6°为一投影带，全球共分 60 个投影带，各带的编号用自然数 1，2，3，…，60 表示，如图 1-12 上侧所示。我国领土位于东经 74°～136°，共包括 11 个 6°投影带，即 13～23 带。

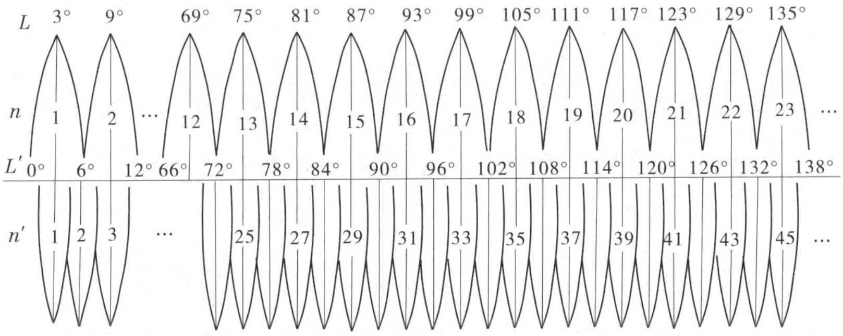

图 1-12　高斯-克吕格投影分带

6°投影带中央子午线经度和带号的关系用式（1-4）表示：

$$L_0 = 6n - 3 \tag{1-4}$$

2）3°分带

从东经 1°30′经线开始，每 3°为一投影带，将全球共分为 120 个投影带，如图 1-12 下侧所示。在我国领土范围内，共包括 22 个 3°投影带，即 24～45 带。

3°投影带中央子午线和带号的关系用式（1-5）表示：

$$L_0 = 3n \tag{1-5}$$

3）高斯平面直角坐标系的建立

在投影面上，中央子午线和赤道的投影都是直线，并且以中央子午线和赤道的交点 O 作为坐标原点，以中央子午线的投影为纵坐标轴，以赤道的投影为横坐标轴，如图 1-13 所示，这样便形成了高斯平面直角坐标系。

4）国家统一坐标

我国领土南起北纬 4°，北至北纬 54°，西由东经 74°起、东至东经 135°，东西横跨 11 个 6°投影带，22 个 3°投影带。由于我国位于北半球，在高斯平面直角坐标系中，X 坐标均为正，Y 坐标有正有负，为避免出现负的横坐标，可在横坐标上加 500 km，如图 1-14 所示。此外，为了便于区分某点位于哪一个投影带，还应在坐标前面冠以带号，这种坐标称为国家统一坐标。如某点 Y=19 313 456.793 m，该点位于 19 带内，其相对于中央子午线而言的横坐标是：首先去掉带号，再减去 500 km，最后得 Y=−186 543.207 m。此外，由于采用了分带方法，各带的投影完全相同，具有相同坐标值的点在每个投影带中均有一个对应点，为确定该点在地球上的正确位置，还需要在其横坐标之前加上带号，这样的坐标称为通用坐标。

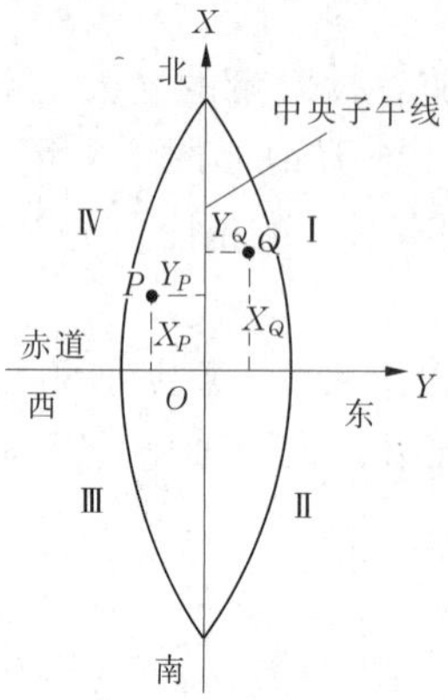

图 1-13 高斯平面直角坐标系

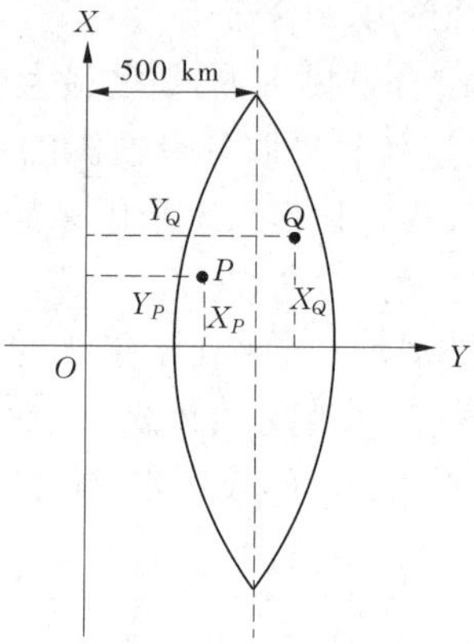

图 1-14 国家统一坐标

【例 1-1】 有某一国家控制点的通用坐标:$X=3\ 102\ 467.280$ m,$Y=19\ 367\ 622.380$ m,可得:

①该点位于 6°带的第 19 带;

②该投影带中央子午线经度 111°;

③先去掉带号,原始横坐标 $Y=367\ 622.380-500\ 000=-132\ 377.620$ m,该点在中央子午线的西侧;

④该点距该投影带中央子午线 132 377.620 m,距赤道 3 102 467.280 m。

由于分带造成了边界子午线两侧的控制点和地形图处于不同的投影带内,为了把各带连成整体,一般规定各投影带要有一定的重叠度,其中每一带向东加宽,向西加宽,这样在上述重叠范围内,控制点将有两套相邻带的坐标值,地形图将有两套千米格网,从而保证了边缘地区控制点间的互相应用,也保证了地图的拼接和使用。

三、我国的坐标系统

(一)1954 北京坐标系

中华人民共和国成立初期,我国测绘技术水平相当落后,新中国的建设又迫切需要一个稳定的大地坐标系。1954 北京坐标系正是在这样的环境下产生的,它可以看成是苏联 1942 坐标系在我国的延伸。1954 北京坐标系首先是从我国东北地区联测传入国内,随后扩展、加密而遍及全国。其坐标原点不在我国境域内,参考椭球选择与定位也不是最优于我国疆域。

1954 北京坐标系的特点:

(1)参心大地坐标系。坐标系的原点在所选参考椭球的中心,它只是局部与某区域地球表面相似。

(2)大地原点在苏联的普尔科沃。1954 北京坐标系是利用苏联的坐标框架,所以它的大地原点在苏联境内。

(3)高程基准采用 1956 黄海高程基准。

(4)采用多点定位法进行椭球定位。选择椭球后如何将椭球定位到实际的地球上就称为椭球定位。为了使定位准确,一般选择多点定位,有时可以选择单点定位。

(5)克拉索夫斯基椭球的几何参数:长轴 a=6 378 245 m;扁率 α=1∶298.3;第一偏心率 e=0.006 693 421 622 966。

(二)1980 西安坐标系

1978 年,我国决定建立新的国家大地坐标系统,并且在新的大地坐标系统中进行全国天文大地网的整体平差,中华人民共和国大地原点是国家大地坐标系统的起算点,于 1977 年由国家测绘局投资建设,1978 年建成交付使用,点址位于陕西省咸阳市泾阳县永乐镇,距西安市约 36 km,总占地面积 39 200 m^2。这个坐标系统定名为"1980 西安坐标系"。

中华人民共和国大地原点由主体建筑、中心标志、仪器台、投影台四部分组成,如图 1-15 所示。主体为 7 层塔楼式圆顶建筑,高 25.8 m,半球形玻璃钢屋顶,可自动开启,以便天文观测。中心标志是原点的核心部分,用玛瑙做成,半球顶部刻有"十"字线,它被镶嵌在稳定埋入地下的花岗岩标石外露部分的中央,永久稳固保留,"十"字中心就是测量起算中心,坐标为东经 108°55′,北纬 34°32′,海拔 417.20 m。仪器台建在中心标志上方,为空心圆柱形,高 21.8 m,顶部供安置测量仪器用。

(a)主体建筑　　(b)中心标志

图 1-15　大地原点

1980 西安坐标系具有以下特点:

(1)参心大地坐标系。

(2)大地原点在陕西省咸阳市泾阳县永乐镇。

(3)高程基准采用 1985 国家高程基准。

(4)多点定位方式进行定位,椭球短轴平行于地球质心指向 JYD 1968.0 极原点的方向,大地子午面平行于格林尼治平均天文台子午面。

(5)采用 1975 年国际大地测量学与地球物理学联合会第十六届推荐的椭球参数。长轴 a=6 378 140 m,扁率 α=1∶298.257,第一偏心率 e =0.006 943 849 995 9。

(三)2000 国家大地坐标系

随着 GNSS 等新空间定位技术的发展,构建国家大地坐标系的方法发生了巨大的变化,新的地心坐标必须建立。2000 国家大地坐标系就是在这样的环境下产生的。2000 国家大地坐标系(China Geodetic Coordinate System,简写为 CGCS2000),是由国家 GPS A、B 级网,全国 GPS 一、二级网以及全国地壳 GPS 监测网联合平差得到的。

CGCS2000 的定义与国际地球参考系统(International Technology Roadmap for Semiconductors,ITRS)协议的定义一致。其特点如下:

(1)坐标系原点为地球质心,并且是指包括海洋和大气在内的整个地球的质量中心。

(2)长度单位为米(m),是在广义相对论框架下的定义。

(3)Z 轴从地心指向国际时间局(International Time Bureau,BIH)确定的协议地球极点 BIH1984.0。CGCS2000 的参考历元为 2000.0。

(4)X 轴从地心指向格林尼治平均天文台子午面与协议地球极(Conventional Terrestrial Pole,CTP)赤道的交点。

(5)Y 轴与 XOZ 平面垂直而构成右手坐标系。

(6)时间演变基准是使用满足全球地壳无整体旋转(No-Net-Rotation,NNR)条件的板块运动模型来描述地球各块体随时间的变化。

(7)CGCS2000 采用 GRS80 椭球,其几何中心与坐标系的原点重合,其旋转轴与坐标系的 Z 轴一致。参考椭球面在几何上代表地球表面的数学形状,在物理上代表一个等位椭球(水准椭球),其椭球面是地球正常重力位的等位面。

国务院已经批准 CGCS2000 于 2008 年 7 月 1 日起使用。目前 CGCS2000 主要依靠连续运行 GPS 参考站维持,它们是 GPS2000 的骨架,其坐标精度为 mm 级,速度精度为 ±1 mm/a。CGCS2000 框架由 2000 国家 GPS 大地控制网点构成,共有约 2 600 个三维大地控制点,其点位精度约为±3 cm。目前,测绘成果的大地坐标系统都必须统一到 CGCS2000。

(四)地方独立坐标系

地方坐标系——局部地区建立平面控制网时,根据需要投影到任意选定面上和(或)采用地方子午线为中央子午线的一种直角坐标系。

在我国许多城市测量与工程测量中,若直接采用国家坐标系下的高斯平面直角坐标,则可能会由于远离中央子午线,或由于测区平均高程较大,而长度投影变形较大,难以满足工程或实用上的精度要求。

对于一些特殊的测量,如大桥施工测量、水利大坝测量、滑坡变形监测等,采用国家坐标系在实用中也会很不方便。因此,基于限制变形,以及方便实用、科学的目的,在许多城市和工程测量中,常常会建立适合本地区的地方独立坐标系。

建立地方独立坐标系,实际上就是通过一些元素的确定来决定地方参考椭球与投影面的关系。地方参考椭球一般选择与当地平均高程相对应的参考椭球,该椭球的中心、轴向和扁率与国家参考椭球相同。

四、高程系统

(一)高程系统

确定地面点位置,除了要知道它的平面坐标,还要确定它的高程。常见高程系统根据基准面不同,分为大地高、正高、正常高和力高系统。

1. 大地高系统

地面点沿法线方向到参考椭球面的距离,称为大地高。以参考椭球面为高程基准面的高程系统,称为大地高系统。这个系统的高差是两地面点大地高之差,称为大地高高差。如图 1-16 所示。GNSS 直接测量的高程为大地高。

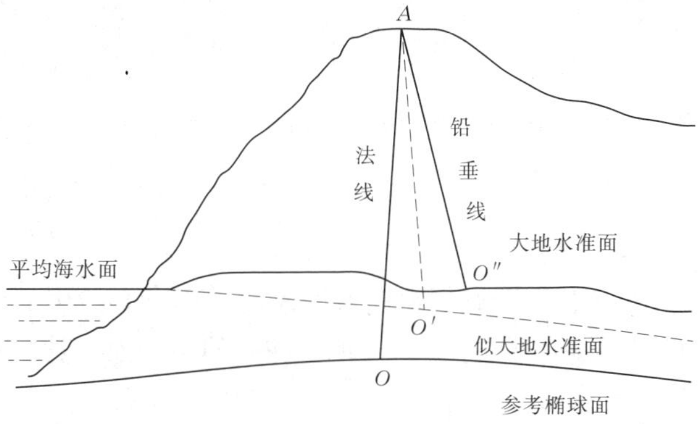

图 1-16　大地高系统

2. 正高系统

地面点沿铅垂线方向到大地水准面的距离,称为正高。以大地水准面为高程基准面的高程系统,称为正高系统。

如图 1-17 中, B 点的正高,以 $H_{正}^{B}$ 表示,则有

$$H_{正}^{B} = \sum_{BC} \Delta H = \int_{BC} \mathrm{d}H \tag{1-6}$$

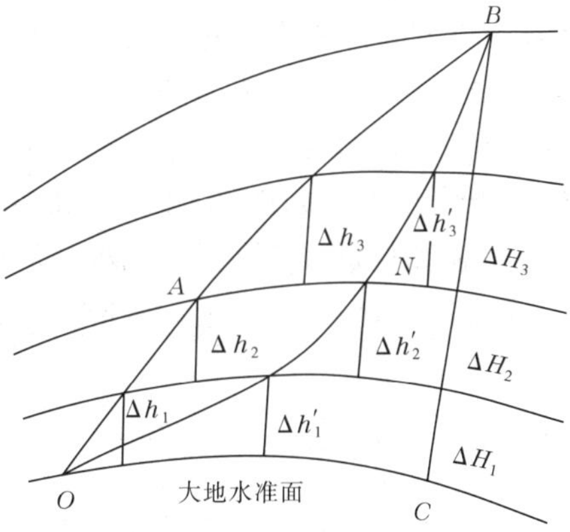

图 1-17　正高系统

设沿垂线 BC 的重力加速度用 g_B 表示,在垂线 BC 的不同点上, g_B 也有不同的数值。由式(1-6)的关系可以写出

$$g_B \mathrm{d}H = g \mathrm{d}h$$

或

$$\mathrm{d}H = \frac{g}{g_B} \mathrm{d}h \tag{1-7}$$

将式(1-7)代入式(1-6)中,得

$$H_{正}^{B} = \int_{BC} \mathrm{d}H = \int_{OAB} \frac{g}{g_B} \mathrm{d}h \tag{1-8}$$

如果取垂线 BC 上重力加速度的平均值为 g_m^B,式(1-8)又可写为

$$H_{正}^{B} = \frac{1}{g_m^B} \int_{OAB} g\mathrm{d}h \tag{1-9}$$

从式(1-9)可以看出,某点 B 的正高不随水准测量路线的不同而有差异,这是因为式中 g_m^B 为常数,$\int_{OAB} g\mathrm{d}h$ 为过 B 点的水准面与大地水准面之间的位能差,也不随测量路线而异。因此,正高高程是唯一确定的数值,可以用来表示地面的高程。

如果沿着水准路线每隔若干距离测定重力加速度,则式(1-9)中的 g 值是可以得到的。但是由于沿垂线 BC 的重力加速度 g_B 随深入地下深度的不同而变化,而且还与地球内部物质密度的分布有关,所以重力加速度的平均值 g_m^B 并不能精确测定,也不能由公式推导出来。因此,严格来说,地面一点的正高高程不能精确求得。

3. 正常高高程系统

将正高系统中不能精确测定的 g_m^B 用正常重力 γ_m^B 代替,便得到另一种系统的高程,称其为正常高,用公式表达为

$$H_{常}^{B} = \frac{1}{\gamma_m^B} \int g\mathrm{d}h \tag{1-10}$$

式(1-10)中,g 由沿水准测量路线的重力测量得到;$\mathrm{d}h$ 是水准测量的高差,γ_m^B 是按正常重力公式算得的正常重力平均值,所以正常高可以精确求得,其数值也不随水准路线而异,是唯一确定的。因此,我国规定采用正常高高程系统作为我国高程的统一系统。

正常高与正高不同,它不是地面点到大地水准面的距离,而是地面点到一个与大地水准面极为接近的基准面的距离,这个基准面称为似大地水准面。因此,似大地水准面是由地面沿垂线向下量取正常高所得的点形成的连续曲面,它不是水准面,只是用以计算的辅助面。因此,可以把正常高定义为以似大地水准面为基准面的高程。海洋面上,大地水准面和似大地水准面重合。所以,大地水准面的高程原点对似大地水准面也是适用的。

下面给出正常高高差的实际计算公式:

$$H_{常}^{B} - H_{常}^{A} = \int_{AB} \mathrm{d}h + \varepsilon + \lambda \tag{1-11}$$

式(1-11)中,ε 称为正常位水准面不平行引起的高差改正,λ 称为重力异常引起的高差改正,经过 ε 和 λ 改正后的高差称为正常高高差。

4. 力高系统

由上述正高和正常高的特性可知,同一水准面上各点的正高或正常高高程值可能不同。对于大规模的水利工程来说,使用很不方便。为使同一水准面上的各点有相同的高程值,可以采用力高系统。力高用式(1-12)计算:

$$H_{力} = \frac{1}{\gamma_{\varphi_0}} \int_{OB} g\mathrm{d}h \tag{1-12}$$

式中:γ_{φ_0} 是经适当选择的某一纬度 φ_0 处的正常重力值。地面点的力高定义为:通过该点的水准面上纬度 φ_0 处的正高,即同一水准面上各点的力高都等于该水准面上纬度 φ_0 处的正

高。力高系统通常不作为国家高程系统,只用于解决局部地区有关水利建设的问题。

(二)我国的高程系统

布测全国统一的高程控制网,首先必须建立一个统一的高程基准面,所有水准测量测定的高程都以这个面为零起算,也就是以高程基准面作为零高程面。用精密水准测量联测到陆地上预先设置好的一个固定点,定出这个点的高程作为全国水准测量的起算高程,这个固定点称为水准原点。大地水准面是假想海洋处于完全静止的平衡状态时的海水面延伸到大陆地面以下所形成的闭合曲面。事实上,海洋受潮汐、风力的影响,永远不会处于完全静止的平衡状态,总是存在着不断的升降运动,但是可以在海洋近岸的一点处竖立水位标尺,长年累月地观测海水面的水位升降,根据长期观测的结果可以求出该点处海洋水面的平均位置,人们假定大地水准面就是通过这点处实测的平均海水面。长期观测海水面水位升降的工作称为验潮,进行这项工作的场所称为验潮站。

我国是以青岛验潮站 1950—1956 年连续验潮的结果求得的平均海水面作为全国统一的高程基准面。由此基准面起算的高程系,称为“1956 年黄海高程系”。在青岛观象山上建立了一个与该平均海水面相联系的水准点,这个水准点叫作国家水准原点,如图 1-18 所示,分别是水准原点外貌主体建筑和水准原点中心标志。用精密水准测量方法测出该原点高出黄海平均海水面 72. 289 m,它就是建立国家高程控制网的高程起算点。

(a)主体建筑　　(b)中心标志

图 1-18　水准原点

1985 年,国家测绘局又把根据该站 1952—1979 年间连续观测的潮汐资料求得的平均海水面作为国家的高程基准面,并确定国家水准原点的高程值为 72. 260 m,以此定名为“1985 国家高程基准”,于 1987 年 5 月正式通告启用,同时“1956 年黄海高程系”即相应废止。各部门各类水准点成果将逐步归算至“1985 国家高程基准”上来。

1. 绝对高程

地面点沿铅垂线方向至大地水准面的距离称为绝对高程,亦称为海拔。在图 1-19 中,地面点 A 和 B 的绝对高程分别为 H_A 和 H_B 。

2. 相对高程

地面点沿铅垂线方向至任意水准面的距离称为该点的相对高程,亦称为独立高程。在图 1-19 中,地面点 A 和 B 的相对高程分别为 H'_A 和 H'_B 。

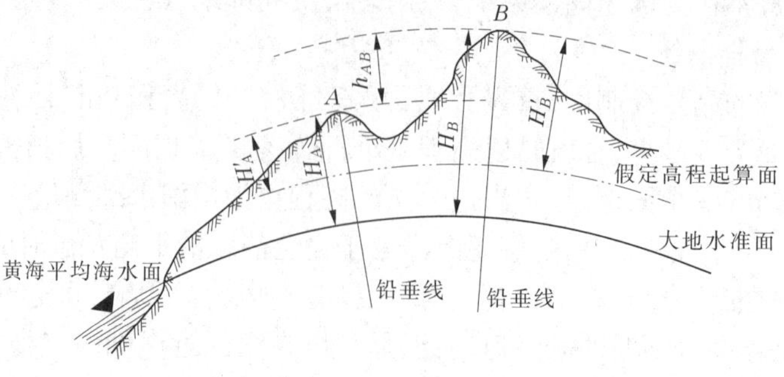

图 1-19 绝对高程与相对高程

3. 高差

两点高程之差称为高差,以符号"h"表示。在图 1-19 中, h_{AB} 为 A、B 两点间的高差,即

$$h_{AB} = H_B - H_A = H'_B - H'_A \tag{1-13}$$

由此可见,两点之间的高差与高程起算面无关。

任务三 用水平面代替水准面的限度

当测区范围较小时,为了简化投影计算,通常用水平面代替大地水准面,即以平面代替曲面。但当测区范围较大时,就必须考虑地球曲率的影响,那么多大范围内才允许用水平面代替大地水准面呢?下面就来讨论用水平面代替大地水准面对距离、角度、高差的影响。

一、对距离的影响

如图 1-20 所示,设地球是半径为 R 的圆球,地面上 A、B 两点投影到大地水准面的距离为弧长 D,投影到水平面上的距离为 D',显然两者之差即为用水平面代替水准面所产生的距离误差,设其为 ΔD,则:

$$\Delta D = D' - D = R\tan\theta - R\theta = R(\tan\theta - \theta) \tag{1-14}$$

在小范围测区 θ 角很小,式(1-14)可按 $\tan\theta$ 用级数展开,略去五次项,则:

$$\Delta D = R\left[\left(\theta + \frac{1}{3}\theta^3 + \cdots\right) - \theta\right] = R\,\frac{\theta^3}{3}$$

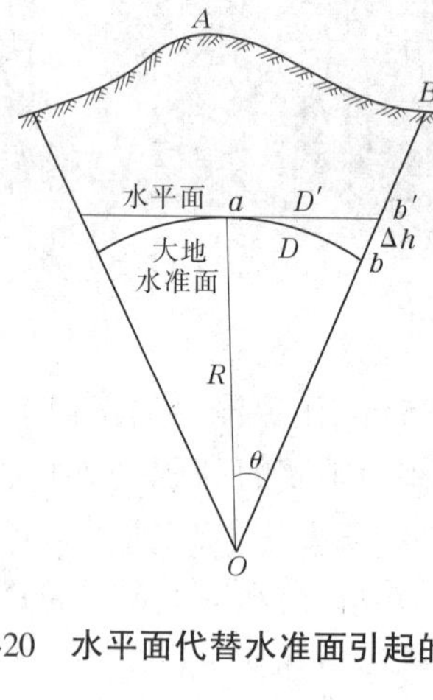

图 1-20 水平面代替水准面引起的误差

用 $\theta = \dfrac{D}{R}$ 代入上式 $\Delta D = \dfrac{1}{3} \times \dfrac{D^3}{R^2}$,得:

$$\frac{\Delta D}{D} = \frac{1}{3}\left(\frac{D}{R}\right)^2 \tag{1-15}$$

以地球半径 R=6 371 km 和不同的 D 值代入式(1-15),计算结果如表 1-1 所示。

表 1-1 对距离的影响

D /km	1	10	15	20	25
ΔD /mm	0.008	8.2	27.7	65.7	128.3
$\Delta D/D$	$\frac{1}{12\ 500万}$	$\frac{1}{120万}$	$\frac{1}{54万}$	$\frac{1}{30万}$	$\frac{1}{19万}$

计算表明,两点相距 10 km 时,用水平面代替水准面产生长度误差为 8.2 mm,相对误差为 1/120 万,相当于精密测距的精度(1/100 万),所以在半径为 10 km 测区内,可以用水平面代替水准面,其产生的距离投影误差可以忽略不计。

二、对角度的影响

由球面三角学可知,同一空间多边形在球面上的投影 ABC 的各内角之和,较其在平面上投影 $A'B'C'$ 的各内角之和大一个球面角超 ε 的数值,如图 1-21 所示。

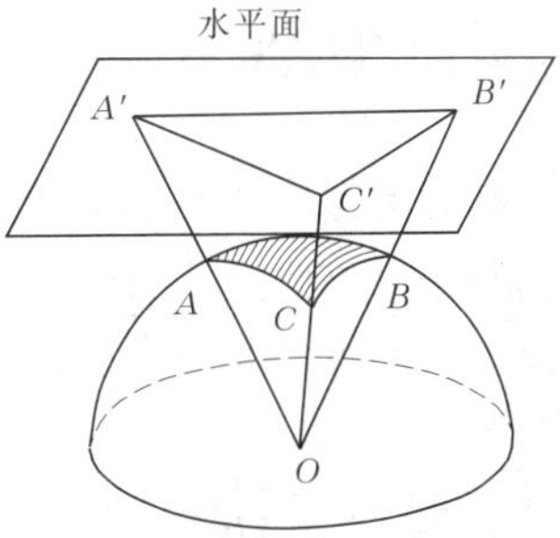

图 1-21 水平面代替水准面

其公式为:

$$\varepsilon = \rho \frac{P}{R^2} \tag{1-16}$$

式(1-16)中:ρ 为弧度化角度常数,值为 206 265″;P 为球面多边形面积;R 为地球半径。

在测量工作中实测的是球面面积,绘制成图时则绘成平面图形的面积。由式(1-16)计算,可得表 1-2 所示数据。这些计算表明,对于面积在 100 km² 以内的多边形,地球曲率对水平角的影响,只有在最精密的测量中才需要考虑,一般的测量工作是不必考虑的。

表 1-2 对角度的影响

P/km²	10	100	400	2 500
ε /(″)	0.05	0.51	2.03	12.70

以上两项分析说明:在面积为 100 km² 范围内,不论是进行水平距离或水平角度测量,都可以不考虑地球曲率的影响;在精度要求较低的情况下,这个范围还可以相应扩大。

三、对高差的影响

在图 1-20 中,当用水平面代替大地水准面时,会产生高差误差 $\Delta h = bb'$,由图 1-20 可得:

$$(R + \Delta h)^2 = R^2 + D'^2$$

$$\Delta h = \frac{D'^2}{2R + \Delta h}$$

在分母中,因 Δh 相对于 R 很小,可以略去,两点间投影的水平距离与在大地水平面上的弧长相差很小,可用 D 代替 D',于是可写成:

$$\Delta h = \frac{D^2}{2R} \tag{1-17}$$

以 R=6 371 km 和不同的 D 值代入式(1-16),算得相应的 Δh 如表 1-3 所示。

表 1-3　对高差的影响

D/m	10	50	100	150	200	1 000
Δh /mm	0.0	0.2	0.8	1.77	3.1	78.5

由表 1-3 可以看出,用水平面代替水准面所产生的高差误差,随着距离的平方的增加而增加,很快就达到了不能允许的程度。所以,即便是距离很短,也不能忽视地球曲率对高差的影响,在观测过程中必须采取措施,消除或减弱其影响。

项目小结

本项目主要介绍了测量学科基本知识,包含测量学科分类、测量基本工作、测量基本原则、测量基准、高斯投影、测量坐标系、我国的平面与高程坐标系统、用水平面代替水准面的限度及测量的发展概述等,涉及基本概念较多,内容较为抽象,是学习后续内容的基础。

思考与习题

1. 测量工作的基本任务是什么?
2. 什么是水准面、大地水准面和参考椭球面?
3. 测量工作的基准面和基准线是什么?
4. 测量中的平面直角坐标系和数学上的平面直角坐标系有哪些不同?
5. 在多大范围内,用水平面代替大地水准面,对距离、角度和高差的影响可以忽略?
6. 什么是绝对高程(海拔)、相对高程和高差?
7. 已知 A 点的高程为 72.334 m,B 点到 A 点的高差为−23.118 m,则 B 点高程为多少?
8. 某地面点的相对高程为−15.46 m,其对应的假定水准面的绝对高程为 72.55 m,则该点的绝对高程是多少?绘出示意图。

码 1-1　思考与习题参考答案　　码 1-2　单选题　　码 1-3　多选题　　码 1-4　判断题

项目二 水准测量

项目概述

水准测量是控制测量中高程控制的主要测量方法，在工程建设中广泛应用分为四个等级，一、二等为精密水准，三、四等为普通水准，本项目主要包含水准测量概述、水准仪的认识与使用、图根水准测量、四等水准测量、数字水准仪、水准仪与水准尺的检校、水准测量的误差分析等内容。

学习目标

通过本项目的学习，能依据《国家三、四等水准测量规范》(GB/T 12898—2009)进行水准测量技术设计，能熟练使用 DS_3 水准仪，能进行四等水准测量外业观测与记录计算，能进行水准内业平差计算，具备检查水准测量成果的能力，能对水准仪与水准尺进行常规的检验，能对部分项目进行校正，理解影响水准测量的误差来源，并能在水准测量中采取措施进行减弱或消除。

【思政导入】

吴祖太(1933—1960 年)，红旗渠工程设计师，1953 年 7 月毕业于黄河水利学校(现在的黄河水利职业技术大学)，分配到新乡专署水利局工作。1958 年调到林县(今河南省林州市)水利局工作，主持“人造天河”红旗渠工程设计与建造。

吴祖太带领的技术团队经过测量，将引水点定在山西平顺县石城公社崔家扬村侯壁断，终点在林县任村公社坟头岭，总干渠全长 70.6 km，平均坡比为 8 000:1，即渠水每流 8 000 m，落差只有 1 m，渠线全是从太行山的悬崖绝壁上通过，随山势蜿蜒盘旋。测量时，水平仪在悬崖上找不到合适的支点，吴祖太就让人用绳子把他吊在悬崖边，让水平仪的两个支点放在自己的肩膀上来测出渠线。由于测量队缺少水平仪，吴祖太就做了一种叫“水鸭子”的简易水平仪，即在一个洗脸盆中盛上半盆水，再在盆里放上一个空碗浮在水面上，空碗上放上一根直棍，通过棍子两端的点和要测定的点共 3 个点连成一条线，来测量水平是否准确。就是在这样的困难条件下，吴祖太和测量人员爬过了 550 座山，蹚过了无数条河流，攻克了一道道难关，仅用 3 个月时间就完成了设计蓝图《林县引漳入林灌溉工程初步设计书》。

1960 年 3 月 28 日下午，王家庄隧洞洞顶裂缝掉土严重，吴祖太出于对人民群众安危的高度负责，与姚村公社卫生院院长李茂德深入洞内察看险情，不幸洞顶坍塌，夺去他年轻的生命，终年 27 岁。1966 年 1 月 11 日，吴祖太被追认为革命烈士，他在林县工作总共不满 2 年时间，但靠着所学的专业知识、顽强的毅力和简单的测量工具完成了一项项艰巨工程的勘测设计，他不畏艰难、苦干实干、勇于创新、尊重科学的精神历久弥新。吴祖太和他的技术团队为红旗渠建设所进行的测量正是我们即将学习的水准测量,它的测量原理是什么,是如何实施的呢?下面开始水准测量的学习。

【正文】

任务一　水准测量概述

一、高程测量的方法

确定地面点高程的工作称为高程测量。地面点至高程基准面的铅垂距离叫高程,通常采用大地水准面作为高程基准面。地面点沿铅垂线方向到大地水准面的距离称为绝对高程或海拔;地面点到假定水准面的垂直距离叫相对高程,如图2-1所示。

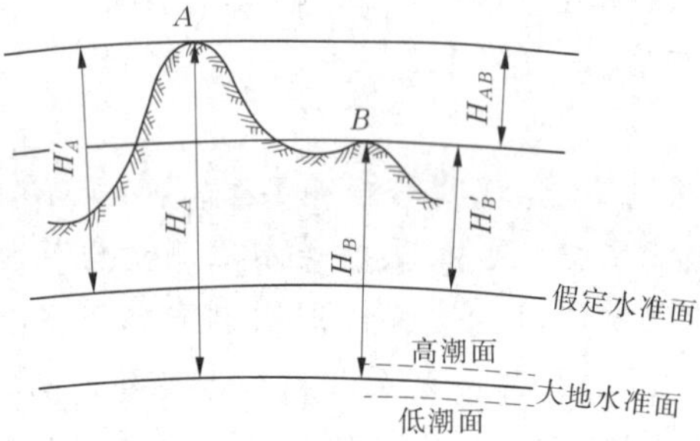

图2-1　地面点的高程

根据测量高程所用的仪器和测量原理的不同,常用高程测量的方法有:水准测量、三角高程测量、GNSS高程测量、气压高程测量。其中,水准测量精度高,可靠性好,使用最为广泛,是其他高程测量的基础。

(一)水准测量

水准测量是根据水准仪产生的水平视线直接在前后水准标尺上读取读数,利用两个水准尺读数计算两点间的高差,再由已知点高程推算未知点高程的方法。

(二)三角高程测量

三角高程测量是测量已知点与未知点之间的竖直角与距离,计算未知点高程的方法。

(三)GNSS高程测量

GNSS高程测量是利用GNSS测出大地高,再根据高程异常,计算未知点正常高的方法。

(四)气压高程测量

气压高程测量是利用气压测量仪器测量气压的变化来推算未知点高程的方法。

在上述高程测量方法中,由于大气压力受气象变化的影响较大,气压高程测量的精度远远低于水准测量和三角高程测量的精度,因而只用于低精度的高程测量中。水准测量和三角高程测量是高程测量中最常用的方法。水准测量精度高,特别是在精密工程和精度要求较高的测量中,是高程控制测量的主要手段。三角高程测量,虽然精度低于水准测量,但却是山地、高山地高程测量的主要手段,随着电磁波测距仪的广泛应用,不仅提高了距离测量的精度,也提高了三角高程测量的精度,三角高程测量已能够达到等级水准测量的精度,而且由于三角高程测量还具有测定高差速度快、不受地形条件限制等优点,因而是控制测量的常用方法。GNSS 高程测量必须与高精度水准点联测才能求得高精度的高程。

水准测量根据精度不同分为一、二、三、四等水准测量和图根水准测量。国家水准测量用于建立全国性的高程控制网,一等水准测量精度最高,是国家高程控制网的骨干,同时是研究地壳垂直位移及有关科学研究的主要依据。二等水准测量精度低于一等水准测量精度,是国家高程控制网的全面基础。三、四等水准测量的精度依次降低,直接为地形测图和各种工程建设服务,图根水准测量控制点密度大,精度低于四等水准测量,是直接满足地形测图和一般工程建设的需要而进行的测量。

高程控制测量主要是用水准测量方法进行的。水准网的布设是全国范围内施测各种比例尺地形图和各类工程建设的高程测量基础,并为地球科学研究提供精确的高程资料,如研究地壳垂直形变的规律,海洋平均海水面的高程变化等。

【小贴士】

绝对高程与相对高程有何异同点,它们和高差又有什么关系呢?

二、水准网的布设

(一)水准网的布设要求

水准网布设时,根据需要及测区实际情况,明确水准网等级,按等级要求进行设计、精度估算和优化设计,从经济、技术、安全等方面提出人力资源安排,技术路线、技术方法和安全、质量技术保证措施,为后续测量工作及要达到的标准和目标,提出详尽、全面、有针对性的技术设计文件。技术设计不仅具有重要的现实意义,而且对今后成果的利用具有参考借鉴作用。

1. 布设原则

水准网采用从高级到低级、先整体后局部、逐级控制、逐级加密的原则,按照统一的技术标准布设。为满足测图、工程建设及特殊工程需要,高程控制点必须有足够的精度和合适的密度。

国家水准网分一、二、三、四等进行布设,《城市测量规范》(CJJ/T 8—2011)将水准测量依次分为二、三、四等 3 个等级,《工程测量标准》(GB 50026—2020)则将水准测量分为二、三、四、五等 4 个等级。

一等水准测量路线构成的一等水准网是国家高程控制网的骨干,同时是研究地壳和地面垂直运动以及有关科学问题的主要依据,每隔 15~20 年沿相同的路线重复观测一次。一等水准路线沿路面坡度平缓、交通不太繁忙的交通路线布设,水准路线一般应闭合成环,并构成网状。一等水准环线的周长,在平原和丘陵地区应在 1 000~1 500 km;山区应在 2 000 km 左右,困难地区按具体情况适当变通。城市测量对高程精度有特殊要求者,可按国家一等水准测量精度要求布设城市一等水准网。

二等水准网应在一等水准环内布设。二等水准路线应尽量沿公路、大路及河流布设。二等水准环线的周长,在平原和丘陵地区应在 500~750 km,城市测量控制在 400 km 以内;山区和困难地区可酌情放宽。

三、四等水准网是在一、二等水准网的基础上进一步加密的,根据需要在高等级水准网内布设附合路线、环线或结点网,直接提供地形测图和各种工程建设所必需的高程控制点。三等水准附合路线,长度应不超过 150 km;环线周长应不超过 200 km;同级网中结点间距离应不超过 70 km。四等水准附合路线，长度应不超过 80 km；环线周长应不超过 100 km；同级网中结点间距离应不超过 30 km；山地可适当放宽。

城市和工程建设高程控制网一般按水准测量方法建立，各等级水准测量的精度和国家水准测量相应等级的精度一致。

2. 水准点布设的密度

水准路线上，每隔一定距离应埋设稳固的水准点。水准点分为基岩水准点、基本水准点、普通水准点等类型，在城镇和建筑区还有墙角水准标志。各种水准点的间距及布设要求，应符合《国家一、二等水准测量规范》（GB/T 12897—2006）的规定，具体见表 2-1。

表 2-1　水准点布设密度

水准点类型	间距	布设要求
基岩水准点	500 km 左右	只设于一等水准路线，在大城市和地震带附近应予增设，基岩较深地区可适当放宽。每省（直辖市、自治区）至少两座
基本水准点	40 km 左右；经济发达地区 20~30 km；荒漠地区 60 km 左右	一、二等水准路线上及其交叉处；大中城市两侧及县城附近。尽量设置在坚固的岩层中
普通水准点	4~8 km；经济发达地区 2~4 km；荒漠地区 1 km 左右	地面稳定，利于观测和长期保存的地点；山区水准路线高程变换点附近；长度超过 300 m 的隧道两端，跨河水准测量的两岸标尺点附近

三、四等水准路线上，每隔 4~8 km 须埋设普通水准标石一座，在人口稠密、经济发达地区可缩短为 2~4 km，城市建筑区按 1~2 km 埋设，荒漠地区及水准支线可增长至 10 km 左右，支线长度在 15 km 以内可不埋石。

图根点的密度根据测图比例尺和地形条件而定，以满足测图需要为准，如 1∶1 000 数字测图，平坦开阔地区图根点的密度为 16 个/km^2。图根点标志大部分为木桩、铁钉等临时标志。

3. 水准路线命名及水准点编号

水准路线以起止地名的简称定为线名，起止地名的顺序为“起西止东”“起北止南”，环线名称，取环线内最大的地名后加“环”字命名。一、二、三、四等水准路线的等级，各以罗马字Ⅰ、Ⅱ、Ⅲ、Ⅳ书于线名之前表示。

路线上的水准点应自该线起始水准点起，取数字 1、2、3、…按序编号，环线上点号顺序取顺时针方向，点号书于线名之后。如宜州至新象四等水准路线，称为Ⅳ宜新，水准路线上的点名称为Ⅳ宜新 1、Ⅳ宜新 2、…

基岩水准点除按以上规定编号外，还应在名号前加写地名和“基岩点”三字。如水准点“Ⅰ郑徐 19 基”表示该点为郑州至徐州一等水准路线，从西到东第 19 个基本水准点，该点埋设基本水准标石。

水准支线以所测高程点名称后加“支”字命名。支线上的水准点，从起始水准点到所测高程点方向，以数字1、2、3、…顺序编号。

4. 水准测量的精度

每千米水准测量的偶然中误差 M_{Δ} 和每千米水准测量的全中误差 M_W 一般不得超过表2-2规定的数值。

表2-2　水准测量的精度　　单位：mm

测量等级	一等	二等	三等	四等
M_{Δ}	0.45	1.0	3.0	5.0
M_W	1.0	2.0	6.0	10.0

(二)水准网的布设形式

水准网布设的基本形式包括附合水准路线、闭合水准路线和支水准路线，以及由基本形式组合成的水准网形式，如图2-2所示。

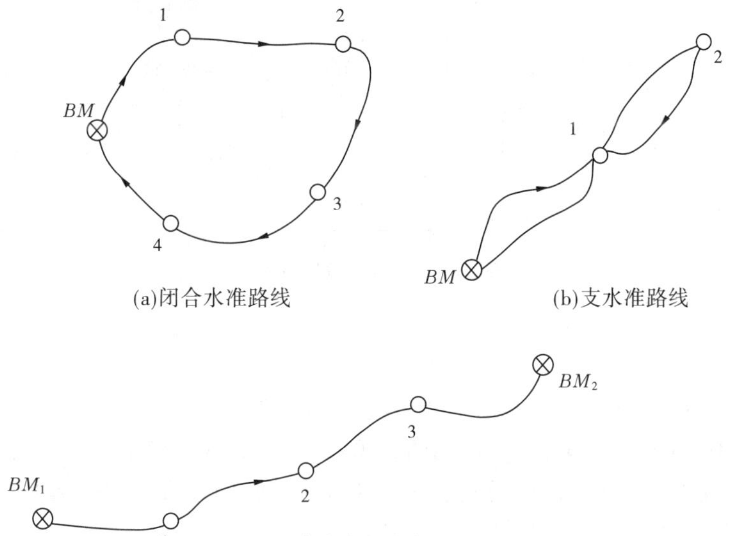

(a)闭合水准路线　(b)支水准路线

(c)附合水准路线

图2-2　单一水准路线的基本布设形式

1. 附合水准路线

从一已知高级水准点开始，沿一条路线推进施测，获取待定水准点的高程，最后传递到另一个已知的高级水准点上，这样的观测路线形式称为附合水准路线。

2. 闭合水准路线

从一已知高级水准点出发，沿一条路线进行施测，以测定待定水准点的高程，最后回到原来的已知点上，从而形成一个闭合环线，这样的观测路线形式称为闭合水准路线。闭合水准路线虽然具有高差闭合差检核条件，但不能发现已知点高程摘录错误的情况。

3. 支水准路线

从一个高级水准点出发，沿一条路线进行施测，以测定待定水准点的高程，其路线既不闭合又不附合，这样的观测路线形式称为支水准路线。此形式没有检核条件，为了提高观测精度和增加检核条件，支水准路线必须进行往返测量。

4. 水准网

若干条单一水准路线相互连接构成结点或网状形式,称为水准网。有 2 个以上高级点的水准网称为附合网[见图 2-3(a)],只有一个高级点的水准网称为独立水准网[见图 2-3(b)]。

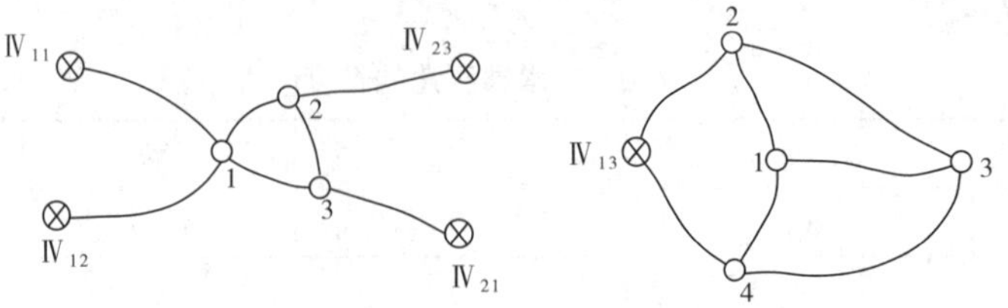

(a)附合网　(b)独立水准网

图 2-3　水准网布设形式

水准路线的布设分为以上 4 种路线,它们之间的关系如图 2-4 所示。

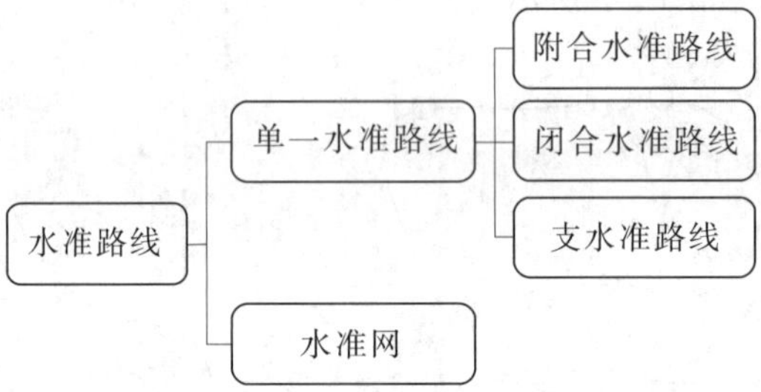

图 2-4　水准路线的分类

三、水准测量技术设计

技术设计是根据工程建设对测量的要求,结合测区的情况、作业单位技术力量,拟订科学、经济、合理的最佳布设方案,制定正确的技术路线,解决水准测量全过程的一系列生产技术问题。设计前需要通过网络、现场调研等方式,在踏勘、调查研究的基础上收集资料,分析资料的利用价值,为下一步方案设计提供基础。

(一)搜集资料

(1)测区内 1∶1万~1∶10 万地形图及其他大比例尺地形图、交通图、影像图。

(2)有关测区的气象、地质、水文等资料。

(3)已有的控制测量成果,包括水准网图、水准点点之记、成果表、技术总结等,需要联测的其他固定点。

(4)现场踏勘了解已有控制点标志的保存完好情况。

(5)调查测区交通便利、物资供应等经济状况。若在民族聚居地区,则应了解民族的风俗习惯。

(二)设计要求

从经济、技术、安全生产等方面进行设计,做到方便使用、安全稳定、长期保存等基本要求。

(1)水准路线应尽量沿公路、铁路及其他坡度小的道路布设,以减弱前后视折光误差的影响。

(2)水准路线应尽量避免跨越大河、湖泊、沙滩、草地等。

(3)水准路线若与高压输电线或地下电缆平行,则应使水准路线在输电线或电缆 50 m 以外布设,以避免电磁场对水准测量的影响。

(4)在布设水准网时,应考虑日后水准测量的进一步加密,并应注意已有水准测量成果的充分利用。

(5)水准环线或附合路线长度、水准点间距要求符合相关规范规定。

(6)由于工程急用而建的假定高程系统,应与国家水准点进行联测,以求得高程系统的统一。

(三)图上设计与技术设计书编写

根据测区的规模大小,水准网的设计应在适当比例尺地形图上进行,图上设计的主要程序如下:

(1)将主要居民地、铁路、公路与较大河流,以不同的颜色在地形图上标出来。

(2)将已知的水准路线和水准点,按等级以不同颜色分别标绘在地形图上。

(3)按照逐级布设的原则,先进行高等级水准路线的设计,后进行低等级水准路线的设计。

(4)水准路线确定后,根据水准点密度、测段长度、线路总长的要求,按"下棋"方式在图上概略确定水准点的位置。

(5)进行设计方案的精度估算。当精度估算不符合要求时,需要通过路线增删、图形改变等试验修正,使其在经济合理的条件下,布设较为合理的控制网。

(6)编写技术设计书。技术设计书是技术设计需要上交的重要成果,主要包括以下几方面的内容:作业目的、任务范围及来源;测区的自然、地理条件;测区已有测量成果情况,标志保存情况,对已有测量成果的评价、分析利用情况;高程基准和起算点情况;布网依据的规范;与高等级水准点的联测方案;水准网精度估算或优化设计;现场踏勘报告;标石类型;人员组织、作业安排、工作量及进度计划;质量保证措施;提交成果;各种设计图表;专家审核及主管部门的审批意见。

(四)水准网精度估算

水准网精度估算就是估算推算点高程精度是否满足规范要求,即各等级水准网最弱点的高程中误差相对于起算点不超过±20 mm。推算元素精度与起算点高程精度、观测元素精度有关,是起算元素和观测元素的函数。精度估算的方法常采用公式解析估算法和计算机模拟估算法。目前,广泛采用计算机优化设计,使控制网在精度、密度达到要求的条件下,达到费用最省、工作量最小、效益最高的结果。精度估算在控制测量课程中讲解,本书不再介绍。

(五)实地选点与设立标志

图上设计完成后,即可根据设计图到实地选定水准路线和水准点位置,并将选定的水准点位置用水准标石或其他标记在实地固定下来。选点与设立标志是非常重要的一项工作,选点、埋石结束后,要编写选点报告,并进行质量评价。

水准点位置的选定除满足设计要求外,还要确保选定的水准点稳定安全、长期保存、便于使用。为此,水准点要避免设在沙滩、沼泽、沙土、滑坡、地下水水位较高等有变形、土质松软、易被淹没、易受振动、隐蔽、陡峭的地区。

标石埋设后,为了便于寻找水准点的位置,所有水准点均应制作点之记,点之记是主要测量资料,应长期保存,见表 2-3。点之记是记载控制点位置和标石结构情况的资料,包括点名、等级、点位略图、交通图、与方位物之间的关系和点位说明等内容。点之记作为日后寻找水准点的簿册,一定要做到方位物选择恰当,点位略图、点位说明与实地一致。方位物应选取三个永久性固定地物,与方位物距离量取至厘米。点位说明先叙述概略位置,再详细叙述控制点与三个方位物的关系,距离要说明量至方位物的部位。点之记按规定格式填制。

表 2-3　水准点点之记

详细位置图	标石断面图
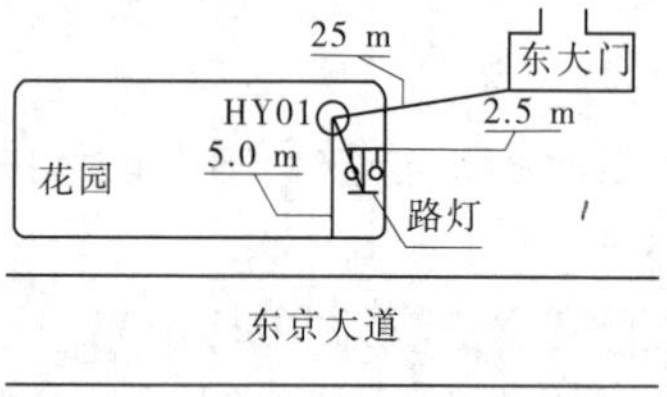 比例尺:1:100	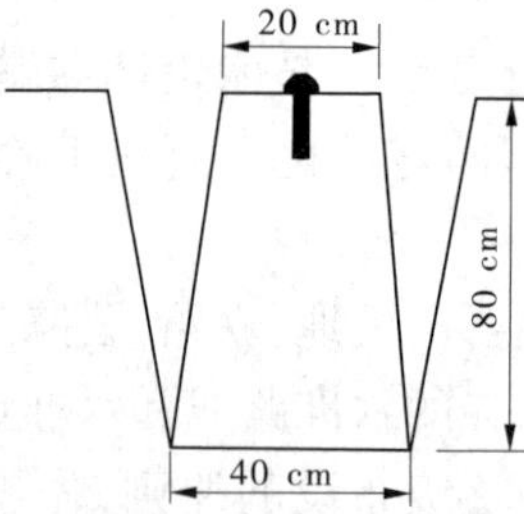

与相邻点的关系	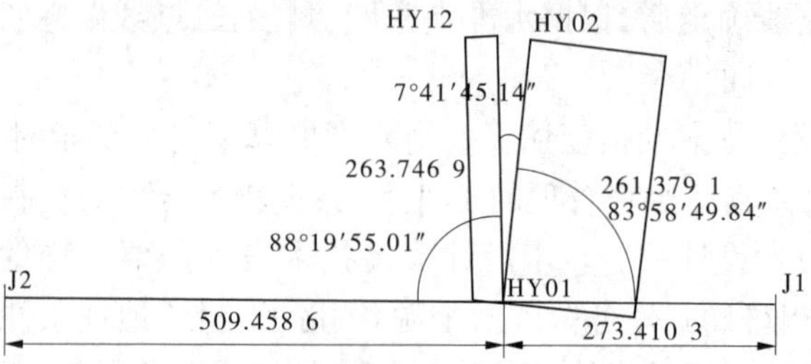

所在图幅	J-50-5-B	标石类型	混凝土普通水准标石
经纬度	N:33°49′37″,E:114°19′09″	标石质料	混凝土
所在地	小李村	土地使用者	小李村
地别土质	沙土	地下水深度	
交通路线	从开封火车站下车,乘坐 8 路公交车,在小李村站下车即到		
点位详细说明	1. 距黄河水利职业技术大学东南大门口约 25 m; 2. 距东京大道约 5.0 m; 3. 距东京大道边与黄河水利职业技术大学东南大门口之间路西的路灯约 2.5 m		
接管单位	××测绘院	保管者	小李村委会

选点单位	××测绘院	埋石单位	××测绘院	维修单位	××测绘院
选点者	张×	埋石者	李××	维修者	××测绘院
选点日期	2025-03-21	埋石日期	2025-03-25	维修日期	2025-06-21
备注	该点为平高点				

【阅读与应用】

水准标石与埋设质量评定

根据制作材料和埋设规格的不同,根据不同用途和要求,水准标石分为基岩水准标石、基本水准标石和普通水准标石 3 大类。此外,在岩层地带、沙漠或沼泽地带,基本标石和普通标石也可以采用岩层标石、钢管标石等。

水准标石的制作材料、规格及埋设要求,在国家、行业测量规范中有具体的规定和说明。工程测量中常用的普通水准标石由柱石和磐石两部分组成,如图 2-5 所示,标石可用混凝土浇制或用天然岩石制成。水准标石上面嵌设有铜材或不锈钢金属标志。

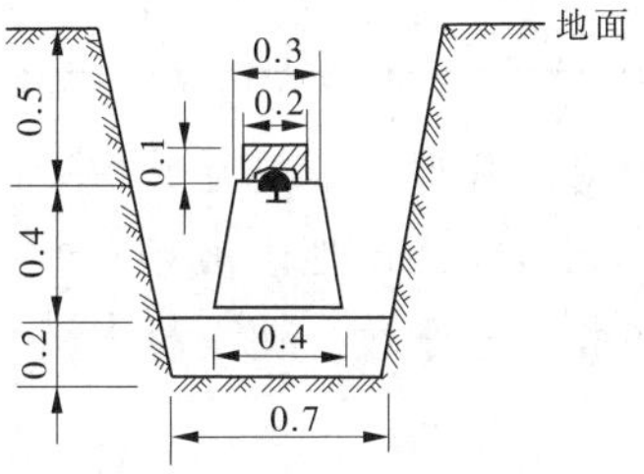

图 2-5　普通水准标石　(单位:m)

在城镇和厂矿社区,还可以采用墙角水准标志,如图 2-6 所示,一般嵌设在地基已经稳固的永久性建筑物的基础部分,在进行水准测量时,水准标石安放在标志的突出部分。

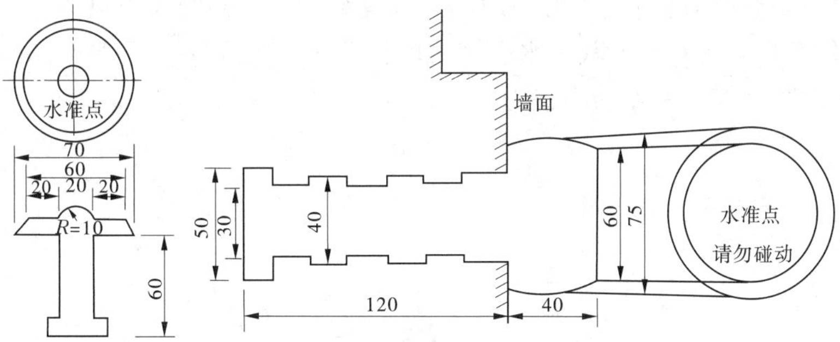

图 2-6　墙上水准标志图　(单位:mm)

当用木桩、铁钉作临时水准点时,其标志规格根据实际情况确定。水准点选定之后,即可进行水准标石或标记的埋设工作。水准标石是永久保存水准测量成果的固定标志,供控制测量和地形测量使用,埋设完成后,需要做点之记,如表 2-3 所示。埋设质量不高的水准标石,容易产生垂直位移或倾斜,即使水准测量观测质量再好,其最后成果也是不可靠的,因此务必十分重视水准标石的埋设质量,其质量评价标准如表 2-4 所示。

表 2-4　选点质量评价标准

项目	优(90~100 分)	良(75~89 分)	权 P
选线和选点	线路和点位选择优良,易于寻找,便于观测和长期保存	线路和点位选择恰当,易于寻找,便于观测和长期保存	0.40
旧点检找	查找认真,交代清楚。查到的旧点可靠,且利用率高。需重绘点之记和重办委托保管的均已办理	查找认真,交代清楚。查到的旧点可靠,需重绘点之记和重办理保管的均已办理	0.15

续表 2-4

项目	优(90~100 分)	良(75~89 分)	权 P
点之记及线路图	内容真实,项目齐全。绘制准确,清晰美观,符号正确,文字清晰	内容真实,项目齐全。绘制准确,文字清晰	0.25
选点报告	内容确切,说明详细,编写齐全,建议具体可行,文字简练	内容确切,说明较详细,编写项目齐全,建议具体可行,文字清晰	0.20

对工程建设需要临时增设的水准点,由于没有长期保存的价值,通常以木桩、铁钉及其他标记作为临时性水准点。埋石工作全部完成后,要到控制点所在地的乡(镇)人民政府办理委托保管手续。测量标志设立后受法律的保护,任何单位、个人不得损坏、移动,否则将受到法律的惩处。

四、水准测量原理

水准测量的基本原理是根据几何关系,利用仪器提供的水平视线观测竖立在两点上的水准尺以测定两点间的高差。如图 2-7 所示,在需要测定高差的 A、B 两点上,分别立上水准尺,在 A、B 两点的中点安置可获得水平视线的仪器——水准仪,水平视线在 A、B 两尺上的读数分别为 a、b,则 A、B 两点的高差为

$$h_{AB} = a - b \tag{2-1}$$

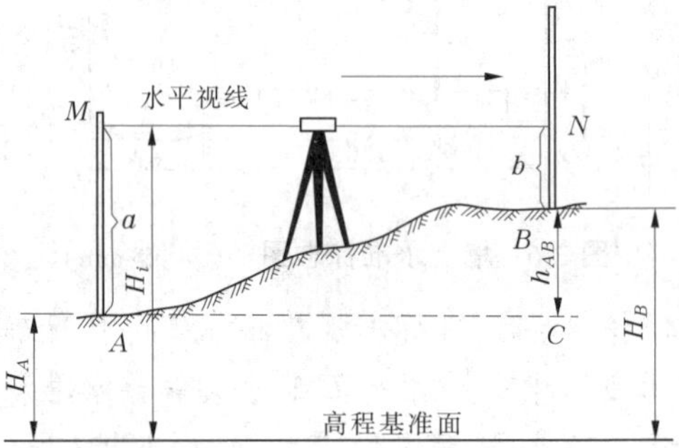

图 2-7　水准测量原理示意图

若水准测量沿 AB 方向前进,则 A 点称为后视点,其上竖立的标尺称为后视标尺,读数值 a 称为后视读数;B 点称为前视点,其上竖立的标尺称为前视标尺,读数值 b 称为前视读数。因此,式(2-1)若用文字表达,即为:两点间的高差等于后视读数减去前视读数。高差有正有负,当 B 点高程比 A 点高时,前视读数 b 比后视读数 a 要小,高差为正;当 B 点比 A 点低时,前视读数 b 比后视读数 a 要大,高差为负。因此,水准测量的高差 h 必须冠以“+”“-”号。

【小贴士】

水准仪在一个测站读取 A、B、C 三根水准尺上的中丝读数分别为 1.023 m、1.698 m、0.989 m,请判断立尺点的高低,计算 h_{AB}、h_{AC}、h_{BA}、h_{CA}、h_{BC}、h_{CB},并理解下标的意义。

显然,如果 A 点的高程 H_A 为已知,则 B 点的高程为

$$H_B = H_A + h_{AB} \tag{2-2}$$

式(2-2)是高差法推算待定点高程的公式。

$$H_B = H_A + a - b = (H_A + a) - b \tag{2-3}$$

式(2-3)中，$(H_A + a)$ 称为视线高，通常用 H_i 表示，则有

$$H_B = H_i - b \tag{2-4}$$

式(2-4)是视线高法推算待定点高程的公式。

五、线水准测量

在实际工作中，当 A、B 两点相距较远，或者高差较大，安置一次仪器不可能测得其间的高差时，必须在两点间分段连续安置仪器和竖立标尺，连续测定两标尺点间的高差，最后取其代数和，求得 A、B 两点间的高差，这种测量方法称为连续水准测量，也叫线水准测量。

在测量过程中，高程已知的水准点称为已知点，未知点称为待定点，每安置一次仪器称为一个测站，除水准点外，其他用于传递高程的立尺点称为转点，转点是一系列临时过渡点；纳入水准路线的相邻两个水准点之间的线路称为测段，一条水准路线由若干个测段组成。

如果已知点 A 距离未知点 B 较远，或 A、B 两点间的高差较大，不能在一个测站直接测得其高差时，就应在 A、B 点间增设若干测站求 A、B 点之间的高差 h_{AB}。

如图 2-8 所示，要测定 A、B 之间的高差 h_{AB}，在 A、B 点之间增设 n 个测站，测得每站的高差：

$$h_i = a_i - b_i \quad (i = 1,2,\cdots,n) \tag{2-5}$$

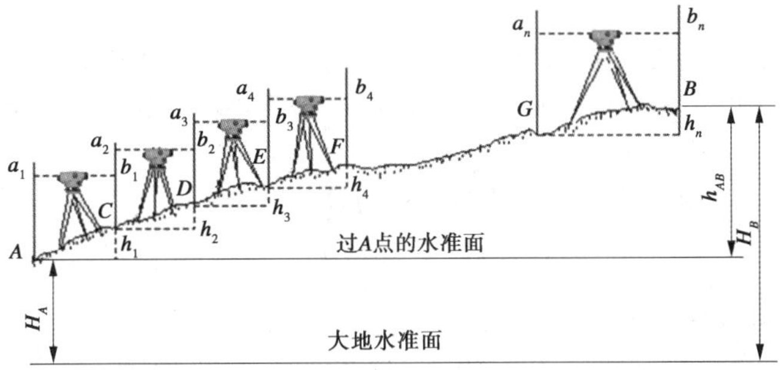

图 2-8　线水准测量

A、B 两点之间的高差可用式(2-6)表示：

$$h_{AB} = h_1 + h_2 + \cdots + h_n = \sum_{i=1}^{n} h = \sum_{i=1}^{n}(a_i - b_i) \tag{2-6}$$

则 B 点高程 H_B 可用式(2-7)表示：

$$H_B = H_A + h_{AB} = H_A + \sum_{i=1}^{n}(a_i - b_i) \tag{2-7}$$

这种从已知点起，连续多次设站测定高差，最后取各站高差代数和求 A、B 两点间高差的方法，称为线水准测量。如果有若干个待定点，可以按照这种方法逐测段依次推求各点高程。

在线水准测量中，通常使用一对标尺，把沿水准路线前进方向的标尺称为前视标尺，在水准路线后方的标尺称为后视标尺，相应的标尺读数分别称为前视读数和后视读数。水准线路中用于传递高程的过渡标尺点称为转点。图 2-8 中除了 A、B 两点的各标尺点均为

转点。

【小贴士】

转点起到高程传递作用,在水准测量中,已知与待定高程点上不需要放置尺垫,转点上必须放置尺垫。

六、面水准测量

当架设一次仪器测量多个点的高程时,视线高法比高差法方便,在平整场地(抄平)、断面测量中使用,这种方法也称为面水准测量。如图2-9所示,根据设计高程,架设水准仪,在已知水准点 A 上安置水准尺,通过 A 点尺子读数 a,可求得视线高程:

$$H_i = H_A + a \tag{2-8}$$

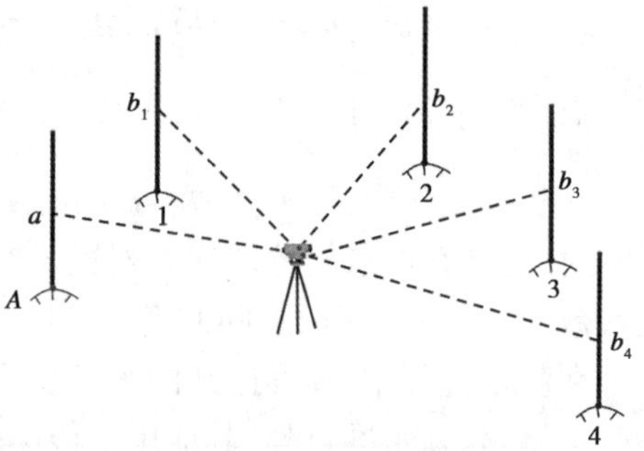

图2-9 视线高法场地平整(抄平)

任意立尺点根据水准尺读数 b_i,结合视线高程 H_i,可求得该点当前高程 $H_i - b$,则根据场地平整设计高程 $H_{设}$,需要填挖高度为:

$$h_i = (H_i - b) - H_{设} \tag{2-9}$$

式(2-9)中,若 h_i 为正,则需要挖该高度;若 h_i 为负,则需要填该高度,直到测区所有区域通过填挖,达到设计高程。这就是利用水准测量原理进行抄平法场地平整。

【小贴士】

测量地面两点间的高差或点的高程,所依据的就是水准仪提供的水平视线和竖立铅垂的水准标尺。因此,水准仪视线水平和标尺垂直是水准测量中要牢牢记住的操作要领。

任务二　水准仪的认识与使用

一、微倾式水准仪

水准仪和水准标尺是水准测量的主要仪器。水准仪有微倾式水准仪、自动安平水准仪、激光水准仪和数字水准仪等。水准标尺有普通水准标尺和精密水准标尺等。

本任务主要介绍微倾式水准仪、自动安平水准仪、数字水准仪和水准标尺。

国产的水准仪系列有 DS_{05}、DS_1、DS_3、DS_{10} 等型号,其中"D"和"S"分别为"大地测量"和"水准仪"的汉语拼音第一个字母,05,1,3,10表示水准测量精度,为每千米往返测高差中数偶然中误差,以毫米为单位。通常在书写时省略字母"D",直接写为 S_{05}、S_1、S_3 等。S_3、S_{10} 称为普通水准仪,用于国家三、四等水准测量及普通测量,S_{05}、S_1 称为精密水准仪,用于国家一、二等精密水准测量。

码2-1　微倾式水准仪的认识

(一)DS_3 水准仪的组成

DS_3 微倾式水准仪的组成如图2-10所示,水准仪主要由照准部、基座和三脚架三部分组成。照准部主要由望远镜和管水准器组成,二者连为一体是水准测量的前提条件,在微倾螺旋作用下,二者可同时做微小倾斜，通过管水准器气泡居中达到视线水平的目的。照准部可绕垂直轴在水平方向上旋转，水平制动螺旋和水平微动螺旋可控制其在水平面内转动，通过准星粗略瞄准目标，制动照准部，再调节水平微动螺旋以精确瞄准目标。在使用仪器时，三脚架中心连接螺旋通过基座将仪器与三脚架头连接起来，支承在三脚架上，通过旋转基座上的脚螺旋，使圆水准器气泡居中，使仪器大致水平，再调节微倾螺旋，达到精平。三脚架可以伸缩、收张，为观测员架设仪器提供方便。

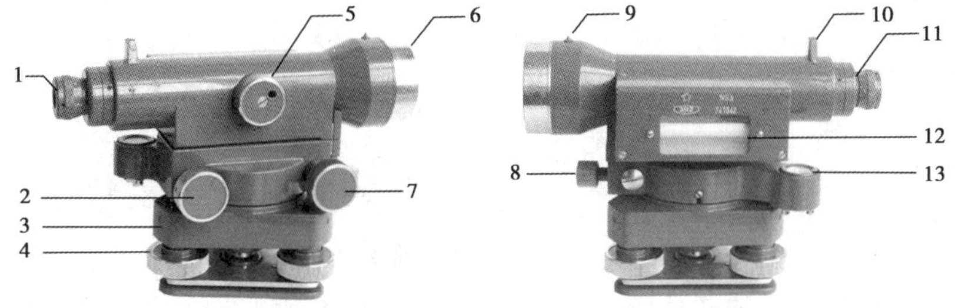

1—望远镜目镜；2—微倾螺旋；3—基座；4—脚螺旋；5—物镜调焦螺旋；6—望远镜物镜；7—微动螺旋；8—制动螺旋；9—准星；10—缺口；11—气泡观察镜；12—水准管；13—圆水准器。

图 2-10 DS_3 微倾式水准仪的组成

（二）望远镜构造及成像原理

水准仪的主要作用是为测量高差提供一条水平视线。望远镜由目镜、物镜、十字丝分划板、调焦（对光）螺旋，镜筒、照准器等组成。如图 2-11（a）所示，望远镜的作用是提供一条瞄准目标的视线，通过水准管气泡居中而达到视线水平，并将远处的目标放大，提高瞄准和读数的精度。望远镜按其调焦方式的不同分为外对光望远镜和内对光望远镜两大类。外对光望远镜由于缺点较多，已被淘汰。

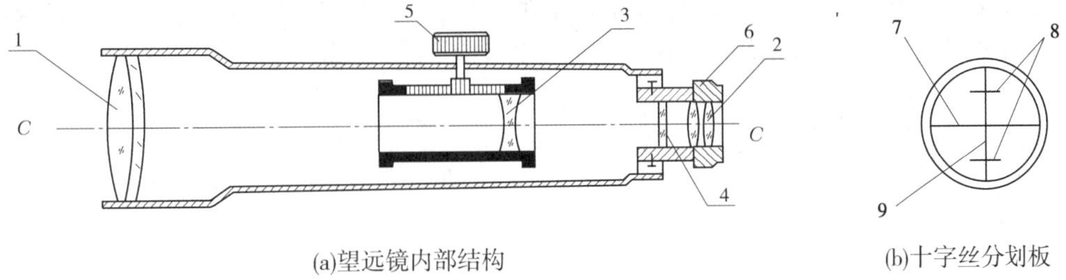

1—物镜；2—目镜；3—物镜调焦透镜；4—十字丝分划板；5—物镜调焦螺旋；6—目镜调焦螺旋；7—十字丝横丝；8—视距丝；9—十字丝竖丝。

图 2-11 内对光望远镜示意图

如图 2-12 所示，根据几何光学原理，目标经过物镜及对光透镜的作用，在十字丝附近成一倒立实像。由于目标离望远镜的远近不同，借转动对光螺旋使对光透镜在镜筒内前后移动，即可使其实像恰好落在十字丝平面上，再经过目镜的作用，将倒立的实像和十字丝同时放大，这时倒立的实像成为倒立而放大的虚像。其放大的虚像与用眼睛直接看到目标大小的比值，即为望远镜的放大率 V。国产 DS_3 型水准仪望远镜的放大率一般约为 28 倍。

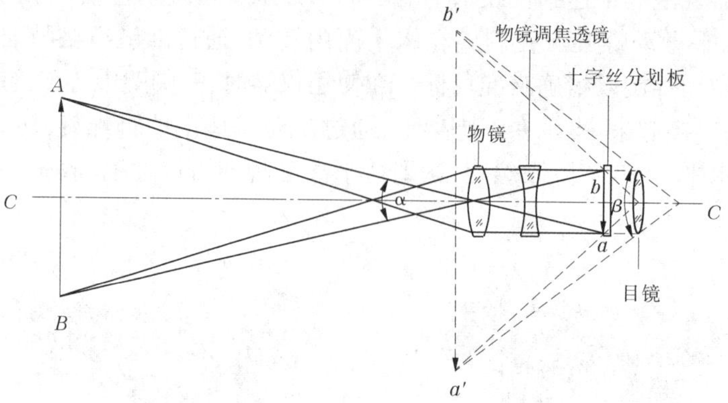

图 2-12　望远镜成像原理

为使仪器精确照准目标和读数,在物镜筒内光阑处安装了一十字丝分划板,如图 2-11(b)所示。十字丝是刻在玻璃板上相互垂直的两条细线。竖直的一根十字丝称为纵丝(又称竖丝)。中间的一根十字丝称为横丝(又称中丝或水平丝)。横丝上、下对称的两根十字丝称为上、下丝,由于是用来测量距离的,因此又称为视距丝。

物镜光心与十字丝交点的连线称为视准轴。在实际使用时,视准轴应保持水平,照准远处水准尺;调节目镜调焦螺旋,可使十字丝清晰放大;旋转物镜调焦螺旋使水准尺成像在十字丝分划板平面上,并与之同时放大,最后用十字丝中线截取水准尺读数。

有时像平面与十字丝面还没有严密重合就误认为调节好了,当观测者眼睛在目镜后左右晃动或上下晃动时,目标像与十字丝发生相对变化,这种现象称为十字丝视差[见图 2-13(a)、(b)]。测量作业中是不允许存在视差的。为了检查是否存在视差,可使眼睛在目镜后上下或左右稍微晃动,如十字丝的交点始终对着目标的同一位置或横丝对准尺子的刻划不变,则表示没有视差;如发现十字丝与目标有相对移动,则说明有视差存在。如连续使眼睛的位置上下移动,好像看到物体的像在十字丝附近上下移动一样。

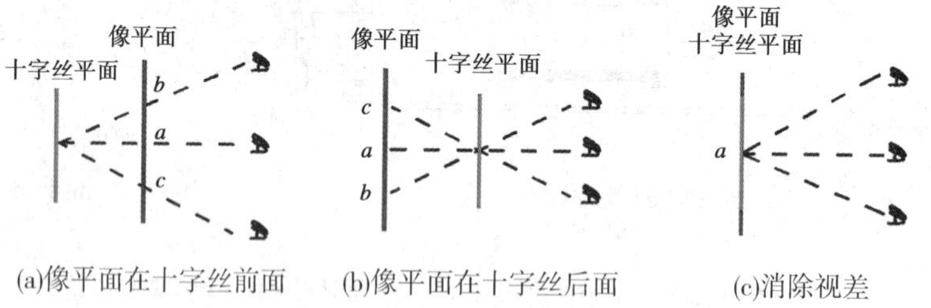

图 2-13　望远镜成像原理

消除视差的方法是:首先将望远镜对准远方向明亮处,进行目镜调焦,使十字丝的分划线看得最清楚。然后瞄准目标,用物镜对光螺旋使目标像也看得更清楚。要注意观测者的眼睛不要紧张,要始终处于松弛状态,防止眼球焦距变化。这样反复调 1~2 次,直到上下晃动眼睛时,十字丝与目标影像不发生相对移动,如图 2-13(c)所示。

望远镜的性能由以下几个方面来衡量:

(1)放大率。放大率是指通过望远镜所看到物像的视角 β 与肉眼直接看物体的视角 α

之比,它近似地等于物镜焦距与目镜焦距之比。

(2)分辨率。分辨率是指望远镜能分辨出两个相邻物点的能力,用光线通过物镜后的最小视角来表示。当小于此最小视角时,在望远镜内就不能分辨出两个物点。

(3)视场角。视场角是表示望远镜内所能看到的视野范围。这个范围是一个圆锥体,所以视场角用圆锥体的顶角来表示。视场角与放大率成反比。

(4)亮度。亮度是指通过望远镜所看到物体的明亮程度。它与物镜有效孔径的平方成正比,与放大率的平方成反比。

望远镜的各项性能是相互制约的。增大放大率也增强了分辨率,可提高观测精度,但减小了视场角和亮度,不利于观测。所以,测量仪器上望远镜的放大率有一定的限度,一般为20~45倍。

(三)水准器

水准器是水准仪获得水平视线的重要部件,是用一个内表面磨成圆弧的玻璃管制成的,分为圆水准器和管水准器。

1. 圆水准器

圆水准器是由金属的圆柱形盒子与玻璃圆盖构成的,如图2-14所示。玻璃圆盖的内表面是圆球面,其半径为0.5~2.0 m,盒内装酒精或乙醚,玻璃盖的中央有一小圆圈,其圆心即为圆水准器的零点,连接零点与球面球心的直线 OC 称为圆水准轴。当圆水准器气泡的中心与水准器的零点重合时,圆水准轴即呈竖直状态。圆水准器在构造上,使其轴线与外壳下表面正交,所以当圆水准轴竖直时,外壳下表面 MN 处于水平位置,如图2-15所示。

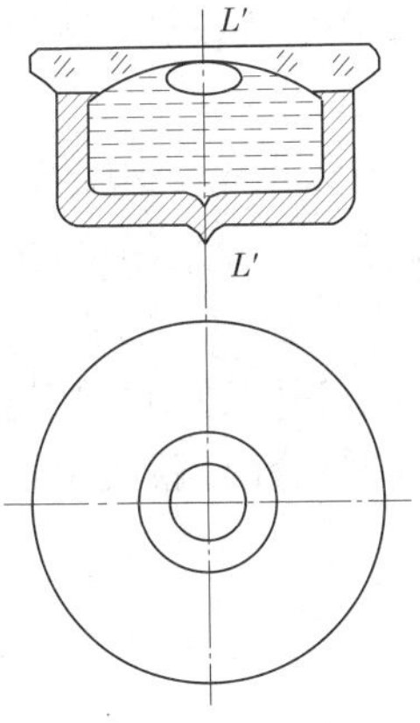

图2-14　圆水准器

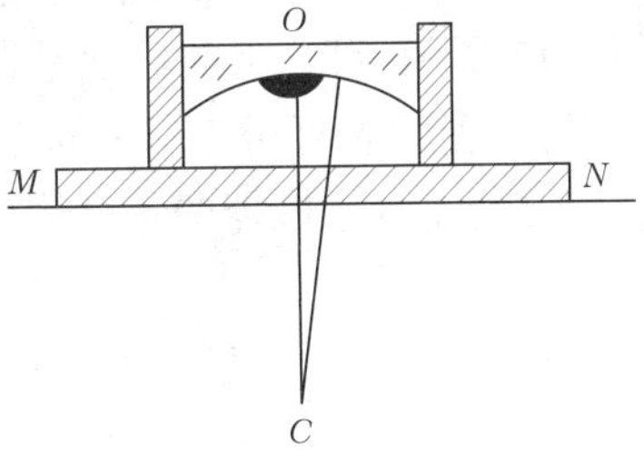

图2-15　圆水准器轴

由于圆水准器内表面的半径较短,所以用圆水准器来确定水平(或垂直)位置的精度较差。圆水准器主要用于概略整平,精确整平则用管水准器或符合水准器来进行。

2. 管水准器

管水准器是用玻璃制成的,其纵剖面方向的内表面为具有一定半径的圆弧,如图2-16(a)所示,其灵敏度由圆弧半径决定,一般水准器圆弧半径为80~100 m,最精确的可达200 m。水准管内表面琢磨后,将一端封闭,由开口的一端注入质轻而易流动的液体,如酒精、氯化钾或乙醚等,装满后再加热使液体膨胀而排去一部分,然后将开口端封闭或用玻璃塞塞住,待液体冷却后,管内即形成了一个气体充塞的小空间,这个空间称为水准气泡。

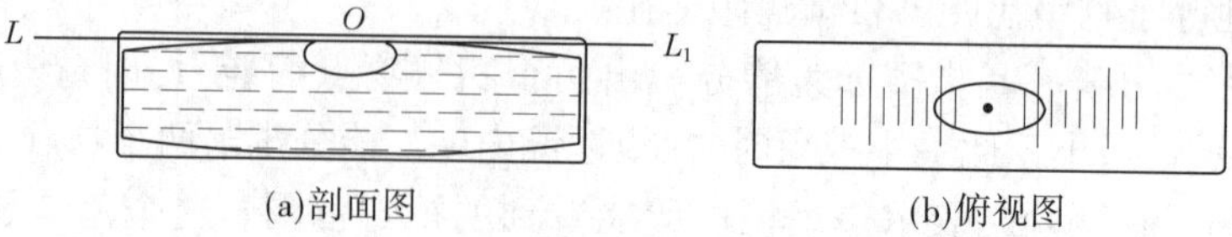

图 2-16　管水准器

如图 2-16(b)所示,在管水准器上刻有 2 mm 间隔的分划线,分划线与中间点呈对称状态,中间点称为水准管的零点,零点附近无分划,零点与圆弧相切的切线 LL_1 称为水准管的水准轴。由于重力作用,气泡在管内总居于最高位置,当气泡中点为水准管零点位置时,称气泡居中,此时水准轴呈水平位置。气泡中点的精确位置依气泡两端对称的分划线位置确定。

气泡在水准器内快速移动到最高点的能力称为灵敏度。水准器灵敏度的高低与水准器的分划值有关。

水准器的分划值是指水准器上相邻两分划线(2 mm)间弧长所对应的圆心角值的大小,用 τ 表示。若圆弧的曲率半径为 R,则分划值 τ 为

$$\tau = \frac{2}{R} \cdot \rho \tag{2-10}$$

【小贴士】

分划值与灵敏度的关系为:分划值大,灵敏度低;分划值小,灵敏度高。但水准管气泡的灵敏度愈高,气泡愈不稳定,使气泡居中所花费的时间愈长,所以水准器的灵敏度应与仪器的性能相适应。DS_3 型水准仪的圆水准器分划值为 8′/mm,水准管分划值一般为 20″/2 mm。

3. 符合水准器

当用眼睛直接观察水准器气泡两端相对于分划线的位置以衡量气泡是否居中时,其精度受到眼睛的限制。为了提高水准器整平的精度,并便于观察,一般采用符合水准器。

如图 2-17 所示,符合水准器就是在水准管的上方安置一组棱镜,通过光学系统的反射和折射作用,把管气泡两端各一半的影像传递到望远镜内或目镜旁边的显微镜内,使观测者不移动位置便能看到水准器的符合影像。当气泡两端的半像吻合时,就表示气泡居中。

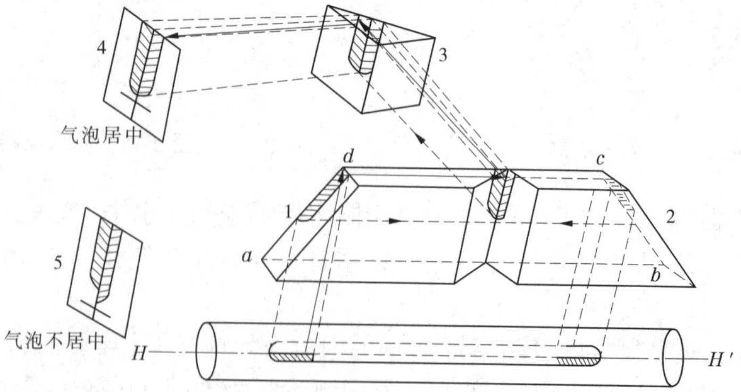

图 2-17　符合水准器

【小贴士】

当调整脚螺旋使圆水准器气泡居中达到粗平后，一边观察侧面水准管气泡移动情况，一边调整微倾螺旋，目视气泡居中或接近居中，即可通过目镜旁边的气泡观察窗口，再次微调微倾螺旋，直至水准管气泡影像完全重合，实现精平。

(四)基座

基座的作用是支撑仪器的上部并与三脚架连接，如图 2-18 所示，它主要由基座、脚螺旋、底板和三角压板构成。

(五)水准尺与尺垫

水准标尺简称水准尺，是进行水准测量的工具，与水准仪配合使用，要求尺长稳定，尺身笔直，分划准确。如图 2-19 所示，常用的水准尺有双面水准尺和塔尺两种。双面水准尺多用于三、四等水准测量，其长度有 2 m 和 3 m 两种，两根尺构成一对，尺的两面均有刻划，一面为黑白相间，称黑面尺(也称主尺)，另一面为红白相间，称红面尺，两面的刻划均为 1 cm，并在分米处注字。两根尺的黑面均由零开始；红面，一根尺由 4 687 mm 开始至 6 687 mm 或 7 687 mm，另一根由 4 787 mm 开始至 6 787 mm 或 7 787 mm。塔尺则用于等外水准测量，其长度有 2 m 和 5 m 两种，用两节或三节套接在一起，尺的底部为零点，尺上黑白格相间，每格宽度为 1 cm，有的为 0.5 cm，每一米和分米处均有注记。

1—基座；2—底板；
3—脚螺旋；4—三角压板。

图 2-18　基座

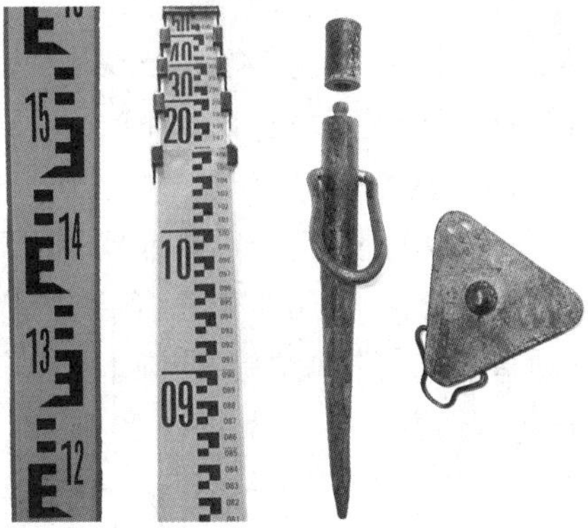

(a)双面尺　(b)塔尺　(c)尺垫与尺桩

图 2-19　水准尺与尺垫

在进行水准测量时，为了减小水准尺下沉，保证测量精度，每根水准尺都附有一个尺垫，使用时先将尺垫牢固地摔、踩在地下，再将标尺直立在尺垫的半球形的顶部，其形状如图 2-19(c)所示。根据水准测量等级高低，尺垫的大小和重量有所不同。尺垫只用在转点上，已知点或待定点不能放尺垫。土质特别松软的地区应用尺桩进行测量。

使用标尺时应注意以下几点：

(1)使用双面水准标尺，必须成对使用。三、四等水准测量的普通水准标尺，就是红面起点为 4 687 mm 和 4 787 mm 的两个标尺为一对。

(2)在观测时，特别是在读取中丝读数时应使水准标尺的圆水准器气泡居中，使尺身保持竖直。

(3)为保证同一标尺在前视与后视时位置一致,在水准路线的转点上应使用尺垫或尺桩。尺垫通常用于一般地区的水准测量,尺桩用于沙地或土质松软地区的水准测量。

(六)DS_3 微倾式水准仪的使用

DS_3 微倾式水准仪的使用主要包括安置水准仪、粗平、瞄准、精平和读数,若是自动安平水准仪,则没有精平这步操作。

1. 安置水准仪

打开三脚架,并齐架腿,使脚架底座大致达到下颚高度,然后张开三脚架,架腿伸开适中,且使架头大致水平,然后从仪器箱中取出水准仪,安放在三脚架头上,一手握住仪器,一手将三脚架中心连接螺旋旋入仪器基座的中心螺孔中,适度扭紧,使仪器固定在三脚架上,防止仪器摔下来。

码 2-2　水准仪的架设

码 2-3　水准仪的整平

【小贴士】

为加快整平速度,三脚架放在地上后,目视大致保持架头水平;三个架腿张开适中,太紧则不稳,容易摔倒,太宽则不便于观测,容易踢动架腿;若地面比较松软,要将三脚架三个脚尖踩实,稳定仪器,并减少仪器下沉。

2. 粗平

粗平的目的是借助于圆水准器气泡居中,使仪器竖轴竖直。根据重力原理,气泡密度最小,当气泡在哪侧,说明该侧高,则需要降低这一侧,或抬高相反的一侧。调整的基本方法是,转动基座上三个脚螺旋,使圆水准器气泡居中。在整平时,气泡的移动方向始终与左手大拇指的运动方向一致,如图 2-20 所示。

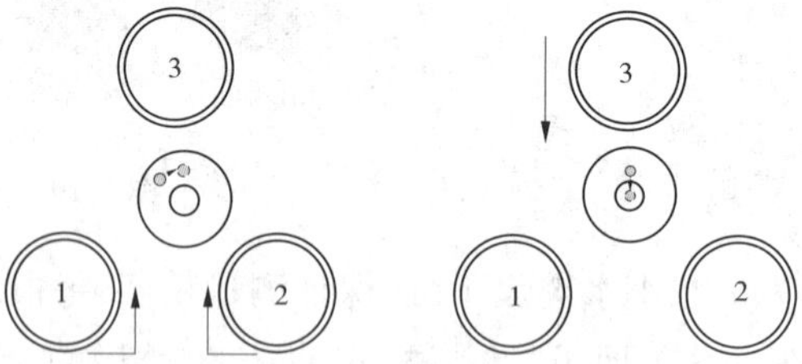

图 2-20　圆水准器的整平

3. 瞄准

先将望远镜对向明亮的背景,转动目镜调焦螺旋使十字丝清晰;转动望远镜,利用镜上缺口和准星照准标尺;拧紧制动螺旋,转动物镜调焦螺旋,看清水准尺;利用水平微动螺旋,使十字丝竖丝瞄准尺面中央,同时观测者的眼睛在目镜上下微动,检查十字横丝与物像是否存在相对移动的现象,这种相对移动的现象被称为视差。如有视差则应消除,即继续以上调焦方法仔细对光,直至水准尺正好成像在十字丝分划板平面上,两者同时清晰且无相对移动现象。

4. 精平

观察符合气泡观察窗,转动微倾螺旋,使水准管气泡两端的半像吻合,如图 2-17 所示。此时,水准管轴水平,水准仪的视轴亦精确水平。由于气泡的移动有惯性,转动微倾螺旋的速度不能快,特别在符合水准器的两端气泡影像将要吻合时尤其注意。只有当气泡已经稳定而又居中时,才达到精平的目的。

5. 读数

水准管气泡居中后,用十字丝横丝(中丝)在水准尺上读数。水准尺读数为 4 位,以 mm 为单位,无论黑面还是红面水准尺,尺面标注的两位数字表示米与分米位,E 字形刻度底端较长较尖位置为 0 cm 位置,黑色或白色 1 格都表示 1 cm。前两位数字直接在水准尺上读取,第三位厘米位也精确读取,第四位则估读,读数如图 2-21 所示。

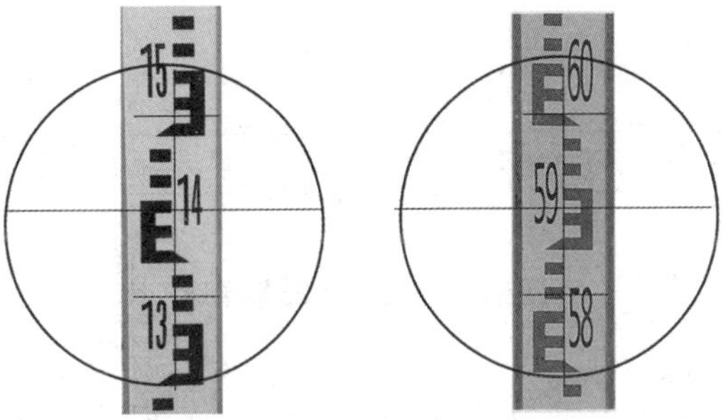

黑面读数:1442;红面读数:5933。

图 2-21 黑面、红面水准尺读数

二、自动安平水准仪

码 2-4 自动安平水准仪的认识

当进行微倾水准仪观测时,首先使圆水准器气泡居中使仪器粗平,然后用微倾螺旋使管水准器气泡居中,使水准仪达到精平,由此才能获得精确的水平视线。在水准尺上每次读数前都要用微倾螺旋将水准管气泡调至居中位置,这对于提高水准测量的速度和精度是个很大的障碍,而且随着观测时间的延长、外界条件的变化,居中的管水准器气泡也可能发生变化,从而使测量产生误差,自动安平水准仪就是为克服这些缺点而生产的。如图 2-22 所示,自动安平水准仪替代了管水准器和微倾螺旋,通过自动补偿使仪器视线达到水平,所以在观测时只需将圆水准器气泡居中,十字丝中丝读取的标尺读数即为水平视线的读数。同时,因为水准仪整置不当、地面微小振动或三脚架不规则下沉等造成的视线不水平,可以由自动补偿器迅速调整而得到正确读数。

自动安平的原理如图 2-23 所示,在照准轴水平时,照准轴指向标尺的 a 点,即 a 点的水平线与照准轴重合;当照准轴倾斜一个小角 α 时,照准轴指向标尺的 a',而来自 a 点过物镜中心的水平线不再落在十字丝的水平丝上。自动安平就是在仪器的照准轴倾斜时,采取某种措施使通过物镜中心的水平光线仍然通过十字丝交点。

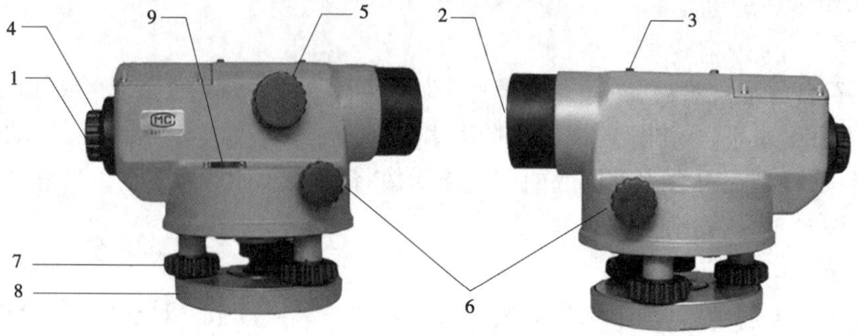

1—望远镜目镜;2—望远镜目镜;3—准星;4—目镜调焦螺旋;5—物镜调焦螺旋;6—水平微动螺旋;7—脚螺旋;8—基座;9—圆水准器。

图2-22 DSZ_3 自动安平水准仪

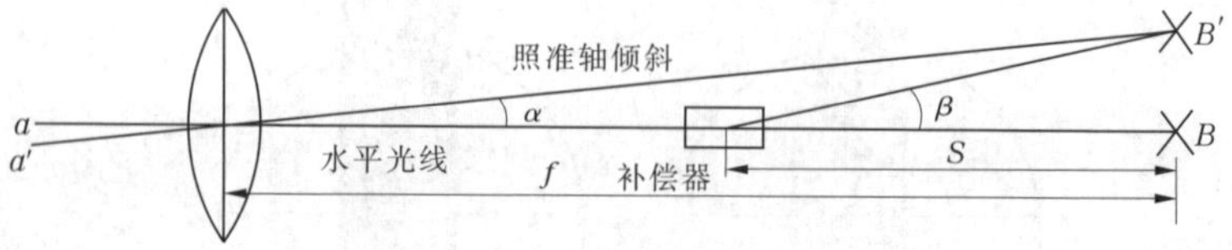

图2-23 自动补偿器原理

通常有两种自动安平的方法:

(1)在光路中安置一个补偿器,在照准轴倾斜一个小角 α 时,使光线偏转一个 β 角,使来自 a 点过物镜中心的水平线落在十字丝的水平丝上。

由于 α、β 均很小,应有

$$\alpha f = S\beta \tag{2-11}$$

式(2-11)中,f 为物镜的焦距,α 为照准轴的倾斜角,β 为补偿角,α、β 均以弧度表示,则光线的补偿角为

$$\beta = \frac{\alpha f}{S} \tag{2-12}$$

(2)使十字丝自动地与 a 点的水平线重合而获得正确读数,即使十字丝从 B' 移动到 B 处,移动的距离为 αf。

两种方法都达到了改正照准轴倾斜偏移量的目的。第一种方法要使光线偏转,需要在光路中加入光学部件,故称为光学补偿。第二种方法则是用机械方法使十字丝在照准轴倾斜时自动移动,故称为机械补偿。常用的仪器中采用光学补偿器的仪器较多。

三、数字水准仪

数字水准仪又称电子水准仪,指以自动安平水准仪为基础,在望远镜光路中增加了分光镜和光电探测器,采用条码水准尺和图像处理系统构成的光机电测量一体化的水准仪,水准尺分划,如图2-24所示为部分数字水准仪。电子水准仪与光学水准仪相比,具有测量速度快、精度高、读数客观、自动读数、自动记录、程序计算高差等特点,减轻了作业劳动强度,实现了水准测量内外业一体化。

(a)Leica(徕卡)DNA03　　(b)Trimble(天宝)DINI03　　(c)科力达DL07

图 2-24　部分数字水准仪

(一)数字水准仪的组成

与光学水准仪相同,数字水准仪也由仪器和标尺两大部分组成。数字水准仪的主机光学部分和机械部分与自动安平水准仪基本相同,仪器主机由望远镜系统、补偿器、分光棱镜、目镜系统、CCD 传感器、数据处理器、键盘、数据处理软件组成,如图 2-25 所示为瑞士徕卡公司的 DNA03 数字水准仪。数字水准仪的标尺是条码标尺,条码标尺是由宽度相等或不等的黑白条码按一定的编码规则有序排列而成的。这些黑白条码的排列规则就是各仪器生产厂家的技术核心,各厂家的条码图案完全不同,不能互换使用。

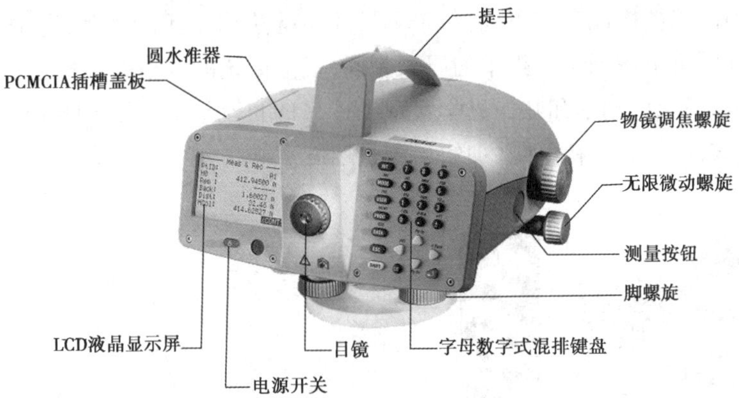

图 2-25　徕卡 DNA03 数字水准仪

(二)数字水准测量原理

数字水准仪自动测量的过程是:人工完成照准和调焦之后,标尺的条码影像光线到达望远镜中的分光镜,分光镜将这个光线分离成红外光和可见光两部分,红外光传送到线阵探测器上进行标尺图像探测;可见光传到十字丝分化板上成像,供测量员目视观测。仪器的数据处理器通过对探测到的光源进行处理,就可以确定仪器的视线高度和仪器至标尺的距离,并在显示窗显示。

数字水准仪测量的基本原理是利用线阵探测器对标尺图像进行探测,自动解算出视线高度和仪器至标尺的距离。其关键技术就是条码设计与探测,从而自动显示读数。

由于生产数字水准仪的各厂家采用不同的专利,测量标尺也各不相同,目前主要有以下几种:

(1)相关法,如瑞士徕卡公司的 NA2002 型、DNA03 型数字水准仪。

(2)几何法,如德国蔡司公司的 DINI10 型、DINI20 型数字水准仪。

(3)相位法,如日本拓普康公司的 DL-101C 型数字水准仪。

下面简要介绍前两种方法的测量原理。

1. 相关法

徕卡的数字水准仪采用相关法,如图 2-26 所示,就是将代表水准标尺的伪随机码的图像存储在数字水准仪中,作为参考信号,在测量时,标尺的伪随机码成像在探测器上,被转换成电信号,并与存储的参考信号相比较,按一定的步距移动参考信号,逐步将测量信号与参考信号进行相关计算,直至两个信号取得最大相关,由此获得视线高度在标尺上的读数和视距,运用相关法对标尺自动读数的关键是需要获取两个参数,即“视线高”和“比例”。

2. 几何法

蔡司 DINI10/20 系列已改为天宝的品牌,其数字水准仪采用几何法读数原理,标尺采用双相位码,标尺上条码的片段如图 2-27 所示。蔡司数字水准仪的标尺每 2 cm 划分为一个测量间距,其中的码条构成一个码词,每个测量间距的边界由黑白过渡线构成,其下边界到标尺底部的高度,可由该测量间距中的码词判断,就像传统的区格式标尺上的注记一样。几何法通过高质量的标尺刻划和几何光学实现了标尺的自动读数,而不是靠电信号的相关处理,从而保证了较高的测量精度,又加快了测量速度。

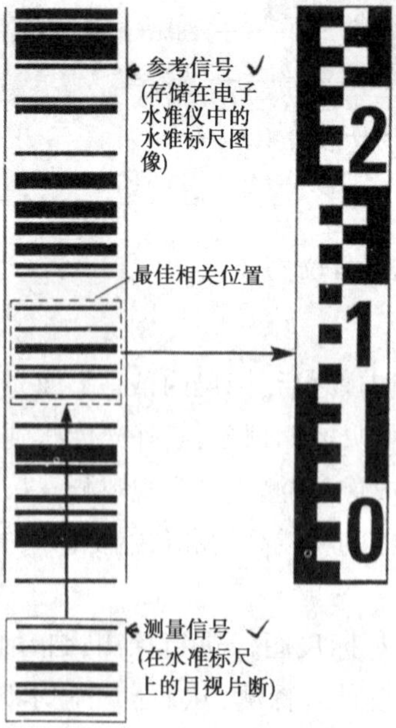

图 2-26　相关法读数原理图

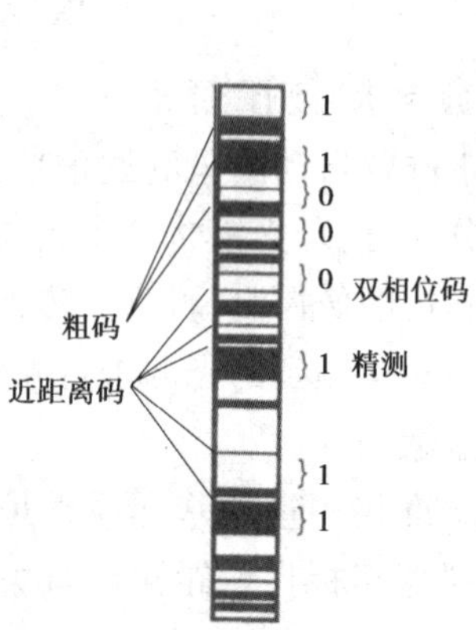

图 2-27　蔡司数字水准仪的标尺

(三)数字水准仪的优缺点

1. 数字水准仪的优点

与传统的光学水准仪相比,数字水准仪有以下优点:

(1)测量效率高。仪器能自动读数、自动记录、检核并计算处理测量数据,并能将各种数据输入计算机进行后处理,实现了内外业一体化。

(2)准确度高。数字水准仪自动记录,不会出现读错、记错和计算错误,而且没有人为的读数误差。

(3)测量精度高。视线高和视距读数都是采用多个条码的图像经过处理后取平均值得出来的,因此削弱了标尺分划误差的影响。数字水准仪一般都有进行多次读数取平均值的功能,还可以削弱外界条件的影响,如振动、大气扰动等。

(4)测量速度快。由于省去了读数、复述记录和现场计算的过程,所有这些过程由仪器自动完成,人工只需照准、调焦和按键即可,不仅提高了观测速度,也减轻了劳动强度。

(5)操作简单。由于仪器实现了读数和记录的自动化,并预存了大量测量和检核程序,在操作时还有实时提示,因此测量人员可以很快地掌握使用方法,即使不熟练的作业人员也能进行高精度测量。

(6)自动改正测量误差。仪器可以对条码尺的分划误差、CCD 传感器的畸变、电子 i 角、大气折光等系统误差进行修正。

2. 数字水准仪的缺点

与光学水准仪相比,数字水准仪有以下缺点:

(1)数字水准仪只能使用配套的标尺测量,而对于光学水准仪,使用自制的标尺,甚至是普通的钢尺,只要有准确的刻划线,就能读数。

(2)数字水准仪要求有一定的视场范围,在特殊情况下,如水准仪只能在一个较窄的狭缝中看见标尺时,就只能使用光学水准仪或数字、光学一体化的水准仪。

(3)数字水准仪对环境要求高。由于数字水准仪是由 CCD 传感器来分辨标尺条码的图像进行电子读数的,测量结果受制于 CCD 传感器的性能。因此,标尺上的亮度是很重要的,测量时要求标尺的亮度均匀、适中。逆光时会有读不出数的情况。

任务三　水准测量实施

水准测量按精度分为一等到四等共 4 个等级,还包括等外水准测量,主要为地形测量而进行的普通水准测量,因此又称为图根水准测量。本任务主要讲普通水准测量、四等水准测量和水准测量的内业计算。

一、图根水准测量

(一)图根水准测量的主要技术要求

图根水准测量的主要技术要求如表 2-5 所示。

表 2-5　图根水准测量的主要技术要求

等级	路线长度/km	水准仪	水准尺	视线长度/m	观测次数		往返较差、附合或环线闭合差	
					与已知点联测	附合或环线	平地/mm	山地/mm
等外	≤5	DS_3	单面	100	往返各次	往一次	$\pm 40\sqrt{L}$	$\pm 12\sqrt{n}$

注:L 为水准路线长度,km;n 为测站数;当水准路线布设成支线时,其路线长度不应大于 2.5 km。

(二)图根水准测量的实施

图根水准测量的外业观测程序为:将水准尺立于已知高程水准点上作为后视,水准仪置于施测路线附近合适的位置,在施测路线的前进方向上放置尺垫,要保证前后视距大致相等,并在规范规定长度范围内,为减少尺垫和尺子下沉,应踩实尺垫,然后将水准尺立在尺垫上作为前视尺。观测员粗平水准仪后,瞄准后视标尺,调节微倾螺旋使附合水准器气泡精确居中以达到精平,读取中丝读数至毫米,记录在相应栏内。旋转望远镜瞄准前视标尺,此时水准管气泡一般将会有少许偏离,再次精平,读取中丝读数。记录员根据观测员的读数在手簿中记下相应数字,并立即计算高差。这就是一个测站的全部工作。

第一测站结束之后,记录员招呼后标尺员向前转移,并将仪器迁至第二测站。此时,第一测站的前视点便成为第二测站的后视点。依第一测站相同的工作程序进行第二测站的工作。依次沿水准路线方向施测直至全部路线观测完。图根水准测量记录手簿见表 2-6。

表 2-6　图根水准测量记录手簿

测自 A 至 B____年__月__日　　观测者:______　　记录者:________

测站	测点	水准尺读数/m		高差/m		高程/m	备注
		后视读数	前视读数	+	−		
1	2	3	4	5		6	7
1	A	2142		+0.884		71.268	
	TP_1		1258				
2	TP_1	0928			−0.307		
	TP_2		1235				
3	TP_2	1664		+0.233			
	TP_3		1431				
4	TP_3	1672			−0.402		
	B		2074			71.676	
计算检核	Σ	6406	5998	+1.117	−0.709		
	$\sum a-\sum b=+0.408$			$\sum h=+0.408$		$h_{AB}=H_B-H_A=+0.408$	

【小贴士】

高差值分正负，无论正高差还是负高差，都要带上正负号，不能省略。

(三)计算与检核

1. 高差计算

每一测站都可测得前、后视两点的高差，即

$$\left.\begin{array}{l} h_1 = a_1 - b_1 \\ h_2 = a_2 - b_2 \\ \vdots \\ h_n = a_n - b_n \end{array}\right\}$$

将上述各式相加，得：

$$h_{AB} = \sum_{i=1}^{n} h_i = \sum_{i=1}^{n} a_i - \sum_{i=1}^{n} b_i \tag{2-13}$$

则 B 点高程为

$$H_B = H_A + h_{AB} = H_A + \sum_{i=1}^{n} h_i \tag{2-14}$$

2. 计算检核

为了保证记录表中数据的正确，应对后视读数总和减前视读数总和、高差总和、B 点高程与 A 点高程之差进行检核，这三个数字应相等。

$$\sum_{i=1}^{n} a_i - \sum_{i=1}^{n} b_i = 6.406 - 5.998 = +0.408$$

$$\sum_{i=1}^{n} h_i = +1.117 - 0.709 = +0.408$$

$$H_B - H_A = 71.676 - 71.268 = +0.408$$

3. 测站检核

(1)变动仪器高法。同一个测站上用两次不同的仪器高度，测得两次高差进行检核。要求：改变仪器高度应大于 10 cm，两次所测高差之差不超过容许值(普通水准测量容许值为±6 mm)，取其平均值作为该测站的最后结果，否则需要重测。

(2)双面尺法。分别对双面水准尺的黑面和红面进行观测。利用前、后视的黑面和红面读数，分别算出两个高差。如果不符值不超过规定的限差，则取其平均值作为该测站的最后结果，否则需要重测。

二、四等水准测量

四等水准路线的布设取决于测量目的、地形特点和已有高等级水准点的分布情况，注意路线长和埋石点密度。水准路线的布设形式如图 2-3 所示。由于起闭于一个高级水准点的闭合水准路线缺少检核条件，即当起始点高程有误时无法发现，因此在未确认高级水准点的高程时不应当布设闭合水准路线；而对于无检核测量成果的水准支线，只有在特殊条件下才能使用。因此，水准路线一般应当布设成附合路线或者水准网。

水准点应选在坚固稳定与安全僻静的地方，点位应埋设永久性标石。标石和标志埋设应稳固耐久,标石的底部应在冻土层以下,并浇灌混凝土基础;也可以在坚固的永久性建筑物上凿埋标志作为水准点。

(一)四等水准测量的实施

1.一般要求

四等水准路线的观测应以测段为单位逐段进行;一个测段的观测应从水准点开始连续设站,逐站观测。每站在观测时,凡已知点和待求高程的水准点,标尺应直接立在水准点标志中心,而在转点上应安放尺垫,标尺立在尺垫上;四等水准测量各项限差要求如表2-7所示。

表2-7　四等水准测量各项限差

视线长度		前后视距差/m	每站前后视距累积差/m	视线高度	数字水准仪重复测量次数/次	测段、路线往返测高差不符值/mm	附合路线和环线闭合差/mm	
仪器类型	视距/m						平原	山区
DS_3	≤100	≤3.0	≤10.0	三丝能读数	≥2	$\pm 20\sqrt{K}$	$\pm 20\sqrt{L}$	$\pm 25\sqrt{L}$
DS_1 DS_{05}	≤150							

注:K为路线或测段的长度,km;L为附合路线(环线)长度,km。山区指高程超过1 000 m或路线中最大高差超过400 m的地区。

2.观测与记录

四等水准测量一般采用中丝测高法,直读距离,观测顺序为后、后、前、前。水准路线为附合路线或闭合路线时采用单程测量;若采用单面标尺,应变动仪器高度观测两次。水准支线应进行往返测或单程双转点法观测。

估读前后视距,若视距(差)超限则调整测站或转点,四等水准测量在一个测站的观测和记录步骤为:

(1)后尺黑面上、下、中丝读数。

(2)后尺红面中丝读数。

(3)前尺黑面上、下、中丝读数。

(4)前尺红面中丝读数。

码2-5　四等水准实施

表格的记录与计算见表2-8,具体计算方法如下所述。

(1)后视距的计算:(15)=[(1)-(2)]×0.1 (m)

前视距的计算:(16)=[(5)-(6)]×0.1(m)

(2)前后视距差的计算:(17)=(15)-(16)(m)

前后视距累积差的计算(18)=(17)+上一站的(18)(m)

注:视距累积差以测段为单位累积。

(3)K+黑-红的计算:(9)=(3)-13-(4);(10)=(7)-13-(8)

表 2-8　四等水准测量观测手簿

测自 BM_1 至 BM_2　　2025 年 6 月 6 日
时刻始 8 时 00 分　　天气：阴天无风
　末 11 时 30 分　　成像：清晰

测站编号	测点编号	后尺 上丝	前尺 上丝	方向及尺号	标尺读数		K+黑−红	高差中数	备注
		后尺 下丝	前尺 下丝		黑面	红面			
		后距	前距						
		视距差 d	$\sum d$						
		(1) 后黑上丝	(5) 前黑上丝	后	(3) 后黑中丝	(4) 后红中丝	(9) (K+黑−红)		
		(2) 后黑下丝	(6) 前黑下丝	前	(7) 前黑中丝	(8) 前红中丝	(10) (K+黑−红)		
		(15) 后距	(16) 前距	后−前	(11) 黑面高差	(12) 红面高差	(13) 黑红面高差之差	(14) 测站高差中数	
		(17) 前后视距差	(18) 视距累积差						
1	BM_1—TP_1	1575	1550	后 BM_1	1448	6234	+1		
		1317	1288	前	1419	6107	−1		
		25.8	26.2	后−前	+0029	+0127	+2	+0.0280	
		−0.4	−0.4						后视标尺4787
2	TP_1—TP_2	1580	1572	后	1377	6063	+1		
		1170	1161	前	1369	6155	+1		
		41.0	41.1	后−前	+0008	−0092	0	+0.0080	
		−0.1	−0.5						
3	TP_2—TP_3	1580	1610	后	1410	6198	−1		
		1236	1270	前	1440	6129	−2		
		34.4	34.0	后−前	−0030	+0069	+1	−0.0305	
		+0.4	−0.1						
4	TP_3—BM_2	1538	1520	后	1318	6006	−1		
		1100	1089	前 BM_2	1303	6091	−1		
		43.8	43.1	后−前	+0015	−0085	0	+0.0150	
		+0.7	+0.6						

注：(3)、(4)、(7)、(8)取最后两位参与计算。

(4)黑面高差的计算：(11)=(3)−(7)(m)

红面高差的计算：(12)=(4)−(8)(m)

计算检核:(13)=(9)-(10)=(11)-(12)±100(mm)

(5)测站高差中数的计算:

(14)=[(11)+(12)±0.1]/2 (m)

注:高差中数计算,以黑面高差为准,红面高差±0.1 m,再求平均。

3. 测站限差与取位

测站限差主要包括:

(1)后距,前距不超过100 m。

(2)前后视距差不超过±3 m。

(3)视距累积差不超过±10 m,视距累积差以测段为单位累积。

(4)*K*+黑-红不超过±3 mm。

(5)黑红面高差之差不超过±5 mm。

记录计算的取位要求:

(1)后视距、前视距、前后视距差、前后视距累积差取至0.1 m。

(2)黑面高差、红面高差取至0.001 m。

(3)*K*+黑-红、黑红面高差之差取至1 mm。

(4)测站高差中数取至0.000 1 m。

(5)测段高差取至0.001 m。

4. 工作间歇

在每天作业结束或因故需临时中断作业时,应尽量在水准点上结束;否则,应选择两个坚稳可靠、光滑突出、便于放置标尺的固定地物(如桥墩、墓碑等)作为间歇点;间歇后应进行检测,当检测结果与间歇前的高差互差不超过±5 mm时即可起测。

当无法找到理想的固定点地物作为间歇点时,可以在最后两测站的转点处打入钉有圆帽铁钉的三个木桩作为间歇点。间歇后检测,首先检测最后测站的两个转点间的高差,如果间歇前、后两次高差之差不超过±5 mm,可由最后一个转点起测;如果超过5 mm,则后退检测前一测站的两个转点,若间歇前后的高差较差不超过±5 mm,则从第二个转点处起测,如仍然超限,再检测第一个转点与最后一个转点间的高差,如果满足要求,则说明第二个转点有变动,从最后一个转点起测;如果检测仍然超过限差,则说明三个转点中至少有两个被破坏,则应退至前一个水准点处开始测量。

【小贴士】

(1)水准点(已知待定)上立尺时,不得放尺垫。

(2)水准尺应立直,不能左右倾斜,更不能前后俯仰。

(3)在观测员未迁站之前,后视点尺垫不能移动。

(4)前后视距应大致相等,立尺时可用步丈量。

(5)外业观测记录必须在编号、装订成册的手簿上进行,已编号的各页不得任意撕去,记录中间不得留下空页或空格。

(6)一切外业原始观测值和记事项目,必须在现场用铅笔直接记录在手簿中,需修改以及观测结果的作废,禁止擦拭、涂抹与刮补,而应以横线或斜线正规划去,在本格内的上方写出正确数字和文字,并在备注栏注明原因。

(7)同一测站内不得有两个相关数字“连环更改”。如更改了标尺的黑面前两位读数后，就不能再更改同一标尺的红面前两位读数，有连环更改的记录应立即废去重测。每站8个原始观测值的厘米和毫米位读数，不论任何原因都严禁更改，而应将该测站的观测结果废去重测。

(8)对于中丝读数，要求读记四位数，前后的0都要读记。

(9)作业手簿必须经过小组认真的检查，确认合格后，方可提交上一级检查验收。

三、水准测量的内业计算

水准测量的目的是通过测得各测段高差，进而由已知水准点推求待定点高程。由于测量误差的存在，使得观测高差与已知(理论)高差不符，它们之间的不符值称为高差闭合差。

$$\text{闭合差} = \text{观测值} - \text{理论值} \tag{2-15}$$

(一)附合水准路线的计算

附合水准路线是从已知水准点出发，经过若干待定水准点，结束于另一个已知高程点上。其计算步骤如下：

(1)计算高差闭合差：

$$f_h = \sum_{i=1}^{n} h_i - (H_{\text{终}} - H_{\text{始}}) \tag{2-16}$$

(2)若高差闭合差小于限差(这里以四等水准测量为例)，即

$$f_h \leqslant f_{\text{限}} = \pm 20\sqrt{L} \tag{2-17}$$

计算每一测段高差改正数：

$$v_i = -\frac{f_h}{\sum_{i=1}^{n} L_i} L_i \tag{2-18}$$

改正数之和应等于高差闭合差的相反数：

$$\sum_{i=1}^{n} v_i = -f_h \tag{2-19}$$

(3)计算改正后的测段高差：

$$h_{i\text{改}} = h_i + v_i \tag{2-20}$$

(4)推算待定点高程：

$$H_{i+1} = H_i + h_{i\text{改}} \tag{2-21}$$

最终，终点已知高程应等于前一个点推算高程值加改正后的测段高差，以此作为检核：

$$H_{\text{终}} = H_i + h_{i\text{改}} \tag{2-22}$$

码 2-6　附合水准内业计算

码 2-7　闭合水准内业计算

下面以一个附合导线水准计算为例，进行高程平差计算，如图 2-28 所示为附合水准路线算例。四等水准点高程计算如表 2-9 所示。

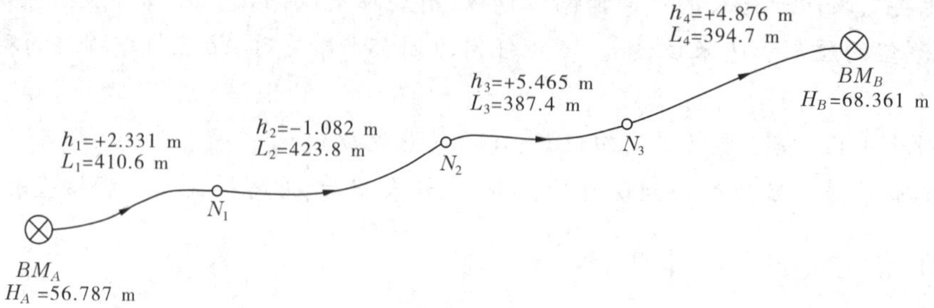

图 2-28　附合水准路线算例

表 2-9　四等水准点高程计算

点名	路线长/km	观测高差/m	改正数/m	改正后高差/m	高程/m
BM_A					56.787
	0.410 6	+2.331	-0.004	+2.327	
N_1					59.114
	0.423 8	-1.082	-0.004	-1.086	
N_2					58.028
	0.387 4	+5.465	-0.004	+5.461	
N_3					63.489
	0.394 7	+4.876	-0.004	+4.872	
BM_B					68.361（检核）
Σ	1.616 5	+11.59	-0.016（检核）		
$f_h = +0.016$ m					
$f_{h限} = \pm 20\sqrt{L} \approx \pm 0.025$ m					

（二）闭合水准路线的计算

与附合水准路线相比，闭合水准路线的计算主要区别在高差闭合差的计算，由于闭合水准路线从已知水准点出发，经过若干个测段又回到该点，因此高差理论值为 0，那么其高差闭合差计算为

$$f_h = \sum_{i=1}^{n} h_i \tag{2-23}$$

其他计算与附合水准路线一样，在此不再赘述。

码 2-8　四等水准配合平差

（三）支水准路线的计算

支水准路线没有已知点附合，缺少检核条件，因此支水准路线每个测段都要进行往返测，当该测段往测与返测高差闭合差合乎限差要求时，按式（2-24）计算测段高差：

$$h_i = \frac{h_{i往} - h_{i返}}{2} \tag{2-24}$$

任务四　水准仪与水准尺的检验与校正

水准仪是水准测量的主要仪器，水准测量成果的好坏，主要取决于水准仪是否合乎要求。为了保证水准测量成果的正确可靠,在作业前需要对水准仪、水准尺进行检验和校正。

一、水准仪应满足的几何条件

如图 2-29 所示,水准仪的主要轴线有望远镜的视准轴(照准轴)CC、管水准轴 LL、圆水准器轴 $L'L'$ 和竖轴 VV。由水准测量原理可知,准确测定两点间高差是以水准仪的视线(视准轴)水平为基础的,视线水平又是以管水准器气泡居中即管水准轴水平来判断的。因此,水准仪应满足的主要几何条件有:

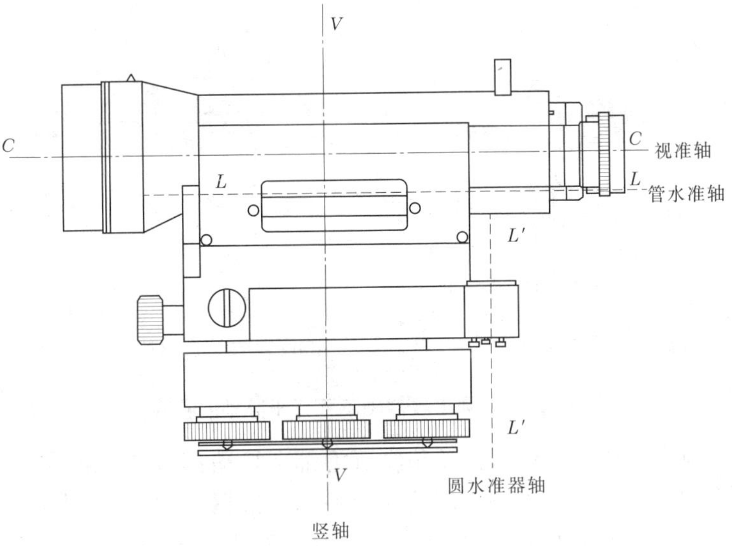

图 2-29　水准仪的几何轴系

(1)管水准轴 LL 平行于视准轴 CC。

(2)圆水准器轴 $L'L'$ 平行于竖轴 VV。

(3)十字线横丝垂直于竖轴 VV。

二、水准仪的检验与校正

(一)一般检视

在检视水准仪时,主要注意光学零部件的表面有无油迹、擦痕、霉点和灰尘;胶合面有无脱胶、镀膜面有无脱膜现象;仪器的外表面是否光洁;望远镜视场是否明亮、均匀;符合水准器成像是否良好;各部件有无松动现象;仪器转动部分是否灵活、稳当,制动是否可靠;调焦时成像有无晃动现象。此外,还应检查仪器箱内配备的附件及备用零件是否齐全,三脚架是否稳固。

(二)圆水准器轴平行于仪器竖轴的检验与校正

1. 检验

仪器的竖轴与圆水准器轴为两条空间直线,它们一般不相交,为讨论方便,取它们在过两个脚螺旋连线的竖直面上的投影进行分析。如图 2-30(a)所示,VV 为竖轴,$L'L'$ 为圆水准器轴,假设它们不平行而有一个夹角 α,当气泡居中时,圆水准器轴 $L'L'$ 是竖直的,仪器竖轴与竖直位置偏差为 α 角。此时,将仪器旋转 180°,由于仪器旋转时以 VV 为旋转轴,因此 VV

的空间位置是不动的。仪器旋转之后,水准器中的液体受重力作用,气泡仍将处于最高处,而圆水准器的水准轴将在$L''L''$处。从图2-30(b)中可以看出,水准轴$L''L''$与竖直轴$L'L'$之间的角度为2α,此时水准器的气泡已不再居中而偏离到了另外一边,气泡偏移的弧长所对圆心角等于2α。

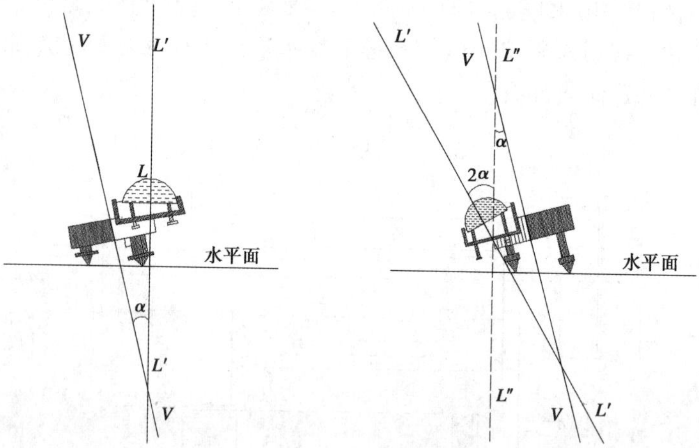

(a)旋转前圆水准气泡居中

(b)旋转180°后,圆水准气泡偏离

图2-30 圆水准器轴不平行于竖轴的检验

仪器自图2-30(a)开始旋转到任意角度气泡都会移动,只是旋转180°时气泡移动幅度最大。因此,应这样检验:先用基座螺旋使仪器的圆水准器气泡居中,然后将仪器照准部旋转180°,若气泡仍居中,则说明仪器的圆水准器轴与竖轴平行;若气泡不居中,则说明圆水准器轴与竖轴不平行,仪器需要校正,气泡偏移的长度代表了仪器竖轴和圆水准器轴的夹角的2倍。

2. 校正

若经过检验发现仪器竖轴与水准轴不平行,应进行校正。校正工作可用装在圆水准器下面的校正螺钉来实现。

校正方法如图2-31所示,用基座脚螺旋改正气泡偏离值的一半,再用圆水准器校正螺钉使气泡居中。由于圆水准器只有一个气泡居中的圆圈标志,而没有气泡偏离多少的准确格值,校正时不易掌握气泡偏离值的一半,因此此项检校应反复进行,直到仪器满足条件。

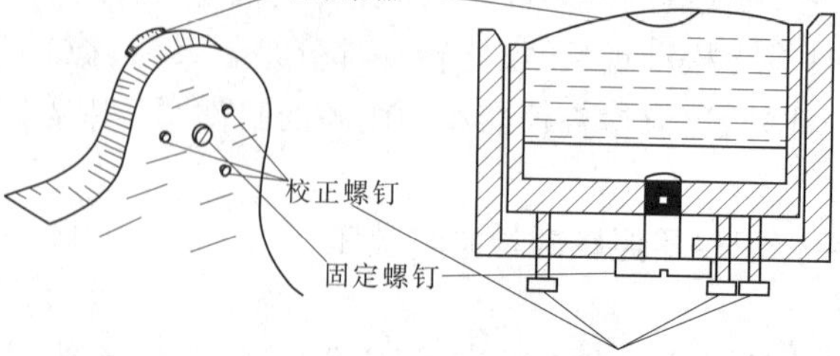

图2-31 圆水准器的校正

(三)十字丝的检验与校正

十字丝横丝用于读取水平视线在标尺上读数,横丝水平与否,是获取正确高差的关键。

检验方法是：整平仪器后，用十字丝横丝的一端照准一点状目标点，然后徐徐转动水平微动螺旋，使目标点沿十字丝横丝移动，若目标始终不离开十字丝横丝，则表明十字丝横丝水平；若目标离开十字丝横丝有一段距离，说明十字丝横丝不水平，应进行校正。

十字丝校正时，打开十字丝护盖，松开十字丝的固定螺丝，旋转十字丝环，使十字丝中点照准检验开始照准的点即可。重新检验，若仪器满足条件，将十字丝固定，安上护盖。

（四）管水准轴平行于视准轴

管水准轴与视准轴相当于两条空间直线，空间两直线的平行有两种情况：一是二者在水平面上的投影平行；另一种是二者在铅垂面上的投影平行。通常把水准仪管水准轴与视准轴在铅垂面上投影的夹角称为 i 角，i 角对高差观测值的影响称为 i 角误差。把水准仪管水准轴与视准轴在水平面上投影的夹角称为交叉角，交叉角对高差观测值的影响称为交叉误差；由于交叉误差较小，在三、四等水准测量中可以忽略不计。

1. 检验

如图 2-32 所示，在平坦地面上选择两个点 A、B，打入木桩或放置尺垫立尺，把水准仪安置在 A、B 中间，保持前后视距完全相等，测得 A、B 两点间高差为 $h'_{AB}=a'_1-b'_1$。然后将水准仪迁站至 B 点附近，测得 A、B 两点间高差为 $h'_{AB}=a'_2-b'_2$，并量取水准仪至 A 点、B 点距离分别为 S_A 和 S_B，代入式（2-25）进行计算。

$$i=\frac{h''_{AB}-h'_{AB}}{S_A-S_B}\rho'' \tag{2-25}$$

当 i 角大于 20″时，必须对水准仪进行校正。

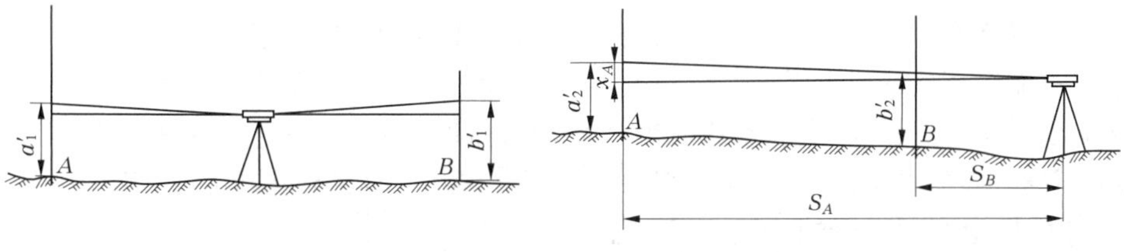

(a)水准仪位于前后尺中间观测　(b)水准仪位于前后尺延长线一端观测

图 2-32　管水准器的检验与校正

2. 校正

保持仪器置于 B 点附近不动，先计算出 A 尺的正确读数 a_2：

$$a_2=a'_2-x_A \tag{2-26}$$

其中
$$x_A=\frac{S_A}{\rho}i$$

用微倾螺旋使读数对准 a_2，此时管水准器气泡不居中，调节上下两个校正螺钉使气泡居中即可。该方法的实质是先将视线水平，即读数对准 a_2，然后校正水准轴至水平位置。管水准器的检验与校正需要反复进行，直到符合要求。

【例 2-1】　某水准测量项目在实施前对 DS_3 水准仪进行 i 角检验，在实地选择两个点 A、B，相距 100 m，把仪器安置在 A、B 中间，得读数 $a'_1=1\ 364$ mm 和 $b'_1=1\ 579$ mm，第二次将仪器安置在 AB 延长线上距离 B 点 10 m，得读数 $a'_2=1\ 483$ mm 和 $b'_2=1\ 641$ mm。

首先计算两次高差 h'_{AB} 和 h''_{AB}，然后根据式（2-25）计算 i 角，再次计算改正数，最后根据改正数计算正确读数,根据正确读数来校正管水准器。具体计算过程如表2-10所示。

表2-10　i 角计算过程

<table>
<tr><td colspan="2">第一次读数/mm</td><td colspan="2">第二次读数/mm</td><td rowspan="2">距离</td></tr>
<tr><td colspan="2">仪器在 A、B 点中间</td><td colspan="2">仪器在 B 点一端</td></tr>
<tr><td>a'_1</td><td>1364</td><td>a'_2</td><td>1483</td><td rowspan="4">$S_A = 110$ m
$S_B = 10$ m</td></tr>
<tr><td>b'_1</td><td>1579</td><td>b'_2</td><td>1641</td></tr>
<tr><td>h'_{AB}</td><td>−0215</td><td>h''_{AB}</td><td>−0158</td></tr>
<tr><td colspan="4">$h''_{AB} - h'_{AB} = +57(\text{mm})$
$i = \frac{h''_{AB} - h'_{AB}}{110 - 10} \times \rho'' = +118''$
$x_A = \frac{S_A}{\rho} i = +63(\text{mm})$
$a_2 = a'_2 - x_A = 1\,420(\text{mm})$</td></tr>
</table>

【小贴士】

(1)为了使测得的 i 角更准确,检验时应当对标尺多次读数并取平均值再求 Δ 及 i 角。

(2)规范规定用于三、四等水准测量的仪器 i 角不得大于20″。

(3)仪器检校结束应当验证校正的正确性。

三、水准尺的检验与校正

水准尺是水准测量所用仪器的重要组成部分,水准尺质量好坏直接影响测量成果,水准尺的质量差可能会直接造成返工,因此对水准尺进行检验是十分必要的。规范要求三、四等水准尺的检验项目有:标尺上圆水准器的检校;标尺分划面弯曲差的测定;一对标尺零点不等差及基、辅分划读数差的测定;一对标尺名义米长的测定;标尺分米分划误差的测定。

(一)标尺上圆水准器的检校

标尺圆水准器的正确安置很重要,否则无法指示水准尺的竖直。

(1)水准仪圆水准器气泡居中,照准距水准仪50 m处竖立的水准标尺,并使水准标尺的中线(或边缘)与望远镜的竖丝精密重合,若标尺的圆水准器的气泡不居中,用圆水准器的校正螺丝使气泡居中。

(2)旋转水准标尺180°,使水准标尺的中线(或边缘)与望远镜的竖丝精密重合。观察气泡,若气泡居中,表示标尺此面已垂直,否则应重新检校十字丝。

(3)旋转水准标尺90°,检查标尺另一面是否垂直,检校方法同(1)和(2)。

(4)重复上述操作,直到使标尺能按圆水准器准确地位于垂直位置。

(二)标尺分划面弯曲差的测定

将标尺平放在工作台上,通过标尺两端引张一条细直线,在标尺的两端及中央分别量取分划面至该细线的距离,分别为 $R_{上}$、$R_{中}$、$R_{下}$,则标尺的弯曲差为:

$$f = R_{中} - (R_{上} + R_{下})/2 \tag{2-27}$$

规范规定:f 不得大于8 mm。

(三)一对标尺零点不等差及基、辅分划读数差的测定

水准标尺底面与其分划零点的差值称为水准标尺的零点差,一对标尺的零点差之差称

为一对标尺零点不等差。每根标尺基本分划读数加上基辅差与同一高度的辅助分划之间的差称为基辅分划读数差。

在地面选择一点整置水准仪,在距水准仪 20~30 m 处等距离选择三点打下木桩,使桩间高差约为 20 cm。在三个木桩上依次安放一对标尺,仪器分别读取每个标尺基本分划和辅助分划的中丝读数各三次,并三次变换仪器高观测。

分别计算基本分划和辅助分划读数的中数,两标尺基本分划读数中数的差,即为一对标尺的零点不等差。每一标尺基本分划读数的中数与辅助分划读数的差即为该标尺基、辅分划读数差的常数。

规范规定:一对标尺的零点不等差大于 1 mm 时须对标尺进行调整;标尺基、辅分划差大于 0.5 mm 时须在观测计算中加改正。

(四)一对标尺名义米长的测定和标尺分米分划误差的测定

这两项检验必须利用专门的尺子,由专业人员在实验室进行。

任务五 水准测量误差分析

对水准测量进行误差分析,主要从仪器误差、外界条件的影响和观测误差三个方面进行。

一、仪器误差的影响

仪器误差主要有仪器 i 角误差和交叉误差。

(一)i 角误差

水准仪管水准轴与视准轴在铅垂面上投影的夹角称为 i 角,i 角对高差观测值的影响称为 i 角误差。虽然仪器经过检校,但要使 i 角为 0 是不可能的,因此 i 角误差总是存在的。

如图 2-33 所示,设仪器的后视距离和前视距离分别为 D_1、D_2,标尺的实际读数分别为 a、b,i 角对标尺读数的影响分别为 δ_1、δ_2,即

$$\left.\begin{aligned}\delta_1 &= D_1\tan i\\ \delta_2 &= D_2\tan i\end{aligned}\right\} \tag{2-28}$$

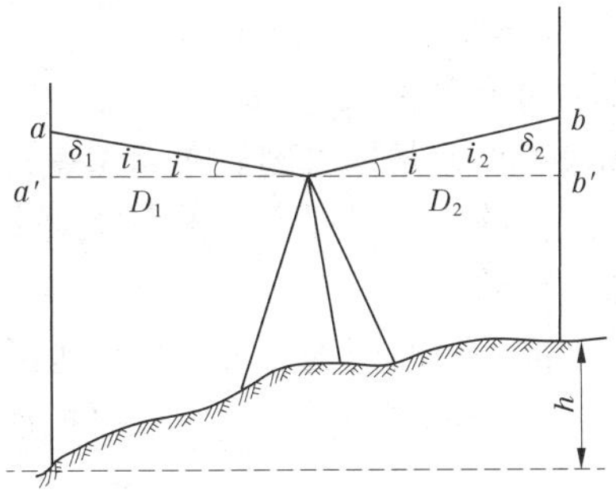

图 2-33 i 角误差

设无 i 角影响的标尺读数为 a'、b',则高差

$$h = a' - b' = (a - \delta_1) - (b - \delta_2) = (a - b) - \Delta h$$

式中,$\Delta h = \delta_1 - \delta_2$,考虑式(2-28),有

$$\Delta h = \delta_1 - \delta_2 = (D_1 - D_2)\tan i \tag{2-29}$$

当后视距离 D_1 和前视距离 D_2 相等时,前、后视标尺的 i 角误差就可以相互抵消。在实际作业中,要使前视、后视距离完全相等比较困难,因此规范要求四等水准测量:前视、后视距离差不超过 3 m,前视、后视距离累计差不超过 10 m。

经过校正的 i 角误差依然有残差,残余 i 角也不是固定不变的,即使在同一测站,后视和前视的 i 角由于太阳光照射的不同而不一样。因此,在阳光下观测时必须给仪器打伞,保持前、后视距尽可能相等,尽量避免调焦。

(二)交叉误差

视准轴与管水准轴在水平面上的投影的夹角,称为交叉角,交叉角对高差观测值的影响,称为交叉误差。当仪器 i 角很小时,若仪器的竖轴严格垂直,尽管仪器存在交叉误差,当管水准轴水平时,仪器的视准轴也水平,交叉角不影响标尺读数,因为仪器的视准轴与管水准轴在铅垂面的投影是平行的。但是,当仪器的竖轴不垂直时,交叉角就可能使仪器产生 i 角,从而对高差产生影响。由于交叉角对高差的影响较小,在三、四等水准测量中可以忽略不计。

(三)标尺的尺长误差

标尺的尺长误差属于系统误差,通常采用对标尺进行检验,然后加改正数的方法消除。

设两个标尺的每米间隔平均真长误差分别为 f_1、f_2,则标尺的尺长误差对前、后视标尺读数的影响分别为

$$\begin{aligned}\delta_a &= af_1 \\ \delta_b &= bf_2\end{aligned} \tag{2-30}$$

式(2-30)中,a、b 分别为后视标尺和前视标尺读数,则一个测站的高差为

$$h = (a + af_1) - (b + bf_2) = (a - b) + (af_1 - bf_2) \tag{2-31}$$

如果两标尺的尺长误差相同,即 $f_1 = f_2$,则尺长误差对一个测站高差的影响为

$$\delta = fh \tag{2-32}$$

尺长误差对一个测段高差的影响改正数为

$$\sum \delta_f = f\sum h \tag{2-33}$$

【小贴士】

(1)在实际作业中,可以按照式(2-33)对各测段的高差进行改正。

(2)尺长误差对高差的影响与高差有关,往返测高差的符号相反,采用往返测取中数的方法可以消除尺长误差的影响。

(四)标尺零点差

标尺零点差是标尺刻划的起点差,是由于标尺制造的缺陷或者标尺长期使用使起点部位磨损产生的。一对标尺的零点差通常不会完全相等,一对标尺零点差之差称为一对标尺的零点不等差。

在水准测量时两支标尺交替作为后视和前视,在一测段内,若每个标尺作后视和前视的次数相等,即测站数为偶数时,可以抵消标尺零点差对高差的影响。所以,水准测量要求每个测段测站数为偶数。

(五)标尺倾斜误差

标尺倾斜误差产生的原因有:测量时标尺水准器未严格居中使标尺倾斜,另外标尺的水准器气泡居中,但安置不正确,造成标尺仍然倾斜。标尺倾斜的情况比较复杂,可能向前倾斜、向后倾斜,也可能左右倾斜。左右倾斜可以在观测时被发现,但前后倾斜不易被发现。

标尺倾斜对高差的影响与标尺的倾斜程度以及高差的大小都有关,但标尺前后倾斜会使读数增大。因此,施测前要检校标尺水准器是否安置正确,扶尺时一定要确保圆水准器气泡居中。

二、外界条件的影响

外界因素的影响主要包括地球曲率、大气折光、温度变化、仪器升沉和尺垫下沉等。

(一)地球曲率的影响

地面两点间的高差是过两点的水准面之间的高差。用水平面代替大地水准面的限度,也就是地球曲率对测量高差影响的程度,其影响的大小与距离的平方成正比,见式(2-34)。当后视距离与前视距离相等时,可以消除地球弯曲对高差的影响。由于地球的平均半径 R 很大,又因为水准测量仪器至标尺的距离很近,只要前、后视距离 D_1 和 D_2 的差符合测量规范的限差要求,地球曲率对高差的影响可忽略不计。

$$\delta_h = \frac{D^2}{2R} \tag{2-34}$$

一个测站的水准测量,仪器前视距、后视距分别为 D_1、D_2,由于地球曲率影响对本测站高差的影响用式(2-35)表示:

$$h = h' - \frac{D_1^2 - D_2^2}{2R} \tag{2-35}$$

由式(2-35)可知,若能使 $D_1 = D_2$,即后视距离与前视距离相等,可以消除地球弯曲对高差的影响。由于地球的平均半径 R 很大,又因为水准测量仪器至标尺的距离很近,只要前视距 D_1、后视距 D_2 的差符合规范里对相应等级水准测量的限差要求,地球曲率对高差的影响可忽略不计。

(二)大气折光的影响

大气折光是由地面大气密度不均匀引起的,光线通过不同密度的大气层时发生折射,使观测视线产生垂直方向的弯曲,弯向地面一方,因而使观测读数含有误差。如果在较为平坦的地区测量,即视线高度大致相同,且前、后视距相等,则对视线的折光影响相同,视线在前、后视标尺弯曲的程度也相同,因此高差不受大气折光的影响。若前、后视线离地面的高度不同,则视线通过大气层的密度不同,对视线的折光影响也不同,视线在垂直面内的弯曲程度也就不同。

为了减弱大气折光对高差的影响,测量时应当采取使前后视距尽可能相等,使视线离地面有一定的高度,在坡度较大的地区作业时缩短视距等措施。

大气折光的影响与观测时的气象条件、水准路线所处的地理位置和自然环境、观测时间、视线长度、视线离地面的高度等诸多因素有关,实际作业中完全消除大气折光的影响是不可能的,只有严格遵守测量规范要求,才能有效地减弱。

(三)温度变化

在野外测量时,太阳光的照射、地面温度的反射都会使大气温度发生变化,气温变化使仪器的各部件发生不同程度的热胀冷缩,从而对观测高差产生影响。因此,测量时应当采取措施减弱温度的影响。

(1)观测前让仪器与外界环境相适应,如仪器从箱中取出半小时后再观测。

(2)晴天时给仪器打伞,避免阳光直接照射仪器。

(3)避开一天中温度变化较大的时段观测,如日出、日落前后。

(四)仪器升沉误差

在土质较松软的地面进行水准测量时,由于仪器、脚架本身的重量及地面的反作用力,仪器会产生轻微的下沉(或上升),前视与后视不可能同时读数,因此仪器下沉(或上升)必将对高差产生影响。因为仪器下沉或上升的情况类似,下面以仪器的上升情况为例分析仪器的升沉误差。

如图 2-34 所示,水准仪整置于 K 点上,于 A、B 两点竖立双面标尺,当按“后—前—前—后”的次序进行观测读数时,其读数分别为 a_1、b_1、b_2、a_2,由于仪器随观测时间不断上升,在 a_1 和 b_1 的观测间隔内,仪器上升 Δ_1;在 b_2、a_2 的观测时间间隔内,仪器上升 Δ_2。假定在前视标尺上对应于后视标尺读数时的正确读数为 b_1' 和 a_2',则有

$$\left.\begin{aligned} b'_1 &= b_1 - \Delta_1 \\ a'_2 &= a_2 - \Delta_2 \end{aligned}\right\}$$

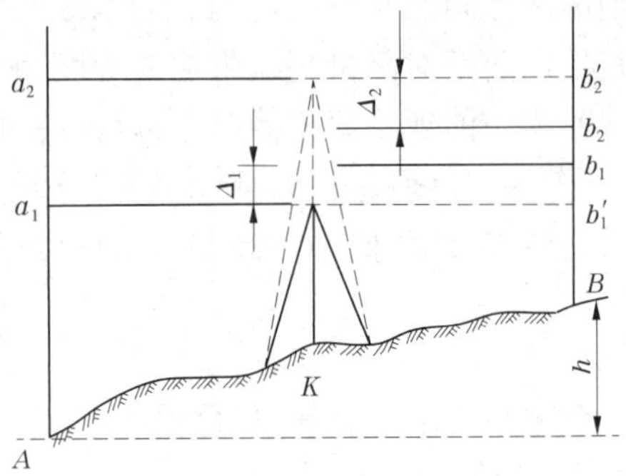

图 2-34 仪器升沉误差

设实际测得的黑面高差和红面高差分别为 h_1'、h_2',不含仪器升沉误差的理论值为 h_1、h_2,则有

$$\left.\begin{aligned} h_1 &= a_1 - b'_1 = a_1 - (b_1 - \Delta_1) = h'_1 + \Delta_1 \\ h_2 &= a'_2 - b_2 = (a_2 - \Delta_2) - b_2 = h'_2 - \Delta_2 \end{aligned}\right\}$$

高差中数为

$$h = \frac{1}{2}(h_1 + h_2) = \frac{1}{2}(h'_1 + h'_2) + \frac{1}{2}(\Delta_1 - \Delta_2) \tag{2-36}$$

式(2-36)中,第一项为实际测得的红、黑面高差中数,第二项为仪器上升误差对观测高差的影响。

若按照“后—前—前—后”的顺序观测,有利于减弱仪器升沉误差的影响。因此,规范要求高等级水准测量须按照“后—前—前—后”的顺序观测。但由于仪器升沉对高差的影响较小,因此测量规范不要求四等水准测量中按照“后—前—前—后”的顺序观测,而是采用“后—后—前—前”的观测顺序。

(五)尺垫下沉误差

由于水准标尺和尺垫本身的重量,尺垫压在地面后一般会发生下沉,下沉速度随时间而递减。尺垫下沉对观测高差的影响主要产生于迁站过程中;迁站后,原来的前视标尺转为后视标尺,尺垫在迁站过程中下沉了,它总是使后视标尺的读数比应有值大,致使各测站所测高差都比应有值大,对整个水准路线的高差影响就呈现系统性。如果采用往返观测,由于往返高差的符号相反,尺垫下沉误差在往返测高差中数中会得到一定程度的抵消和减弱。

为提高水准测量的精度,要采取有效措施来减弱上述误差的影响。例如,观测时,标尺提前半分钟安放在尺垫上,等它升沉缓慢时开始读数。迁站时转点上的标尺应从尺垫上取下,观测前半分钟再放上去,这样可以减少尺垫的升沉量,从而减小误差。

三、观测误差的影响

观测误差主要有精平误差、调焦误差和读数误差。

(一)精平误差

微倾式水准仪在每次读数前必须调节微倾螺旋,使管水准器气泡居中,达到精平。以

DS_3 水准仪为例，如果视距达到 100 m，管水准器气泡分划值为 20″/2 mm，若读数时管水准器气泡偏离 1/5 格，对水准视线的影响约为 4″，对高差读数的影响达到 2 mm。

观测前应认真检校仪器的管水准器，在观测时，应使复合水准器气泡严格符合，才能有效减弱居中误差的影响。

(二)调焦误差

在前、后视观测过程中反复调焦，将使仪器的 i 角发生变化，从而影响高差读数。因此，观测时应当避免在前、后视读数时反复调焦。

(三)读数误差

读数误差主要是观测时的估读误差。在普通水准测量中，水准尺为厘米刻划，估读的精度与测量时的视线长度、仪器十字丝的粗细、望远镜的放大倍率以及测量员的熟练程度等有关。影响最大的是视线长度，测量规范对不同等级的水准测量规定了不同的最大视线长度。四等水准测量中最大视线长度为 100 m。

【案例】

某实训小组布设了一条闭合水准路线，从已知水准点 C_3 开始，起始高程 $H_{C_3}=125.709$ m，经过 D_8、A_1、B_6，最后回到 C_3 点，使用 DS_3 水准仪配合黑红面水准尺进行四等水准测量，水准路线略图见图 2-35，原始记录见表 2-11，高程计算配赋表见表 2-12。

码 2-9　工程案例

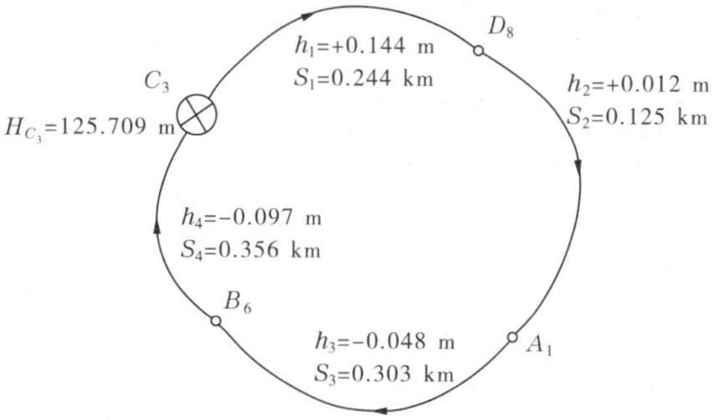

图 2-35　水准路线略图

表 2-11　四等水准测量记录

测站编号	测点编号	后尺 上丝 / 下丝 / 后距 / 视距差 d	前尺 上丝 / 下丝 / 前距 / $\sum d$	方向及尺号	标尺读数 黑面	标尺读数 红面	K+黑−红	高差中数	备注
1	C_3—TP_1	1851	1660	后 C_3	1646	6433	0		
		1440	1252	前	1456	6144	−1		
		41.1	40.8	后−前	+0190	+0289	+1	+0.1895	
		+0.3	+0.3						

续表 2-11

测站编号	测点编号	后尺 上丝 / 下丝 / 后距 / 视距差 d	前尺 上丝 / 下丝 / 前距 / Σd	方向及尺号	标尺读数 黑面	标尺读数 红面	K+黑-红	高差中数	备注
2	TP_1—TP_2	1554	1580	后	1447	6133	+1		
		1339	1362	前	1471	6259	-1		
		21. 5	21. 8	后-前	-0024	-0126	+2	-0. 0250	
		-0. 3	0						
3	TP_2—TP_3	1690	1598	后	1512	6299	0		
		1335	1243	前	1420	6108	-1		
		35. 5	35. 5	后-前	+0092	+0191	+1	+0. 0915	
		0	0						
4	TP_3—D_8	1467	1578	后	1349	6036	0		
		1231	1341	前 D_8	1460	6248	-1		
		23. 6	23. 7	后-前	-0111	-0212	+1	-0. 1115	
		-0. 1	-0. 1						
5	D_8—TP_1	1603	1579	后 D_8	1493	6281	-1		
		1382	1354	前	1468	6155	0		
		22. 1	22. 5	后-前	+0025	+0126	-1	+0. 0255	
		-0. 4	-0. 4						
6	TP_1—A_1	1648	1660	后	1448	6134	+1		
		1247	1260	前 A_1	1460	6248	-1		
		40. 1	40. 0	后-前	-0012	-0114	+2	-0. 0130	
		+0. 1	-0. 3						
7	A_1—TP_1	1615	1621	后 A_1	1440	6228	-1		
		1265	1270	前	1446	6133	0		
		35. 0	35. 1	后-前	-0006	+0095	-1	-0. 0055	
		-0. 1	-0. 1						
8	TP_1—TP_2	1600	1591	后	1385	6072	0		
		1170	1167	前	1379	6167	-1		
		43. 0	42. 4	后-前	+0006	-0095	+1	+0. 0055	
		+0. 6	+0. 5						

续表 2-11

测站编号	测点编号	后尺 上丝/下丝；后距；视距差 d	前尺 上丝/下丝；前距；$\sum d$	方向及尺号	标尺读数 黑面	标尺读数 红面	K+黑−红	高差中数	备注
9	TP_2—TP_3	1725	1740	后	1531	6318	0		
		1338	1351	前	1538	6225	0		
		38. 7	38. 9	后−前	−0007	+0093	0	−0. 0070	
		−0. 2	+0. 3						
10	TP_3—B_6	1599	1640	后	1423	6112	−2		
		1249	1290	前 B_6	1465	6251	+1		
		35. 0	35. 0	后−前	−0042	−0139	−3	−0. 0405	
		0	+0. 3						
11	B_6—TP_1	1735	1630	后 B_6	1543	6330	0		
		1350	1244	前	1439	6126	0		
		38. 5	38. 6	后−前	+0104	+0204	0	+0. 1040	
		−0. 1	−0. 1						
12	TP_1—TP_2	1660	1801	后	1461	6150	−2		
		1264	1405	前	1603	6390	0		
		39. 6	39. 6	后−前	−0142	−0240	−2	−0. 1410	
		0	−0. 1						
13	TP_2—TP_3	1808	1731	后	1599	6388	−2		
		1391	1321	前	1526	6214	−1		
		41. 7	41. 0	后−前	+0073	+0174	−1	+0. 0735	
		+0. 7	+0. 6						
14	TP_3—C_3	1660	1795	后	1370	6058	−1		
		1080	1215	前 C_3	1504	6291	0		
		58. 0	58. 0	后−前	−0134	−0233	−1	−0. 1335	
		0	+0. 6						

表 2-12　高程计算表

点名	路线长/km	观测高差/m	改正数/m	改正后高差/m	高程/m
C_3					125.709
	0.244	+0.144	−0.003	+0.141	
D_8					125.850
	0.125	+0.012	−0.001	+0.011	
A_1					125.861
	0.303	−0.048	−0.003	−0.051	
B_6					125.810
	0.355	−0.097	−0.004	−0.101	
C_3					125.709
Σ	1.027	+0.011	−0.011	0.000	
$f_h = +0.011$ m　$f_{h限} = \pm 20\sqrt{L} = \pm 0.020$ m					

【知识拓展】

使用专业软件进行水准平差

水准与导线平差计算软件,常用的有 PA2005(南方平差易)、COSA(控制测量数据处理通用软件包)、NASEW(清华山维平差软件)和 ESDPS(工程测量数据处理系统)等软件,下面分为附合水准和闭合水准两类,讲解上述软件平差计算的使用方法。

码 2-10　附合水准平差(PA2005)　码 2-11　闭合水准平差(PA2005)　码 2-12　附合水准平差(COSA)　码 2-13　闭合水准平差(COSA)

码 2-14　附合水准平差(NASEW)　码 2-15　闭合水准平差(NASEW)　码 2-16　附合水准平差(ESDPS)　码 2-17　闭合水准平差(ESDPS)

项目小结

本项目从高程测量方法入手,主要讲了水准测量的基本概念、水准测量原理、水准测量技术设计、水准仪的认识与使用、图根水准测量、四等水准测量、水准测量误差分析、水准仪和水准尺的检校,最后以四等闭合水准测量为例,阐述了水准测量中测站记录与计算、成果检查、高程平差计算。

思考与习题

1. 绘图说明水准测量的基本原理。

2. 简述我国的高程系统,水准测量如何分级?

3. 微倾式水准仪由哪些部件组成?各有什么作用?

4. 用水准仪在水准尺上读数时,为什么会产生视差?如何消除视差?

5. 简述微倾式 DS_3 水准仪的操作步骤。

6. 什么是测站?什么是测段?什么是水准路线?

7. 单一水准路线有哪些类型?它们有什么区别?

8. 什么是高差闭合差?如何计算高差闭合差的限差?

9. 四等水准测量测站限差有哪些?如何计算?怎么取位?

10. 水准测量高程如何计算?

11. 水准仪有哪些轴线?它们之间应满足哪些条件?

12. 微倾式水准仪和自动安平水准仪有什么区别?

13. 什么是水准仪的 i 角?什么是 i 角误差?如何测定和改正?

14. 简述影响水准测量精度的因素。

15. 试分析仪器升沉对一测站高差的影响?

16. 如图 2-36 所示,有一条四等附合水准路线,BM_A、BM_B 为起、终水准点,高程已知,N_1、N_2、N_3 为待定水准点,各测段路线长度和测段高差已标注于路线图上,试通过水准高程平差,计算三个待定点高程。

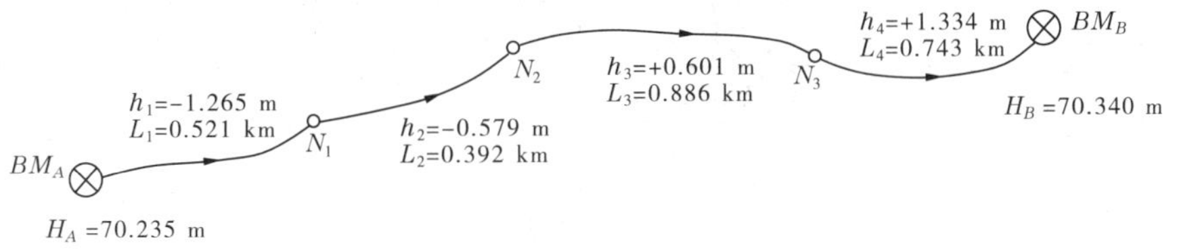

图 2-36 附合水准路线略图

17. 如图 2-37 所示,有一条四等闭合水准路线,A 为起、终水准点,高程已知,BM_1、BM_2、BM_3 为待定水准点,各测段路线长度和测段高差已标注于路线图上,试通过水准高程平差,计算三个待定点高程。

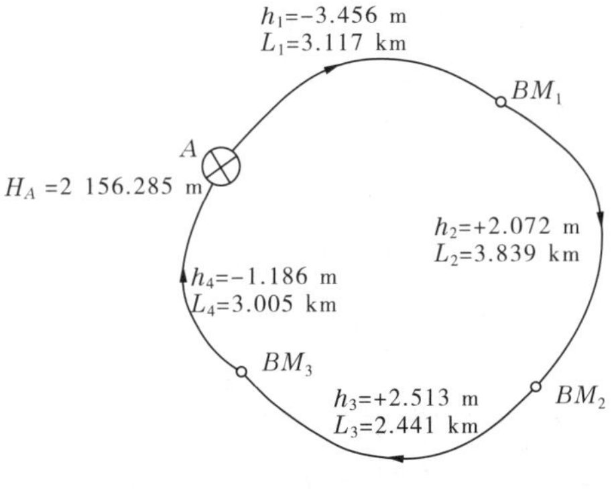

图 2-37 闭合水准路线略图

18. 有一条四等闭合水准路线,A_4 为已知水准点,该点高程 H_{A_4} = 2 003.982 m,观测路线为 $A_4 \to B_4 \to C_1 \to D_1 \to A_4$,根据每站观测数据(见表 2-13),完成测站计算,并完成水准平差计算,求得 B_4、C_1、D_1 点的高程值。

表 2-13　四等水准测量记录

<table>
<tr><td rowspan="3">测站编号</td><td rowspan="3">测点编号</td><td>后尺 上丝 / 下丝</td><td>前尺 上丝 / 下丝</td><td rowspan="3">方向及尺号</td><td colspan="2">标尺读数</td><td rowspan="3">K+黑-红</td><td rowspan="3">高差中数</td><td rowspan="3">备注</td></tr>
<tr><td>后距</td><td>前距</td><td rowspan="2">黑面</td><td rowspan="2">红面</td></tr>
<tr><td>视距差 d</td><td>∑d</td></tr>
<tr><td rowspan="4">1</td><td rowspan="4">A_4—TP_1</td><td>1476</td><td>1502</td><td>后 A_4</td><td>1341</td><td>6030</td><td></td><td></td><td rowspan="4"></td></tr>
<tr><td>1208</td><td>1230</td><td>前</td><td>1366</td><td>6155</td><td></td><td></td></tr>
<tr><td></td><td></td><td>后-前</td><td></td><td></td><td></td><td></td></tr>
<tr><td></td><td></td><td colspan="5"></td></tr>
<tr><td rowspan="4">2</td><td rowspan="4">TP_1—TP_2</td><td>1549</td><td>1552</td><td>后</td><td>1420</td><td>6207</td><td></td><td></td><td rowspan="4"></td></tr>
<tr><td>1292</td><td>1291</td><td>前</td><td>1420</td><td>6107</td><td></td><td></td></tr>
<tr><td></td><td></td><td>后-前</td><td></td><td></td><td></td><td></td></tr>
<tr><td></td><td></td><td colspan="5"></td></tr>
<tr><td rowspan="4">3</td><td rowspan="4">TP_2—TP_3</td><td>1515</td><td>1430</td><td>后</td><td>1355</td><td>6041</td><td></td><td></td><td rowspan="4"></td></tr>
<tr><td>1192</td><td>1120</td><td>前</td><td>1290</td><td>6075</td><td></td><td></td></tr>
<tr><td></td><td></td><td>后-前</td><td></td><td></td><td></td><td></td></tr>
<tr><td></td><td></td><td colspan="5"></td></tr>
<tr><td rowspan="4">4</td><td rowspan="4">TP_3—TP_4</td><td>1479</td><td>1455</td><td>后</td><td>1337</td><td>6122</td><td></td><td></td><td rowspan="4"></td></tr>
<tr><td>1192</td><td>1177</td><td>前</td><td>1317</td><td>6002</td><td></td><td></td></tr>
<tr><td></td><td></td><td>后-前</td><td></td><td></td><td></td><td></td></tr>
<tr><td></td><td></td><td colspan="5"></td></tr>
<tr><td rowspan="4">5</td><td rowspan="4">TP_4—TP_5</td><td>1404</td><td>1479</td><td>后</td><td>1335</td><td>6024</td><td></td><td></td><td rowspan="4"></td></tr>
<tr><td>1262</td><td>1307</td><td>前</td><td>1383</td><td>6173</td><td></td><td></td></tr>
<tr><td></td><td></td><td>后-前</td><td></td><td></td><td></td><td></td></tr>
<tr><td></td><td></td><td colspan="5"></td></tr>
<tr><td rowspan="4">6</td><td rowspan="4">TP_5—B_4</td><td>1458</td><td>1468</td><td>后</td><td>1354</td><td>6142</td><td></td><td></td><td rowspan="4"></td></tr>
<tr><td>1245</td><td>1236</td><td>前 B_4</td><td>1359</td><td>6048</td><td></td><td></td></tr>
<tr><td></td><td></td><td>后-前</td><td></td><td></td><td></td><td></td></tr>
<tr><td></td><td></td><td colspan="5"></td></tr>
<tr><td rowspan="4">7</td><td rowspan="4">B_4—TP_1</td><td>1592</td><td>1520</td><td>后 B_4</td><td>1350</td><td>6037</td><td></td><td></td><td rowspan="4"></td></tr>
<tr><td>1098</td><td>1038</td><td>前</td><td>1285</td><td>6072</td><td></td><td></td></tr>
<tr><td></td><td></td><td>后-前</td><td></td><td></td><td></td><td></td></tr>
<tr><td></td><td></td><td colspan="5"></td></tr>
</table>

续表 2-13

测站编号	测点编号	后尺 上丝 / 下丝 / 后距 / 视距差 d	前尺 上丝 / 下丝 / 前距 / $\sum d$	方向及尺号	标尺读数		K+黑-红	高差中数	备注
					黑面	红面			
8	TP_1—TP_2	1415	1631	后	1263	6049			
		1111	1321	前	1475	6165			
				后-前					
9	TP_2—TP_3	1452	1461	后	1282	5971			
		1110	1115	前	1290	6076			
				后-前					
10	TP_3—C_1	1678	1698	后	1362	6152			
		1049	1075	前 C_1	1385	6075			
				后-前					
11	C_1—TP_1	1691	1535	后 C_1	1533	6221			
		1372	1213	前	1375	6163			
				后-前					
12	TP_1—TP_2	1457	1450	后	1325	6110			
		1200	1209	前	1330	6015			
				后-前					
13	TP_2—TP_3	1570	1415	后	1434	6121			
		1309	1149	前	1285	6071			
				后-前					
14	TP_3—D_1	1475	1551	后	1312	6098			
		1148	1239	前 D_1	1398	6084			
				后-前					

续表 2-13

测站编号	测点编号	后尺 上丝 / 下丝	前尺 上丝 / 下丝	方向及尺号	标尺读数		K+黑-红	高差中数	备注
		后距	前距		黑面	红面			
		视距差 d	$\sum d$						
15	D_1 - TP_1	1531	1508	后 D_1	1395	6080			
		1255	1236	前	1372	6158			
				后-前					
16	TP_1 - A_4	1511	1559	后	1305	6093			
		1120	1149	前 A_4	1355	6041			
				后-前					

码 2-18　思考与习题参考答案

码 2-19　单选题

码 2-20　多选题

码 2-21　判断题

项目三　角度测量

项目概述

角度测量是三种基本测量工作之一，包含水平角测量和竖直角测量。本项目主要讲水平角、竖直角的概念与测量原理，J_6 经纬仪、全站仪的构造和使用方法，并引入《城市测量规范》（CJJ/T 8—2011）和《国家三角测量规范》（GB/T 17942—2000），讲解了测回法角度观测、方向法水平角观测，并对角度测量进行误差分析，从全站仪应该满足的轴系关系上，说明了全站仪的检验与校正方法。

学习目标

通过本项目的学习，理解水平角和竖直角的测量原理，认识经纬仪和全站仪的结构，能进行对中整平，能使用全站仪进行水平和竖直方向值读数，能进行测回法水平角观测、方向法角度观测和竖直角观测，具备检查角度测量成果的能力，并对全站仪进行检验与校正。

【思政导入】

我国疆域辽阔，地形复杂，除在全国地区布设了一、二、三、四等三角网外，在特殊困难地区采用了相应的方法，如在青藏高原地区，采用相应精度的一等精密导线代替一等三角锁，一般布设成 1 000~2 000 km 的环状，沿线每 100~150 km 的一条边的两端点测定天文经、纬度和方位角，以控制方位的误差传播；连接辽东半岛和山东半岛的一等三角锁，布设了横跨渤海湾的大地四边形，其最长边长达 113 km；用卫星大地测量方法联测了南海诸岛，使这些岛屿也纳入统一的国家大地坐标系中。

我国统一的国家大地控制网的布设工作开始于 20 世纪 50 年代初，基本完成于 60 年代末，历时二十余年。先后共布设一等三角锁 401 条，一等三角点 6 182 个，构成 121 个一等锁环锁系长达 7.3 万 km。一等导线点 312 个，构成 10 个导线环，总长约 1 万 km。1982 年完成了全国天文大地网的整体平差工作。网中包括一等三角锁系、二等三角网、部分三等网，总共约有 5 万个大地控制点，500 条起始边和近 1 000 个正反起始方位角的约 30 万个观测量的天文大地网。20 多年的国家平面控制网测量中，使用三角测量方法，即角度观测，老一代测量人在那个基础薄弱、物资匮乏的年代，不畏艰辛、严谨细致地测量，才有了国家控制基础，才有了我们现在使用的高精度的坐标成果，这种精神无论什么时候都需要。

【正文】

任务一 角度测量概述

角度测量包括水平角测量和竖直角测量,前者主要用于测定地面点的平面位置,后者用于测定高程或将倾斜距离化为水平距离。

一、水平角

地面上一点到另外两目标点的方向线垂直投影到水平面上,其投影线在水平面上所夹的角称为水平角。如图3-1所示,O、A、B为地面上三个高度不同的地面点,方向线OA、OB所夹的$\angle AOB$不是水平角,按水平角定义,OA、OB投影到水平面上,其投影线$O'A'$、$O'B'$所夹的角$\angle A'O'B'$(β角)才是OA、OB所夹的水平角。

由此可知,地面上任意两方向线间的夹角就是通过该方向线所做的两个铅垂面所组成的二面角。其二面角的大小可以在与过A点铅垂线垂直任意水平面内求得。为了测定水平角角值大小,假设在角顶点O的铅垂线上安置一台经纬仪,仪器上能有一个水平安置的刻度圆盘——水平度盘,度盘上有0°~360°的刻度,其中心位于过O点的测站铅垂线上。经纬仪的望远镜不但可以在水平方向左右旋转,还能在铅垂面内上下旋转,以照准不同方向不同高度的目标。通过望远镜分别瞄准高低不同的目标A、B,在水平度盘上读数为a、b,则水平角β应该为

$$\beta = b - a \tag{3-1}$$

读数a、b称为水平方向值,夹角β称为水平角,其取值范围为0°~360°。

【小贴士】

由此测出来的水平角是以铅垂线为基准的在水准面上的角。通过“三差”(垂线偏差、标高差和截面差)改正,即可化算为以参考椭球面和法线为基准的球面角,再经“曲率改正”即可化算到高斯平面上,得到高斯平面上的夹角。在高斯平面上,依据一定数量的大地点或三角点,用一定的计算公式即可推求未知点的坐标。

二、竖直角

竖直角就是测站点到目标点的视线方向与水平方向在竖直面内投影的夹角。如图3-2所示,竖直角通常用α表示,竖直角也称为垂直角、高度角,其取值范围为0°~±90°,当α=0°时,目标视线为水平线,目标视线$O'A$在水平方向以上称为仰角,角值为正,目标视线$O'B$在水平方向线以下称为俯角,角值为负。

目标视线$O'A$与测站点天顶方向之间的夹角称为天顶距,用Z来表示,角值范围为0°~180°。当Z=90°时,目标视线为水平线;Z<90°为仰角;Z>90°为俯角,竖直角与天顶距的关系为

$$\alpha = 90° - Z \tag{3-2}$$

假设在O点架设经纬仪,经纬仪上安置一个带有刻度范围0°~360°的竖直圆盘,使望远镜在竖直面内的旋转轴通过竖直度盘中心,竖直度盘与望远镜固定在一起,能够随望远镜俯仰而一起转动,且有一指标线始终处于铅垂位置,不随度盘的转动而转动,竖直角就是目标

视线和水平方向线在竖直度盘上的读数差来求得的。

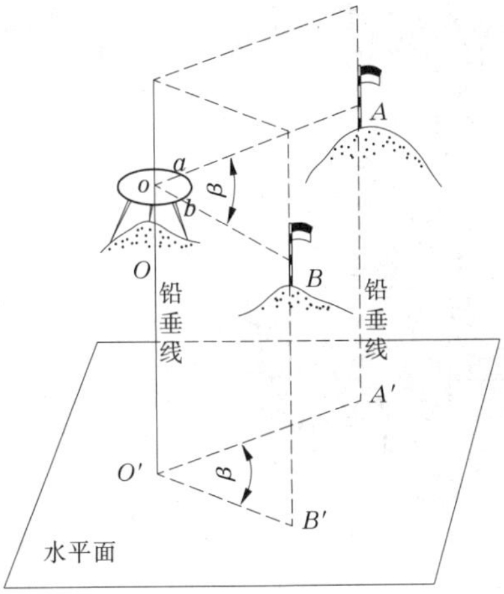

图 3-1 水平角

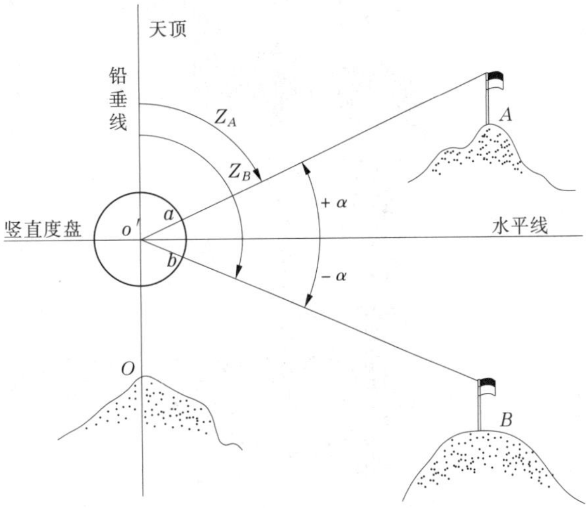

图 3-2 竖直角

经纬仪与全站仪就是根据上述水平角和竖直角测量原理而研制的测角仪器。

任务二 经纬仪的认识与使用

经纬仪是一种主要用于精确测量水平角和竖直角的仪器。根据测角精度不同，经纬仪分为 DJ_{07} 型、DJ_1 型、DJ_2 型、DJ_6 型和 DJ_{15} 型。D、J 分别表示“大地测量”和“经纬仪”汉语拼音的第一个字母，下标 07、1、2、6 等表示该类仪器的精度等级，其含义为一测回方向中误差分别为±0.7″、±1.0″、±2.0″、±6.0″等。

经纬仪利用几何光学器件的放大、反射和折射等原理进行度盘读数。经纬仪的国内外生产厂商很多，国内有北京光学仪器厂、常州大地光学仪器厂、苏州一光仪器厂、南京测绘仪器厂等，国外有德国蔡司厂、瑞士威特(WILD)厂等。地形测量中最常用的是 DJ_2 型和 DJ_6 型经纬仪。DJ_2 型经纬仪主要用于控制测量，DJ_6 型经纬仪则主要用于图根控制测量和碎部测量。如图 3-3 所示为苏一光 DJ_6 光学经纬仪。

一、经纬仪的构造

经纬仪的种类很多，其基本构造主要由基座和照准部组成，每个部件基本构造如图 3-4 所示。基座用于连接三脚架和照准部，如图 3-5 所示，基座上有三个脚螺旋，用于整平仪器，首先根据基座上的圆水准器粗平仪器，然后依据管水准器精平仪器。基座底板中心有连接螺旋孔，在安置仪器时，将三脚架上的连接螺旋旋入螺孔中，使仪器与三脚架固连。

照准部则是经纬仪的主体，它由以下组件构成。

(一)水平度盘

水平度盘是经纬仪上用于度量水平角的圆盘，由金属或光学玻璃制成的。盘面与竖轴正交，度盘中心由竖轴穿过，保证由指标读取的角为该点的水平角。

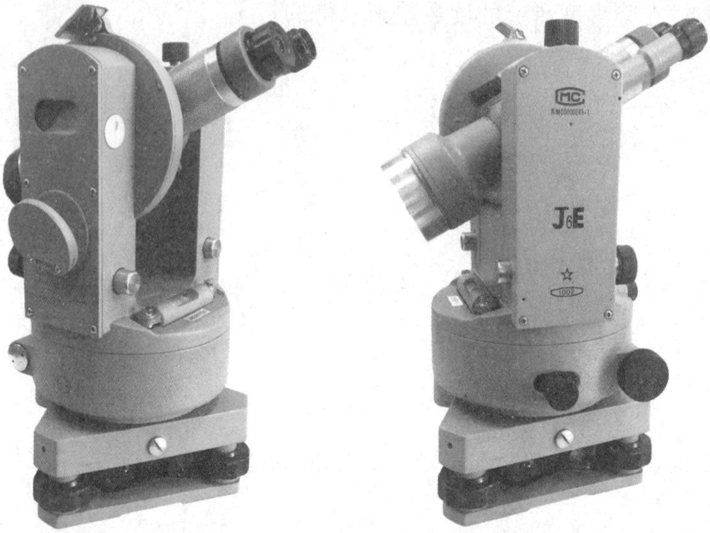

图 3-3　苏一光 DJ_6 光学经纬仪

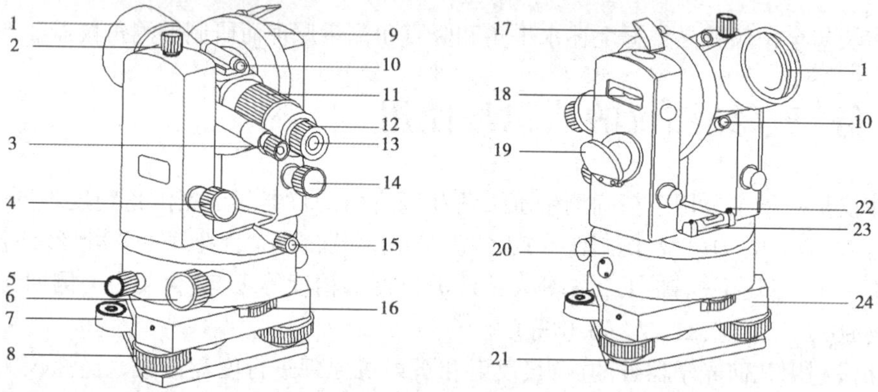

1—望远镜物镜;2—望远镜竖直制动螺旋;3—度盘读数窗口;4—望远镜竖直微动螺旋;5—照准部水平制动螺旋;6—照准部水平微动螺旋;7—圆水准器;8—脚螺旋;9—竖盘;10—瞄准器;11—望远镜物镜调焦环;12—望远镜目镜调焦环;13—望远镜目镜;14—竖盘水准管微倾螺旋;15—光学对点器;16—水平度盘位置变换轮;17—指标水准管反光镜;18—竖盘指标水准管;19—进光孔(照明镜);20—水平度盘;21—基座底板;22—管水准器校正螺丝;23—管水准器;24—基座。

图 3-4　DJ_6 光学经纬仪的基本构造

(二)竖直度盘

经纬仪上度量竖直角的圆盘,称竖盘。安装在横轴的一端,盘面与横轴正交,度盘中心由横轴穿过,一般可随望远镜一同俯仰转动。

(三)水准器

管水准器用于经纬仪的精平,它是使经纬仪平面或轴线处于水平或垂直位置的一种装有液体的玻璃器皿。通过调整三个基座脚螺旋的高度,同时观察水准器气泡的移动变化,使气泡到达正确的位置,可使竖轴铅垂,水平度盘水平,从而满足正确的测角状态。

码 3-1　J_6 经纬仪的认识与使用

（四）横轴

测量仪器上望远镜绕其俯仰纵转的几何轴线，亦称水平轴，如图 3-5 所示。它被支架撑起在水平度盘上方，与水平度盘平行而与竖轴垂直。

（五）竖轴

仪器照准部旋转所围绕的几何轴线，亦称垂直轴或纵轴。它由主轴和轴套组成，两者密合而又旋转灵活，其旋转的稳定程度是衡量仪器质量优劣的重要标志。在测角时，它应位于铅垂线方向，并通过下部悬挂的垂球对准地面标志点，以保证照准部绕地面点的铅垂线水平旋转。

（六）视准轴

视准轴是望远镜物镜中心与十字丝交点的连线，它是照准目标的基准方向线，也称"照准轴"。它应与横轴正交并过横轴与竖轴的交点，以保证望远镜的俯仰面为过测站的铅垂面。

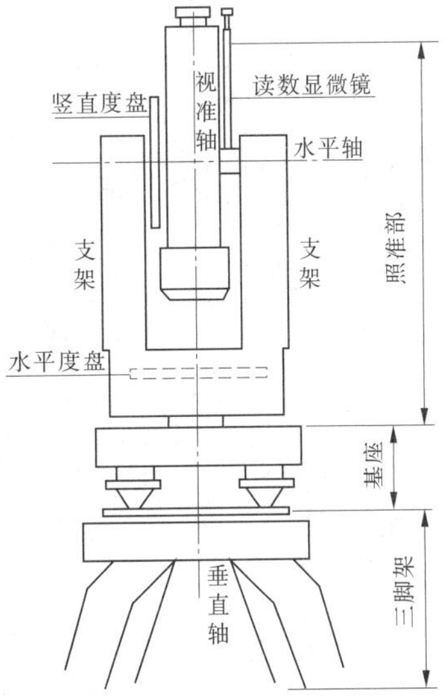

图 3-5　DJ_6 经纬仪的基座

竖轴、横轴和视准轴统称三轴，能否严格保持三轴之间的正交关系，是保证正确测角的关键。

二、经纬仪的读数

经纬仪测读角度的一系列装置，称为经纬仪的读数系统。通常包括度盘、光路系统和测微装置。如图 3-6 所示，光路系统主要传递度盘分划影像，使之成像、放大和进行测微读数。一般随仪器类型不同，光路各异，但基本思路大体一致。

码 3-2　经纬仪的对中整平

（一）光路系统

图 3-6 中 1 是单面反光镜，其作用是将外界光线反射到仪器内；2 是一块毛玻璃，其作用是使光线变得均匀和柔和，然后分别传递到水平度盘和竖直度盘。

1. 水平度盘光路

入射光线经由棱镜 3 转向 90°，再经聚光透镜 4，使明亮的光线照射到水平度盘一侧，这一段称为照明路段，如果视场中没有光线或亮度不均匀，则是棱镜 3 位置不当所致。等腰棱镜 5 把投射下的度盘刻划影像转向 180°，经成像透镜组 6、7 并经转向棱镜 8，把水平度盘刻划影像成像在读数窗 14 中的测微板 15 上，这一段称为成像路段。如果视场中出现度盘分划影像格距与测微板上相应分划格距不一致（称为行差），或度盘影像与测微板上的分划不能同时清晰（称为视差），则是棱镜组 6、7 位置不当导致的。棱镜 16 把测微板上的影像转向 90°后，经透镜 17 成像在目镜 18 的前焦点内，这样由目镜 18 即可同时看到测微板上测微分划和度盘分划的放大虚像。

2. 竖直度盘光路

与水平度盘光路相似，1、2 及棱镜 9 组成照明路段，把竖盘一侧的分划照亮；11、12 是竖盘成像透镜组，把经棱镜 10 传过的影像经棱镜 13 成像在测微板 15 的另一个位置上，显然

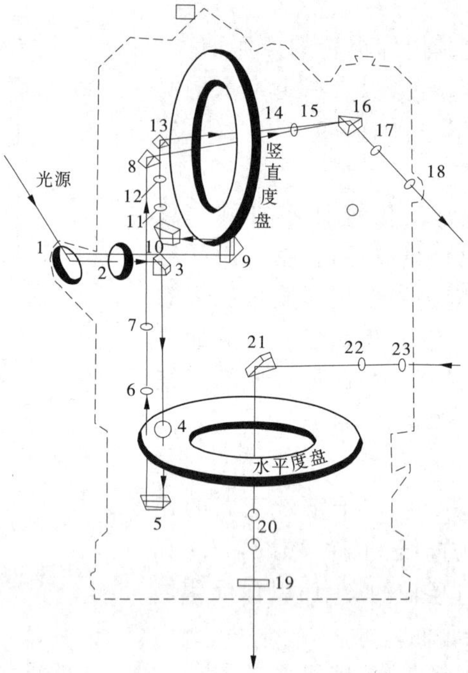

1—单面反光镜;2—毛玻璃;3、5、8、9、10、13、16—棱镜;4、6、7、11、12、17—透镜;14—读数窗;15—测微板;18、23—目镜;19—防护玻璃;20—物镜;21—转向棱镜;22—标志板。

图3-6　经纬仪光路系统

11、12的位置关系影响竖盘影像的行差和视差;最后16~18与水平度盘光路相同,由目镜看到竖盘分划与测微板分划的放大虚像。

3. 光学对点器光路

来自地面上带有标志点中心影像的光线,通过防护玻璃19、物镜20和转向棱镜21后,成像于标志板22上,然后通过目镜23的放大作用,可以从目镜处看到地面标志中心和标志板的影像。标志板上的小圆圈代表仪器中心,当仪器水平时,只要地面标志点中心与小圆圈重合,即说明仪器中心与地面标志点位于同一铅垂线上。

(二)读数系统

1. 测微装置

测微装置是在光路系统中安装了一个具有60个分格的尺子,其宽度正好与度盘上1°影像的宽窄相同,用来测量不足1°的微小角值,该装置称为测微尺。由于测微尺60个分格的宽度正好等于度盘上1°影像的宽窄,因此测微尺上每一小格的格值为1′。在读数过程中,可直接精确读取到1′,而估读到0.1′即6″。如图3-7所示,测微尺上每10个小格注记一次,注记数值分别为0~6。

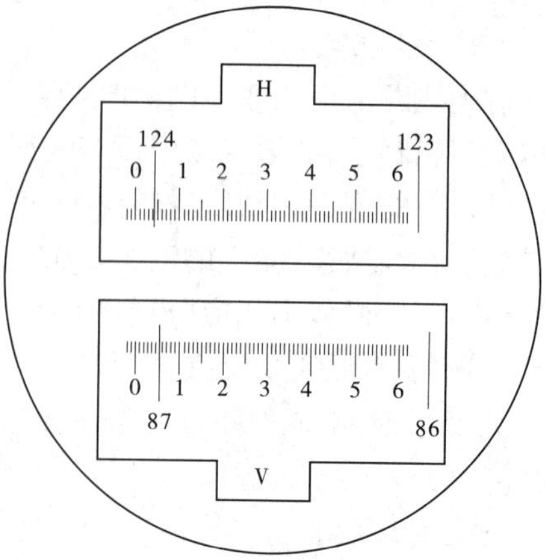

图3-7　经纬仪读数窗口

2. 读数方法

如图3-7所示,在度盘读数窗口的视场

中有上下两个读数窗口，其中视场上半部分标有“H”的表示水平度盘读数窗口，有的经纬仪中标的是“水平”或“-”，均表示水平度盘读数窗口。视场下半部分标有“V”的表示竖直度盘读数窗口，也有的经纬仪标注的是“竖直”“⊥”字样的窗口，均表示竖直度盘读数。

在读数时，首先读出落在0~6的度盘分划线“度”的读数，再读出该分划线所在测微尺上“分”的读数，以上“度”与“分”均为精度，无读数误差，最后估读小于1′的秒值，读至0.1′，即6″的整倍数。图3-7中水平和竖直方向值读数分别为124°04′12″和87°05′54″。

【小贴士】

利用测微装置进行DJ_6经纬仪读数，度与分均为精度，秒估读至0.1′(即6″)，就是说秒值需是6″的整倍数。图3-8(a)水平方向与竖直方向值读数分别为226°47′54″和85°26′30″，图3-8(b)水平方向和竖直方向值读数分别为148°00′00″和265°01′06″，图3-8(b)所示水平方向值读数为特殊情形。

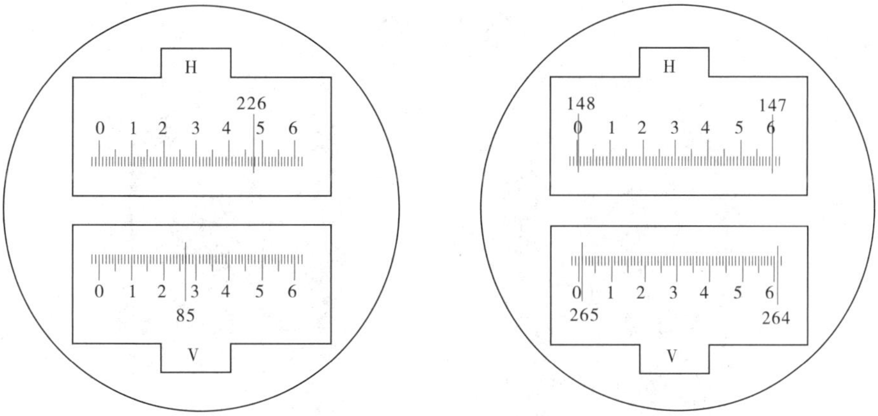

(a)读数窗口1　　(b)读数窗口2

图3-8　经纬仪读数练习

任务三　全站仪的认识与使用

一、全站仪的认识

随着光电测距和电子计算机技术的发展，出现了高度集成和智能化的全站型电子速测仪，简称全站仪。它是一种集自动测角、测距，自动记录、计算、存储、传输数据等功能于一体的高精度、自动化、数字化及智能化的三维坐标测量与定位系统。其含有四大光电系统，即水平角测量系统、竖直角测量系统、水平补偿系统和测距系统，各个系统通过键盘可以输入操作指令、数据和设置参数，并通过数据传输接口，将测量得到的数据传输到计算机或绘图仪，并通过相应的软件绘制出地形图。如图3-9所示为部分，常用的全站仪品牌，国外的有徕卡、天宝、尼康、拓普康等，国产的有南方、苏一光、科力达、中海达等。

全站仪的构造由基座和照准部两部分构成，全站仪各部件的名称如图3-10所示。

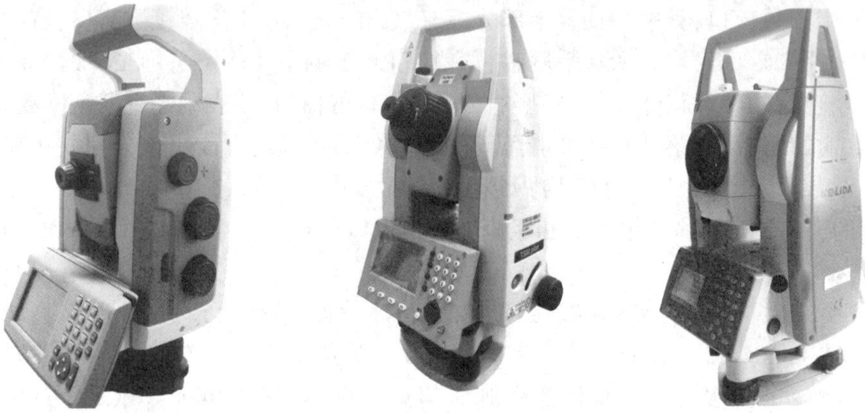

(a)Trimble S6　　(b)Leica TS02 PLUS　　(c)科力达KTS462RS

图 3-9　全站仪

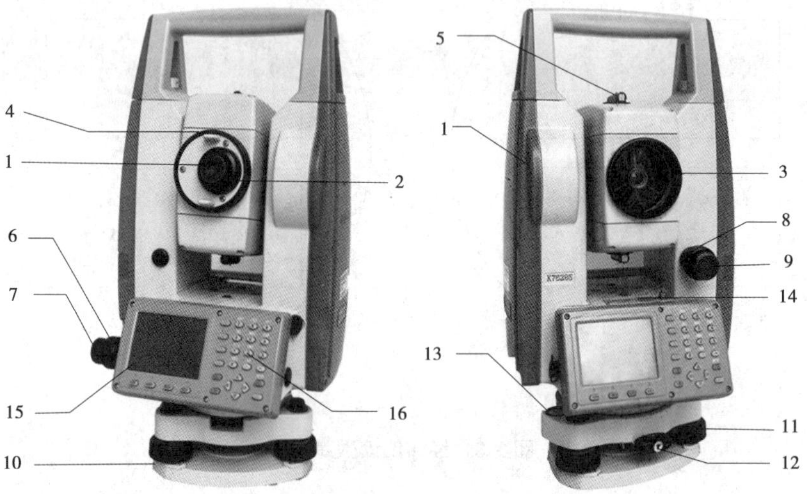

1—望远镜目镜;2—目镜调焦螺旋;3—望远镜物镜;4—物镜调焦螺旋;5—瞄准器;6—水平制动螺旋;7—水平微动螺旋;8—竖直制动螺旋;9—竖直微动螺旋;10—基座;11—脚螺旋;12—锁定旋钮;13—圆水准器;14—管水准器;15—显示屏;16—键盘。

图 3-10　全站仪各部件名称

二、全站仪测角原理

全站仪的型号很多,但其测角原理和方法却相似,主要包括编码度盘测角、光栅度盘测角和光栅动态度盘测角等几种方式。

(一)编码度盘测角

编码度盘是在度盘上按照特定编码规则刻有不同的图案或代码。如图 3-11 所示,通常采用二进制编码方式,将度盘圆周划分成许多小区间,每个区间用不同的编码表示。编码度盘一般由多个同心圆环组成,每个圆环代表不同的二进制位,从外向内依次为最低位到最高位。在度盘的边缘或特定位置,还设有一些参考标记或索引,用于确定编码的起始位置和方向。仪器通过读取编码度盘上的编码来确定角度值。

在度盘的一侧设置有光源,另一侧则设置有光电接收元件和读数系统。当度盘转动时,光源发出的光线透过度盘上的编码区域,被光电接收元件接收。光电接收元件根据度盘上透光和遮光情况,将编码信息转换为电信号。读数系统对这些电信号进行处理和转换,将其解析为对应的二进制编码,再通过特定的算法将二进制编码转换为角度值,并在仪器的显示屏上显示出来。

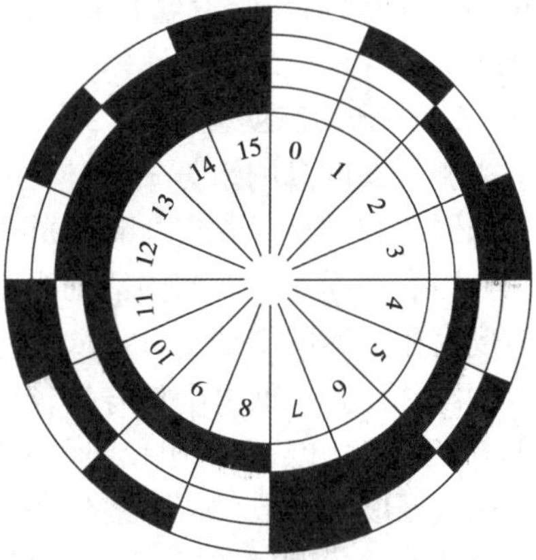

图 3-11 编码度盘

编码度盘测角是采用最早、也较为普遍的电子测角方法,如徕卡 TCA110 全站仪就采用此种测角方式。与光栅度盘相比,编码度盘的优点是能实时反映角度的绝对值,可靠性高,误差不积累,调试简单,断电后角度信息不丢失,有较强的环境适应性;其缺点是分辨率提升困难、存在边缘误差、组装制造要求高。

(二)光栅度盘测角

全站仪的光栅度盘是在玻璃圆盘上刻有等间距的明暗相间的光栅条纹,如图 3-12 所示。这些条纹形成了一个周期性的光栅图案,其刻线密度通常很高,如每毫米有几十条甚至上百条刻线。光栅度盘的圆周被等分为许多个栅格,每个栅格对应着一定的角度值。在光栅度盘的一侧安装有发光二极管(LED)等发光源,它发出的光线透过光栅度盘。在光栅度盘的另一侧相对应的位置,则安装有光电接收元件,如光电二极管或光电三极管等。当光线透过光栅度盘时,由于光栅的遮光和透光作用,光电接收元件接收到的光信号会随着光栅度盘的转动而发生周期性的变化。当两块光栅以一定的角度重叠时,会产生莫尔条纹。莫尔条纹具有放大和细分角度变化的作用。光电接收元件将接收到的光信号转换为电信号。电子电路对这个电信号进行放大、整形和计数等处理。通过对脉冲信号的计数,可以确定光栅度盘转动的栅格数,再根据已知的每个栅格对应的角度值,就可以计算出所测量的角度值。

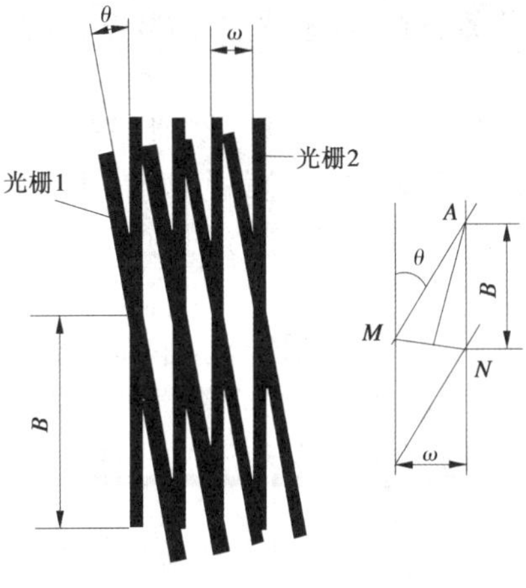

图 3-12 光栅与莫尔条纹

光栅度盘测角的优点是精度高,可达±1″到±5″;分辨率高;响应速度快;易于自动化。其缺点是环境温度、湿度、灰尘等因素影响测量精度;成本高;安装调试复杂,使用中可能出现零位误差,即仪器初始设置的零位在测量过程中发生偏移;断电后角度信息丢失,需重新初始化。

(三)光栅动态度盘测角

光栅动态度盘测角方式是建立在计时扫描绝对动态测角基础之上的一种电子测角方式。如图3-13所示,系统由绝对光栅度盘及驱动系统、与机座固连在一起的固定光栅探测器和与照准部固连在一起的活动光栅探测器以及数字测微系统等组成。如图3-14所示,测角时度盘在马达的带动下,以一定的速度旋转,使光电探测器断续地收到透过光栅度盘的红外线,并转换为高、低电平信号。仪器中的信号处理电路会对电信号进行放大、滤波、整形等处理,然后通过计数器对电信号的脉冲数进行计数。微处理器根据计数器的计数值及预先设置的光栅度盘参数(如光栅条纹间距、莫尔条纹放大倍数等),按照特定的算法计算出光栅度盘转动的角度,最终将角度值显示在全站仪的显示屏上,实现动态测角功能。

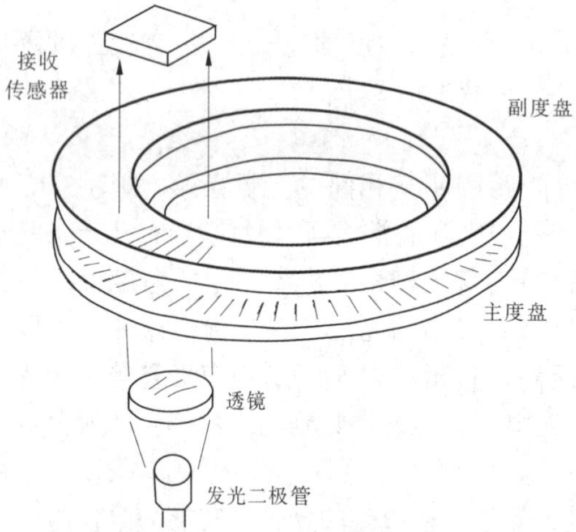

图3-13　光栅模数转换原理

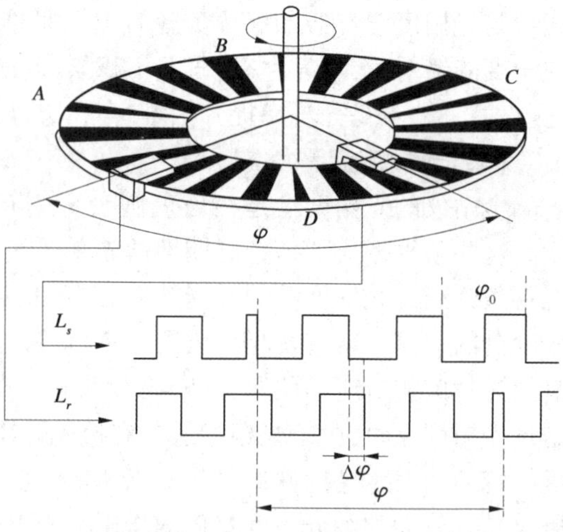

图3-14　光栅动态测角原理

光栅动态测角有高分辨率与精度、动态性能好、实时性与高速响应、数字化输出的优点,但缺点也比较明显,如误差有积累、对环境敏感、结构复杂、制造成本高。

(四)双轴补偿

由经纬仪测角原理可知,横轴、竖轴倾斜误差会对测量结果产生影响,特别是在竖直角较大时,影响更加严重。为削弱这种影响,在全站仪测角时采用了自动补偿系统。仪器内部的倾斜传感器检测出竖轴在视准轴方向和横轴方向的倾斜量,通过微处理器计算出角度改正值,自动对测量角值进行改正。

自动补偿系统分为单轴补偿和双轴补偿两种。单轴补偿仅检测竖轴在视准轴方向的倾斜量,对竖直角测量值进行改正;双轴补偿在单轴补偿的基础上,增加了横轴方向倾斜量的检测,对竖直角、水平角测量值同时实施改正。使用全站仪测角时,要把双轴补偿打开,以提高测角精度与可靠性。

三、全站仪的基本功能

(一)距离测量

电磁波测距是全站仪的基本功能,除测量至棱镜的距离外,根据全站仪的类型、反射棱镜的数目、气象条件等不同，其最大测程也不相同，从而满足不同测量目的及要求。在测距过程中，可对测距模式进行变换：按照具体情况设置高精度测量和快速测量模式；根据测距要求选取距离测量的精度，如 1 cm、1 mm、0.1 mm 等；根据测距精度选取测距次数，包括单次精测（显示一次精密测量结果）、多次精测（根据设定次数，进行多次精测，取平均值显示）、跟踪测量（不间断测量，直到按停止键结束，测量精度较低）。

下面以科力达 KTS460RM 全站仪为例，讲解全站仪设置与使用。其他品牌不同型号的使用与此类似。测距前注意设置好测距参数，如测距模式、目标类型、棱镜常数等，按快捷键进入，如图 3-15（a）所示，按 EDM，进入测距参数设置，如图 3-15（b）所示。

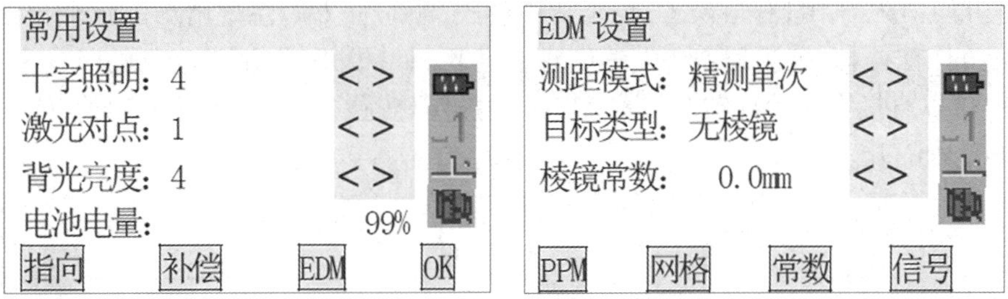

（a）常用设置　　（b）EDM 设置

图 3-15　测距参数设置

如图 3-16 所示，进入测量模式后，在屏幕第一页，按切换键，可以改变屏幕上显示结果，在 S（斜距）、H（平距）、V（垂直距）和 N（X 坐标）、E（Y 坐标）、Z（H 高程）间切换。按测距模式开始距离测量，根据测距模式设置不同，测量次数和精度也不相同。在测量过程中，不要在红外测距模式与激光测距模式下对准强反射目标（如交通灯）进行距离测量，否则将使所测距离要么错误，要么不准确。在测距过程中，如有行人、汽车、动物、摆动的树枝等通过测距光路，会有部分光束反射回仪器，从而导致距离结果不准确。在无反射器测量模式及配合反射片测量模式下，测量时要避免光束被遮挡和干扰。

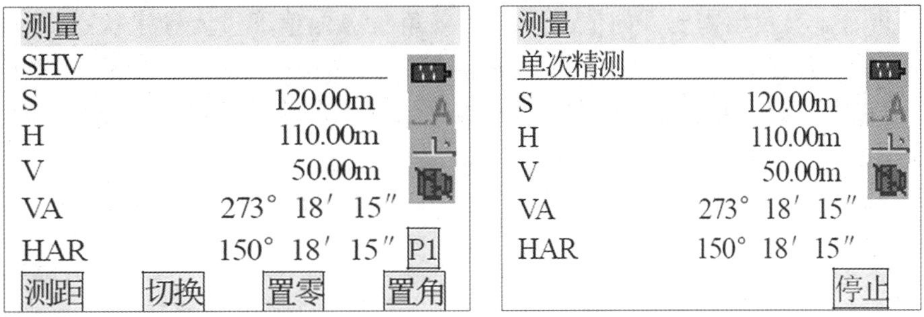

（a）距离测量界面　　（b）测距过程

图 3-16　距离测量

码 3-3　全站仪的认识 · 外观

码 3-4　全站仪的认识 · 键盘

码 3-5　全站仪的认识 · 功能

码 3-6　全站仪的认识 · 测距

【小贴士】

(1)测距后,按操作键可随意切换斜距、平距和高差。

(2)若测距模式设置为单次精测和N次精测,则完成指定的测距次数后将自动停止。

(3)量取仪器高和棱镜高时一定要正确,仪器高是标面至全站仪示高点的高度;棱镜高是标面至棱镜中心(镜框上有标志线)的高度,不是测竖直角(或天顶距)照准的觇牌标志线的高度。

(二)角度测量

角度测量分为水平角观测和竖直角观测。如图3-17所示,竖直方向值为屏幕上显示的VA,水平方向值为HAR,右角模式,也是常用模式,顺时针方向注记增加。水平角测量分为测回法和方向法两种,施测都需要配置度盘。进入测量模式,先用十字丝的竖丝卡准目标,按"置零"可以直接将起始方向设为0°00′00″,也可以按置角,输入起始方向值,输入时度分秒间用逗号分隔开。

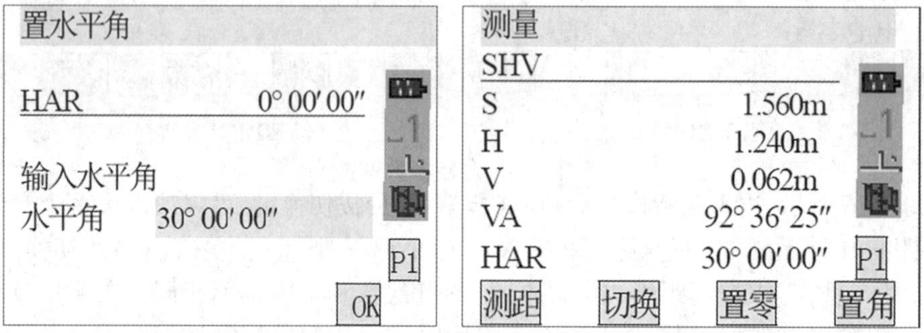

(a)置角,输入起始方向值　　(b)置角完成

图3-17　配置度盘

在测量模式下,按键盘上的向下箭头,翻到第二页,屏幕右下角显示P2,如图3-18所示。按"左右"可以切换左角与右角。要锁定某一方向值,旋转照准部,配合水平制动与微动螺旋,使屏幕上显示出需要方向值,按两次"锁角",方向值即进入锁定状态,照准目标后解锁,将照准方向设为所需方向值。通过锁角给某一方向设定特定方向值,通过图3-17所示配置度盘也可实现。配置度盘后即可利用测回法或方向法进行水平角观测,测量方法将在本项目任务四中讲解。

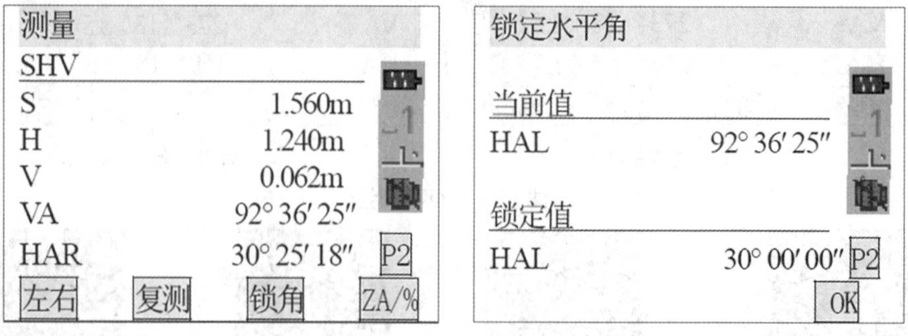

(a)左右角切换　　(b)锁定角度

图3-18　锁定角度与左右角切换

【小贴士】

(1)水平度盘顺时针注记,顺时针旋转照准部,水平方向值HAR增加。

(2)在锁定水平度盘时,照准部旋转时角值不变。

(3)通过置角键可将水平方向设置为任何所需的方向值。

(三)坐标测量

对全站仪参数进行设置后,可直接测定点的坐标(X,Y,H)。首先,在一个已知点(测站点)上安置全站仪,输入测站点平面坐标、高程、仪器高和棱镜高,转动照准部瞄准另一个已知点(定向点或后视点)定向,使水平度盘读数为测站点至定向点的坐标方位角,接着瞄准目标点(前视点)上的棱镜,确认,完成建站,即可进行坐标测量。

(四)辅助功能

全站仪的辅助功能包括:照明系统(在夜晚或黑暗环境下进行测量时,可对显示屏、操作面板、十字丝等实施照明);休眠和自动关机功能(仪器长时间不操作时,可自动进入休眠状态,操作时按功能键,仪器恢复先前状态,也可设置仪器在一定时间内不操作时自动关机);导向光引导(在施工放样时,可以利用仪器发射的恒定光和闪烁的可见光,引导持镜员快速找到方位);数据管理功能(测量所得数据可存储在仪器内存、扩展存储器中,也可通过数据端口实时输出到电子手簿中)。

(五)机载应用程序

在全站仪的内部配置有微处理器、输出输入接口、存储器,可对测量数据进行处理和存储,其存储器包括 ROM 存储器(操作系统和厂商提供的应用程序)、RAM 存储器(存储测量数据和计算结果)、PC 存储卡(存储测量数据、计算结果和应用程序)三种,各厂商提供的应用程序在功能、数量、操作方法等方面不相同,使用时可阅读操作手册,但基本原理是一致的,全站仪通常有下面常用测量程序。

1. 单点放样

全站仪经过测站设置和定向后,可照准棱镜进行测量,仪器可以显示出棱镜位置与设计位置的差值,根据此差值持镜员修正棱镜位置,直至确定设计位置。

2. 对边测量

在不移动仪器的情况下,测量两棱镜站点之间的斜距、平距、方位、高差、坡度。其包括连续模式和辐射模式。

3. 偏心测量

当目标点被遮挡或无法放置棱镜(如柱子中心等)时,可在目标点左边或右边放置棱镜,并使目标点和偏移点到测站的水平距离相等,通过偏移点测出水平距离,再测出水平角,即可计算出目标点的坐标。

4. 悬高测量

测定无法放置棱镜的地物(如桥梁等)高度的功能。

5. 面积测量

通过顺序测定地块边界点的坐标,进而计算出地块面积。

任务四 测回法水平角观测

码 3-7 全站仪的对中整平

进行水平角观测,首先要熟练掌握全站仪的使用,主要包括仪器整置、照准、调焦、度盘配置,然后是角度观测。

一、全站仪的整置

(一)对中

对中的目的是使仪器的中心与测站位于同一个铅垂线上,对中的方法有垂球法、光学对点器法和激光对中法,现在全站仪对中主要采用后两种方法。在对中前,将脚架制动松开,伸出架腿,并齐脚架,使架头与下颚齐平,扭紧制动旋钮,放置在地面标志点上方,尽量对准地面标志,且使架头水平,然后拿出全站仪,放置在脚架上,锁定。

1.垂球法

把架腿伸开,长短适中,选好脚架架尖入地的位置,凭目估尽量使脚架面中心位于标志中心正上方,并保持架头大致水平。将垂球挂在脚架中心螺旋的小钩上,稳定之后,检查垂球尖与标石中心的偏离程度不大(约 3 cm 以内)时,装上全站仪,旋上连接螺旋(不完全旋紧),双手扶基座在架头上平移仪器,使垂球尖精确对准测站点,最后将连接螺旋固紧。用垂球对中的误差一般可小于 3 mm,若要提高对中精度,则用光学对中器进行对中,其对中误差可减少到 1 mm。

2.光学对点器法

架腿伸开、竖立并齐,使脚架底座达到下颚高度,然后呈三角形均匀安置于地面,架头大致水平,并使其中心粗略照准地面标志,安置全站仪;调整对中器目镜调焦,使对中器的圆圈标志和测站点标志影像清晰。踩实一个架腿,两手掂起另外两条架腿,通过对点器目镜观察测站点,使之严格对中,若未严格对中,可微调三个脚螺旋以达到精确对中。利用光学对点器对中较垂球法精度高,一般误差在 1 mm 左右,且不受风力的影响,操作过程简单快速。

【小贴士】

使用光学对中器对中测站点标志时,为在对中器窗口中尽快看到标志,通常这样做:一是在放置脚架时,尽可能让架头水平,并对准测站点标志;二是用自己脚尖顶住标志,先寻找脚尖,找到脚尖便找到了标志。

3.激光对中法

目前新型号全站仪一般都配备有激光对中,键盘上有对应激光对中按键。打开按键,一般是带★键或快捷键。打开激光后,目视直接对准地面标志点即可,操作直观简单。

(二)整平

整平的目的是使竖轴处于铅垂位置,水平度盘处于水平位置,分为用圆水准器粗平和管水准器精平两个阶段。首先松开三脚架架腿制动螺旋,调节三脚架,升降架腿使圆水准器气泡居中,调整原则是圆水准气泡偏向哪一侧,说明该侧高,降低这一侧架腿或升高相反方向一侧架腿即可,最终使圆水准器气泡在各个方向都居中。

用管水准器精平时,先让管水准器平行于某两个脚螺旋的连线,如图 3-19(a)所示,同时向里或同时向外旋转这两个脚螺旋,使气泡居中。然后转动照准部 90°,使管水准器垂直于该两个脚螺旋连线,如图 3-19(b)所示,只转动第三个脚螺旋,使气泡居中,多个方向调节,直到各方向管水准器气泡均居中。

观察光学对点器与测站点标志是否完全重合,若有偏离,则半松开脚架中心连接螺旋,平行移动仪器使光学对点器与测站点标志完全重合,然后检查管水准器气泡是否居中。精平与对中反复操作,直到既精平,又完全对中测站点标志。

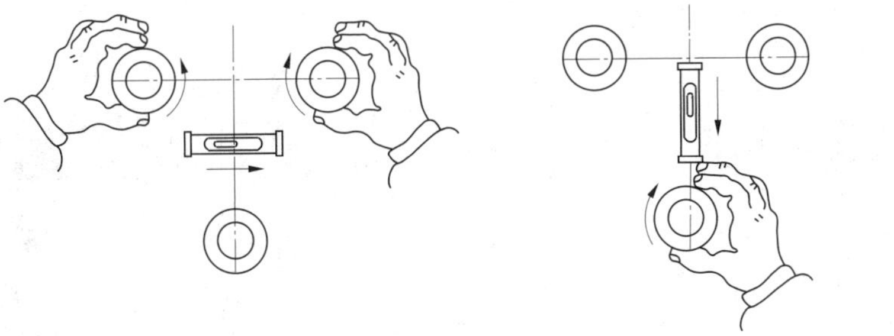

(a)与两脚螺旋连线平行方向整平　　(b)与两脚螺旋连线呈90°方向整平

图 3-19　用管水准器精平

【小贴士】

为什么圆水准器粗平要靠升降脚架架腿呢？因为粗平时脚架各个方向调整幅度较大，升降架腿对前面的对中破坏较小，若采用旋转脚螺旋，则会大幅度破坏前面对中。

注意：

(1)在坚滑地面上设站时，为防止仪器摔倒，应将架腿用绳子拴牢，或用砖、石顶住。

(2)在山坡上设站时，应使两个架腿在下坡，一个架腿在上坡，以保障仪器稳定安全。

(3)转动脚螺旋时不可旋转过快，否则气泡不易稳定。

(4)应掌握气泡移动规律，即左手拇指的运动方向就是气泡的移动方向，右手则相反。

(5)三个脚螺旋高低相差过大，在转动不灵活时，应重新调整仪器架头水平并对中，然后整平，不可强行旋转。

(6)当旋转第三个脚螺旋时，不可再转动前两个脚螺旋，反之亦然。

(7)若反复数次难以整平，可能与管水准器未校正好有关。这时只要气泡总是偏在管水准器某一固定位置即可。

(三)调焦

调焦的目的是使十字丝和目标成像同时清晰。首先调节目镜调节螺旋，使十字丝清晰，然后调节物镜调焦螺旋使目标成像清晰。为了提高测角精度，观测时一定要注意消除视差。视差的概念及消除方法在项目二水准测量中讲过，这里不再赘述。

(四)照准

在观测时，地面的目标点上设立照准标志后才能进行瞄准。如图 3-20 所示，照准标志有地面上的花杆、测钎、垂球或安置在三脚架上的觇牌等。花杆适用于离测站较远的目标，垂球、测钎适用于离测站较近的目标，觇牌则远近都适用。

测水平角与竖直角所用的十字丝部位是不同的，但都是用接近十字丝中心的位置照准目标。如图 3-21(a)所示，在水平角测量中，应用十字丝的竖丝照准目标，根据目标的大小和距离的远近，可以选择用单丝或双丝照准目标。当所照准的目标较粗时，常用单丝平分之；当照准的目标较细时，则常用双丝对称夹住目标；当目标倾斜时，应尽量照准目标的底部，以减弱目标倾斜引起偏心误差的影响。

如图 3-21(b)所示，进行竖直角测量时，应用十字丝的横丝(中丝)切准目标的顶部或特殊部位，在记录时一定要注记照准位置。

照准操作的方法是，松开照准部和望远镜制动螺旋，转动照准部和望远镜，用粗瞄准器

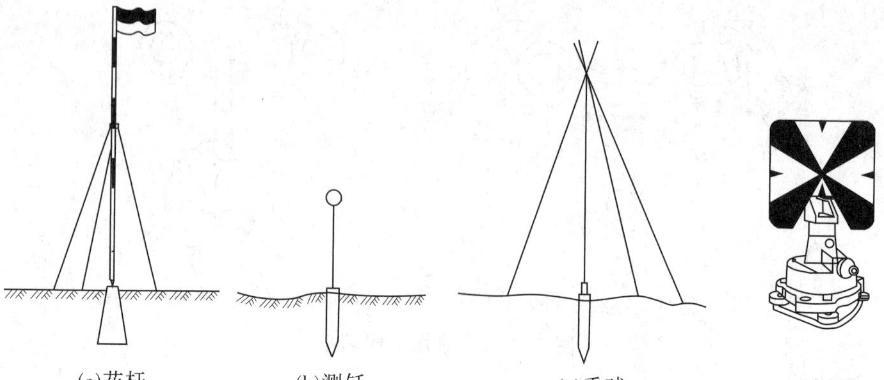

图 3-20　角度测量照准标志

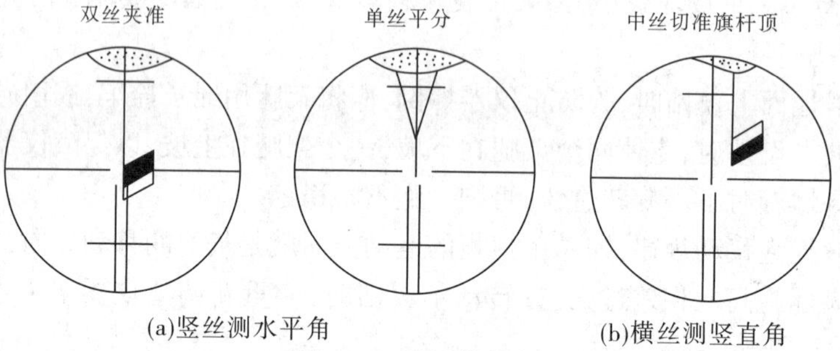

图 3-21　目标的照准

使望远镜大致照准目标,然后从镜内找到目标并使其移动到十字丝中心附近,固定照准部和望远镜制动螺旋,再旋转其微动螺旋,便可准确照准目标的固定部位,读取水平方向或竖直方向值。为减少仪器的隙动误差,使用微动螺旋精确照准目标时,最后旋转方向尽量用旋进方向。当测水平角时,照准部的旋转要按规定的方向旋转,以减少仪器的带动误差。

二、水平度盘的配置

当用望远镜照准目标进行水平角或竖直角观测时,先明确几个概念:

竖盘在望远镜的左侧位置称为盘左,又称为正镜。

竖盘在望远镜的右侧位置称为盘右,又称为倒镜。

用盘左观测水平角时称为上半测回,用盘右观测水平角时称为下半测回;上半测回和下半测回合称为一测回。

在水平角观测时,通常选取某一目标清晰、成像稳定、边长适中的目标作为零方向,也称起始方向。为减弱水平度盘的刻划误差,多测回观测时,需按下面公式计算起始方向值读数,该过程称为配置度盘。如果一个测站总计观测了 m 测回,那么各测回起始方向按式(3-3)或式(3-4)进行度盘配置:

DJ_6 型:
$$G = \frac{180°}{m}(k-1) + \frac{60'}{m}(k-1) \tag{3-3}$$

DJ_2 型:
$$G = \frac{180°}{m}(k-1) + 10'(k-1) + \frac{600''}{m}\left(k-\frac{1}{2}\right) \tag{3-4}$$

式(3-3)和式(3-4)中:m 为总测回数;k 为测回序号。

具体配置步骤如下:

(1)全站仪对中整平后,盘左位置精确照准起始方向。

(2)在测量状态,通过置角,输入利用上述公式计算出的方向值,完成读盘配置。

三、测回法水平角观测

观测水平角常用的方法有测回法、方向观测法,当只有两个观测方向时称为测回法,测回法适用于两个方向的单角测量。如图 3-22 所示,以 O 点为测站,对中、整平仪器后即可用测回法进行水平角观测。

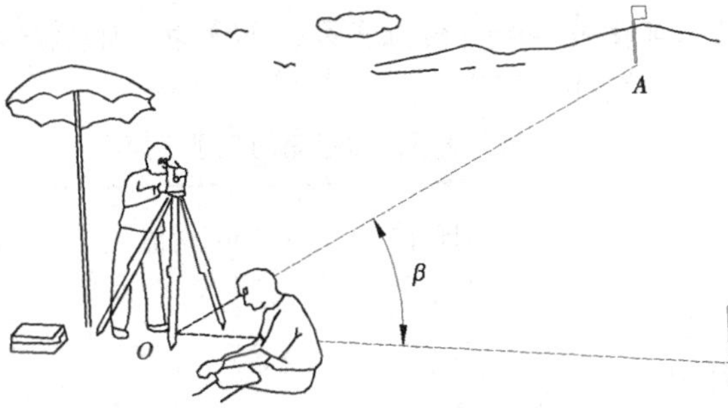

图 3-22 测回法水平角观测

测回法水平角观测步骤:

(1)用盘左精确照准目标 A(注意消除视差,双丝夹住目标或单丝平分目标底部),配置度盘,记录此数为 $a_{左}$。

(2)顺时针转动仪器的照准部,照准右边的 B 目标,读取水平度盘的读数 $b_{左}$。

以上两步用盘左观测称为上半测回,其角值称为上半测回角值,大小为

$$\beta_{左} = b_{左} - a_{左} \tag{3-5}$$

(3)倒转望远镜用盘右观测,按上述方法先观测 B 目标,记录水平度盘读数 $b_{右}$。

(4)逆时针转动仪器的照准部,观测目标 A,读数、记录 $a_{右}$。

以上(3)、(4)步用盘右观测,称为下半测回,其角值称为下半测回角值,大小为

$$\beta_{右} = b_{右} - a_{右} \tag{3-6}$$

上、下两个半测回称为一测回,其角值大小为上、下两半测回角值的平均值,即

$$\beta = \frac{1}{2}(\beta_{左} + \beta_{右}) \tag{3-7}$$

为提高观测精度,常采用多个测回观测。为减弱度盘刻划误差,各测回间应按前述公式计算出每测回起始方向值,来变换度盘位置。测回法观测水平角的限差要求如表 3-1 所示。

表 3-1 测回法观测限差要求

项目	半测回角值之差/(″)	测回角值之差/(″)
限差	36	24

注:半测回角值之差就是上半测回角值和下半测回角值之差;测回角值之差又称为测回差,就是各测回角值之差。

码3-8　经纬仪测回法角度观测

码3-9　全站仪测回法角度观测1

码3-10　全站仪测回法角度观测2

【小贴士】

测回法角度观测,盘左精确照准第一个目标,此时配置度盘,一测回观测只配置一次;水平角完整一测回观测可总结为“上顺下逆、*ABBA*”来描述其转动与照准顺序;无论上半测回或下半测回,半测回角度值都是第二个方向值减第一个方向值计算而得。

测回法观测水平角的记录、计算见表3-2。

表3-2　测回法观测水平角的记录手簿

测站	测回数	竖盘位置	目标	水平度盘读数(° ′ ″)	半测回角值(° ′ ″)	一测回角值(° ′ ″)	各测回平均值(° ′ ″)	备注
O	1	左	*A*	0 01 06	85 35 12	85 35 09	85 35 06	
			B	85 36 18				
		右	*A*	180 01 24	85 35 06			
			B	265 36 30				
O	2	左	*A*	90 00 36	85 35 06	85 35 03		
			B	175 35 42				
		右	*A*	270 00 48	85 35 00			
			B	355 35 48				

该表计算中的取位,秒值取至1″,取舍原则为“四舍六入,奇进偶不进”,即取舍位若为1~4,则舍去;若为6~9,则进上;若为5,则根据该取舍位的前一位奇偶性,奇数进,偶数舍,取舍方法可参考例3-1。

【例3-1】　根据“四舍六入,奇进偶不进”的原则,对下面四个数值进行取舍,要求保留至小数点后三位小数。

135.741 2,135.741 7,135.741 5,135.748 5。

解:根据“四舍六入,奇进偶不进”原则,取至小数点后三位,以上四个数取舍后应该分别为

135.741,135.742,135.742,135.748。

【小贴士】

表3-2中测回法水平角的观测与记录中,方向值的记录可以按照*ABAB*的顺序,也可按*ABBA*的顺序;半测回角度值计算为第二个方向减第一个方向,若第二个方向值小于第一个方向值,减不动时,第二个方向加360°再减。

任务五　方向法水平角观测

一、方向法观测概述

当需要观测 3 个及以上方向时,需要采用方向法观测,任何两个方向值之差即为该两个方向间的水平角。如果需要观测的水平方向超过 3 个,则依次对各个目标观测水平方向值后,还应继续向前转到第一个目标(零方向)进行第二次观测,称为归零。此时方向法观测因为从零方向出发又回到零方向,转了一个圆,因此称其为全圆方向法水平角观测。

全圆方向法水平角观测归零的目的是,当应观测的方向较多时,半测回的观测时间也较长,这样在半测回中很难保持仪器底座及仪器本身不发生变动。由于归零,便可从零方向的两次方向值之差(归零差)的大小,判明这种变动对观测精度影响的程度及观测结果是否可以采用。

如图 3-23 所示,在 O 点设站,观测方向为 A、B、C、D 等目标,选定 OA 方向为零方向。零方向按这样的原则选定:边长适中,与本点其他方向比较,其边长既不是太长,又不是最短;成像清晰,目标背景最好是天空,若本点所有目标的背景均不是天空,可选择背景为远山的目标作为零方向;视线超越或离障碍物较远,不易受水平折光影响。

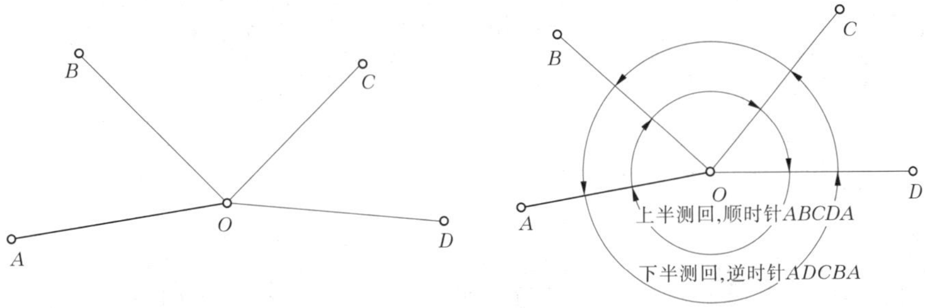

图 3-23　全圆方向法水平角观测

二、全圆方向法水平角观测

码 3-11　经纬仪全圆方向法观测

(一)观测过程

1. 上半测回盘左观测

如图 3-23 所示,在四个目标中,选择一个目标清晰、成像稳定的目标 A 作为零方向,按式(3-3)或式(3-4)配置度盘,读数、记录,然后按顺时针方向转动照准部依次观测 B、C、D 目标,读数、记录,最后照准 A 目标,读数、记录。两次照准 OA 方向所得两个方向值之差称为上半测回归零差。

2. 下半测回盘右观测

倒转望远镜盘右照准目标 A,读数、记录,然后逆时针转动照准部分别照准目标 D、C、B、A,读数、记录。在观测中又两次照准目标 A,两次 OA 方向值之差称为下半测回归零差。

上、下两半测回合称为一测回,其余各测回观测只需按要求变换零方向的度盘位置即可，其观测、记录方法完全相同。只有当上下半测回的归零差都符合规定要求时，才能进行后面的计算。

(二)记录与计算

上半测回观测时，照准目标后分别读取目标 A、B、C、D、A 的水平度盘读数，记录在表 3-3 的第 3 列内。当下半测回观测时，分别照准目标 A、D、C、B、A，并读取相应的水平度盘读数，记录在表 3-4 的第 4 列内。在记录时，观测值应与相应的目标栏对齐。

如表 3-3 所示，记录手簿中的计算主要包括以下几方面。

表 3-3　全圆方向法水平角观测记录手簿

测回	目标	水平度盘读数		2C (″)	盘左盘右平均方向值 (° ′ ″)	一测回归零方向值 (° ′ ″)	各测回归零方向平均值 (° ′ ″)	备注
		盘左 (° ′ ″)	盘右 (° ′ ″)					
1	2	3	4	5	6	7	8	9
I	A	(1)	(10)	(13)	(23) (18)	(24)	(29)	
	B	(2)	(9)	(14)	(19)	(25)	(30)	
	C	(3)	(8)	(15)	(20)	(26)	(31)	
	D	(4)	(7)	(16)	(21)	(27)	(32)	
	A	(5)	(6)	(17)	(22)	(28)	(33)	
		(11)	(12)					

1. 归零差

归零差是半测回归零方向值之差：(11)=(5)−(1)，(12)=(6)−(10)。

2. 2C 值的计算

2C 值即 2 倍照准差，用式(3-8)表示：

$$2C = L - (R \pm 180°) \tag{3-8}$$

式中：L 表示盘左读数；R 表示盘右读数，当 $R \geq 180°$ 时，取"−"；当 $R<180°$ 时，取"+"号。

以 OA 方向为例，(13)=(1)−(10)±180°，其余(14)~(17)计算同此。

3. 盘左盘右平均方向值

以盘左读数为准，同一方向盘左与盘右方向值求平均：(18)=[(1)+(10)]/2，其余(19)~(22)同此。

零方向 OA 的平均方向值为：(23)=[(18)+(22)]/2

4. 一测回归零方向值

一测回内各方向归零方向值由本测回盘左盘右平均方向值减去零方向 OA 平均方向值所得。

(24)=0°00′00″

(25)=(19)−(23)，其余(26)~(27)计算同此。

5. 各测回归零方向平均值

各测回同一方向平均值(29)~(33)由该方向各测回方向值求平均所得。

表 3-4 为全圆方向法水平角观测的记录与计算,在一测回观测完成后,应及时进行计算,并对照检查各项限差(见表 3-5),如有超限,应立即重测。

表 3-4 全圆方向法水平角观测记录及计算手簿

测回	目标	水平度盘读数 盘左 (° ′ ″)	水平度盘读数 盘右 (° ′ ″)	2C (″)	盘左盘右 平均方向值 (° ′ ″)	一测回归零 方向值 (° ′ ″)	各测回归零 方向平均值 (° ′ ″)	备注
1	2	3	4	5	6	7	8	9
Ⅰ	*A*	0 01 06	180 01 12	−6	(0 01 14) 0 01 09	0 00 00		
	B	71 52 06	251 52 00	+6	71 52 03	71 50 49		
	C	145 30 48	325 30 48	0	145 30 48	145 29 34		
	D	210 12 12	30 12 06	+6	210 12 09	210 10 55		
	A	0 01 18	180 01 18	0	0 01 18			
		$\Delta_{左}=12''$	$\Delta_{右}=06''$					
Ⅱ	*A*	90 01 24	270 01 12	+12	(90 01 22) 90 01 18	0 00 00	0 00 00	
	B	161 52 06	341 52 00	+6	161 52 03	71 50 41	71 50 45	
	C	235 30 54	55 30 48	+6	235 30 51	145 29 29	145 29 32	
	D	300 12 18	120 12 18	0	300 12 18	210 10 56	210 10 56	
	A	90 01 30	270 01 24	+6	90 01 27			
		$\Delta_{左}=06''$	$\Delta_{右}=12''$					

表 3-5 全圆方向法水平角观测限差要求

经纬仪级别	半测回归零差/(″)	同一测回各方向 2C 互差/(″)	同一方向各测回互差/(″)
DJ_2	8	13	9
DJ_6	18	—	24

(三)角度观测注意事项

为了保证测量成果合格,在进行角度观测和记录时应注意以下几个方面。

1. 原始观测数据更改的规定

(1)原始记录不得涂改、转抄;铅笔粗细适当,字迹工整,记错的可用直线正规划去,并在旁边写上正确读数,但不得连环涂改;手簿项目填写齐全,不留空页,不撕页;记录数字字体正规,符合规定。

(2)读记错误的秒值不许改动,否则应重新观测。读记错误的度、分值,必须在现场更改,但同一方向盘左、盘右、半测回方向值三者不得同时更改两个相关数字,同一测站不得有两个相关数字连环更改,否则均应重测。

(3)凡更改错误时,均应将错误数字、文字用横线整齐划去,在其上方写出正确数字或文字。原错误数字或文字应仍能看清,以便检查。需重测的方向或需重测的测回可用从左上角至右下角的斜线划去。凡划改的数字或划去的不合格成果,均应在附注栏内注明原因。需重测的方向或测回应注明其重测结果所在页数。废站也应整齐划去并注明原因。

(4)补测或重测结果不得记录在测错的手簿页数前面。

2. 水平角观测注意事项

(1)仪器高度要和观测者的身高相适应;三脚架要踩实,仪器与三脚架连接要牢固,操作仪器时不要手扶三脚架,走动时要防止碰动三脚架,使用各种螺旋时用力要适当,不可过猛过大。

(2)对中要认真、仔细,特别是对于短边观测水平角,对中要求应更严格。

(3)当观测目标高低相差较大时,更需注意仪器整平。

(4)观测目标要竖直,尽可能用十字丝中心部位瞄准目标(花杆或旗杆)底部,并注意消除视差。

(5)当有阳光照射时,要打伞遮光观测;在一测回观测过程中,不得再调整照准部管水准器气泡;如气泡偏离中心超过1格,应重新整平仪器、重新观测;在成像不清晰的情况下,要停止观测。

(6)一切原始观测值和记事项目,必须现场记录在正式外业手簿中,字迹要清楚、整齐、美观,不得涂改、擦改、重笔、转抄。手簿中各记事项目,每一测站或每一观测时间段的首末页都必须记载清楚、填写齐全。在进行方向观测时,每站第1测回应记录所观测的方向序号、点名和照准目标,其余测回仅记录方向序号即可。

(7)在一个测站上,只有当观测结果全部计算,检查合格后,方可迁站。

任务六　竖直角观测

一、竖盘结构及注记形式

(一)竖盘结构

经纬仪上的竖直度盘简称竖盘,主要用于测定竖直角。如图3-24所示,竖盘固定在横轴一端,横轴通过其中心,当经纬仪整平后,竖盘处于垂直面内,并随着望远镜的俯仰而一起转动。竖盘的读数指标线与竖盘水准管或垂直补偿器一起安装在支架上,不随望远镜而转动。通过旋转竖盘水准管微倾螺旋,使竖盘指标水准管气泡居中时,读数指标线即处于正确位置,此时可以读出正确的方向值。因此,在进行竖直角观测时,每次读取竖盘读数之前,都必须先使竖盘指标水准管气泡居中。全站仪竖盘结构与此类似。

【小贴士】

现在全站仪都已由竖直补偿器替代了竖盘管水准器,补偿器在重力作用下,可使竖盘读数指标线自动位于铅垂线位置。

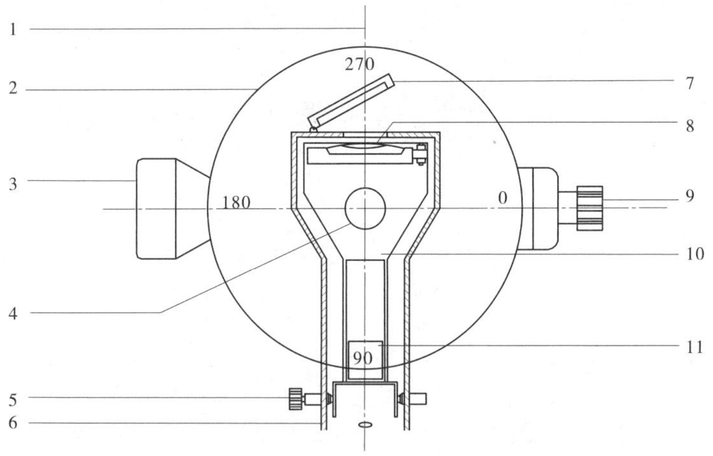

1—铅垂线;2—竖盘;3—望远镜物镜;4—横轴;5—竖盘水准管微倾螺旋;6—支架;7—管水准器反光镜;8—竖盘管水准器;9—望远镜目镜;10—竖盘水准管支架;11—棱镜组。

图 3-24 竖盘结构

(二)竖盘注记形式

竖盘注记形式主要有顺时针注记和逆时针注记。如图 3-25(a)所示,这是 J_6、J_1、J_2 等经纬仪竖盘注记形式,为顺时针从 0°~360°注记,图 3-25(b)所示为 DJ_6-1 型经纬仪竖盘注记形式,为逆时针从 0°~360°注记。

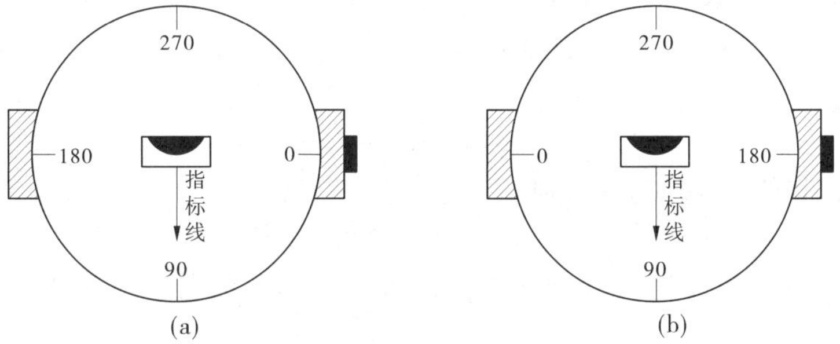

图 3-25 竖盘注记形式

二、竖直角与指标差计算

(一)竖直角计算公式

竖直角是指目标方向与水平方向的夹角,要测定竖直角,像水平角一样,一定也是两个方向读数之差。不过与水平角不同的是,竖直角的两个方向中,水平方向是确定的,如图 3-26 所示,当望远镜水平时,指标线指向竖直度盘的读数,盘左是 90°,盘右是 270°,此时盘左与盘右分别只需读取照准目标方向时的读数,即可计算出竖直角。

根据竖直角仰角时为正、俯角时为负的特点,如图 3-26 所示竖直度盘为顺时针注记,则有下面规律:

(1)盘左位置,当望远镜视线慢慢上扬时,竖直角为正,竖盘读数减小,则竖直角 α=视线水平时读数-瞄准目标时的读数。

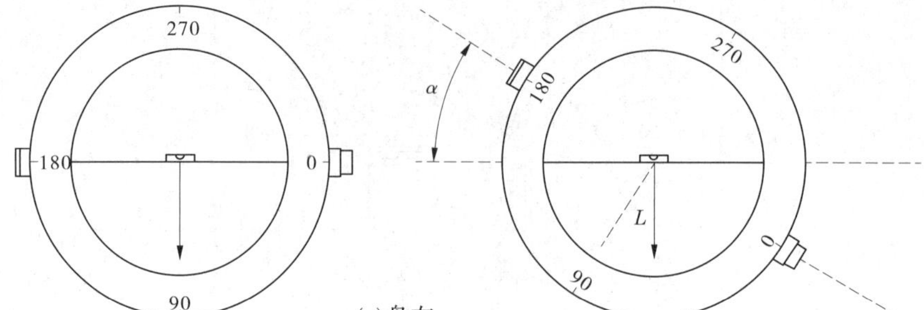

(a)盘左

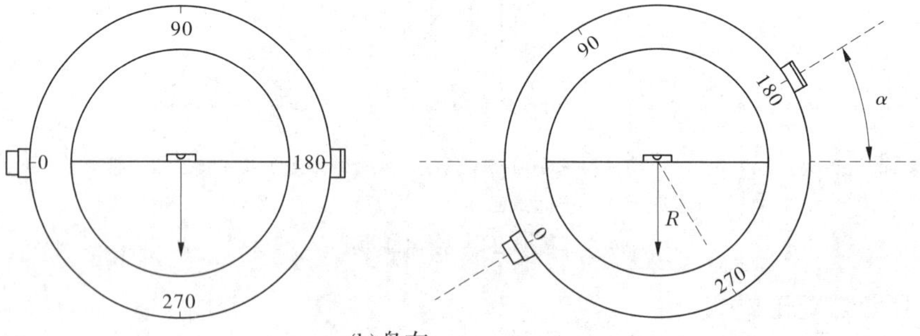

(b)盘右

图 3-26　竖直角的计算

(2)盘右位置,当望远镜视线慢慢上扬时,竖直角为正,竖盘读数增加,则竖直角 α=瞄准目标时的读数-视线水平时的读数。

设 L 为盘左时视线照准目标时的读数,R 为盘右时视线照准目标时的读数,盘左时测得的竖直角为 $\alpha_{左}$,则

$$\alpha_{左} = 90° - L$$

设盘右时测得的竖直角为 $\alpha_{右}$,则

$$\alpha_{右} = R - 270°$$

由于竖盘读数 L 和 R 通常含有误差, $\alpha_{左}$、$\alpha_{右}$ 不相等,取二者平均值为竖直角 α 的大小,则

$$\alpha = \frac{1}{2}(\alpha_{左} + \alpha_{右}) = \frac{1}{2}[(R - L) - 180°] \tag{3-9}$$

【例 3-2】　竖盘顺时针注记形式的经纬仪,观测一高处目标,盘左时读数为 87°35′30″,盘右时读数为 272°24′24″,计算竖直角的大小。

解:将盘左、盘右读数代入式(3-9),则

$$\alpha = \frac{1}{2}(\alpha_{左} + \alpha_{右}) = \frac{1}{2}[(R - L) - 180°] = \frac{1}{2}[(272°24'24'' - 87°35'30'') - 180°]$$

$$= +\ 2°24'27''$$

(二)指标差的计算公式

如图 3-27 所示,理想情况是当竖盘水准管气泡居中,望远镜视线水平时,竖盘读数应该为 0°或 90°的整倍数。但由于竖盘管水准器与竖盘读数指标线的关系不正确,使视线水平时的实际读数与应有读数有一个小的角度差 x,称为竖盘读数指标差。如指标线沿度盘注

记增大的方向偏移，使读数增大，则 x 为正；反之，x 为负。

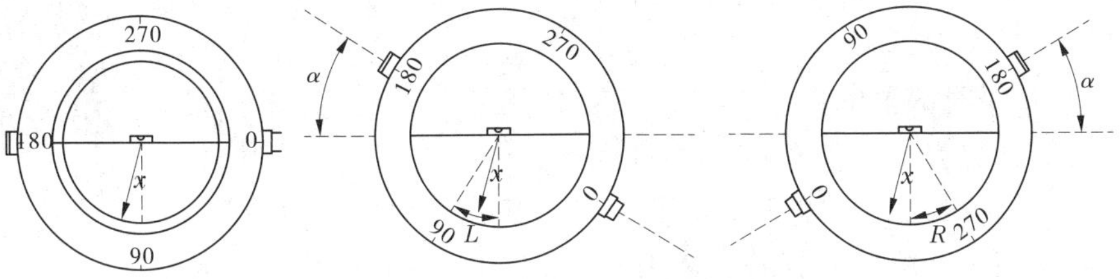

图 3-27 竖盘指标差

由图 3-27 可以看出：

盘左时，竖直角为 $\alpha_{左} = 90° - (L - x)$

盘右时，竖直角为 $\alpha_{右} = (R - x) - 270°$

盘左、盘右测得的竖直角相减，则得

$$x = \frac{1}{2}(L + R - 360°) \tag{3-10}$$

盘左、盘右测得的竖直角相加除以 2，则得

$$\alpha = \frac{1}{2}(R - L - 180°) \tag{3-11}$$

从式（3-11）可以看出，取盘左、盘右观测结果的中数，可以消除指标差的影响。表 3-6 是不同型号仪器的竖直角计算公式。

表 3-6 竖直角计算公式

仪器型号	指标差计算公式	竖直角计算公式
DJ_{07}、DJ_1	$L + R - 180°$	$L - R$
DJ_2、DJ_6	$(L + R - 360°)/2$	$(R - 180° - L)/2$

三、竖直角的观测与记录

（一）中丝法

安置经纬仪，对中整平，如图 3-28 所示，在盘左位置用望远镜水平中丝照准目标，转动竖直度盘指标水准管微动螺旋，使竖直度盘指标水准器精密符合，读取竖直度盘读数；纵转望远镜（在盘右位置），同样用水平中丝照准目标，读取竖直度盘读数。

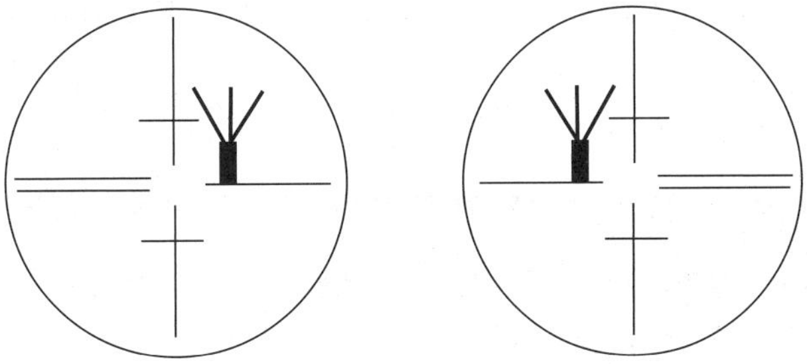

(a)盘左照准 (b)盘右照准

图 3-28 中丝法竖直角观测

当一个测站上要观测多个目标时,可将3~4个目标作为一组,先观测本组所有目标的盘左,再纵转望远镜观测本组所有目标的盘右,将该数分别记入手簿相应栏内,这样可以减少纵转望远镜的次数,节约观测时间,但要防止记录时记错位置。

码3-12 全站仪中丝法竖直角观测

对某一目标观测一测回结束后,即可计算其指标差 x,记入手簿指标差栏内对应位置;然后计算其竖直角 α,记入手簿竖直角栏内对应位置。当两个测回所测竖直角互差不超过限差规定(24″)时,取其平均值作为最后结果,记入手簿相应位置。在一个测站上一次设站观测结束后,当本站所有指标差互差不超过限差要求(24″)时,则本站竖直角观测合格,否则超限目标应重测,中丝法竖直角观测见表3-7中 M_6 测站点的观测记录。

表3-7 竖直角观测记录手簿

作业日期:2025-06-25　　天气:晴　　观测者:李××

开始时间:10时30分　　成像:清晰

结束时间:12时10分　　仪器:$J_6$78325　　记录者:张××

测站	觇点	读数 盘左 (° ′ ″)	 盘右 (° ′ ″)	指标差 (″)	竖直角 (° ′ ″)	仪器高/ m	觇标高/ m	照准觇标部位
M_6 花杆顶部 2.50 m	M_7	88 05 24 88 05 30	271 55 54 271 55 18	+39 +24 中数	+1 55 15 +1 54 54 +1 55 04	1.54	2.51	花杆顶部
M_6 花杆顶部 2.50 m	M_8	95 06 42 95 23 48 95 41 06	264 20 06 264 37 18 264 54 24	−16′36″ +0′33″ +17′45″ 中数	−5 23 18 −5 23 15 −5 23 21 −5 23 18	1.54	2.22	旗顶

(二)三丝法

当竖直角观测精度要求较高时,必须按盘左、盘右依次用上、中、下三根十字丝进行读数,这种测法称为三丝法,如图3-29所示。由于上、下丝与中丝间所夹视角约为17′,所以由上、下丝观测值算得的指标差分别约为+17′和−17′。在记录观测数据时,盘左按上、中、下三丝读数次序记录,盘右则按下、中、上三丝读数次序记录,如表3-7中的 M_8 觇点观测成果。在计算竖直角时,按三丝所测得的 L 和 R 分别计算出相应的竖直角,最后取平均值作为最后结果。

(三)竖直角观测的注意事项

(1)横丝切准目标的特定部位,要在观测手簿相应栏内注明或绘图表示,不能含糊不清或没有交代。同一目标必须切准同一部位。

(2)在盘左、盘右照准目标时,应使目标影像位于竖丝附近两侧的对称位置上,这样有利于消除横丝不水平引起的误差。

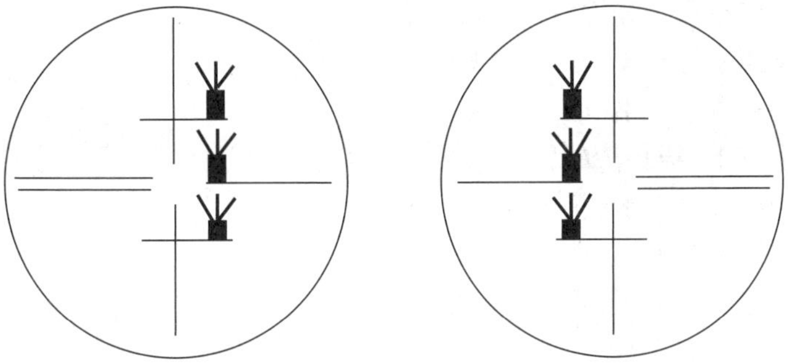

(a)盘左照准　(b)盘右照准

图 3-29　三丝法竖直角观测

(3)每次读数前必须使指标水准器气泡居中(对自动安平经纬仪则无此要求)。

(4)图根控制的竖直角观测时刻一般不予限制,但对于视线过长或通过江河湖海等水面时,应选择在中午前后进行观测。避免在日出前和日落后空气差较大时观测。高级控制时,宜在 10:00~15:00 观测。

(5)每次设站应及时量取仪器高和觇标高,量至厘米,记入观测手簿相应栏内,并将量取觇标高的特定部位在观测手簿相应栏内注明,否则,将出现返工。

任务七　全站仪的检验与校正

全站仪要测得准确的水平角和竖直角,除了正确操作,仪器各轴系关系也必须正确,因此全站仪需要进行检验和校正。如图 3-30 所示,全站仪上主要轴线包括竖轴 VV_1、横轴 HH_1、视准轴 CC_1、管水准轴 LL_1、圆水准轴 $L'L'_1$。全站仪这些轴线应该满足如下关系:

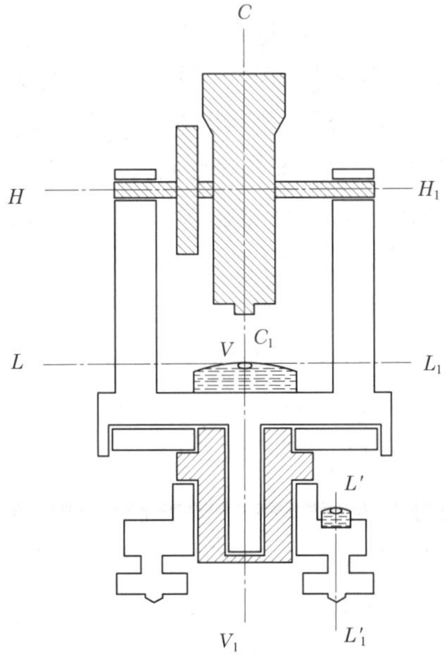

图 3-30　全站仪的轴线

(1)管水准轴应垂直于竖轴($LL_1 \perp VV_1$)。

(2)圆水准轴应平行于竖轴($L'L_1' /\!/ VV_1$)。

(3)视准轴应垂直于横轴($CC_1 \perp HH_1$)。

(4)横轴应垂直于竖轴($HH_1 \perp VV_1$)。

(5)十字丝竖丝应垂直于横轴。

(6)竖轴与水平度盘垂直,且过其中心。

(7)横轴与竖直度盘垂直,且过其中心。

一、一般性检视

在对全站仪进行检验校正之前,需要进行一般性检视:外观是否有磕伤;显示屏是否显示正常;按键是否正常;照准部旋转是否灵活;各种螺旋是否灵活有效;望远镜视场是否清晰,有无灰尘、水珠、霉点;分划线是否清晰;仪器各种附件是否齐全。

二、全站仪的检验与校正

仪器在经过长期使用和多次搬迁后,会使某些部件的结构发生变化,从而使得上述条件或多或少地遭到破坏。除了上述第(6)、(7)两项在仪器制造时得到严格的保证,其他几项可通过一定的方法检查其几何关系是否正确,如果存在偏差,则通过设置的调整装置来改正,使其恢复这些几何条件,以减少或补偿其对角度测量的影响,这一过程称为对仪器的“检验校正”。

检验校正应遵循后一项检校过程不破坏前一项检校结果的原则进行。在地形测量中,通常按照下述项目和顺序进行检校。

(一)管水准轴垂直于竖轴的检校

此项检校的目的在于整置仪器后,保证竖轴与铅垂线方向一致。若此项条件满足,全站仪整平后,照准部转到任一方向,气泡均应保持居中。

检验方法:先按常规方法将仪器尽量整平,使管水准器与某两个基座螺旋连线平行,旋转基座螺旋,使气泡居中,管水准轴水平。若管水准轴与竖轴垂直,则竖轴必处于铅垂线方向。如图3-31(a)所示,若管水准轴与竖轴不垂直而含有α角的差值,则水平度盘及竖轴也都将倾斜α角。如图3-31(b)所示,将照准部旋转180°,若气泡不居中,说明管水准轴与竖轴不垂直,管水准轴相对水平面偏离2α角。

校正方法:管水准轴与竖轴不垂直,主要是管水准器两端支架高度不等所致。因此,校正时只要适当调整管水准器支架上的校正螺丝即可。由于照准部旋转180°以后,气泡偏离中点的格值是2α的反映,也就是竖轴偏离铅垂方向α和水准轴偏离水平度盘面α的综合反映。因此,只要按气泡移位的格值改一半即可。如图3-31(c)所示,设气泡移位的格值为e,首先用基座脚螺旋改正气泡偏移格值的一半($\frac{e}{2}$),此时竖轴处于铅垂方向;如图3-31(d)所示,剩下的$\frac{e}{2}$则用管水准器校正螺丝改正,使水准气泡居中,此时水准轴与水平度盘都处于水平位置,而且竖轴仍保持铅垂方向,此项校正即告完成。

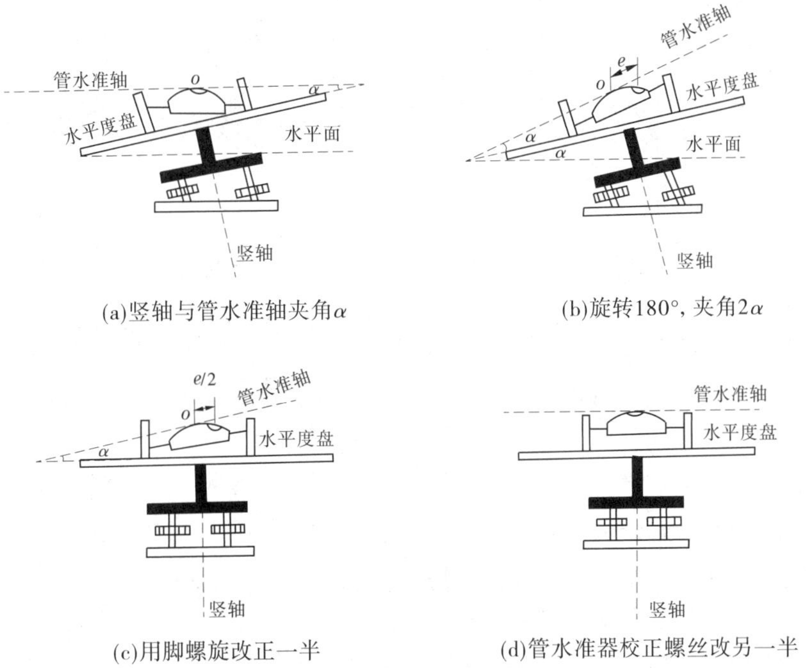

图 3-31　管水准器与竖轴的正交性检验

由于不能使管水准器与两基座脚螺旋连线严格平行，则改正 $\frac{e}{2}$ 分划值时也不可能很准确。因此，该项检验校正须反复进行，直到照准部转动 180°以后气泡偏移值不大于一个分划。该项检校完成以后，还可附带对圆水准器进行检校。如果此时圆水准器的气泡不居中，可用其下面的校正螺丝校正，使圆水准器气泡居中即可。

在进行此项校正时，拧动校正螺丝不要用力过猛；两端的校正螺丝应一松一紧，先松后紧；校正完毕一定要拧紧被松动过的螺丝。

(二)十字丝竖丝垂直于横轴的检校

十字丝竖丝与横轴垂直，意味着当横轴水平时，竖丝应位于垂直照准面内(设横轴已与视准轴垂直)。如果十字丝板安置得不正确，则竖丝可能与横轴不垂直。由于竖丝不在照准面内，观测时用竖丝不同位置去照准同一目标，则会出现不同的水平度盘读数，这显然是不允许的，此项检校的目的是使十字丝竖丝与照准面一致。

(1)检验：整置仪器后，用十字丝中心照准一大概与仪器同高的点状目标，固定照准部和望远镜，然后用垂直微动螺旋使望远镜徐徐转动。此时在物镜视场中可以看到目标对竖丝做相对运动，如果目标点不离开竖丝，则说明竖丝与横轴是垂直的。如图 3-32 所示，如果目标点偏离竖丝，则说明竖丝与横轴不垂直，需要进行校正。为更明显地看出目标点与竖丝的偏离，也可用竖丝上部照准目标，垂直微动望远镜后，则可在竖丝下部看到 2 倍于上述偏差的距离。

(2)校正：用十字丝中心照准目标点，固定照准部和望远镜，用望远镜竖直微动螺旋使目标点移至视场的上方或下方并尽量靠近视场边缘，尽量显示出目标点的偏离情况。此时打开十字丝环的护盖，即可看到如图 3-33 所示的十字丝环校正装置。首先松开四个校正螺

旋 E,然后轻轻地转动十字丝环,使竖丝压住目标点。此项校正需反复进行,直至上下转动望远镜时,目标不偏离十字丝竖丝,校正完毕后,拧紧4个校正螺旋 E。

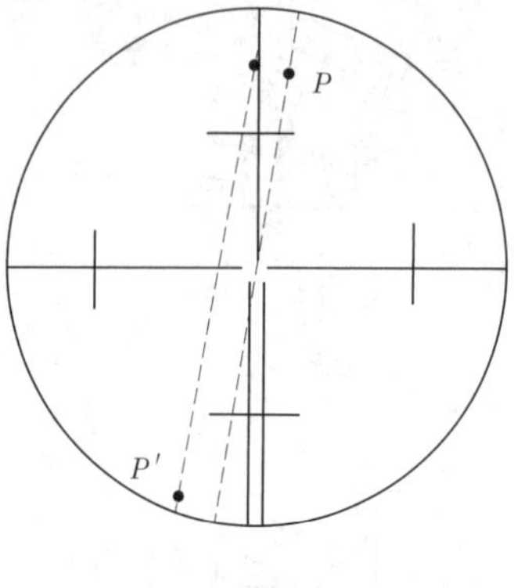

图 3-32　十字丝的检验

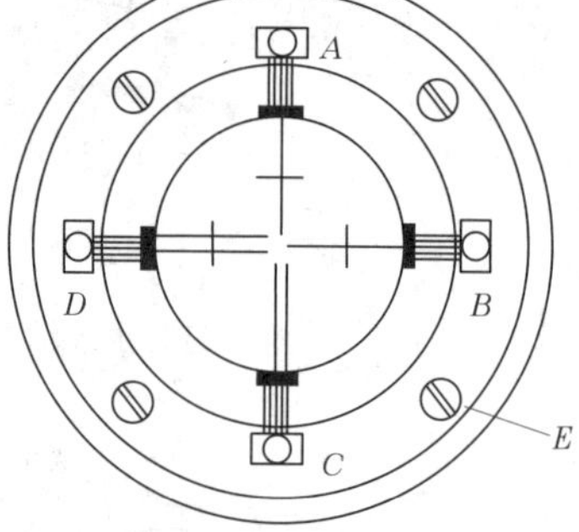

图 3-33　十字丝的校正

(三)视准轴垂直于横轴的检校

望远镜的物镜中心与十字丝中心的连线称为视准轴。通常由于仪器安装和调整不正确,使望远镜的十字丝中心偏离了正确位置,造成视准轴与横轴不垂直。另外,外界温度的变化也会引起视准轴位置的变化,由此产生视准轴误差。

如图3-34所示,当横轴水平时,视准轴的俯仰面应是一个铅垂平面。若视准轴与横轴不垂直,则视准轴绕横轴旋转时将是一个圆锥面。视准轴与横轴不垂直而产生的偏差 C 称为视准轴误差。它对半测回的水平角观测值有影响,而对一测回的水平角观测没有影响。但 C 值过大,记录和计算很不方便,因此需要进行检验与校正。

(1)检验:如图3-35所示,该项检验通常采用四分之一法,首先在平坦的地面上选定直线 AB,并确定中点 O,将仪器安置在点 O 上,在 A 点设置瞄准标志,在 B 点横置一根有毫米分划的尺子,并使标志和尺子与仪器同高。用盘左瞄准 A 点,固定照准部,纵转望远镜读取尺子上的读数 B_1。盘右瞄准 A 点,纵转望远镜在尺子上读取读数 B_2。若 B_1、B_2 重合,说明条件满足,否则 B_1、B_2 之差为4倍 C 角的反映,视准轴误差 C 可按式(3-12)求取。

$$C = \frac{1}{4D}(B_2 - B_1)\rho'' \tag{3-12}$$

式中:D 为仪器到 B 点的距离。

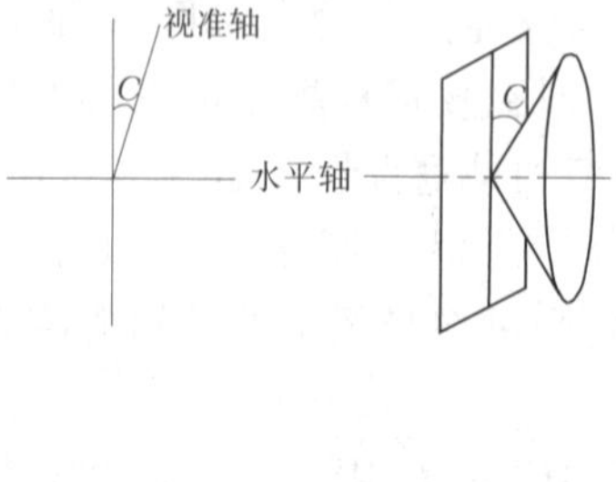

图 3-34　视准轴误差

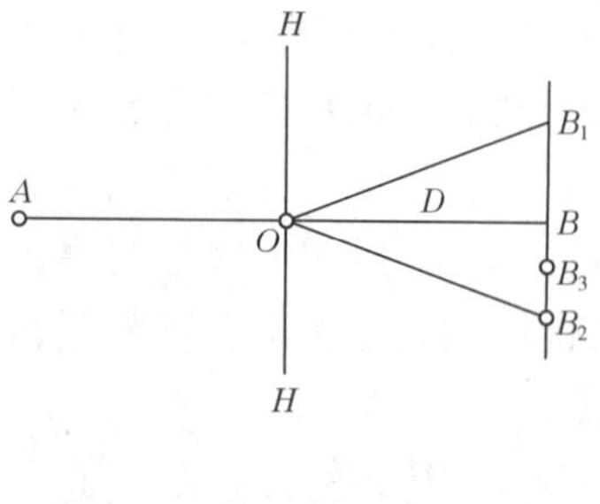

图 3-35　视准轴误差检验

(2)校正:校正前先求出视准轴与横轴垂直时在尺子上的读数 B_3(在 B_1B_2 的四分之一处),然后打开十字丝护盖,同样可从图 3-33 中看到 4 个校正螺丝 A、B、C、D。先松开相邻两个校正螺丝 A 或 C 中的任一个,然后按照先松后紧和一松一紧的原则移动两个校正螺丝 B、D,使十字丝环按水平方向移动,同时在目镜中注意观察,直至十字丝竖丝正好照准 B_3 点。然后拧紧所有松开的螺丝,使其不留空隙和松紧适宜。

【小贴士】

$\rho=206\ 265''$,是由弧度化角度的转换系数,其是这样算的:$\rho=\dfrac{180\times3\ 600}{3.141\ 592\ 6}\approx 206\ 265$(″/弧度),当由弧度化为角度,乘以 ρ,由角度化为弧度除以 ρ,但需要先把度分秒的角度化为以秒为单位的角度再计算。

【例 3-3】 使用常数 ρ 进行角度与弧度的相互换算。

(1)请把角度值 60°25′50″化为弧度值。

(2)请把 2 弧度值化为以度分秒形式表示的角度值。

解:(1)角度化弧度。

①$60°25'50''=60\times3\ 600''+25\times60''+50''=217\ 550''$

②弧度值$=\dfrac{217\ 550''}{206\ 265(''/\text{弧度})}\approx1.055$(弧度)

(2)弧度化角度。

①2 弧度×206 265(″/弧度)= 412 530″

②化为度分秒形式:412 530″÷3 600 结果取整得:114°

[412 530-(114×3 600)]÷60 结果取整得:35′

[412 530-(114×3 600)]-35×60=30″

最终结果为:114°35′30″

(四)横轴垂直于竖轴的检校

经过前面几项检校,可使仪器的竖轴处于铅垂方向,视准轴与横轴垂直,如果仪器的横轴与竖轴垂直,则视准轴绕横轴旋转将形成一个铅垂面;否则,将是一个倾斜平面,会对水平角观测产生影响,需要进行检校。

横轴与竖轴不垂直,当竖轴位于铅垂线上时,横轴与水平面的夹角 i 称为横轴误差。

检验方法如图 3-36 所示,在距墙面 10~20 m 处整置仪器,用盘左照准墙上高处某一点 P(高出仪器 5 m 以上),然后固定照准部,纵转望远镜使其概略水平,此时在墙上照准了与仪器大致同高的一点 A;用盘右再一次照准 P 点,同样固定照准部放平望远镜,如果此时仍能照准 A 点,则说明横轴与竖轴垂直,否则,它将照准另一点 B。

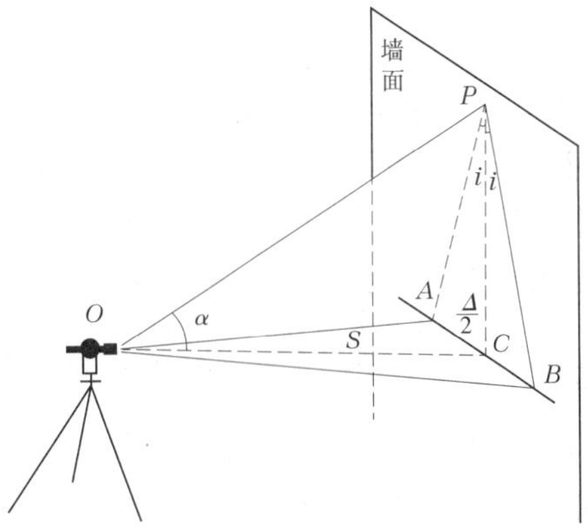

图 3-36　横轴误差的检验

由图 3-36 可见,对于高处目标 P,用盘左、盘右向水平面上投影时，由于横轴误差 i 的存在而产生不重合的两个投影点 A、B，在 $\triangle ACP$ 中：

$$AC = \frac{1}{2}AB, AB = \Delta$$

$$\tan i = \frac{AC}{PC}$$

$$PC = OC\tan\alpha = S\tan\alpha$$

$$\tan i = \frac{\Delta}{2S}\cot\alpha \tag{3-13}$$

只要量取 Δ 和 S，测得竖直角 α，即可由式(3-13)计算出横轴误差。

横轴与竖轴不垂直的主要原因是横轴两端的支架不等高，校正的目的就是调整支架的高度使之处于正确位置。由于校正装置封装于仪器内部，在外业条件下一般不宜作此项校正，多由专业仪器维修人员在室内进行校正。规范要求 DJ_2 级经纬仪或相同精度全站仪的横轴误差不应超过 15″，J_6 级经纬仪或相同精度全站仪的横轴误差不应超过 20″。

(五)竖直度盘指标差检校

指标差的存在并不影响一测回竖直角的精度，但指标差过大，既不便于计算，也易产生差错，因此检校的目的是尽量使指标差接近于零。

整置仪器，用中丝法对某一明显目标观测一测回，计算出指标差 i。对有指标水准器的仪器进行校正时，旋转指标水准器微动螺旋，保持中丝照准目标不动，使竖直度盘读数为 $(R-i)$ 或 $(L-i)$，此时水准气泡就不居中了，可拧下竖直度盘水准器一端的护盖，用改针松紧其上、下两校正螺丝，使气泡居中。此法须反复进行，直到指标差 $i<1'$(J_6 级)或 $i<30''$(J_2 级)，最后仍须拧紧松开的校正螺丝。

也可用校正十字丝环上下位置的办法进行校正。具体做法是：旋转望远镜垂直微动螺旋，使竖直度盘读数为 $(R-i)$ 或 $(L-i)$，此时十字丝必不切准目标。打开十字丝环护盖，先松开左、右两个校正螺丝 B 和 D 中的任一个，然后松紧上、下两校正螺丝 A 和 C(见图 3-33)，并注意观察目镜内影像的变化，直至中丝切准目标，最后拧紧松开的校正螺丝。

【小贴士】

需要指出，用十字丝校正指标差，在效果上会影响视准轴与横轴的正交，在操作上也不如校正水准器方便，因此在实际作业中较少用到，只对有竖盘自动补偿装置的全站仪使用。

(六)光学对点器的检校

对于光学对点器不随照准部转动的仪器，可用垂球法检校。在室内或无风的场地上，精确整平仪器，地面上固定一张白色硬纸，仪器中心螺丝下挂一个较重的垂球，调整垂球线长，使垂球尖接近纸面，待其静止时在白纸上投影标定一点。取下垂球，调好光学对点器，如白纸上的垂球尖投影点与光学对点器分划中心重合，说明光学对点器安置正确，可以使用，否则需调整。

对于光学对点器可随照准部转动的仪器，可在精确整平后，缓慢转动照准部，并依光学对点器刻划中心指示在纸面上，用铅笔多次标出其位置。若投影点固定不变，则说明光学对点器安置正确，若多次标出的对点器刻划中心投影点形成一个小圆，则应把对点器光轴调整到圆心上去。

任务八 角度测量误差分析

全站仪经过检验校正，已经基本满足各种几何条件，但由于检校不彻底，加之在要求上又有一定的宽容度，同时由于长期作业和搬运等外界因素的影响，也会使得某些已满足的几何条件遭到破坏，使得仪器本身不可避免地存在误差，这种残留的和有变化的误差必然会对测角产生影响。因此，需要研究仪器误差的性质和大小，分析它们对角度测量的影响，采取适当的作业方法和创造有利条件来消除或减弱仪器误差的影响。

影响角度测量的误差源，与水准测量误差分析相同，主要从观测仪器、观测者和外界条件三个方面进行分析。

一、仪器误差

（一）照准部偏心差

在水平角观测中，经纬仪的照准部是绕竖轴转动的，所测得的角度却是从水平度盘上读取的，这就要求照准部的旋转中心与水平度盘的刻划中心相重合。否则，所读得的水平度盘读数将不正确，其中必然包含某种误差，这种误差称为照准部偏心差。

如图 3-37 所示，C 为度盘刻划中心，C' 为照准部旋转中心，$CC'=e$，称为照准部偏心距，CC' 方向与度盘 0°方向的夹角 θ 称为照准部偏心角。若 C 与 C' 重合，当仪器照准某一方向时水平度盘的读数为 L、R；若 C 与 C' 不重合，仪器照准同一方向时水平度盘的读数为 L'、R'，从图 3-37 中可以看出它们之间的关系为

$$L = L' + \varepsilon$$

$$R = R' - \varepsilon$$

由正弦定理推导可得：

$$\varepsilon = \rho'' \frac{e}{R}\sin(M - \theta) \qquad (3\text{-}14)$$

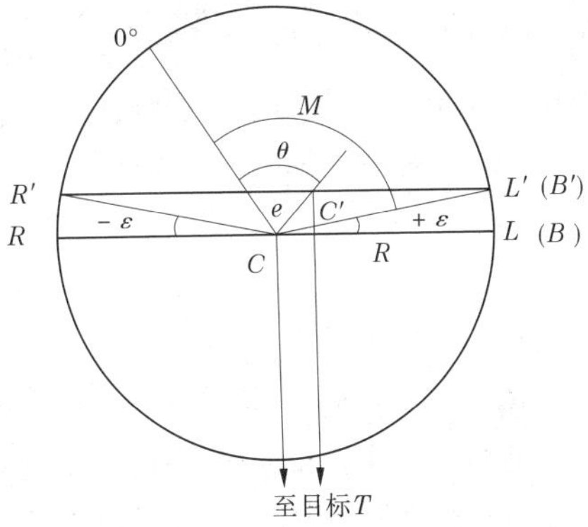

图 3-37 照准部偏心差

式中，ε 为该方向的照准部偏心误差，ε 不仅与偏心元素 e 和 θ 有关，而且与目标方向的读数有关。但由它对盘左、盘右读数的影响符号相反，大小相等，任一方向的盘左、盘右读数取平均值时均可消除 ε 的影响。

（二）视准轴误差

测角时全站仪的三轴应满足一定的几何关系，即视准轴与横轴正交，横轴水平，竖轴与测站铅垂线一致。当这些关系不能满足时，将分别产生视准轴误差、横轴误差和竖轴倾斜误差，合称“三轴误差”。

如图 3-38(a)所示，设仪器已经整平，横轴 HH_1 也水平，竖直度盘在 H_1 一侧，实际视准轴 OM_1 与正确视准轴 OM 的夹角 C，即称为视准轴误差，并假设视准轴偏向竖直度盘一侧时 C 为正，反之为负。

如图 3-38(b)所示,以横轴中心 O 为圆心,任意长为半径作球,HH_1 代表横轴,竖直度盘在 H_1 一侧。如果没有视准轴误差,视准轴应指向天顶与球面交点 Z,OZ 应与铅垂线方向一致。当视准轴绕横轴转动时,在空间形成一个垂面,即铅垂照准面 OZM。

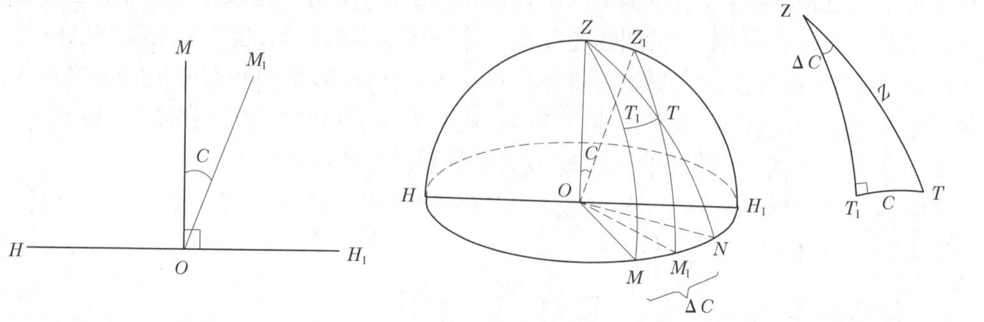

(a)视准轴误差示意图　　(b)视准轴误差原理

图 3-38　视准轴误差

如果视准轴偏向垂直度盘一侧,与横轴 OH_1 一端交角不是 90°,而是 $90°-C$(此时 C 为正),指向天顶的视准轴 OZ 移到 OZ_1,则 $\angle ZOZ_1=C$。当在盘左位置照准目标 T 时(目标竖直角为 α),照准面 OZ_1TM_1 不再是一个铅垂照准面,而是以 OH_1 为主轴的锥面。

当用正确的视准轴照准目标 T 时,铅垂照准面就必须以 OZ 为轴转动一个角度 $\angle MON$,也就是照准部必须转动这样一个角度。设 $\angle MON=\Delta C$,则 ΔC 即为视准轴误差 C 对水平方向读数的影响,通过计算得:

$$\Delta C = \frac{C}{\sin Z} = \frac{C}{\cos\alpha} \tag{3-15}$$

通过对式(3-15)分析可知:

(1)ΔC 的大小不仅与视准轴误差 C 的大小成正比,而且与目标的竖直角 α 有关。α 越大,ΔC 就越大;α 越小,ΔC 就越小。当 $\alpha=0°$时,$\Delta C=C$。

(2)用盘左观测目标时,视准轴偏向竖直度盘一侧,正确的方向值 $L_0=L-\Delta C$;用盘右观测目标时,正确的方向值 $R_0=R+\Delta C$。因此,视准轴误差对观测方向值的影响,在望远镜纵转前后,大小相等,符号相反,取盘左、盘右的中数,可以消除视准轴误差的影响。

(3)观测一个角度,若两方向的竖直角相等,则视准轴误差的影响可在半测回中得到消除,即使竖直角不等,如果差异不大且接近 0°,其影响也可忽略不计。

(4)视准轴误差在短时间内,可认为 C 是常数,在竖直角很小,且各方向相差不大时,ΔC 近似等于 C,因此

$$2C = L - R \pm 180° \tag{3-16}$$

【小贴士】

视准轴误差一般可以通过一测回中上、下半测回方向值求平均而得到消除。视准轴与横轴的关系是机械的结合,在短时间内可以认为 C 是常数。在水平角观测中,通常以同一测回各方向 $2C$ 互差的大小来反映观测质量的高低,规范要求互差不超过 13″。

(三)横轴误差

横轴误差是指横轴不水平而产生的微小倾角 i,它对水平角的影响为 X,由于 X 和 i 均

甚小，故有

$$X = i\tan\alpha \tag{3-17}$$

由此可知其影响规律如下：

(1) X 随竖直角增大而增大。

(2) 当竖直角 $\alpha = 0°$，$X = 0°$，即观测目标与仪器同高时，不受横轴倾斜误差的影响；当 $\alpha_1 = \alpha_2 = \cdots$ 时，i 的大小对水平角也无影响。

(3) 横轴倾斜对盘左、盘右观测值的影响大小相等而符号相反，故取盘左、盘右读数的平均值，可以抵消横轴误差的影响，即一测回同一方向的观测值不含横轴误差。

（四）竖轴误差

当管水准器的水准轴与竖轴不正交时，即使气泡居中，竖轴也不在铅垂线方向上，这种竖轴偏离铅垂线的角度称为竖轴误差。

如图 3-39 所示，OV 表示居于铅垂线方向的竖轴，若 OV 在 VOL 面内倾斜一个小角度 δ 而位于 OV' 时，则水平度盘也随之倾斜 δ，L 移至 L'，即 $\angle V'OV = \angle L'OL = \delta$，其中 ZZ 为度盘平面倾斜前后的交线，它是度盘绕之旋转的轴线，故 ZZ 垂直于 LL 和 $L'L'$。当照准部绕 OV' 旋转至任意位置时，设横轴在倾斜的水平度盘上的投影为 $Z'Z'$，而在居于水平位置的度盘上的投影为 $Z''Z''$，令 $Z'Z'$ 与 $Z''Z''$ 的夹角为 i，即相当于横轴倾斜了 i 角，其对观测值的影响仍可按前述横轴倾斜误差公式计算，即 $X = i\tan\alpha$。但是，这里 i 不是定值，它将随竖轴的倾斜角 δ 及照准方向的不同而改变。

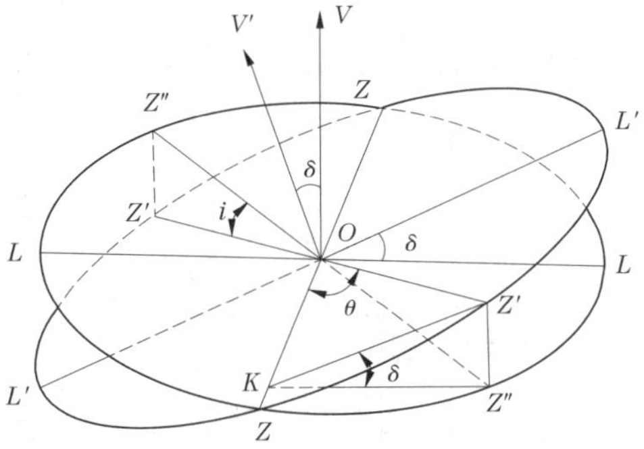

图 3-39　竖轴误差

过 $Z'Z''$ 作垂直于 ZZ 的平面，其与 ZZ 的交点为 K。显然，$\angle Z'KZ'' = \delta$，并令 $\angle Z'OZ = \theta$，由于 i 和 δ 一般均甚小，故

$$i = \frac{Z'Z''}{OZ'}$$

由

$$Z'Z'' = KZ'\delta, KZ' = OZ'\sin\theta$$

故

$$i = \delta\sin\theta \tag{3-18}$$

将式(3-18)代入式(3-17)，即得竖轴误差公式：

$$X = \delta\sin\theta\tan\alpha \tag{3-19}$$

由式(3-19)可知，竖轴误差有以下性质和特点：

(1) 竖轴误差既随竖直角 α 的增大而增大，又与横轴的位置及照准方向有关。当 $\alpha = 0°$ 时，$X = 0°$，即与仪器同高处的目标不受竖轴误差的影响。当照准方向与竖轴倾斜方向一致时,即 θ 为 0°或 180°时,$X=0°$,则该方向不受竖轴误差的影响。

(2)在一测回观测过程中,一般不允许重新整置仪器,δ 是定值。而同一方向不论是盘左或盘右照准,横轴的位置并未改变,故 θ 不变。盘左、盘右读数的平均值不能消除竖轴误差的影响。因此,在观测前要进行管水准器的检校,观测时,要随时注意管水准器气泡的居中情况,尤其是当观测目标竖直角较大时。

(五)仪器对中误差影响

仪器对中误差是指仪器经过对中后,仪器竖轴没有与过测站点的铅垂线严密重合的误差。如图 3-40 所示,O 为测站点,O'为仪器中心,$OO'=e$,称为测站偏心距,θ 为水平角观测的起始方向与偏心方向之间的夹角,称为测站偏心角。观测的水平角 β'与正确的水平角 β 之间的关系为

$$\beta=\beta'+(\delta_1+\delta_2)$$

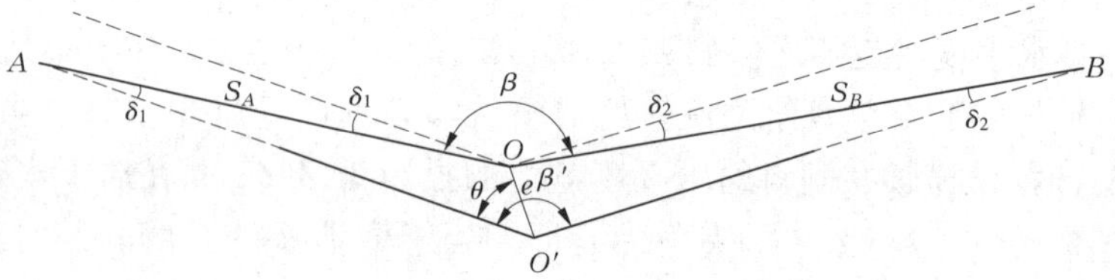

图 3-40　仪器对中误差对水平角的影响

在$\triangle AOO'$和$\triangle BOO'$中,δ_1 和 δ_2 很小,其值可以用正弦值取代:

$$\delta_1=\frac{e\sin\theta}{S_A}\rho''$$
$$\delta_2=\frac{e\sin(\beta'-\theta)}{S_B}\rho'' \tag{3-20}$$

因此,仪器对中误差对水平角观测的影响为

$$\delta=\delta_1+\delta_2=e\left[\frac{\sin\theta}{S_A}+\frac{\sin(\beta'-\theta)}{S_B}\right]\rho'' \tag{3-21}$$

由式(3-21)可知:

(1)仪器对中误差对水平角的影响与测站偏心距成正比,与观测边长成反比。

(2)当水平角接近 180°、偏心角接近 90°时,对中误差影响最大。因此,观测接近 180°的水平角或过短的边长时,应特别注意仪器的对中整平。

(六)目标偏心误差影响

目标偏心误差是指照准点上竖立的花杆或测钎不竖直,或没有立于点位中心而使观测方向偏离点位中心的误差。

如图 3-41 所示,O 为测站点,A、B 分别为目标点标志的实际中心,A'、B'为观测时照准的目标中心,e_1、e_2 分别为目标 A、B 的偏心误差,β 为$\angle AOB$ 的正确角度,β'为目标发生偏心的观测角度,S_A、S_B 分别为测站点至目标点的距离,θ_1、θ_2 分别为目标点 A、B 处观测方向与偏心方向的夹角,δ_1、δ_2 分别为 A、B 目标偏心对水平观测方向值的影响:

$$\delta_1 = \frac{e_1 \sin\theta_1}{S_A}\rho''$$
$$\delta_2 = \frac{e_2 \sin\theta_2}{S_B}\rho'' \tag{3-22}$$

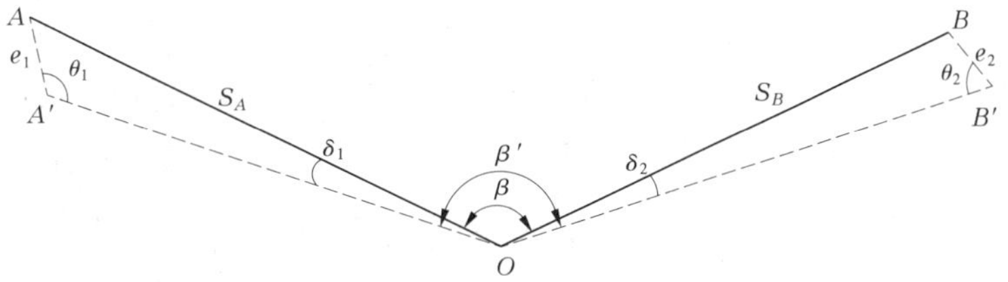

图 3-41 目标偏心误差对水平角的影响

由式(3-22)可知,目标偏心误差与测站对中误差的影响大致相同。

(1)目标偏心误差对方向值影响与目标偏心距成正比,与观测边长成反比。因此,观测边越短,越要注意将目标杆立在目标点位中心上并尽可能立直,杆子一定要细一些,尽量照准目标的底部。

(2)垂直于瞄准方向的目标偏心($\theta=90°$)影响最大。

二、观测误差

(一)照准误差

在测量角度时,人的眼睛通过望远镜瞄准目标产生的误差,称为照准误差,它用于衡量望远镜照准目标的精度。其影响因素很多,如望远镜的放大倍率、物镜的孔径等仪器参数,人眼的分辨率、十字丝的粗细、标志的形状和大小、目标影像的亮度和清晰度等。一般认为望远镜放大倍率和人眼的判别能力是影响照准精度的主要因素。通常以眼睛的最小分辨视角 60″和望远镜的放大倍数 V 来衡量仪器照准精度的大小,即

$$m_v = \pm\frac{60''}{V} \tag{3-23}$$

对于 DJ_6 级经纬仪或同等级别全站仪,如果 $V=26$,则 $m_v=\pm2.3''$。

(二)读数误差

读数误差主要取决于仪器的读数设备,一般以仪器最小估读数作为读数误差的极限,同时与观测者的生理习惯和技术熟练程度、读数窗的清晰度以及读数系统的形式有关。对于采用分微尺读数系统的经纬仪,读数时可估读的极限误差为测微器最小格值 τ 的 1/10,以此作为读数误差 m_0,即

$$m_0 = \pm 0.1\tau \tag{3-24}$$

DJ_6 经纬仪分微尺测微器最小格值 $\tau=1'$,则读数误差 $m_0=\pm0.1'=\pm6''$。

读数误差主要存在于经纬仪光学仪器上,全站仪观测角度、观测精度与误差主要取决于照准目标精度。

三、外界条件的影响

外界条件的影响主要是指外界条件的各种变化对角度观测精度的影响,如大风天气、大气透明度、空气温度变化、太阳直射等。松软的土壤、大风和地面振动会影响仪器的稳定;日晒、温度变化会影响水准管气泡的居中;大气受地面热辐射会引起空气剧烈波动,由此导致目标影像的跳动;视线靠近地面、通过建筑物旁边、冒烟的烟囱上方、接近水面会产生水平或竖直折光等。这些影响非常复杂,完全避免是不可能的,因此要选择合适的时间,如目标成像清晰稳定时,并选择有利的观测条件(如选择微风多云、空气清晰度好的条件),以提高观测成果的质量。

项目小结

本项目主要讲水平角和竖直角测量。首先从水平角和竖直角的概念入手,讲述了两种角度测量的基本原理,接着阐述了基本测角仪器 J_6 光学经纬仪和全站仪的基本构造和使用方法、全站仪的测角原理,然后开始本项目的重点,测回法水平角观测、全圆方向法水平角观测、中丝法竖直角观测和三丝法竖直角观测。角度测量是在达到一定精度前提下进行的,要达到预定精度,必须使仪器基本轴线达到要求状态,因此讲了全站仪的检验与校正。最后就角度测量误差来源从观测仪器、观测者和外界条件三个方面进行了分析。

思考与习题

码 3-13 工程案例

1. 什么是水平角?测定水平角的基本条件是什么?
2. 什么是竖直角?测定竖直角的基本条件是什么?
3. 全站仪的主要部件有哪些?各有什么作用?
4. 全站仪的主要轴线有哪些?其基本关系是什么?
5. 简述测回法水平角观测的过程、测量限差,并绘图说明。
6. 简述全圆方向法水平角观测的过程、测量限差,并绘图说明。
7. 简述经纬仪竖盘的基本构造,并由此说明竖直角的计算方法。
8. 什么是指标差?如何计算?有限差要求吗?
9. 已知某目标的竖直角观测数据为盘左 $=88°16'24''$,盘右 $=271°42'48''$,竖盘为顺时针注记,计算该目标的竖直角和指标差。
10. 如何进行照准部管水准器的检验与校正?
11. 如何进行十字丝竖丝垂直于横轴的检校、视准轴垂直于横轴的检校、横轴垂直于竖轴的检校?
12. 全站仪仪器误差对角度测量有哪些影响?
13. 观测者对角度测量有哪些影响?
14. 外界条件对角度测量有哪些影响?

15. 完成表 3-8 测回法观测的表格计算。

大家若把 D_1、E_1、F_1、B_1、C_1 五个测站的两测回平均角值相加，再减去 $(n-2)\times180°$ 会得到一个什么值呢？其实所计算结果就是后续内容讲的导线测量中的角度闭合差。

表 3-8 测回法水平角观测记录簿

测站	测回数	目标	竖盘位置	水平度盘读数 (° ′ ″)	半测回角值 (° ′ ″)	一测回平均角值 (° ′ ″)	各测回平均角值 (° ′ ″)
D_1	1	C_1	左	0 10 00			
		E_1		81 31 02			
		C_1	右	180 10 24			
		E_1		261 31 05			
	2	C_1	左	90 10 00			
		E_1		171 30 55			
		C_1	右	270 10 19			
		E_1		351 31 07			
E_1	1	D_1	左	0 10 00			
		F_1		153 21 08			
		D_1	右	180 10 10			
		F_1		333 21 16			
	2	D_1	左	90 10 00			
		F_1		243 21 19			
		D_1	右	270 10 10			
		F_1		63 21 31			
F_1	1	E_1	左	0 10 00			
		B_1		69 32 53			
		E_1	右	180 10 00			
		B_1		249 32 44			
	2	E_1	左	90 10 00			
		B_1		159 33 02			
		E_1	右	270 10 13			
		B_1		339 33 13			

续表 3-8

测站	测回数	目标	竖盘位置	水平度盘读数 (° ′ ″)	半测回角值 (° ′ ″)	一测回平均角值 (° ′ ″)	各测回平均角值 (° ′ ″)
B_1	1	F_1	左	0 10 00			
		C_1		131 27 52			
		F_1	右	180 10 11			
		C_1		311 28 03			
	2	F_1	左	90 10 00			
		C_1		221 27 48			
		F_1	右	270 10 01			
		C_1		41 27 54			
C_1	1	B_1	左	0 10 00			
		D_1		104 57 07			
		B_1	右	180 11 34			
		D_1		284 58 38			
	2	B_1	左	90 10 00			
		D_1		194 57 12			
		B_1	右	270 10 20			
		D_1		14 57 41			

16. 完成表 3-9 中丝法竖直角观测的表格计算。

表 3-9　中丝法竖直角观测记录簿

照准点名	盘左 (° ′ ″)	盘右 (° ′ ″)	指标差 (″)	竖直角 (° ′ ″)
1	90 32 24	269 27 18		
2	85 40 12	274 19 36		
3	90 30 18	269 29 24		
4	85 42 12	274 17 12		
5	76 27 24	283 32 06		
6	95 32 30	264 27 12		
7	82 37 06	277 22 30		
8	100 58 30	259 01 06		

码 3-14 思考与习题参考答案

码 3-15 单选题

码 3-16 多选题

码 3-17 判断题

项目四 距离测量与直线定向

项目概述

距离测量是确定地面点位的基本测量工作之一,根据使用仪器及方法不同,分为钢尺量距、视距测量和电磁波测距。钢尺量距方法陈旧,施测烦琐,效率低,已基本不用,本项目主要讲视距测量、电磁波测距的原理和施测方法,在此基础上确定直线方向,即直线定向,引入方位角的概念,方位角的推算,最后学习坐标正算与反算。

学习目标

通过本项目的学习,同学们掌握了视距测量与电磁波测距的原理,能进行视距测量,能进行电磁波测距。理解方位角的定义,能进行方位角推算,能使用计算器进行坐标正算与反算。

【思政导入】

地面点坐标的测量,最初由经纬仪配合距离丈量,然后利用极坐标法计算坐标,该方法观测慢,计算烦琐,手工记录;随着全站仪的发展与普及,具备电子测角与电磁波测距的全站仪可直接测量并自动存储坐标,与经纬仪坐标测量与计算方法相比,其效率与便捷性提升许多,但全站仪测坐标必须通视才能进行,当观测点看不见时,需要迁站观测。近些年 GNSS 发展迅速,网络 RTK 技术与服务日趋完善,使用 GNSS RTK 进行坐标采集,无须像全站仪考虑通视问题,不用迁站,坐标测量效率比全站仪得到了大幅度提高,但在建筑物密集或树林中,卫星信号被遮挡造成仪器不固定而无法施测;无人机技术在地形图测绘中的应用,外业工作只剩像控点测量和外业航飞,绘图在内业完成,坐标采集和绘图效率又进一步提升,测量成本变得更低,但个别地方因为树木遮挡或图像不清晰,需要到现场进行踏勘与补测。

随着科技的进步,坐标测量方式的更新换代,测图效率越来越高,工作强度和测量成本越来越低,但没有一种技术是完美的,都有其优势与不足,技术如此,人也一样,我们既要积极接受新技术,学会终身学习,还要能扬长避短,正视缺陷,充分发挥其优势。

【正文】

任务一 视距测量

距离测量是继水准测量和角度测量后第三种基本测量。距离指两点之间的直线长度。水平距离指两点之间的距离在水平面上的投影,简称平距;倾斜距离指不在同一水平面上的两点之间的距离,简称斜距。

距离测量的方式有钢尺量距、视距测量和电磁波测距，由于钢尺量距精度低、过程烦琐、计算麻烦，已不再使用。水准仪、经纬仪配合水准尺，进行视距测量，全站仪配合棱镜进行电磁波测距，是现在距离测量的主要方式，钢尺量距本书不再赘述。

一、视距测量原理

视距测量是根据几何光学原理，用简单操作方法快速测出地面两点之间距离的方法。原理是利用测量仪器望远镜内的十字丝分划板上的视距丝及水准尺，根据光学原理和三角学原理间接测定两点间的水平距离和高差。视距测量的相对精度约为1/300，测定高差的精度低于水准测量。视距测量广泛用于水准测量、经纬仪碎部点测量中。

（一）视线水平时视距测量

在地势平坦地区，如图4-1所示，在A点安置水准仪，在B点竖立水准尺，利用水准仪提供的水平视线，读取上丝读数和下丝读数。其中，上丝读数为a，下丝读数为b，则水平距离为

$$D = Kl \tag{4-1}$$

式中：K为视距乘常数，一般取100；l为上丝和下丝的间隔，即$l=a-b$，单位为m。

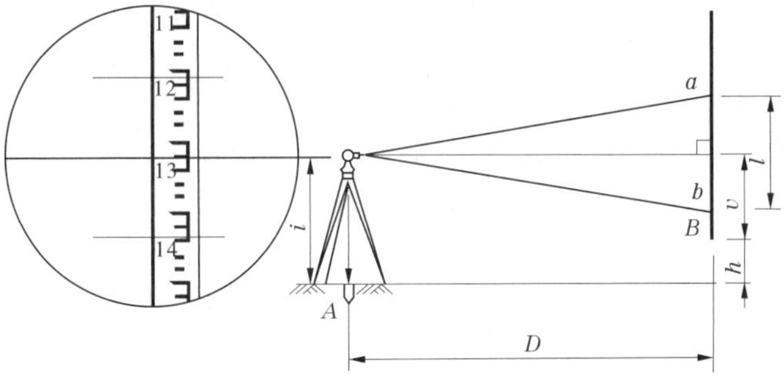

图4-1　视线水平时视距测量

（二）视线倾斜时视距测量

在地面起伏较大的地区，视线倾斜，如图4-2所示，在A点安置经纬仪，在B点竖立水准尺，用经纬仪瞄准水准尺读取水准尺的读数：上丝读数为a，下丝读数为b，中丝读数为v，盘左竖盘读数为L，盘右竖盘读数为R，则

水平距离为：
$$D = Kl\cos^2\alpha \tag{4-2}$$

高差为：
$$h_{AB} = D\tan\alpha + i - v \tag{4-3}$$

式(4-2)、式(4-3)中：K为视距乘常数，一般取100；l为上、下丝读数差，单位为m；i为仪器高；v为中丝读数；α为竖直角。

【小贴士】

当使用经纬仪测得的竖直角为仰角时，α为正值，$D\tan\alpha$也为正值；当竖直角为俯角时，α为负值，$D\tan\alpha$也为负值。

【例4-1】　使用经纬仪进行视距测量的数据如表4-1所示，试计算测站点至照准点的水平距离及各照准点的高程。

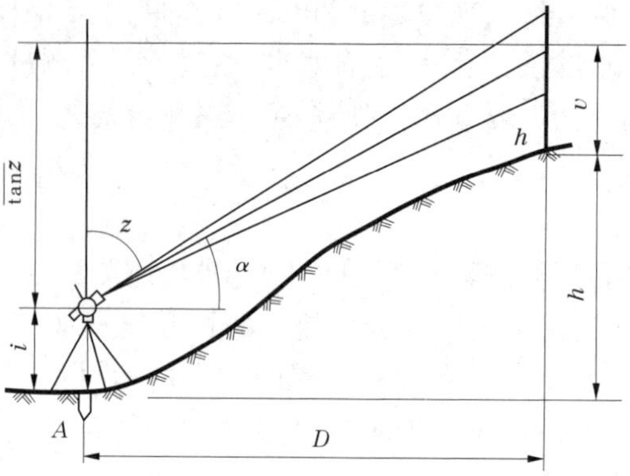

图 4-2　视线倾斜时视距测量

表 4-1　视距测量记录表

测站:O　　　　测站高程:56.26 m　　　　仪器高:1.42 m

照准点号	下丝读数 上丝读数 视距间隔	中丝读数 v	竖盘读数 L (°　′)	竖直角 α (°　′)	水平距离 D/m	高差 h/m	高程 H/m
A	1770 0926 0.844	1.35	85　06	+4　54	83.78	+7.25	63.51
B	2158 0568 1.590	1.36	88　03	+1　57	158.82	+5.46	61.72
C	2456 1852 0.604	2.15	92　36	-2　36	60.28	-3.47	52.79
D	2236 0786 1.450	1.51	90　42	-0　42	144.98	-1.86	54.40

注:竖盘公式:$\alpha=90°-L$。

二、视距测量的误差来源及注意事项

(一)误差来源

1. 仪器误差

(1)仪器制造误差,K 值不等于 100。

(2)标尺分划误差造成尺的间隔误差。

2. 人的原因

(1)观测者瞄准目标及读数误差。

(2)标尺倾斜引起的误差。

3. 外界环境影响

外界环境如风力、水汽、阳光等产生的影响。

(二)注意事项

(1)在视距丝的上边缘(或下边缘)读数,减少读数误差。

(2)使用安有圆水准器的标尺,以保证标尺竖立,减小标尺倾斜引起的误差。

(3)在地面之上具有一定高差的位置读数,以减少地面辐射热对读数的影响。

(4)由于视距乘常数对视距有影响,在测量前须准确测定 K 值,必要时可进行改正。

任务二　电磁波测距

钢尺量距,效率低、劳动强度大、受地形条件等限制,尤其在河谷、山区、沼泽等区域,丈量难度大;视距测量,测量简单、受地形条件限制小,但测程短、测量精度低。使用电磁波测距可以克服上述两种方法的不足,还具有精度高、测程远、效率高、几乎不受地形限制等优点。

电磁波测距(electro-magnetic distance measuring,简称 EDM)是利用电磁波作为载波传输测距信号,进而测出两点之间距离的方法。目前,全站仪广泛地采用电磁波测距。

一、电磁波测距概述

电磁波测距仪的种类较多,按采用的载波不同可以分为微波测距仪、激光测距仪和红外测距仪,其中微波测距仪主要用于远程测距,测程可达到数十千米,一般用在大地测量中。红外测距仪和激光测距仪主要用于中、短程测距,一般用于地形测量、小地区控制测量、房地产测量及建筑施工测量。

按测程可以分为:短程光电测距仪,测程在 3 km 以内,测距精度一般在 1 cm 左右,适用于工程测量和矿山测量等;中程光电测距仪,测程在 3~15 km,适用于国家二、三、四等控制网的边长测量;远程测距仪,测程在 15 km 以上,能满足国家一、二等控制网的边长测量。

电磁波测距仪的精度如下所示:

$$m_D = a + bD \tag{4-4}$$

式中:m_D 为每千米测距中误差;a 为不随测距长度变化的固定误差,mm;b 为比例误差系数,mm/km;D 为测距仪所测距离,km。

根据测距仪出厂的标称精度的绝对值,按 1 km 的测距中误差,测距仪的精度分为三级,如表 4-2 所示。

表 4-2　测距仪的精度分级

测距中误差/mm	测距仪精度等级
<5	Ⅰ
5~10	Ⅱ
11~20	Ⅲ

二、电磁波测距原理

电磁波测距是通过测定电磁波束,在待测距离上往返传播的时间 t_{2D} 来计算待测距离 D 的,电磁波测距的基本公式为

$$D = \frac{1}{2}Ct_{2D} \tag{4-5}$$

式中:C 为电磁波在大气中的传播速度。

根据传播时间的测量方式不同,分为脉冲式测距和相位式测距。

(一)脉冲式测距

电磁波在测线上的往返传播时间 t_{2D} 可以直接测定,也可以间接测定。直接测定电磁波传播时间是用一种脉冲波,它是由仪器的发送设备发射出去,被目标反射回来,再由仪器接收器接收,最后由仪器的显示系统显示出脉冲在测线上往返传播的时间 t_{2D} 或直接显示出测线的斜距,这种测距方式称为脉冲式测距。

如图 4-3 所示,在点 A 处安置测距仪,在点 B 处安置反光镜,测定点 A 和点 B 之间的距离,测距仪发出光脉冲,经过反光镜反射后回到测距仪,如果测出光脉冲在 A、B 两点往返传播的时间,即测出发射光脉冲与接收光脉冲的时间间隔 t_{2D}。

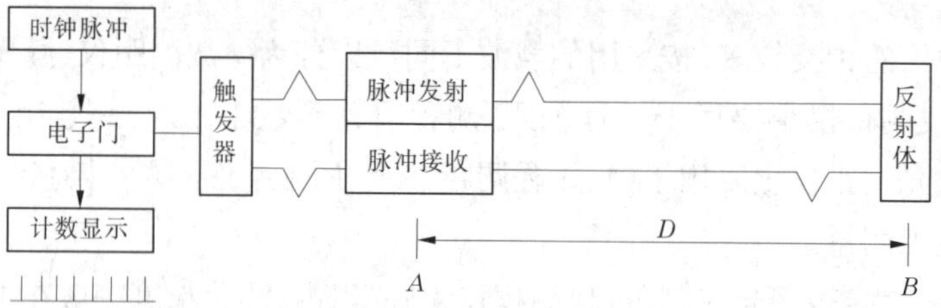

图 4-3　脉冲测距原理

A、B 两点之间的距离为

$$D = \frac{1}{2}\frac{C_0}{n}t_{2D} \tag{4-6}$$

式中:C_0 为光波在真空中的传播速度,其值为(299 792 458±1.2) m/s;n 为大气折射率,其为光的波长(λ)、大气温度(T)、大气气压(p)的函数;t_{2D} 为光脉冲在 A、B 两点往返传播的时间。

式(4-6)为脉冲法测距公式,使用脉冲法测量距离,其测距精度取决于光脉冲在待测距离往返传播的时间 t_{2D} 的测量精度。

若量距的精度达到±1 mm,则时间的测量精度应达到 6.7×10^{-11} s。这种精度对电子性能的要求很高,脉冲式测距很难达到。一般脉冲法测量距离用于远距离测距,如激光雷达等,其测距精度为 0.5~1 m。

(二)相位式光电测距

间接测定电磁波传播时间是采用一种连续调制波,由仪器发射出去,被反射回来后进入仪器接收器,通过发射信号与返回信号的相位比较,即可测定调制波往返于测线的滞后相位差中小于 2π 的尾数。用 n 个不同调制波的测相结果,便可间接推算出传播时间 t_{2D},并计算(或直接显示)出测线的倾斜距离。这种测距方式称为相位式测距。相位式测距的计时精度达 10^{-10} s 以上,使测距精度提高到 1 cm 以内,可基本满足精密测距的要求,现今用于精密测距的测距仪多属于相位式测距仪。

如图 4-4 所示是将返程的正弦光波以棱镜站点作为中心对称展开后的图形。正弦光波振荡一个周期的相位移为 2π,设其发射的正弦光波经过 $2D$ 距离后的相位移为 φ,则 φ 可以分解为 N 个 2π 的整数周期和不足一个整数周期的相位移 $\Delta\varphi$,即有

$$\varphi = 2\pi N + \Delta\varphi \tag{4-7}$$

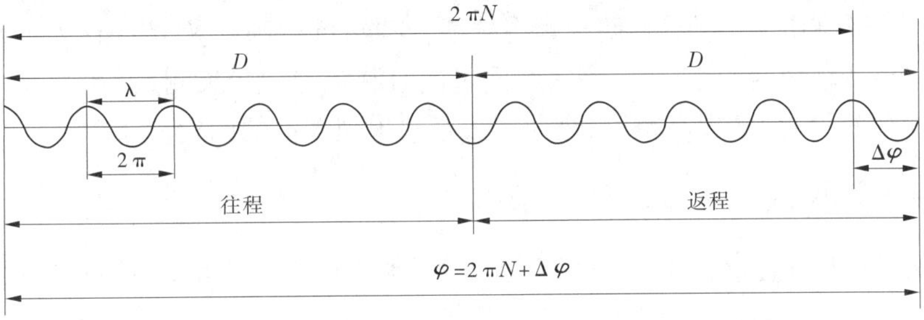

图 4-4 相位法测距原理

正弦光波的振荡频率为 f,其意义是指 1 s 振荡的次数,振荡一次的相位移为 2π,则正弦光波经过 t_{2D} 后振荡的位移为

$$\varphi = 2\pi f t_{2D} \tag{4-8}$$

由式(4-7)和式(4-8)求出 t_{2D} 为

$$t_{2D} = \frac{2\pi N + \Delta\varphi}{2\pi f} = \frac{1}{f}\left(N + \frac{\Delta\varphi}{2\pi}\right) = \frac{1}{f}(N + \Delta N) \tag{4-9}$$

式中:N 为相位变化的整数或调制光波的整波长数;$\Delta N=\dfrac{\Delta\varphi}{2\pi}$,其中 $\Delta\varphi$ 不是一个整周期的相位变化尾数,$0<\Delta N<1$。

将式(4-9)代入式(4-5),可得

$$D = \frac{C}{2f}(N + \Delta N) = \frac{\lambda}{2}(N + \Delta N) \tag{4-10}$$

式中:λ 为正弦波的波长,$\lambda=\dfrac{C}{f}$;$\dfrac{\lambda}{2}$为正弦波的半波长,又称为测距仪的测尺,$\dfrac{\lambda}{2}=\dfrac{C}{2f}$。

式(4-10)为相位法测距的基本公式,其实质相当于用一把长度为$\dfrac{C}{2f}$的尺子来测量待测

距离。相位式光电测距仪中有一个电子部件叫相位计,其作用是将测距仪发射镜发出的正弦光波与接收镜接收的正弦光波进行相位比较,进而测出不足一个周期的相位 ΔN,但相位计无法测出整周数 N,此时待测距离会产生多值,为此,需要确定出整周数 N。由式(4-10)可知,当测尺长度大于待测距离时,$N=0$,此时可以确定出待测距离,即 $D=\frac{1}{2}\Delta N$。因此,为增大单解值的测程,需要使用较长的测尺,即采用较低的调制频率。

由于测距仪的测尺为$\frac{C}{2f}$,取 $C=3\times10^8$ m/s,可得不同的调制频率 f 与测尺长度的关系,见表4-3。

表4-3　测尺频率、长度与精度关系

测尺频率/kHz	3×10^4	1.5×10^4	1.5×10^3	1.5×10^2	1.5×10
测尺长度/m	5	10	100	1 000	10 000
测距精度/mm	0.5	1	10	100	1 000

由表4-2可得:测尺长度越长,调制频率越小,仪器的测相误差对测距误差的影响越大,为了解决测程与测距精度的矛盾,采用一组测尺同时测距,其中,长测尺(粗测尺)用来增大测程,短测尺(精测尺)用来提高精度,进而解决距离出现多值的问题。

三、电磁波测距改正

电磁波测距传播速度和路径与介质常数有关,大气的介质常数随时间、地点、气压、温度、湿度的变化而变化,测距仪存在机械安装误差,使相位中心和仪器对中点的几何位置不一致,因此使用仪器直接测定的距离需要加上与上述因素有关的改正数,如棱镜常数、仪器常数、气象改正等,才可得出仪器中心到棱镜中心的距离。

(一)棱镜常数改正

由于棱镜是玻璃介质,光电的传播速度和路径与大气中存在很大的差异,同时由于反射点机械安装与对中的几何位置不一致,使测得的距离与实际距离相差一个固定数值,这个差数称为棱镜常数,如图4-5所示。

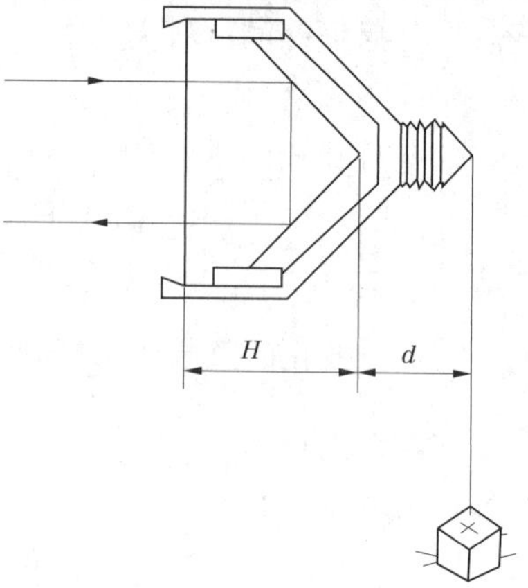

图4-5　棱镜常数

设计时棱镜常数有0 mm、-30 mm、+30 mm三种,标识在仪器说明书或棱镜上,在混合使用多种仪器和棱镜时,需要设置正确的棱镜常数。

(二)仪器常数改正

仪器常数包括仪器加常数和仪器乘常数,仪器在设计时相位起算位置和仪器的几何对中位置是一致的,测距频率也为设计值,但是在仪器运输、长期使用过程中,仪器电子器件的机械位置和电器常数发生了变化,使得相位中心发生偏移,从而对测出的距离产生了影响,该影响不随待测距离的长短而变化,在短期内是一个固定的常数,这个固定常数称为仪器加常数。

随着仪器电子器件的老化,测距频率发生了微小偏移,进而使测距信号的波长发生变化,即测尺的尺长发生变化,对待测距离的影响与距离的长度成正比,称为仪器乘常数。在使用仪器进行距离测量前,须检测仪器的加常数和乘常数。仪器的检测工作一般由计量部门在高精度的基线场测得仪器的加常数和乘常数。

(三)气象改正

光在不同介质中的传播速度不一样,即波长不一样,大气介质常数会受到大气状态(如温度、气压等)的影响,这也将导致测尺长度发生变化,从而影响测量结果。仪器的测尺长度是按标准温度(20 ℃)和标准气压(760 mmHg)设计制造的,而实际作业时的温度、气压与标准环境有变化,这将会使测距结果产生系统误差。为此,在使用仪器前,须测定现场环境的温度和气压,利用仪器厂家提供的气象改正公式进行改正,即加入相应的改正值,称为气象改正。早期全站仪需要根据所测环境温度、气压,输入全站仪数据才能进行正确的气象改正,现在的全站仪大多内置传感器,自行测量温度、气压,自动改正。

码 4-1　棱镜的认识与使用

码 4-2　棱镜常数的测定

四、电磁波测距施测

电磁波测距施测与角度观测一样,按照测回法进行,电磁波测距一测回指照准目标一次,一般读数 4 次。不同等级平面控制网、不同等级测距仪观测技术指标如表 4-4 所示,限差要求如表 4-5 所示。全站仪距离测量方法已在项目三中讲过,此处不再赘述。

表 4-4　各等级平面控制网电磁波测距技术指标

等级	仪器等级	观测次数		测回总数
		往	返	
二等	Ⅰ级	1	1	6
三等	Ⅰ级	1	1	4
	Ⅱ级			6
四等	Ⅰ级	1	1	2
	Ⅱ级			4
一级	Ⅱ级	1	—	2
二、三级	Ⅱ级	1	—	1

表 4-5　电磁波测距限差

仪器等级	一测回读数较差/mm	单测回间较差/mm	往返或不同时段的较差
Ⅰ级	5	7	$2(a+bD)$
Ⅱ级	10	15	

五、电磁波测距误差分析

(一)电磁波测距的误差来源

1. 调制频率误差

目前,国内外生产的仪器,其精测尺调制频率的相对误差一般为$(1\sim5)\times10^{-6}$,其对测距的影响为每千米产生1~5 mm的比例误差。由于仪器在使用过程中,电子器件的老化和外部环境的变化,会使设计的标准频率发生变化,因此需要对仪器进行检定,测定乘常数,对其距离进行改正,其主要是为了减小或消除仪器的调制频率误差。在测距过程中,是否需要进行此项改正,根据测距所需要的精度及乘常数的大小来决定。

2. 气象参数误差

当使用仪器进行距离测量时,测定的气象参数为大气温度T和大气气压p,根据仪器的气象改正参数公式可得:对于1 km的距离,测定气温时每1 ℃的误差或测定气压时每0.4 kPa或3 mmHg的误差,对距离产生的误差是1 mm。为此,只有在参数与标准状态相差很大时,才有必要测定气象参数并改正。

3. 仪器对中误差

电磁波测距是测定仪器中心至棱镜中心的距离,为此仪器对中误差包括仪器的对中误差和棱镜的对中误差,仪器和棱镜的对中误差有多大,对测距的影响就有多大。仪器对中误差的大小与待测距离的长短无关。对于短距离测量,要注意仪器及棱镜的对中精度,其一般要求用校核准的光学对中器进行对中,误差不大于2 mm。

4. 测相误差

当进行距离测量时,不论距离长短,均从测定参考信号和测距信号的相位差中间接计算出距离,而在测定相位差时存在一定的误差。测相误差包括自动数字测相系统误差和测距信号在大气传输中的信噪比误差(信噪比为接收到的测距信号强度与大气中杂散光的强度比)等。前者决定测距仪的精度和性能,后者与测距时的自然环境有关,如干扰因素的多少、空气的透明度、视线距离地面及障碍物的远近等。

(二)电磁波测距注意事项

(1)光电测距仪属于精密仪器,要按照要求进行运输、携带、装卸和操作。

(2)仪器在运输和携带过程中要防潮、防震;搬站时,须将仪器装箱。

(3)仪器在装卸和操作过程中要连接牢固、电源插接准确,严格按照仪器操作流程操作仪器。

(4)在晴天或雨天,须撑伞保护仪器。

(5)为避免电磁场干扰,不宜在变压器、高压线附近设置测站。

任务三　直线定向

在测量工作中,通常需要确定两点间平面位置的相对关系。除了测定两点间的距离,还需确定两点所连直线的方向。一条直线的方向是根据某一标准方向线来确定的。确定直线方向与标准方向之间的水平角度,称为直线定向。

一、直线定向依据

在测量工作中，常用的标准方向有三种：真北方向、磁北方向和坐标纵轴北方向，统称为三北方向。

(一)真北方向

过地球表面某点的真子午线的切线北端所指示的方向，称为真北方向(见图4-6)。地面上各点的真子午线方向都指向地球的北极，因此地面各点的真北方向是不平行的。真北方向是用天文观测方法、陀螺经纬仪和GNSS测定的。

(二)磁北方向

磁针在地球磁场的作用下，当磁针自由静止时，其轴线所指的方向，称为磁北方向，如图4-7所示。地面上各点的磁北方向是不平行的。磁北方向可用罗盘仪来确定。

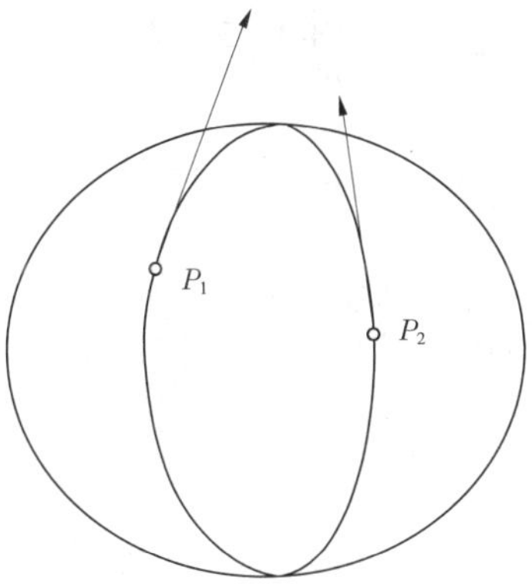

图4-6 真北方向

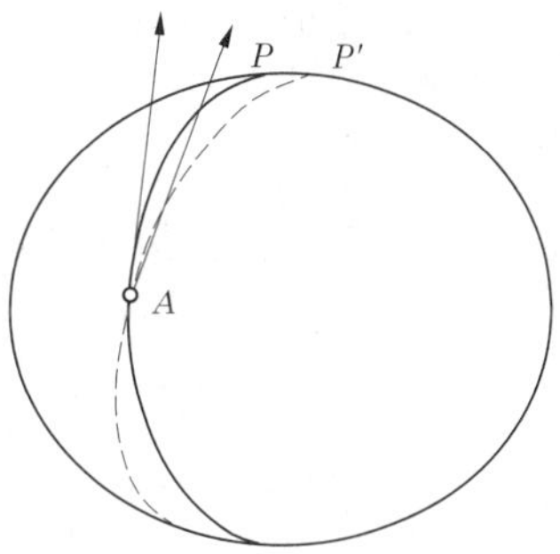

图4-7 磁北方向(P为北极，P′为磁北极)

(三)坐标北方向

测量中所采用的高斯平面直角坐标系统的坐标纵轴，其方向是由投影带中央子午线投影得到的，称为轴子午线方向，又称坐标纵轴北方向(见图4-8)。地面上各点的坐标纵轴北方向是平行的。

由于地球磁场的北极与地球自转轴的北极不一致，地面各点的磁北方向与真北方向不重合，如图4-9所示，同一点的磁北方向偏离真北方向的夹角称为磁偏角，用符号δ表示。磁北方向在真北方向以东时为东偏，δ定为“+”，在真北方向以西时为西偏，δ定为“-”。同一点的坐标纵轴北方向偏离真北方向的夹角称为子午线收敛角，用γ表示。坐标纵轴北方向在真子午线北方向以东称为东偏，γ取正号；相反称为西偏，γ取负号。同一点的磁北方向与坐标纵轴北方向所夹的角称为磁坐偏角，一般用ω表示。反映三个标准方向关系的示意图，称为三北方向图或偏角图。

二、直线定向方法

确定直线与标准方向之间的关系，以方位角或象限角来表示。

(一)方位角

从直线起点的标准方向北端起，顺时针方向量至直线的水平夹角，称为该直线的方位角,用 A 表示。其角值范围为0°~360°。如图4-10所示,$O1$、$O2$、$O3$ 和 $O4$ 的方位角分别为 A_1、A_2、A_3 和 A_4。

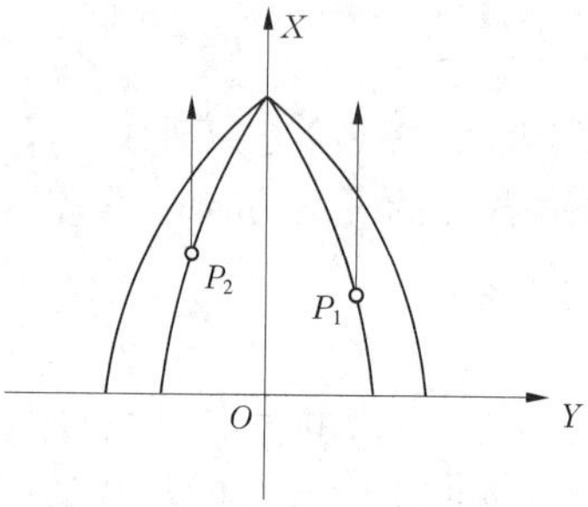

图4-8　高斯平面直角坐标系

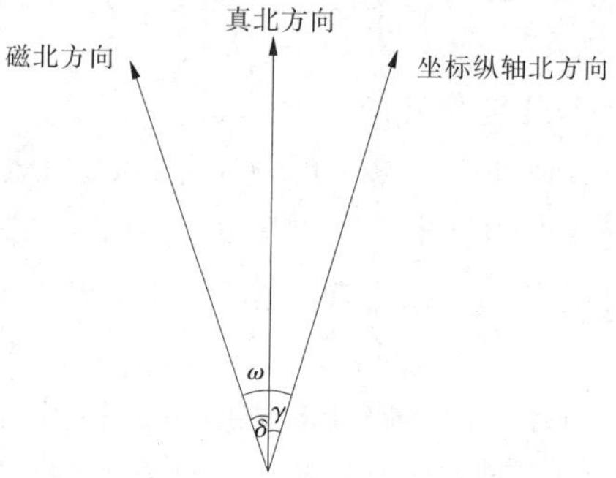

图4-9　三北方向

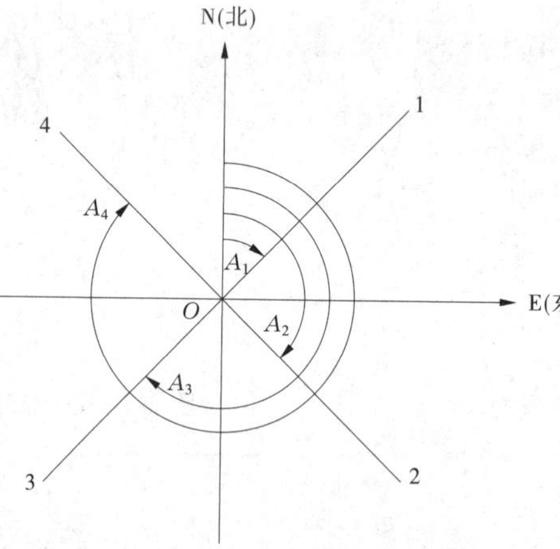

图4-10　方位角

由于选定标准方向不同,表示直线的方位角也不同。

(1)真方位角:以真子午线方向作为基本方向,其方位角称为真方位角,用 A 表示。

(2)磁方位角:以磁子午线方向为基本方向,其方位角称为磁方位角,用 A_m 表示。

(3)坐标方位角:以坐标纵轴方向为基本方向,其方位角称为坐标方位角,用 α 表示。

由于地面各点的真北(或磁北)方向互不平行,用真(磁)方位角表示直线方向会给方位角的推算带来不便,所以在一般测量工作中,常采用坐标方位角来表示直线方向。

(二)象限角

某直线的象限角是由直线起点的标准方向北端或南端起,沿顺时针或逆时针方向量至该直线的锐角,用 R 表示,其角值范围为0°~90°。直线的坐标方位角与象限角的关系如图4-11所示。表示象限角时必须注意前面应加上方向,象限角与坐标方位角之间的换算关系如表4-6所示。例如,某直线所在象限角是第一象限,角度大小为30°,用象限角表示为"北东30°"。

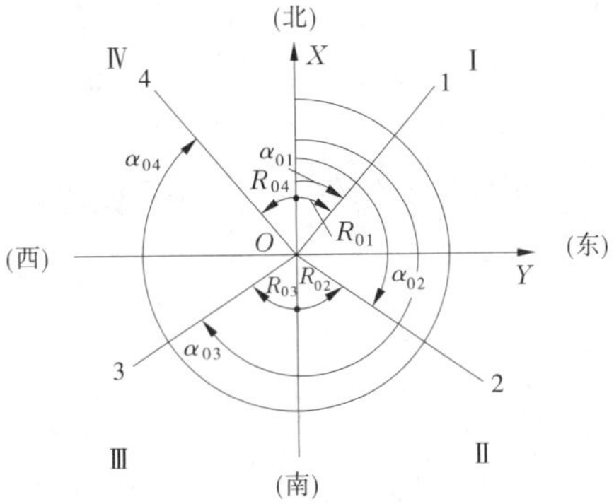

图 4-11 坐标方位角与象限角的关系

表 4-6 坐标方位角与象限角的关系

直线所在象限	坐标方位角的值域	由象限角求坐标方位角	由坐标方位角求象限角
Ⅰ(北东)	0°~90°	$\alpha = R$	$R = \alpha$
Ⅱ(南东)	90°~180°	$\alpha = 180° - R$	$R = 180° - \alpha$
Ⅲ(南西)	180°~270°	$\alpha = 180° + R$	$R = \alpha - 180°$
Ⅳ(北西)	270°~360°	$\alpha = 360° - R$	$R = 360° - \alpha$

(三)正、反坐标方位角

一条直线有正、反两个方向,直线两端可以按正、反坐标方位角进行定向,这一点在实际工作中经常用到。如图 4-12 所示,如果以从 A 点到 B 点的方向为正方向,则直线 AB 的坐标方位角为正坐标方位角,表示为 α_{AB},直线 BA 的坐标方位角 α_{BA} 就是直线 AB 的反坐标方位角,正、反坐标方位角是相对的。在同一平面直角坐标系中,过各点的坐标纵轴相互平行,因此直线的正、反坐标方位角换算较为方便。若以直线 AB 的坐标方位角 α_{AB} 为正坐标方位角,则与其反坐标方位角的关系式为

$$\alpha_{AB} = \alpha_{BA} \pm 180° \tag{4-11}$$

(四)坐标方位角的推算

在实际工作中并不需要测定每一条直线的坐标方位角,通常采用如下方法,根据起始边的坐标方位角和观测的水平角,依次推算出各边的坐标方位角。在推算路线左侧的夹角称为左角,在推算路线右侧的夹角称为右角。

如图 4-13 所示,已知直线 12 的坐标方位角为 α_{12},观测 12 边与 23 边的水平角为 β_2、23 边与 34 边的水平角为 β_3,要求推算直线 23 和直线 34 的坐标方位角 α_{23}、α_{34}。

由图 4-13 可以看出:

$$\alpha_{23} = \alpha_{21} + \beta_2 - 360° = \alpha_{12} + 180° + \beta_2 - 360° = \alpha_{12} + \beta_2 - 180°$$
$$\alpha_{34} = \alpha_{32} + \beta_3 - 360° = \alpha_{23} + 180° + \beta_3 - 360° = \alpha_{23} + \beta_3 - 180°$$

因 β_2、β_3 在观测路线前进方向的左侧,该转折角称为左角;反之,则称为右角。从而可归纳出推算坐标方位角为左角的一般公式:

$$\alpha_{前} = \alpha_{后} + \beta_{左} - 180° \tag{4-12}$$

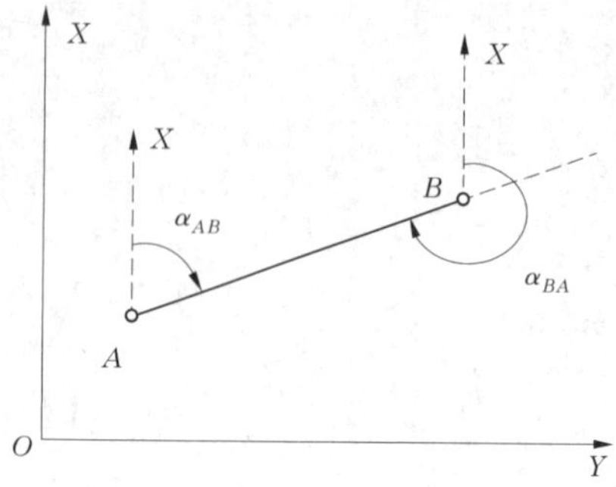

图 4-12　正、反坐标方位角

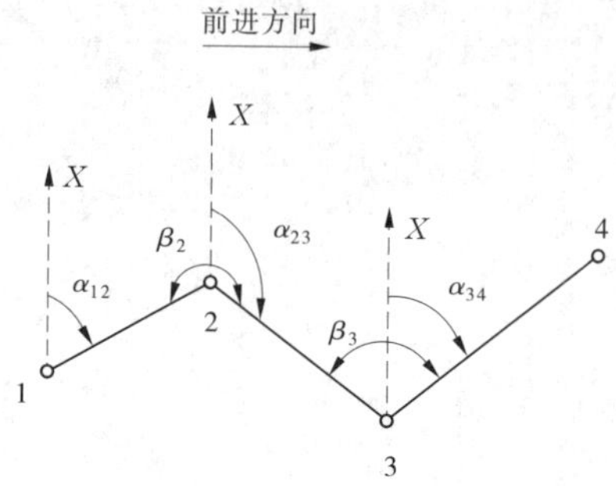

图 4-13　坐标方位角的推算

如果观测为右角,可得到坐标方位角为右角的推算公式为

$$\alpha_{前} = \alpha_{后} - \beta_{右} + 180° \tag{4-13}$$

综上所述,方位角推算通用公式为

$$\alpha_{前} = \alpha_{后} \pm \beta_{右}^{左} \mp 180° \tag{4-14}$$

【小贴士】

在运用式(4-14)时,$\alpha_{前}$、$\alpha_{后}$ 分别表示下一个边方位角、上一条边方位角,前后坐标方位角的方向必须一致;左右角公式,根据 $\beta_{右}^{左}$ 前的±,遵循“左+右-”,即左角时 $\beta_{右}^{左}$ 前用“+”,右角 $\beta_{右}^{左}$ 前用“-”,180°前面符号则与 $\beta_{右}^{左}$ 符号相反;若计算出的坐标方位角 $\alpha_{前}>360°$,减 360°;若计算出的坐标方位角 $\alpha_{前}<0°$,加 360°。

【例 4-2】　已知直线 12 的坐标方位角 $\alpha_{12} = 46°$,水平角 β_2、β_3 和 β_4 的角值均注于图 4-14 上,试求:

(1)直线 23、直线 34 和直线 45 边的坐标方位角 α_{23}、α_{34} 和 α_{45};

(2)将所求的坐标方位角 α_{23}、α_{34} 和 α_{45} 换算成象限角 R_{23}、R_{34} 和 R_{45}。

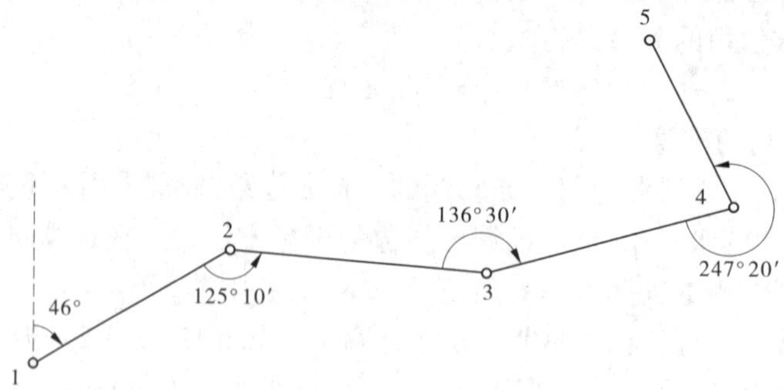

图 4-14　坐标方位角推算

解:由题意可知,α_{23}、α_{34} 和 α_{45} 为同一方向的坐标方位角,所以可以直接利用坐标方位角的推算公式(4-14)计算。再如图 4-14 所示,∠2 和∠4 为右角,∠3 为左角。

(1)根据式(4-14),$\beta_{右}^{左}$ 前的“±”,遵循“左+右-”。

23 边的坐标方位角(右角):

$$\alpha_{23} = \alpha_{12} - \beta_2 + 180° = 46° - 125°10' + 180° = 100°50'$$

34 边的坐标方位角(左角):

$$\alpha_{34} = \alpha_{23} + \beta_3 - 180° = 100°50' + 136°30' - 180° = 57°20'$$

45 边的坐标方位角(右角):

$$\alpha_{45} = \alpha_{34} - \beta_4 + 180° = 57°20' - 247°20' + 180° = -10° < 0°$$

$$\alpha_{45} = -10° + 360° = 350°$$

(2)根据表 4-4 方位角与象限角的关系,可计算出相应的象限角为:

$R_{23} = 79°10'$(南东);$R_{34} = 57°20'$(北东);$R_{45} = 10°$(北西)

任务四　坐标正算和坐标反算

前面学习了角度测量、距离测量与方位角推算,目的之一是推算待定点平面坐标;有了点位坐标,有时又需要求出两点间距离及其方位角,这就是坐标正算与坐标反算。

一、坐标正算和坐标反算

(一)坐标正算

如图 4-15 所示,已知点 A 坐标(x_A,y_A)、点 A 到未知点 B 的水平距离 D_{AB} 及坐标方位角 α_{AB},计算未知点 B 的坐标,称为坐标正算。

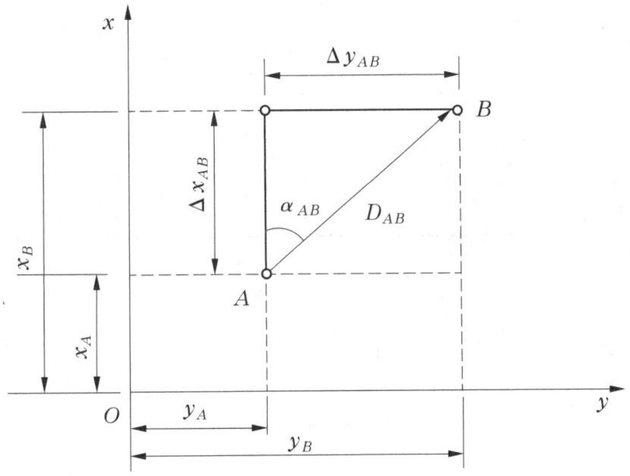

图 4-15　坐标正算与坐标反算

如图 4-15 所示,可以得出:

$$\left.\begin{aligned}\Delta x_{AB} &= D_{AB}\cos\alpha_{AB}\\ \Delta y_{AB} &= D_{AB}\sin\alpha_{AB}\end{aligned}\right\} \qquad (4\text{-}15)$$

则 B 点的坐标为

$$\left.\begin{aligned}x_B &= x_A + \Delta x_{AB}\\ y_B &= y_A + \Delta y_{AB}\end{aligned}\right\} \qquad (4\text{-}16)$$

(二)坐标反算

如图 4-15 所示,已知 A 点坐标(x_A,y_A),B 点坐标(x_B,y_B),计算 A、B 两点间的水平距离 D_{AB} 和方位角 α_{AB},称为坐标反算。

由 A 点的坐标(x_A,y_A),B 点坐标(x_B,y_B),根据勾股定理:

$$D_{AB} = \sqrt{(X_B - X_A)^2 + (Y_B - Y_A)^2} = \sqrt{(\Delta x_{AB})^2 + (\Delta y_{AB})^2} \tag{4-17}$$

$$\tan\alpha_{AB} = \frac{y_B - y_A}{x_B - x_A} = \frac{\Delta y_{AB}}{\Delta x_{AB}} \tag{4-18}$$

坐标方位角取值范围为 0°~ 360°,反正切函数取值为-90°~ 90°,当 $\Delta x_{AB}>0$、$\Delta y_{AB}>0$ 时,α_{AB} 为第一象限角;当 $\Delta x_{AB}<0$、$\Delta y_{AB}>0$ 时,α_{AB} 为第二象限角;当 $\Delta x_{AB}<0$、$\Delta y_{AB}<0$ 时,α_{AB} 为第三象限角;当 $\Delta x_{AB}>0$、$\Delta y_{AB}<0$ 时,α_{AB} 为第四象限角。

对$\frac{\Delta y_{AB}}{\Delta x_{AB}}$取绝对值,计算出角度为锐角,即为象限角,用 R_{AB} 表示:

$$R_{AB} = \arctan\left|\frac{\Delta y_{AB}}{\Delta x_{AB}}\right| \tag{4-19}$$

如表 4-7 所示,根据坐标方位角 α_{AB}、象限角 R_{AB} 以及坐标增量 Δx_{AB}、Δy_{AB} 的正负,来计算方位角 α_{AB}。

表 4-7 坐标增量与坐标方位角、象限角之间的关系

Δx_{AB}	Δy_{AB}	R_{AB} 所在象限	α_{AB} 计算公式
+	+	Ⅰ	$\alpha_{AB} = R_{AB}$
-	+	Ⅱ	$\alpha_{AB} = 180° - R_{AB}$
-	-	Ⅲ	$\alpha_{AB} = 180° + R_{AB}$
+	-	Ⅳ	$\alpha_{AB} = 360° - R_{AB}$

二、使用计算器进行坐标正反算

学生用计算器内置坐标正反算函数,如图 4-16 所示,坐标正算使用 REC 函数,坐标反算使用 POL 函数。

按键使用规则:按下按键,功能为按键上所标识功能。按键左上、右上或正上方对应第二、第三功能,由 SHIFT 键或 ALPHA 键配合使用,规律为根据 SHIFT 键与 ALPHA 键颜色与对应第二、第三功能颜色同色来组合调用。如 SHIFT 键为浅绿色,位于 POL 键上方的 REC 也为浅绿色,那么 SHIFT+POL 键组合,即可调出 REC 函数,其他类似,不再赘述。

角度输入方法为数字+° ′ ″按键,如输入 36°18′49″,按照 36+° ′ ″+18+° ′ ″+49+° ′ ″即可完成输入。

使用计算器进行坐标正反算如图 4-17 所示。

码 4-3　计算器坐标正反算

码 4-4　坐标正算（PA2005）

码 4-5　坐标反算（PA2005）

码 4-6　坐标正反算（ESDPS）

图 4-16　计算器界面

【例 4-3】　用计算器动手练一练坐标正算和坐标反算。

坐标正算

	边长 D_{AB}	坐标方位角 α_{AB}		ΔX_{AB}	ΔY_{AB}
已知	100.000	30°00′00″	求	+86.603	+50.000
	236.451	158°19′22″		−219.729	+87.340
	865.298	255°48′37″		−212.114	−838.897
	1 255.433	301°20′08″		+652.887	−1 072.311

坐标反算

	$A(X_A, Y_A)$	$B(X_B, Y_B)$		D_{AB}	α_{AB}
已知	100,100	200,200	求	141.421	45°00′00″
	120,150	95,198		54.120	117°30′43″
	288,362	185,253		149.967	226°37′16″
	53 214.457, 47 220.875	53 551.246, 47 103.811		356.554	340°49′59″

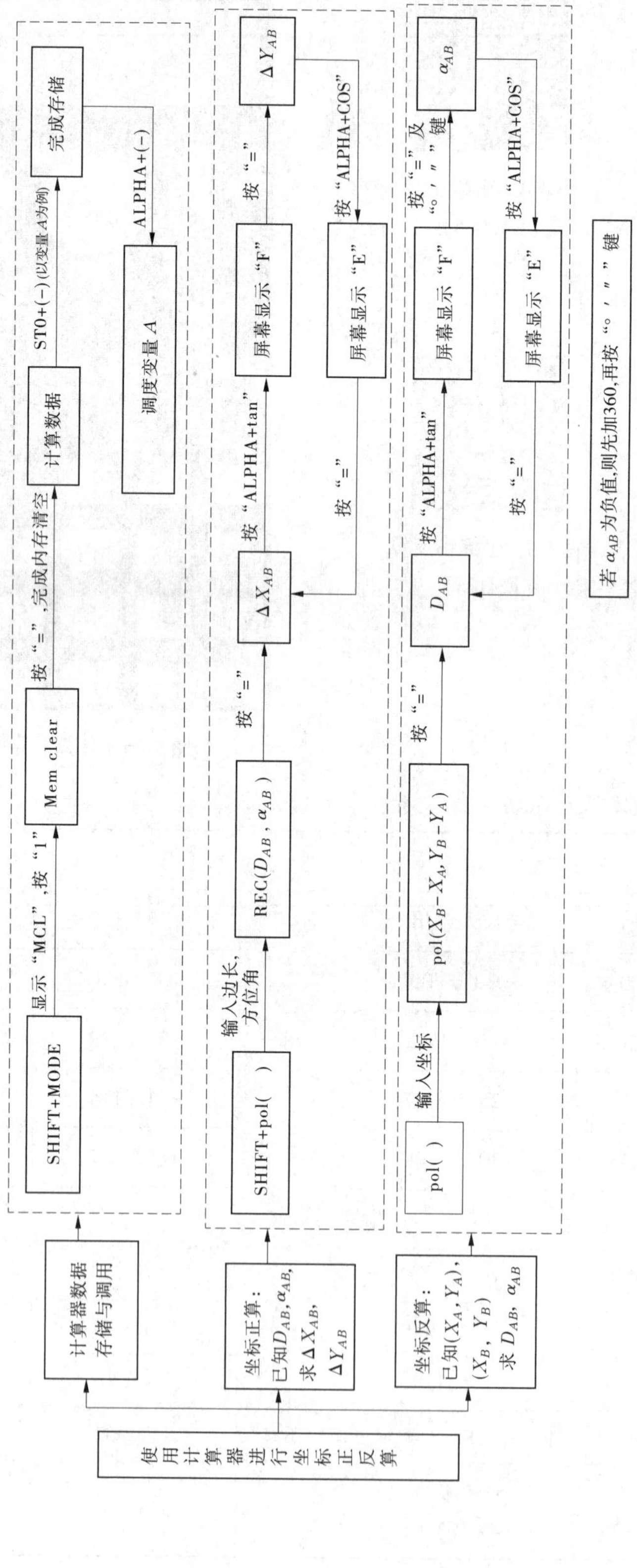

图4-17 使用计算器进行坐标正反算的流程

项目小结

本项目首先就距离测量常用的视距测量和电磁波测距,分别阐述其测量原理、施测方法和误差来源。然后从确定直线方向的依据和方法入手,讲述了确定直线方向的三北方向、对应的三种方位角、象限角、坐标方位角与象限角之间的关系、正反坐标方位角及其关系、坐标方位角的推算、坐标正算和坐标反算,最后使用计算器,进行不同象限情形的坐标正算和坐标反算。方位角推算、坐标正算与反算,这些为即将开始学习的导线测量与计算奠定了基础。

思考与习题

1. 在地面上选定 AB、CD 两段距离,丈量 AB 的往测距离为 258.56 m,返测距离为 258.63 m;丈量 CD 的往测距离为 328.26 m,返测距离为 328.16 m。试问哪段距离的量测精度高?

2. 视距测量的方法包括哪些?在视距测量时需要注意什么?

3. 电磁波测距仪的分类是什么?

4. 光电测距的原理是什么?

5. 光电测距的成果整理时需要注意什么?

6. 使用全站仪如何进行角度测量、距离测量、坐标测量?

7. 何谓直线定向?在直线定向中有哪几条标准方向线?

8. 方位角的定义是什么?方位角有哪几种?测量工作中常用的方位角是哪一种?该方位角的特点是什么?

9. 正、反方位角之间存在什么关系?

10. 如图 4-18 所示,$\alpha_{AB}=332°18'36''$,求 α_{AC},α_{AD}。

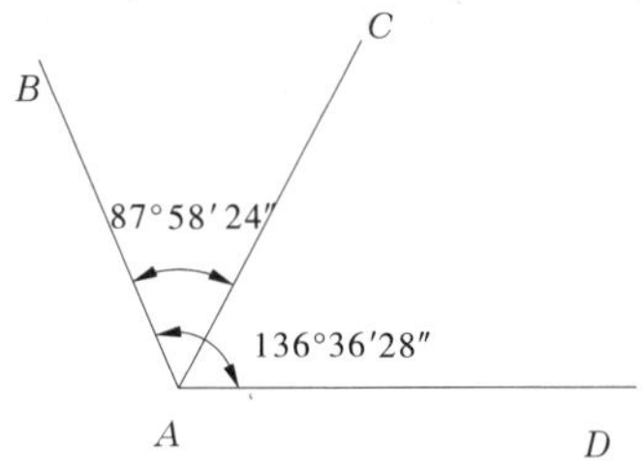

图 4-18

11. 什么是坐标正算?什么是坐标反算?分别写出它们的计算公式。

12. 已知各边的水平距离和坐标方位角如表 4-8 所示,计算各边的坐标增量 ΔX、ΔY。

表 4-8　习题 12 表

边号	坐标方位角 (° ′ ″)	边长/m	ΔX/m	ΔY/m
1				
	42 36 18	346.236		
2				
	135 27 36	227.898		
3				
	237 22 42	250.323		
4				
	336 48 54	156.432		
5				

13. 已知各点的坐标如表 4-9 所示,求它们相互之间的水平距离和坐标方位角。

表 4-9　习题 13 表

点号	X/m	Y/m	水平距离 D/m	坐标方位角
1	9 821.071	4 293.387		
2	9 590.933	4 043.074		
3	9 187.419	2 642.792		
4	9 310.541	2 931.040		

码 4-7　思考与习题参考答案　码 4-8　单选题　码 4-9　多选题　码 4-10　判断题

项目五 测量误差传播

项目概述

测量误差在测量过程中永远存在，我们把它称为误差公理。本项目主要介绍误差的来源与分类、偶然误差的特性，衡量精度的指标及测量中处理误差常用的方法——误差传播定律。

学习目标

通过本项目的学习，理解测量误差的概念、测量误差的分类，理解误差传播在测量中的应用，能由给定已知条件的中误差、真误差求解某些相关量的中误差或方差，可以应用误差传播定律解决实际测量问题。

【思政导入】

港珠澳大桥，这座横跨珠江口伶仃洋海域，连接香港、珠海、澳门三地的大桥，全长 55 km，其中包含 22.9 km 的桥梁工程和 6.7 km 的海底隧道。在如此庞大的工程中，测绘技术发挥着至关重要的作用，它与整个工程的施工质量紧密相连，确保了测量的高精度。2008 年 9 月至 2009 年 2 月间，港珠澳大桥的首级控制网建网测量工作圆满完成。该控制网共布设了 16 个 GNSS 平面兼高程控制点，这些控制点均严格按照国家 B 级 GNSS 控制网的标准和国家一、二等水准测量的精度要求进行设计和测量。

在首级平面控制网中，采用 CGCS2000 坐标系，最弱点点位中误差控制在±3.8 mm 以内，而最弱边相对中误差则达到了 1/764 013 的高精度。若以工程独立坐标系为基准，最弱点点位中误差进一步缩小至±3.5 mm，同时最弱边相对中误差也提升至 1/837 388。高程控制中一等水准测量每千米往返测高差中数的偶然中误差为±0.36 mm，而在二等水准测量中，香港测区的每千米往返测高差中数偶然中误差为±0.48 mm，澳门测区则为±0.26 mm。

高精度的控制测量，有力保障了港珠澳大桥的顺利施工，在这世界上最长、耗资最高、拥有最长海底沉管、最具有挑战性、预计使用寿命最长、颜值最高的跨海大桥建设中，贡献了测绘人的力量。

施测中的中误差、相对中误差、高差中误差表示什么意思？为什么能用来表示测量精度的高低呢？这就是本项目要学习的内容。

【正文】

任务一　测量误差

一、测量误差的概念

使用仪器工具对观测对象进行测量得到的结果，称为被测量对象的观测值，用 L 表示。观测对象自身有一个实际存在的、不以人的意志为转移的理论值存在，这个真实存在的值称为被测量对象的真值，用 $\widetilde{L}$ 表示。

测量工作是一项精细的工作，其中任何一个环节出现情况，都会使测量结果不尽理想。观测者的操作习惯不够规范、不够熟练会造成观测结果不理想；观测时外界环境、气象条件不好，使观测者不易找到合适的方法或没有精确照准观测对象，都会造成观测成果与被观测对象真值之间有差值，这种观测值与被测量对象的真值之间的差值称为测量误差 Δ，即

$$\Delta = \widetilde{L} - L \tag{5-1}$$

二、产生误差的原因

观测过程主要受观测所使用的仪器、观测者的技术水平与态度、外界环境条件的影响，因此误差产生的原因主要从以下三方面考虑。

(一)观测仪器

测量过程必须使用测量仪器，仪器精度的高低直接影响观测结果的精度。一般来讲，观测仪器精度较高，则观测结果就比较好；反之，观测仪器精度较低，则观测结果就不太好。仪器自身存在一些固有误差，长时间的使用、搬运和振动，也使得仪器轴系关系发生变化，这些都是造成观测误差的原因。

(二)观测者

观测者是观测过程中最不确定的因素，人的辨识能力有差异，会造成观测者直接影响观测结果的精度。观测人员的技术水平、熟练程度以及对工作的认真态度，都会影响观测结果的精度与可靠性，由此不可避免地产生测量误差。

(三)外界环境影响

测量工作所处的环境因素(如温度、气压、湿度、风速、大气折光、空气能见度等)都会影响到仪器的稳定性和使用，使观测的结果受到影响。温度适宜、无风、空气透明度好等气象条件，观测者易于整平仪器、照准目标、方便读数等，会使观测结果比较好。

综上所述，测量仪器、观测者和外界环境影响，使观测值不可避免地存在误差，这称为观测条件。观测条件好，则观测结果好；观测条件不好，则观测结果不理想。观测条件相同，称为同精度观测。

三、测量误差的分类

测量误差按其对测量结果影响的性质，可分为系统误差、偶然误差和粗差三种。

(一)系统误差

在相同的观测条件下作一系列观测,如果误差在大小和符号上表现出系统性,或者在观测过程中按一定的规律变化,或者为一常数,这种误差就称为系统误差。例如,水准尺立尺不竖直、水准仪的 i 角误差、全站仪的视准轴误差与横轴误差、温度对钢尺量距的误差、尺长误差等均属于系统误差。

系统误差具有累积性,对测量成果的影响较大,应当设法消除或减弱它的影响,采用的方法一般有两种:一是在观测的过程中采取一定的措施;二是在观测结果中加入改正数。其目的就是消除或减弱系统误差的影响,达到忽略不计的程度。

(二)偶然误差

在相同的观测条件下作一系列的观测,如果误差在大小和符号上都表现出偶然性,即从单个误差看,该系列误差的大小和符号没有规律性,但就大量误差的总体而言,具有一定的统计规律,这种误差称为偶然误差。例如,观测时的照准误差、对中整平时的对中误差、读数时的估读误差等,都属于偶然误差。

(三)粗差

由于观测者的粗心大意造成观测的结果出现的较大误差,称为粗差。例如,用全站仪在某山地观测水平距离时,错将站点与目标的斜距作为结果记录下来。粗差的存在不仅大大影响测量成果的可靠性,而且往往造成返工浪费,给工作带来难以估量的损失。因此,必须采取适当的方法和措施,保证观测结果中不存在粗差。

对于以上三种误差,粗差,要设法避免;系统误差,根据其规律,采取有针对性的观测手段予以消除或减弱,或者对观测值进行改正;偶然误差,根据其本身具有的统计规律,采用数据处理方法(如最小二乘法等)进行处理,得到最优平差值。

本书中以后再出现的观测值,指去掉粗差和系统误差之后,仅剩的偶然误差的观测值。

四、偶然误差的特性

(一)偶然误差的统计

如图 5-1 所示,在相同观测条件下,对某三角形三个内角进行 590 次观测,并按式(5-2)求出内角和的真误差为

$$\Delta_i = 180° - (L_1 + L_2 + L_3)_i \quad (i = 1, 2, \cdots, 590) \tag{5-2}$$

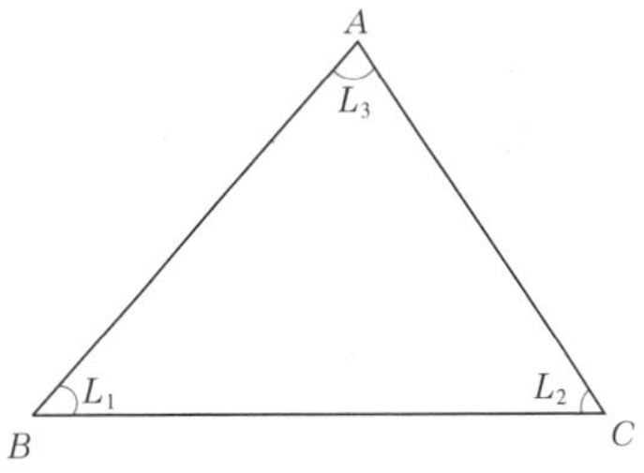

图 5-1　观测的三角形

式中:Δ_i 为第 i 个三角形内角和观测值的真误差。

由于观测值中已剔除了粗差,且系统误差已削弱到可以忽略不计的程度。因此,从总体讲这些误差均为偶然因素所致,均属偶然误差,而且各个误差之间是互相独立的。所谓独立,即各个误差在数值大小和符号上互不影响,与这一组误差相对应的观测值称为互相独立的观测值。

由表 5-1 可以看出,绝对值较小的误差比绝对值较大的误差多,每个区间中正负误差出现的个数相近,误差的绝对值不会超过一定的限度。

把表 5-1 中的数据放在以误差 Δ 的数值为横坐标、以 $\frac{k/n}{d\Delta}$ 为纵坐标的坐标系中,把所有

出现的情况绘制成直方图,如图5-2所示。每个小方块面积为k/n,即为误差出现在该区间的频率(或称相对个数)。可见,绝对值较小的长方形较高,因各区间(底边)相同,故其面积越大,即出现的频率越高;绝对值较大的长方形较矮,即其面积越小,出现的频率越低。误差在绝对值大于2.8″以上的区间没有长方形出现,表明其不会发生。

表5-1 三角形内角和的误差

误差区间 dΔ	正误差Δ		负误差Δ		误差绝对值Δ	
	k	k/n	k	k/n	k	k/n
0.0″~0.4″	101	0.171	99	0.168	200	0.339
0.4″~0.8″	76	0.129	72	0.122	148	0.251
0.8″~1.2″	51	0.086	55	0.093	106	0.180
1.2″~1.6″	30	0.051	31	0.053	61	0.103
1.6″~2.0″	21	0.036	17	0.029	38	0.064
2.0″~2.4″	12	0.020	10	0.017	22	0.037
2.4″~2.8″	9	0.015	6	0.010	15	0.025
2.8″以上	0	0	0	0	0	0

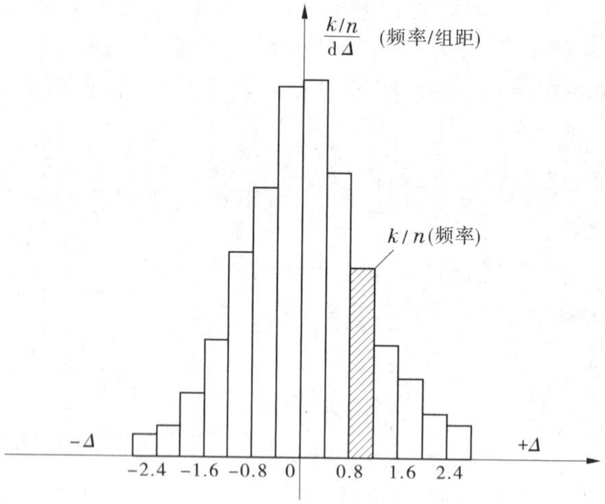

图5-2 误差统计直方图

另外,与表5-1中的一致,误差出现的所有长方形面积之和等于1。

若无限减小区间,观测的次数n无限增多,则直方图中的点连接起来将会变成一条光滑的曲线,称为概率密度曲线或误差分布密度曲线,简称误差曲线。它和数学中的正态分布曲线极为相似,如图5-3所示,可以认为偶然误差的分布是随着n的无限增大以正态分布为其极限分布的。

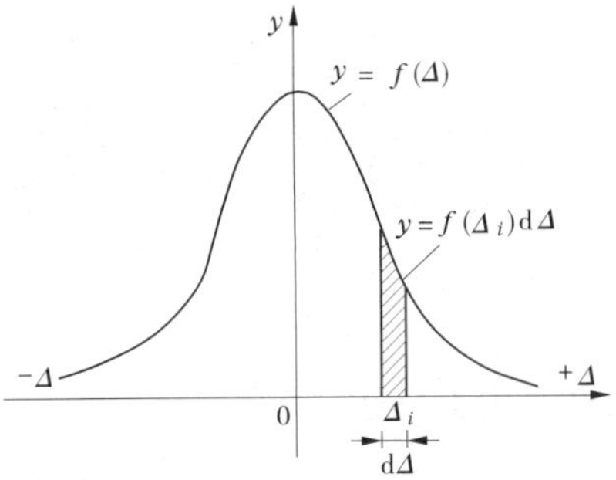

图 5-3 误差正态分布曲线

(二)偶然误差的统计特性

由误差曲线可以看出,偶然误差具有以下统计特性:

(1)观测误差的绝对值不会超过一定限值,称为偶然误差的有界性。

(2)在观测值中,绝对值较小的误差比绝对值较大的误差出现的概率大,称为偶然误差的聚中性。

(3)绝对值相等的正负误差出现的概率大致相等,称为偶然误差的对称性。

(4)由第三个特性可以看出,偶然误差的算术平均值的极限值为零,即偶然误差具有抵偿性。

(三)由偶然误差特性引出的两个测量依据

1. 制定测量限差的依据

由偶然误差的有界性可知,在一定观测条件下,若仅有偶然误差的影响,误差的绝对值必定会小于一定的限值。在实际工作中,可依据观测条件确定一个误差限值,若观测值的误差绝对值小于该限值,认为观测值合乎要求;否则,应剔除或重测。

2. 判断系统误差(粗差)的依据

由偶然误差的对称性和抵偿性可知,误差的理论平均值为零,即观测值的期望值为其真值,观测值中不含有系统误差和粗差。若误差的理论平均值不为零,且数值较大,说明观测成果中含有系统误差和粗差。

五、测量平差的任务

由于观测结果不可避免地存在偶然误差的影响,因此在实际工作中,为了提高观测成果的质量,同时为了检查和及时发现观测值中有无粗差存在,通常要使观测值的个数多于未知量的个数,也就是要进行多余观测。例如,对一条导线边,测量一次就可得出其长度,但实际上总要测量两次甚至更多。一个三角形,只需观测其中的两个内角,即可决定其形状,但通常是观测三个内角。由于观测误差的存在,通过多余观测必然会发现在观测结果之间不相一致或不符合应有关系而产生了不符值。因此,必须对这些带有偶然误差的观测值进行处理,以便消除这些不符值,同时要使得消除不符值后的结果,可以认为是被观测量的最可靠的结果。根据具有不符值的原始观测值,如何求出被观测量的最可靠结果,这就是测量平差的一个主要任务。测量平差的另一任务,就是评定观测值最可靠结果的精度。既然观测有误差,就必须知道这些误差对测量成果的影响,评定测量成果的质量是否满足生产建设工作的要求。

概括起来说,测量平差的任务就是:

(1)对一系列带有偶然误差的观测值,采用合理的数据处理方法来消除它们之间的不符值,求出未知量的最可靠值。

(2)对观测成果进行精度评定。

任务二　衡量精度的指标

在一定的观测条件下进行的一组观测,它对应着一种确定不变的误差分布。如果分布较为密集,则表示该组观测质量较好,这一组观测精度较高;如果分布较为离散,则表示该组观测质量较差,也就是说,这一组观测精度较低。如图5-4所示,很显然Ⅰ比Ⅱ密集度高,所以精度就相对高。

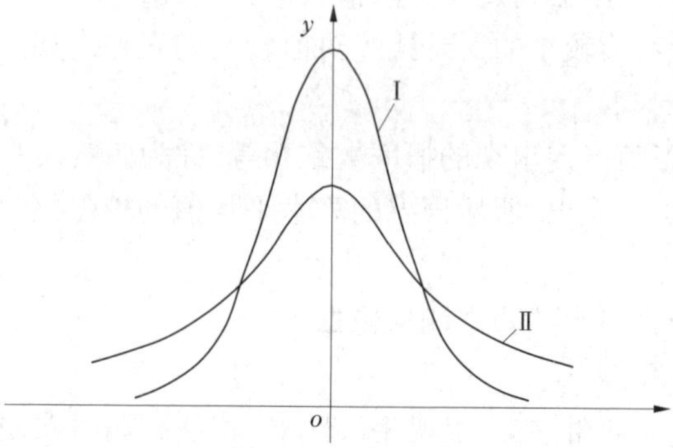

图5-4　误差正态分布离散程度不同的曲线

所谓精度,就是指误差分布的密集或离散的程度。倘若两组观测成果的误差分布相同,便是两组观测成果的精度相同;反之,若误差分布不同,则精度也就不同。

在相同的观测条件下所进行的一组观测,由于它对应着同一种误差分布,因此对于这一组中的每一个观测值,都称为是同精度观测值。例如,表5-1中所列的590个观测结果是在相同观测条件下测得的,各个结果的真误差彼此并不相等,有的甚至相差很大(如有的出现于0.0″~0.5″,有的出现于3.0″~3.5″),但是由于它们所对应的误差分布相同,这些结果是同精度观测值。

一、中误差

对一组含有误差的数据,若做出其误差曲线,可以判断其密集程度,但用起来要绘图并不方便,如果可以用一个数值定量地直接判断就会方便一些。

在一定观测条件下,观测一系列观测值,对应着一组真误差,这些独立真误差平方的平均值的极限,称为该组观测值的方差,用σ^2表示,即

$$\sigma^2 = \lim_{n\to\infty}\frac{[\Delta\Delta]}{n} \tag{5-3}$$

方差的算术平方根称为中误差,用σ表示,测量中也有的用m表示,即

$$\sigma = \lim_{n\to\infty}\sqrt{\frac{[\Delta\Delta]}{n}} \tag{5-4}$$

说明:式(5-3)、式(5-4)中 Δ 可以是同一个量的观测值的真误差,也可以不是同一量的观测值的真误差,但必须都是同精度且同类性质观测量的真误差,即是在相同条件下得到的观测值,n 是 Δ 的个数。

上述方差及中误差都是在 $n\to\infty$ 情况下定义的,但在实际工作中,观测次数不能无限多,总是有限的,一般只能得到方差和中误差的值,即

$$\hat{\sigma}^2 = \frac{[\Delta\Delta]}{n} \tag{5-5}$$

$$\hat{\sigma} = \sqrt{\frac{[\Delta\Delta]}{n}} \tag{5-6}$$

由于分别采用了不同的符号以区别方差和中误差的理论值和估值,以后就不再强调"估值"的意义,也将"中误差的估值"简称为"中误差"。

【例 5-1】 某测区布设三角网,共观测了 20 个三角形的内角和,其误差分别如下,试求三角形内角和的中误差。

+3.1″ −0.6″ −3.2″ +0.8″ −1.1″ +1.4″ −0.9″ +2.1″ −0.7″ +1.3″

−2.2″ 0.0″ +0.3″ −1.9″ +2.3″ −4.1″ −1.5″ +1.8″ +2.6″ −2.7″

解:将三角形内角和的真误差代入式(5-6)中,得三角形内角和的中误差为

$$\hat{\sigma} = \sqrt{\frac{(+3.1)^2+(-0.6)^2+(-3.2)^2+\cdots+(+2.6)^2+(-2.7)^2}{20}} = \sqrt{4.08} = 2.02''$$

即三角形内角和的中误差为 2.02″。

二、极限误差

观测成果中不能含有粗差,如何来判定观测误差中的粗差?必须有一个判定标准,超过这个标准的误差就列入粗差,相应的观测值应予剔除或返工重测,这个标准就是极限误差,所谓极限误差就是最大误差。由偶然误差特性可知,在一定观测条件下,偶然误差不会超过一个界值,这个界值就是所说的极限误差,一般规定极限误差的依据是误差出现在某一范围内的概率的大小,即误差 Δ 出现在 $(-k\sigma, +k\sigma)$ 内的概率。经计算误差出现在区间 $(-\sigma, +\sigma)$,$(-2\sigma, +2\sigma)$,$(-3\sigma, +3\sigma)$ 内的概率分别为 68.3%、95.5%、99.7%。可见,大于 3 倍中误差的误差,其出现的概率只有 0.3%,是小概率事件,在一次观测中可认为是不可能发生的事件。因此,可规定 3 倍中误差为极限误差,即

$$\Delta_{限} = 3\sigma \tag{5-7}$$

若对观测要求较严,也可规定 2 倍中误差为极限误差,即

$$\Delta_{限} = 2\sigma \tag{5-8}$$

如例 5-1 中,若取 2 倍中误差作为极限误差,则内角和的极限误差为

$$\Delta_{限} = 2\times 2.02 = 4.04''$$

【例 5-2】 某段距离丈量时观测值及其中误差为 225.030 m±11 mm,其真误差的范围是多大?

解:若取 2 倍中误差作为极限误差,则

$$\Delta_{限} = 2\sigma = 2 \times 11 = 22(\text{mm})$$

三、相对误差

有时单靠中误差还不能完全表达观测质量的好坏。例如,在相同观测条件下,丈量了两段距离,一段为 500 m,另一段为 1 000 m,这两段距离的中误差均为 2.0 cm,虽然二者中误差相同,但由于不同的距离长度,两者精度并不相同。显然,前者的单位长度的精度比后者低。因此,把这种衡量单位观测值的精度叫作相对精度。相对精度包括相对真误差、相对中误差、相对极限误差,它们分别是真误差、中误差和极限误差与其观测值之比。如上述两段距离,前者的相对中误差为 1/25 000,而后者则为 1/50 000。

此时,我们需要引入相对误差的概念进行比较。

$$\sigma_{相对} = \frac{\sigma}{D} = \frac{1}{D/\sigma} = \frac{1}{N} \tag{5-9}$$

除了相对中误差,还可以把真误差与其距离相比$\left(\frac{\Delta}{D}\right)$,称为相对真误差;把极限误差与其距离相比$\left(\frac{\Delta_{极限}}{D}\right)$,称为相对极限误差,这两种相对误差也常化为$\frac{1}{N}$的形式。与上面这些相对精度衡量的量对比,把真误差、极限误差和中误差称为绝对误差。

任务三　测量误差传播

在实际工作中,往往会遇到某些量的大小不是直接测定的,而是由观测值通过一定的函数关系计算出来的,即常常遇到的某些量是观测值的函数。例如,水准测量中高程推算,直接观测值是高差 h_1、h_2、h_3,P_3 点的高程为

$$H_{P_3} = H_A + h_1 + h_2 + h_3$$

那么,观测值函数中误差与观测值中误差之间存在着怎样的关系?因为中误差可以由相应的方差开方得到,所以它们之间的关系可以通过方差和协方差的运算规律来导出,因此将由自变量中误差求其函数中误差的方法称为误差传播律。

一、倍乘函数

设有函数

$$z = kx \tag{5-10}$$

式中:k 为没有误差的常数;x 为观测值。

现用 Δ_x 和 Δ_z 分别表示 x 和 z 的真误差,由式(5-10)可知 Δ_x 和 Δ_z 的关系为

$$\Delta_z = k\Delta_x \tag{5-11}$$

设有一组同精度的观测值 $x_1,x_2,\cdots,x_n$,其真误差分别为 $\Delta_{x_1},\Delta_{x_2},\cdots,\Delta_{x_n}$,与其对应的中误差为 σ_x。由 Δ_{x_i} 所引起的 z 的一组误差 Δ_{z_i} 为

$$\Delta_{z_i} = k\Delta_{x_i} \quad (i = 1,2,\cdots,n)$$

将上式平方,得

$$\Delta_{z_i}^2 = k^2\Delta_{x_i}^2$$

对上式由 1 到 n 相加得

$$[\Delta_z^2] = k^2[\Delta_x^2]$$

两边同除以 n 得

$$\frac{[\Delta_z^2]}{n} = k^2\frac{[\Delta_x^2]}{n}$$

当 $n\to\infty$ 时,两边的极限值为

$$\lim_{n\to\infty}\frac{[\Delta_z^2]}{n} = k^2\lim_{n\to\infty}\frac{[\Delta_x^2]}{n}$$

由式(5-4)中误差的定义,即得

$$\begin{aligned}\sigma_z^2 &= k^2\sigma_x^2 \\ \sigma_z &= k\sigma_x\end{aligned} \tag{5-12}$$

由式(5-12)可知,观测值与一常数的乘积的中误差等于观测值的中误差乘以该常数,亦即其中误差仍然保持倍乘关系。

【例 5-3】 如果在视距测量中,已知距离 D 和视距间隔 d 之间的关系为 $D=100d$,若量测中误差 $\sigma_d=0.3$ mm,求两点间距离中误差 σ_D 的值。

解:根据倍乘函数误差传播律,得

$$\sigma_D = 100\sigma_d = 100\times 0.3 = 30(\text{mm})$$

二、和差函数

设有函数

$$z = x \pm y \tag{5-13}$$

令函数及独立观测值的真误差分别为 Δ_z、Δ_x、Δ_y,由式(5-13)可知,当观测值 x 和 y 含有真误差时,函数 z 的真误差为

$$\Delta_z = \Delta_x \pm \Delta_y \tag{5-14}$$

设对于 x、y 各有一组同精度的误差

$$\Delta_{x_1},\Delta_{x_2},\cdots,\Delta_{x_n}$$

$$\Delta_{y_1},\Delta_{y_2},\cdots,\Delta_{y_n}$$

与其对应的中误差分别为 σ_x、σ_y,则由 x 及 y 所引起 z 的一组误差为

$$\Delta_{z_i} = \Delta_{x_i} \pm \Delta_{y_i} \quad (i = 1,2,\cdots,n)$$

将上式两边取平方,得

$$\Delta_{z_i}^2 = \Delta_{x_i}^2 + \Delta_{y_i}^2 \pm 2\Delta_{x_i}\Delta_{y_i}$$

上式从 1 到 n 取和,并两边同除以 n,得

$$\frac{[\Delta_z^2]}{n} = \frac{[\Delta_x^2]}{n} + \frac{[\Delta_y^2]}{n} \pm 2\frac{[\Delta_x\Delta_y]}{n}$$

根据中误差和协方差的定义得

$$\sigma_z^2 = \sigma_x^2 + \sigma_y^2 \pm 2\sigma_{xy} \tag{5-15}$$

由于 x 和 y 相互独立,两者的协方差 $\sigma_{xy}=0$。

故式(5-15)可写成

$$\sigma_z^2 = \sigma_x^2 + \sigma_y^2 \tag{5-16}$$

则函数中误差为

$$\sigma_z = \sqrt{\sigma_x^2 + \sigma_y^2} \tag{5-17}$$

由式(5-17)可知,两独立观测值的和差函数的中误差等于两独立观测值中误差的平方和的平方根。由此,也可推广到多个独立观测量值的代数和的函数情况。

设函数为

$$z = x_1 \pm x_2 \pm \cdots \pm x_n$$

同理可得到

$$\sigma_z^2 = \sigma_{x_1}^2 + \sigma_{x_2}^2 + \cdots + \sigma_{x_n}^2 \tag{5-18}$$

$$\sigma_z = \sqrt{\sigma_{x_1}^2 + \sigma_{x_2}^2 + \cdots + \sigma_{x_n}^2} \tag{5-19}$$

即多个独立观测值的和差函数的中误差等于各个观测值中误差的平方和的平方根。

在特殊情况下,当观测值的精度相同时,设其中误差均为 σ,由式(5-18)得

$$\sigma_z^2 = n\sigma^2 \tag{5-20}$$

即

$$\sigma_z = \sqrt{n}\sigma \tag{5-21}$$

【例 5-4】 如图 5-5 所示的测站 O,观测了 α、β、γ 三个角度,已知其中误差分别为 12″、24″、24″,求角度 δ 的中误差。

解:由图 5-5 可知

$$\delta = 360° - \alpha - \beta - \gamma$$

由误差传播律得

$$\sigma_\delta^2 = \sigma_\alpha^2 + \sigma_\beta^2 + \sigma_\gamma^2 = 12^2 + 24^2 + 24^2 = 1\ 296$$

$$\sigma_\delta = 36''$$

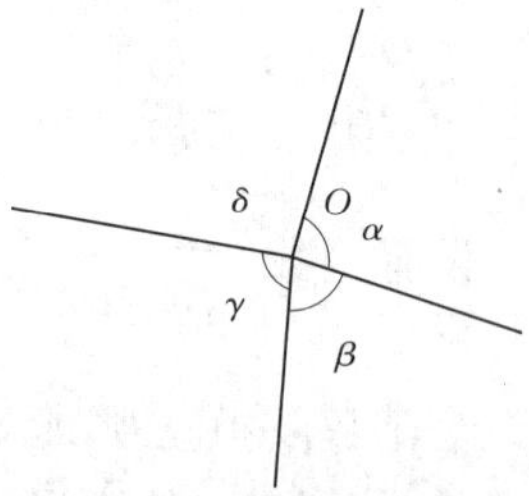

图 5-5　角度观测示意

三、线性函数

设有函数

$$z = k_1x_1 + k_2x_2 + \cdots + k_nx_n \tag{5-22}$$

其中,k_1、k_2、…、k_n 为常数,而 x_1、x_2、…、x_n 均为独立观测值,它们的中误差分别为 σ_1、σ_2、…、σ_n。由倍乘函数与和差函数的误差传播律可得出其误差传播律为

$$\sigma_z^2 = k_1^2\sigma_1^2 + k_2^2\sigma_2^2 + \cdots + k_n^2\sigma_n^2 \tag{5-23}$$

$$\sigma_z = \sqrt{k_1^2\sigma_1^2 + k_2^2\sigma_2^2 + \cdots + k_n^2\sigma_n^2} \tag{5-24}$$

即常数与独立观测值乘积的代数和的函数中误差等于各常数与相应的独立观测值中误差乘积的平方和的平方根。

若观测值不独立,式(5-24)中必须考虑观测值之间的协方差,变成如式(5-25)所示:

$$\sigma_z^2 = k_1^2\sigma_1^2 + k_2^2\sigma_2^2 + \cdots + k_n^2\sigma_n^2 + 2k_1k_2\sigma_{12} + 2k_1k_3\sigma_{13} + \cdots + 2k_1k_n\sigma_{1n} + \cdots + 2k_{n-1}k_n\sigma_{(n-1)n} \tag{5-25}$$

若令　$K = (k_1 \quad k_2 \quad \cdots \quad k_n)$

$X = (x_1 \quad x_2 \quad \cdots \quad x_n)^{\mathrm{T}}$

则向量 X 的方差阵为

$$D_{XX}=\begin{pmatrix}\sigma_1^2 & \sigma_{12} & \cdots & \sigma_{1n}\\ \sigma_{21} & \sigma_2^2 & \cdots & \sigma_{2n}\\ \vdots & \vdots & & \vdots\\ \sigma_{n1} & \sigma_{n2} & \cdots & \sigma_n^2\end{pmatrix}$$

则式(5-25)可用矩阵表示如下

$$\sigma_z{}^2=D_{ZZ}=KD_{XX}K^{\mathrm{T}} \tag{5-26}$$

任务四　误差传播律的应用

在测量工作中,常常应用误差传播律来推算观测量的函数中误差,由此得出测量方法与规律,下面讲解几种常见应用。

一、水准测量精度

设经过 n 个测站测定 A、B 两水准点间的高差,且第 i 站的观测高差为 h_i,于是 A、B 两点的总高差 h_{AB} 为

$$h_{AB}=h_1+h_2+\cdots+h_n$$

若各测站观测高差精度相同,中误差为 $\sigma_{站}$,根据和差函数传播律,由式(5-21)可得 h_{AB} 的中误差为

$$\sigma_{h_{AB}}=\sqrt{n}\sigma_{站} \tag{5-27}$$

若水准路线布设在平坦地区,各测站的距离 s 大致相等,令 A、B 两点之间的距离为 S,则测站数 $n=\dfrac{S}{s}$,代入式(5-27)得

$$\sigma_{h_{AB}}=\sqrt{\frac{S}{s}}\sigma_{站} \tag{5-28}$$

若 S 及 s 均以 km 为单位,则 $\dfrac{1}{s}$ 表示单位距离(1 km)的测站数,$\sqrt{\dfrac{1}{s}}\sigma_{站}$ 就是单位距离观测高差的中误差。

令

$$\sigma_{\mathrm{km}}=\sqrt{\frac{1}{s}}\sigma_{站}$$

代入式(5-28),则

$$\sigma_{h_{AB}}=\sqrt{S}\sigma_{\mathrm{km}} \tag{5-29}$$

式(5-27)和式(5-29)是水准测量中计算高差中误差的基本公式。可以看出:当各测站高差观测精度相同时,水准测量高差的中误差与测站数的平方根成正比;当各测站距离大致相等时,水准测量中高差的中误差与距离的平方根成正比。

二、算术平均值的精度

设对某量同精度独立观测 n 次,其观测值为 L_1、L_2、$\cdots$、L_n,它们的中误差均等于 σ,取 n

个观测值的算术平均值作为该量最终结果,即

$$\bar{L}=\frac{[L]}{n}=\frac{1}{n}L_1+\frac{1}{n}L_2+\cdots+\frac{1}{n}L_n$$

由线性函数误差传播律及式(5-23),可得算术平均值的中误差为

$$\sigma_{\bar{L}}^2=\frac{1}{n^2}\sigma^2+\frac{1}{n^2}\sigma^2+\cdots+\frac{1}{n^2}\sigma^2$$

合并上式得

$$\sigma_{\bar{L}}^2=\frac{1}{n}\sigma^2$$

上式两边开方得

$$\sigma_{\bar{L}}=\frac{\sigma}{\sqrt{n}} \tag{5-30}$$

由式(5-30)可知:n 个同精度观测值的算术平均值的中误差等于各观测值的中误差除以$\sqrt{n}$,也就是说观测次数越多,n 越大,平均值精度越高,当观测次数趋近于无穷大时,平均值中误差趋近于0,平均值就等于真值。

三、若干个独立误差的联合影响

测量工作中常常遇到这样的情况:一个观测结果同时受到许多独立误差的联合影响。例如,水平方向观测会受到整平误差、对中误差、照准误差、读数误差等的影响。在这种情况下,观测结果的真误差可以看成各个独立误差的代数和,即

$$\Delta_x=\Delta_1+\Delta_2+\cdots+\Delta_n$$

由于这些真误差是相互独立的,各种误差的出现属于偶然性质。根据线形函数的误差传播律可以得出

$$\sigma_x^2=\sigma_1^2+\sigma_2^2+\cdots+\sigma_n^2$$

上式两边开方得

$$\sigma_x=\sqrt{\sigma_1^2+\sigma_2^2+\cdots+\sigma_n^2} \tag{5-31}$$

由式(5-31)可知,观测结果的中误差等于各独立误差所对应的中误差平方和的平方根,这就是若干个独立误差的联合影响。

四、部分观测值精度的确定

误差传播律是用来确定观测值及其函数间的精度关系。一般情况下是已知观测值的精度,求观测值函数的精度。但在实际测量工作中,经常会出现为了使观测值函数的精度达到某一预定的要求,反推观测值应具有的精度,即已知观测值函数的精度,求部分观测值的精度。

【例5-5】 一个三角形观测其两个内角 α 和 β,第三个内角为 γ,若已知 α 角的测角中误差为 $\sigma_\alpha=3''$,要求 γ 角的中误差 $\sigma_\gamma\leqslant5''$,$\beta$ 角的测角精度不能超过多少?

解:由三角形的几何关系可知,γ 角可根据 α 角和 β 角计算出来,其表达式为

$$\gamma=180°-\alpha-\beta$$

根据和差函数误差传播律,γ 方差为

$$\sigma_{\gamma}^{2} = \sigma_{\alpha}^{2} + \sigma_{\beta}^{2}$$

由中误差的关系式可知

$$\sigma_{\beta}^{2} \leqslant \sigma_{\gamma}^{2} - \sigma_{\alpha}^{2} = 25 - 9 = 16$$

$$\sigma_{\beta} \leqslant 4''$$

即为了使 γ 角的精度不低于 $5''$,β 角的精度应不低于 $4''$。

由例 5-5 可知,要解决这类问题,列函数式求中误差的方法与误差传播律中所讲的完全相同,即函数的自变量仍然是观测值。当构建函数式时,将自变量放在等号的右边,函数放在等号的左边,才能利用误差传播律。

项目小结

测量中由于各种因素的影响,观测值必然存在各种误差。本项目首先介绍了误差的概念和分类,然后重点讲述偶然误差的特性,由此引出中误差的概念,接着从中误差、极限误差和相对误差三个方面讲述了衡量精度的指标。在此基础上,阐述了倍乘函数、和差函数和线性函数误差传播律,最后讲述了误差传播律在实际测量工作中的典型应用。

思考与习题

1. 什么是观测值?什么是真值?什么是观测误差?
2. 偶然误差有哪些特性?
3. 相同观测条件下的一组观测值,其精度是否相同?真误差是否相同?
4. 衡量观测量精度的指标有哪些?
5. 若干独立误差联合影响时适用于哪种函数的误差传播律?
6. 某次同精度观测量一组数据,分别如下:

3	-3	2	4	-2	-1	0	-3	-2	1
0	-1	-4	2	1	-1	3	0	-3	1

若将这些观测量的平均值作为其理论值,用定义式计算出方差的估值 $\hat{\sigma}^2$。

7. 已知两段距离的长度及其中误差分别为 200 m±2 mm 和 350 m±2.8 mm,求两段长度的相对中误差,并比较哪一个精度高?
8. 同精度观测了某一个角 4 次,每次观测中误差为 3 mm,请计算出它们的平均值的中误差为多少?
9. 角度观测一个测回的中误差为 $6''$,若想使最终结果中误差不大于 $2''$,请问至少需要观测该角多少测回?
10. 在水准测量时,相同观测条件测了 2 站,每站中误差为 σ,请问测量这 2 站的结果的中误差为多少?
11. 同精度观测了若干站水准测量,每站中误差为 2 mm,若使最后测得的总路线的中误差不超过 8 mm,请问最多布设多少站?

码 5-1　思考与习题参考答案

码 5-2　单选题

码 5-3　多选题

码 5-4　判断题

项目六　小区域控制测量

项目概述

随着测量技术的不断发展,控制测量的手段也日益丰富,平面控制测量方法主要有导线测量、GNSS 静态测量、GNSS RTK 动态控制测量、交会测量等,高程控制测量方法有水准测量和三角高程测量。

学习目标

通过本项目的学习,同学们能依据《工程测量标准》(GB 50026—2020)、《城市测量规范》(CJJ/T 8—2011)、《全球导航卫星系统(GNSS)测量规范》(GB/T 18314—2024)和《全球定位系统实时动态测量(RTK)技术规范》(GH/T 2009—2010),进行导线测量、GNSS 静态测量、GNSS RTK 动态控制测量、交会测量、三角高程测量的踏勘选点、外业观测与记录计算;能使用计算器进行附合与闭合导线计算;能使用南方平差易等软件进行导线测量、交会测量与三角高程平差计算;能使用静态数据处理软件进行 GNSS 静态数据平差计算。

【思政导入】

古代有一年轻人射箭技术高超,能在百步之外准确无误地射穿一片树叶,他颇为自豪,四处卖弄。恰被一卖油翁看到,满脸的不屑,在年轻人面前表演起了自己的绝活,将一铜钱置于油桶上方,舀起一瓢油熟练地将油顺着钱孔倒下来,铜钱却未沾上一滴油。其实,老者的表演是在告诫年轻人,凡事只要多练就会熟能生巧,不能满足于现状,不思进取,自以为老子天下第一。山外青山楼外楼,强中自有强中手,学习无止境,奋斗无止境,我们应该将精益求精坚持到底。

2012—2018 年,黄河水利职业技术大学学生参加教育部主办的全国职业院校技能大赛工程测量赛项,连续 7 年获得一等奖,共获得 17 项一等奖,位居该赛项首位。参赛赛项包含了本项目即将要学习的导线测量、GNSSRTK 测量等,其优异成绩的取得,像技术高超的年轻人,更像惟手熟尔的老油翁,都是历经千锤百炼,方成真钢。

【正文】

任务一　导线测量概述

一、平面控制测量方法

平面控制网的布设方法有三角网、测边网、边角网、GNSS静态控制网、导线网。当前工程当中,平面控制测量主要采用的测量手段是GNSS静态测量、GNSS RTK控制测量和导线测量,下面分别介绍各种平面控制测量方法。

(一)三角网

在地面上,按一定要求选定一系列三角点1,2,3,…,以三角形形式将各点连接起来,即构成了三角网。三角网网形较多,主要有三角锁和三角网。如图6-1(a)所示,三角锁以三角形为基本单元,相邻三角形共用一条边,沿着一定的方向伸展而形成的条带状的单一三角形网,主要用于建立大跨度桥梁或中长隧道的平面控制网。三角锁是向某一方向扩展而构成锁链状,其优点是扩展迅速、能通过适当选择扩展方向而避开通视困难地带,但图形强度不如三角网。如图6-1(b)所示,三角网是由一系列连续三角形构成的网状的平面控制图形,是三角测量中布设连续三角形的两种主要扩展形式之一,同时向各方向扩展而构成网状,其优点为点位分布均匀、各点之间互相牵制、图形强度较高,缺点是扩展较缓慢。

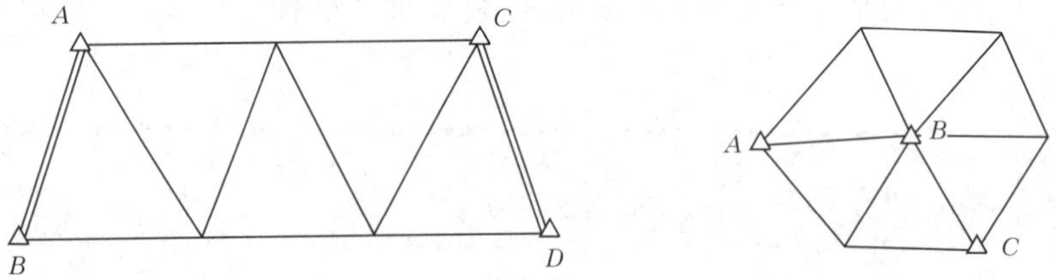

(a)三角锁　　(b)三角网

图6-1　三角网

通过观测三角网中所有三角形的内角,并至少测定三角网中一条边的长度和方位角,将边长和角度化算至某一投影面,利用三角网的起算数据,计算出其他三角点的坐标,这种测量方法称为三角测量。采用三角形作为三角网基本图形,三角形结构简单、图形强度高、有足够的几何检核条件且计算方便。

在电磁波测距仪、全站仪和GNSS卫星定位系统出现以前,三角测量是建立平面控制网的主要方法。在20世纪中叶以前,世界上主要国家的天文大地网基本上都采用三角测量的方法施测,我国在1984年完成平差的国家天文大地网主要的测量方法也是三角测量,主要由三角测量法布设,在西部困难地区采用导线测量法。但三角网由于需多方向通视,并常常需要建造觇标,且耗时、费力、成本较高,现在已基本不采用。

(二)测边网和边角网

测边网和边角网的结构与三角网一样。如图6-2(a)所示,测边网只用电磁波测距仪测量各个三角形的边长,根据平面三角学原理计算出各个三角形的三个顶角,进而推算各边的方位角和各点的坐标,这种三角测量方式称为三边测量。测边网直接通过边长观测数据推算坐标,能有效抑制长度方向(纵向)的误差积累,尤其适用于对距离精度要求高的场景,但仅依赖边长观测难以有效控制方向误差(横向误差),可能导致点位偏移。

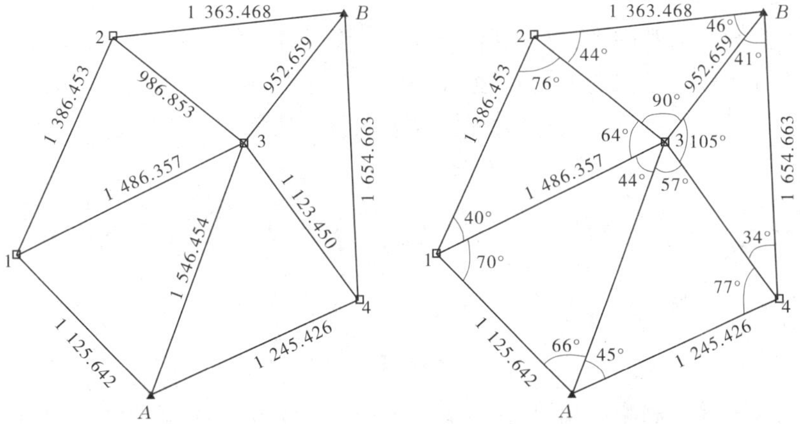

(a)测边网 (b)边角网

图 6-2 测边网和边角网

在测量三角网的全部角度基础上,如图 6-2(b)所示,加测三角网的部分边长或全部边长,用以计算各点的坐标,这种方法称为边角网测量。测边数据可有效控制纵向误差(长度误差),测角数据则抑制横向误差(方向误差),二者协同显著提高点位精度。适用于需要高精度控制的地形测绘、工程监测等场景,尤其在复杂地形中通过冗余观测增强数据可靠性。

(三)GNSS 静态控制网

20 世纪 80 年代末,全球定位系统(Global Positioning System,简称 GPS)开始在我国被用于建立平面控制网,目前已成为建立平面控制网的主要方法。近些年来随着卫星定位系统的快速发展,目前已形成中国的北斗卫星导航系统、美国的 GPS、俄罗斯的 GLONASS 和欧洲的 Galileo 等四大全球性卫星导航定位系统,还有如日本准天顶服务(QZSS)和印度 IRNSS 等区域性卫星导航定位系统,这些统称为全球导航卫星系统(Global Navigation Satellite System,简称 GNSS),泛指所有的卫星导航定位系统。

应用 GNSS 卫星定位技术进行静态测量而建立的控制网称为 GNSS 静态控制网,根据《全球导航卫星系统(GNSS)测量规范》(GB/T 18314—2024),GNSS 控制网分为 A、B、C、D、E 五个级别。A 级主要用于建立国家一等大地控制网,进行全球性的地球动力学研究、地壳形变测量和精密定轨等的 GNSS 测量;B 级主要用于建立国家二等大地控制网,建立地方或城市坐标基准框架、区域性的地球动力学研究、地壳形变测量、局部形变监测和各种精密工程测量等的 GNSS 测量;C 级用于建立三等大地控制网,以及建立区域、城市及工程测量的基本控制网等的 GNSS 测量;D、E 级用于中小城市、城镇及测图、地籍、土地信息、房产、物探、勘测、建筑施工等控制测量的 GNSS 测量。

(四)GNSS RTK 控制测量

GNSS RTK(Real-Time Kinematic)是一种基于载波相位差分的实时动态定位技术,通过基准站与流动站的协同作业实现厘米级定位精度。GNSS RTK 分为单基准站 RTK 测量和网络 RTK 测量两种方法。GNSS RTK 控制测量平面精度分为一、二、三级,高程控制按精度划分为等外高程控制,适用于布设外业数字测图和摄影测量与遥感的控制基础,也可以作为图根测量、像片控制测量、碎部点数据采集的起算依据。

(五)导线网

选定一系列相互通视的点,将相邻点连接成折线形式,如图 6-3 所示,依次测定各折线边的长度和相邻折线边之间的夹角,根据已知起点的坐标和起算边的坐标方位角,利用所观测的水平距离、水平角,推算待求点的坐标,这种测量方法称为导线测量。

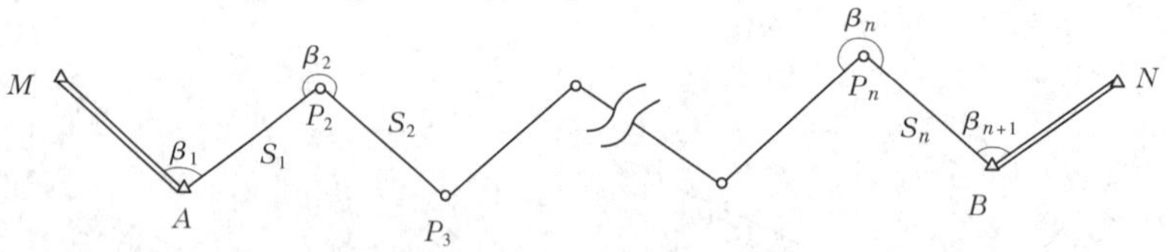

图 6-3 导线

导线测量与其他控制测量相比,选点灵活。导线网中的各点,除结点外只有两个观测方向,易于解决控制点之间的通视问题;相对三角网而言,导线网的布网条件要求较低,便于跨越地形、地物障碍,特别适合平坦而隐蔽的地区及城市和建筑区。导线测量也存在一些缺点,单一导线呈单线布设,控制面积较小;多余观测较少,可靠性较低。

二、导线的分类

导线布设的基本形式包括单一导线和导线网。如图 6-4 所示,单一导线分为附合导线、闭合导线和支导线。几条单一导线通过一个或几个结点连接呈网状称为导线网,如图 6-5 所示。

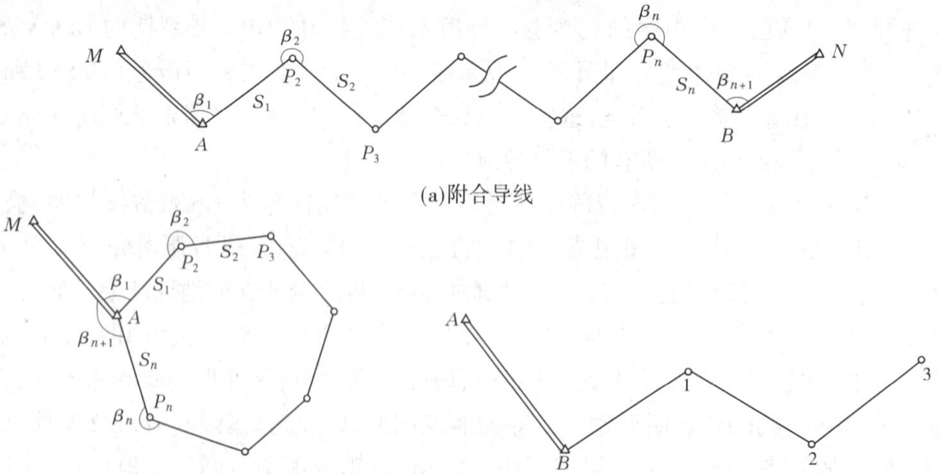

(b)闭合导线 (c)支导线

图 6-4 单一导线布设形式

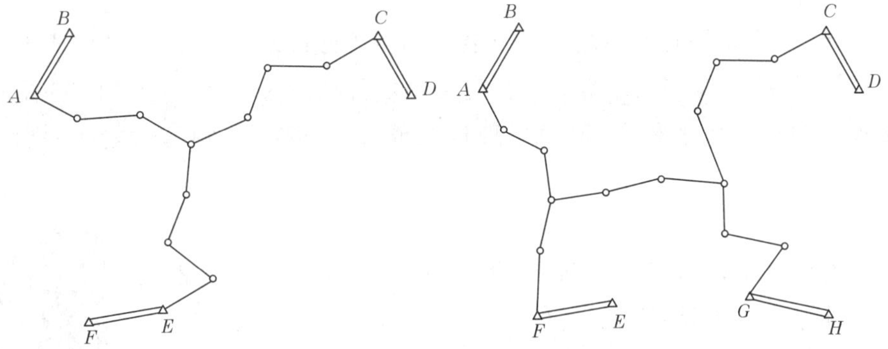

图 6-5 导线网布设形式

(一)附合导线

附合导线起始于一个已知控制点,经过若干个待定导线点后终止于另一个已知控制点。如果导线两边均有已知方向,则称为双定向附合导线,是最常用的一种附合导线。此外,还有单定向附合导线和无定向附合导线,实际使用较少。

(二)闭合导线

闭合导线由一个已知控制点出发,最后仍旧回到这一点,形成一个闭合多边形。在闭合导线的已知控制点上必须有一条边的坐标方位角是已知的。

(三)支导线

支导线从一个已知控制点出发,既不附合到另一个控制点,也不回到原来的起始点。由于支导线没有检核条件,不易发现错误,一般要求支导线点个数不超过 3 个,也可通过往返测增加检核条件,通常在地形测量的图根导线和隧洞施工测量中洞内导线中采用。

三、导线的布设

导线的布设包括测区踏勘、方案设计、实地选点、埋设标志等内容。

(一)测区踏勘

首先要收集与测区有关的测量资料,包括国家控制点、城市控制点等各类已知点的成果资料、已有地形图等。其次是利用已有资料研究测区情况,确定踏勘测区的重点。前往实地查看已知点是否完好,因为已知点是决定导线方案设计的关键。有些已知点,虽然有成果资料,但标石已被破坏,因此要事先在已有地形图上展绘出各类已知点,这样实地踏勘时才能有的放矢。除了查看已知点,测区踏勘还要了解有关测区的通视情况、交通情况、气象情况及地形情况等。

(二)方案设计

测区踏勘后,在现有地形图上根据测区的已知点情况、通视情况等合理设计导线的布设方案。设计时先在图上标出测区范围符合起始点要求且现存完好的已知点,再根据测量任务、地形条件和导线测量的技术要求,计划导线的布设形式、路线走向和导线点的位置及需要埋石的点位等。

为了使导线的计算不过于复杂,导线的路线应尽可能布设成单一附合路线或闭合路线,当路线长度超限时再考虑具有结点的导线网,导线与导线网的布设应符合相应的技术要求。导线的边长应尽可能大致相等,避免出现过大或过小的转角,相邻边之比一般应不超过1:3。

(三)实地选点

在测区现场依据图上设计和地形条件,经过比较与选择确定图根点的具体位置,这一工作叫选点。

码 6-1　导线的布设

点位选择应满足以下条件:

(1)土质坚硬、易于保存、容易安置仪器和方便寻找的地方。

(2)相邻导线点间必须通视良好,便于测角量距。

(3)等级导线点应便于加密图根点,导线点应选在地势高、视野开阔、便于碎部测量的地方。

(4)导线边长大致相同。

(5)密度适宜、点位均匀、便于控制整个测区。

(四)埋设标志

导线点位选定之后,在地面上确定测量标志,如果是硬化路面,如图6-6(a)所示,可以打入测钉;如果是土质地面,如图6-6(b)所示,可以打入木桩并在桩面作好标志;如果是高等级且需要长期保存的导线点,可以埋设混凝土桩作为导线点标志,如图6-6(c)所示,标石中央应有明确的标志,桩面刻凿十字或嵌入一个有十字的钢筋,标志中心代表点位。

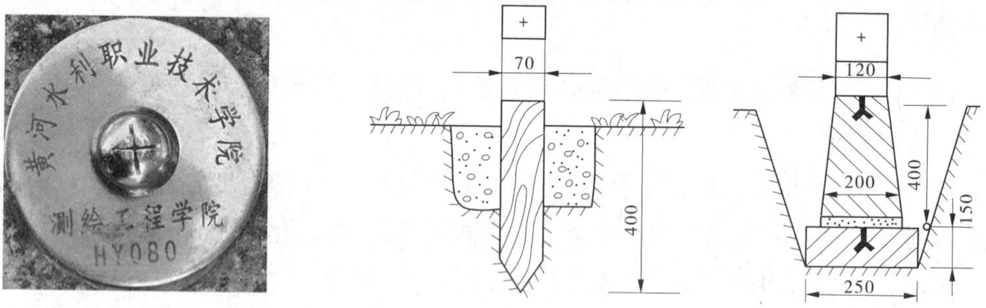

(a)不锈钢标志　(b)木桩　(c)混凝土标石

图6-6　导线点标志　(单位:mm)

埋桩后应统一进行编号。为了便于今后查找和使用导线点,应绘制导线点点之记,反映导线点详细位置、与附近明显地物的距离,与相邻导线点之间的关系等信息,具体见表6-1。

表 6-1　导线点点之记

<table>
<tr><td colspan="3">详细位置图
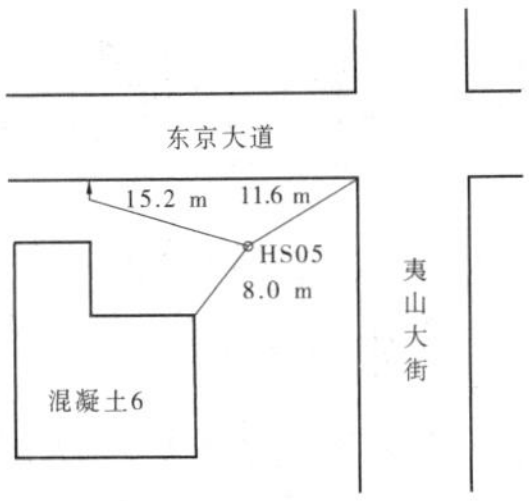

比例尺:1∶100</td><td colspan="3">标石断面图
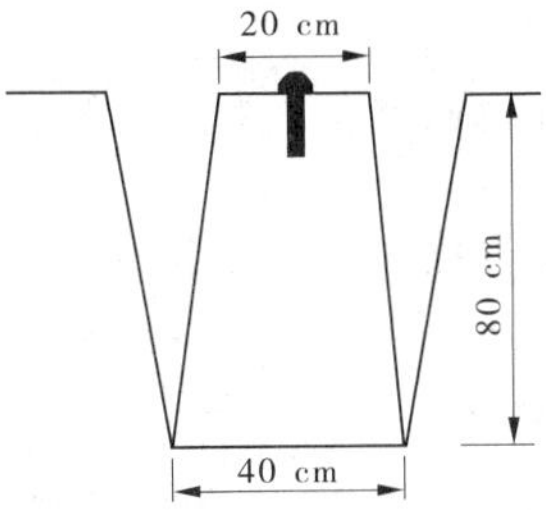
</td></tr>
<tr><td>与相邻点的关系</td><td colspan="5">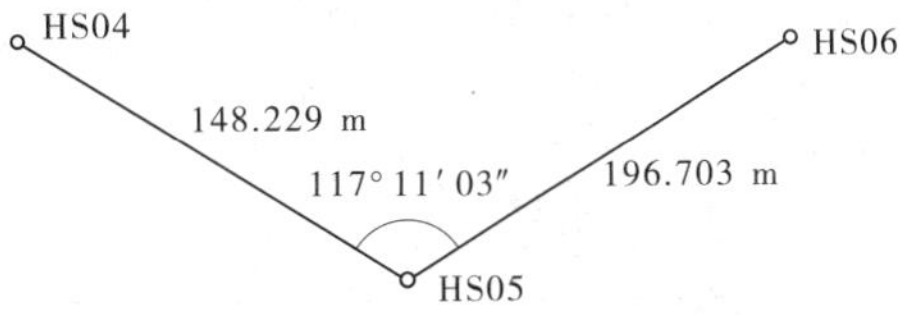
</td></tr>
<tr><td>所在图幅</td><td colspan="3">J-48-2-C</td><td>标石类型</td><td>混凝土普通水准标石</td></tr>
<tr><td>经纬度</td><td colspan="3">N:34°49′37″　E:114°16′22″</td><td>标石质料</td><td>混凝土</td></tr>
<tr><td>所在地</td><td colspan="3">堌门村</td><td>土地使用者</td><td>堌门村</td></tr>
<tr><td>地别土质</td><td colspan="3">沙土</td><td>地下水深度</td><td></td></tr>
<tr><td>交通路线</td><td colspan="5">乘坐高铁，至开封北站下车，乘坐 21 路公交车，在堌门站下车即可</td></tr>
<tr><td>点位详细说明</td><td colspan="5">1. 距东京大道与夷山大街西南角路口 11.6 m;
2. 距该十字路口西南 6 层楼房的东北房角 8.0 m;
3. 距该 6 层楼房北边路灯 15.2 m</td></tr>
<tr><td>接管单位</td><td colspan="2">××规划院</td><td>保管者</td><td colspan="2">堌门村村委会</td></tr>
<tr><td>选点单位</td><td>××规划院</td><td>埋石单位</td><td>××规划院</td><td>维修单位</td><td>××规划院</td></tr>
<tr><td>选点者</td><td>张××</td><td>埋石者</td><td>李××</td><td>维修者</td><td>××规划院</td></tr>
<tr><td>选点日期
(年-月-日)</td><td>2025-03-22</td><td>埋石日期
(年-月-日)</td><td>2025-04-06</td><td>维修日期
(年-月-日)</td><td>2025-08-25</td></tr>
<tr><td>备注</td><td colspan="5">该点为平高点</td></tr>
</table>

任务二　导线测量外业实施

一、角度测量

三、四等导线进行角度测量时使用精度不低于 DJ_2 级的经纬仪或同精度全站仪，图根控制进行角度测量通常采用 DJ_6 级经纬仪或同精度全站仪进行。水平角观测应在通视良好、成像清晰的条件下进行，观测过程中要避免太阳光直射仪器，气泡中心偏离管水准器不超过一格，否则应在测回间重新安置仪器后重测。水平角一般用测回法，当导线点上方向数超过2个时，应采用方向观测法进行观测。角度观测各项观测限差见表6-2、表6-3。

表6-2　电磁波测距导线技术指标

等级	导线长度/m	平均边长/km	测角中误差/(″)	测距中误差/mm	测回数			方位角闭合差/(″)	导线全长相对闭合差
					DJ_1	DJ_2	DJ_6		
三等	15	3	±1.5	±18	8	12	—	$\pm3\sqrt{n}$	1/60 000
四等	10	1.6	±2.5	±18	4	6	—	$\pm5\sqrt{n}$	1/40 000
一级	3.6	0.3	±5	±15	—	2	4	$\pm10\sqrt{n}$	1/14 000
二级	2.4	0.2	±8	±15	—	1	3	$\pm16\sqrt{n}$	1/10 000
三级	1.5	0.12	±12	±158	—	1	2	$\pm24\sqrt{n}$	1/6 000

注：n 为测站数。

表6-3　方向观测法各项限差

经纬仪型号	光学测微器两次重合读数差/(″)	半测回归零差/(″)	一测回内 $2C$ 较差/(″)	同一方向值各测回较差/(″)
DJ_1	1	6	9	6
DJ_2	3	8	13	9
DJ_6	—	18	—	23

在角度观测中，如果导线观测方向数较多，最好事先绘制观测略图，标明各点上应观测的方向，用以防止重复观测或漏测方向。单一导线的水平角观测，除起点、终点外，都只观测一个转折角。以导线前进方向为准，左侧的转折角叫左角，右侧的转折角叫右角。导线测量一级及以下通常只测左角或右角，一般测左角，闭合导线则观测内

码6-2　导线外业观测

角。三等、四等导线则要左右角或内外角同测。除了观测转折角，闭合导线还要观测连接角，这种连接角起到定向作用。

如图 6-7(a)所示，附合导线角度观测，沿导线前进方向，采用测回法观测左角。如图 6-7(b)所示，闭合导线的观测，沿逆时针方向观测内角，在起算点 B，有三个方向，可以采用测回法分别观测连接角 β、β_B，也可以采用方向法观测三个方向，再计算连接角和内角。

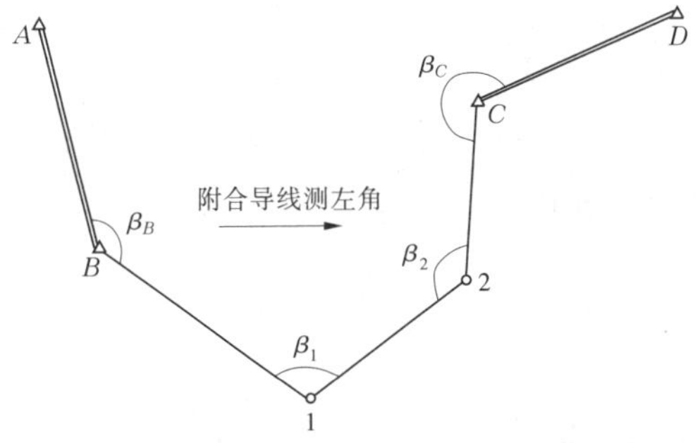

(a)附合导线观测示意图

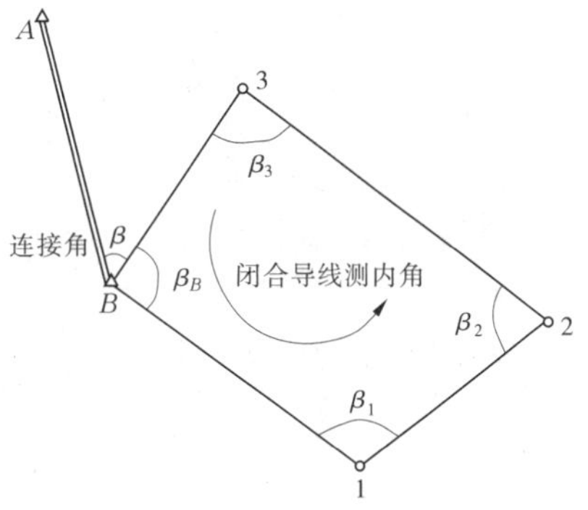

(b)闭合导线观测示意图

图 6-7 导线测量水平角观测

【小贴士】

观测水平角，若边长较短，仪器偏心及目标偏心误差对测角精度影响就会很大，要特别注意全站仪和棱镜的精确对中。

二、边长测量

边长测量有钢尺量距、视距测量和电磁波测距等方法。钢尺量距精度低、效率低、成果处理复杂，已不再使用；视距测量比钢尺量距精度更低，主要用于水准测量视距计算和经纬仪视距测量；电磁波测距精度高、速度快、操作简单，是导线边长测量的主要方式。电磁波距离测量与测回法水平角观测相似，也是以测回为单位进行的。电磁波测距一测回指照准目标，测量 4 次，记录 4 个读数，其较差在限差范围之内，取平均值作为最终距离，即导线边长。

电磁波测距按精度等级分为Ⅰ级(1 km 测距中误差不超过 5 mm)和Ⅱ级测距仪(1 km 测距中误差大于 5 mm，不超过 10 mm)。不同等级平面控制网电磁波测距测回数如表 4-4 所示。一测回内 4 次读数限差如表 4-5 所示。

任务三　导线测量内业计算

导线计算是根据已知点坐标、外业观测的转折角和边长推算各导线点的坐标。导线的计算有近似平差和严密平差两种，严密平差在后续测量平差课程中学习。对于低于国家四等的导线，可采用近似平差方法，下面讲解附合导线和闭合导线的近似平差计算方法。

一、角度闭合差的计算

(一)附合导线角度闭合差计算

如图6-8所示,A、B、C、D为已知点,已知起始边的方位角α_{AB}($\alpha_{始}$)和终止边的方位角α_{CD}($\alpha_{终}$),边长和转折角为观测量。

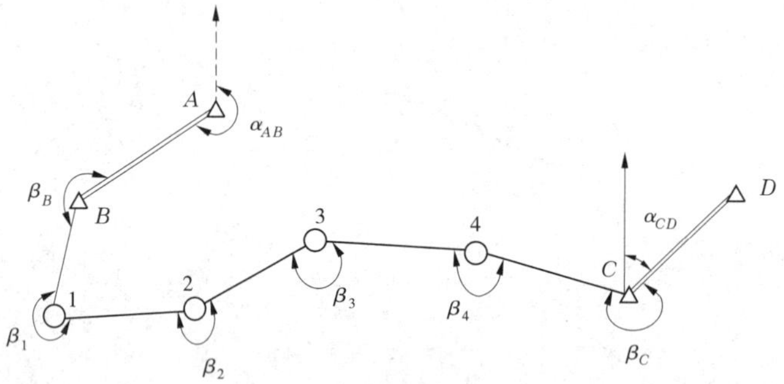

图6-8　附合导线

角度闭合差为观测值减理论值,因此有角度闭合差:

$$f_\beta = \sum\beta_{测} - \sum\beta_{理} \tag{6-1}$$

根据方位角推算原理,得

$$\alpha_{前} = \alpha_{后} \pm\beta^{左}_{右} \mp 180° \tag{6-2}$$

假设转折角为真值无误差,得:

$$\alpha_{B1} = \alpha_{AB} - \beta_B + 180°$$
$$\alpha_{12} = \alpha_{B1} - \beta_1 + 180°$$
$$\alpha_{23} = \alpha_{12} - \beta_2 + 180°$$
$$\alpha_{34} = \alpha_{23} - \beta_3 + 180°$$
$$\alpha_{4C} = \alpha_{34} - \beta_4 + 180°$$
$$\alpha_{CD} = \alpha_{4C} - \beta_C + 180°$$

将以上等式相加合并得:

$$\alpha_{CD} = \alpha_{AB} - \sum\beta_{理} + 6\times180°$$

将上边推广至n个导线点的情形:

$$\alpha_{终} = \alpha_{始} - \sum\beta_{理} + n\cdot180°$$

那么

$$\sum\beta_{理} = \alpha_{始} - \alpha_{终} + n\cdot180°$$

上面是右角情况,左角为:

$$\sum\beta_{理} = \alpha_{终} - \alpha_{始} + n\cdot180°$$

将上边两式代入式(6-1)得:

$$f_\beta = \sum \beta_{右}^{左} \pm (\alpha_{始} - \alpha_{终}) - n \cdot 180° \quad (6\text{-}3)$$

式(6-3)即为附合导线角度闭合差推算公式,($\alpha_{始}-\alpha_{终}$)前执行"左+右-",n 为转折角的个数。

(二)闭合导线角度闭合差计算

如图 6-9 所示,闭合导线角度闭合差的计算根据多边形内角和已知理论值,根据闭合差等于观测值减理论值原理,可得闭合导线角度闭合差为

$$f_\beta = \sum_{i=1}^{n} \beta_i - n \cdot 180° \quad (6\text{-}4)$$

式中:n 为多边形的边数。

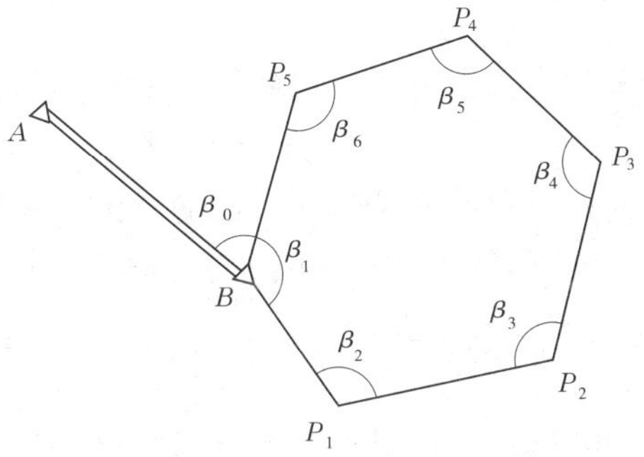

图 6-9 闭合导线

二、附合导线的计算

(一)附合导线计算过程

1. 填写起算数据和观测值

在导线计算表中填写起算数据,包含点号、转折角、边长和已知点坐标。

码 6-3 附合导线计算方法

2. 计算角度闭合差

根据下式计算角度闭合差:

$$f_\beta = \sum_{i=1}^{n} \beta_{右}^{左} \pm (\alpha_{始} - \alpha_{终}) - n \cdot 180°$$

式中:$\sum_{i=1}^{n} \beta_{右}^{左}$、$\alpha_{始}$、$\alpha_{终}$分别为所测转折角代数和、起始坐标方位角(该方位角由起始已知坐标反算得到)、结束坐标方位角(该方位角由最后两已知点坐标反算得到),n 为架设全站仪测角的导线点个数。

3. 计算角度改正数

计算出角度闭合差后,若其值小于或等于限差,说明不超限。接着计算角度改正数,消除角度闭合差,改正数计算原则为反号平均分配,用式(6-5)表示:

$$V_{\beta_i} = -\frac{f_\beta}{n} \tag{6-5}$$

当反号平均分配时,以整秒为单位,若余1″或差1″,则把这多出的1″或差的1″分给最短边与其相邻次短边的夹角;若余2″或差2″,则把这多出的2″或差的2″分别分给与最短边前后边的两个夹角。

计算出改正数后,改正数代数和应等于角度闭合差的相反数,即用式(6-6)进行检核:

$$\sum_{i=1}^{n} V_{\beta_i} = -f_\beta \tag{6-6}$$

4. 计算改正后的转折角

完成角度改正数后,改正数加上对应的转折角,得到改正后转折角,用式(6-7)表示:

$$\beta_{i改} = \beta_i + V_{\beta_i} \tag{6-7}$$

5. 推算方位角

对转折角改正后,根据方位角推算公式推算各观测边的方位角:

$$\alpha_{前} = \alpha_{后} \pm \beta_{右}^{左} \mp 180° \tag{6-8}$$

式(6-8)中,左右角前面符号执行"左+右-",对应180°前面则执行相反符号。方位角计算完成后,作为检核,推算出的已知边方位角应等于已知边方位角,即检核:

$$\alpha_{终(算)} = \alpha_{终(理论)}$$

6. 计算坐标增量

外业观测得到各待定点间的边长,根据式(6-8)得到各待定边的方位角,可使用计算器的REC函数进行坐标正算,得到坐标增量。

7. 计算坐标闭合差

根据已知点坐标,可计算出从起始已知点到结束已知点坐标增量理论值,根据过程6计算出坐标增量计算值(可作为坐标增量观测值)代数和,观测值减理论值,即可得坐标闭合差,用式(6-9)表示:

$$\left.\begin{aligned} f_x &= \sum_{i=1}^{n} \Delta x_i - (x_{终} - x_{始}) \\ f_y &= \sum_{i=1}^{n} \Delta y_i - (y_{终} - y_{始}) \end{aligned}\right\} \tag{6-9}$$

8. 计算导线全长闭合差 f_s 和导线全长相对闭合差 K

根据式(6-9)可计算出导线全长闭合差 f_s,如式(6-10)所示,然后计算各导线边长代数和,由式(6-11)计算出导线全长相对闭合差。导线等级不同,导线全长相对闭合差限差不同(见表6-2),导线全长相对闭合差不超过规范规定限差,导线算作合格。

$$f_s = \sqrt{f_x^2 + f_y^2} \tag{6-10}$$

$$K = \frac{1}{\sum_{i=1}^{n} S_i / f_s} \tag{6-11}$$

9. 计算坐标闭合差改正数

与角度闭合差类似,需要计算出坐标闭合差改正数,对坐标增量进行改正,以消除坐标增量的不符值。坐标闭合差改正数的计算,以对应边长为权反号分配,如式(6-12)所示。

$$
\left.\begin{aligned}
V_{x_i} &= -\frac{f_x}{\sum_{i=1}^{n} S_i} S_i \\
V_{y_i} &= -\frac{f_y}{\sum_{i=1}^{n} S_i} S_i
\end{aligned}\right\} \tag{6-12}
$$

式(6-12)中：S_i、$\sum_{i=1}^{n} S_i$ 分别为第 i 条边边长和导线观测边代数和。

改正数计算后，作为计算检核，改正数代数和应等于坐标闭合差的相反数，如式(6-13)所示。

$$
\left.\begin{aligned}
\sum_{i=1}^{n} V_{x_i} &= -f_x \\
\sum_{i=1}^{n} V_{y_i} &= -f_y
\end{aligned}\right\} \tag{6-13}
$$

10. 计算改正后的坐标增量

根据式(6-12)计算出的 x、y 方向的坐标闭合差改正数，加对应坐标增量，得到改正后的坐标增量，由此消除坐标增量不符值，如式(6-14)所示。

$$
\left.\begin{aligned}
\Delta x'_i &= \Delta x_i + V_{x_i} \\
\Delta y'_i &= \Delta y_i + V_{y_i}
\end{aligned}\right\} \tag{6-14}
$$

11. 推算坐标

根据式(6-14)计算出改正后坐标增量，根据起始已知点坐标，即可推算各待定导线点坐标，如式(6-15)所示。

$$
\left.\begin{aligned}
x_i &= x_{i-1} + \Delta x'_i \\
y_i &= y_{i-1} + \Delta y'_i
\end{aligned}\right\} \tag{6-15}
$$

各待定导线点坐标推算完成后，推算出的结束已知点坐标和理论结束已知点坐标相等，如式(6-16)所示。

$$
\left.\begin{aligned}
x_{终(算)} &= x_{终(理论)} \\
y_{终(算)} &= y_{终(理论)}
\end{aligned}\right\} \tag{6-16}
$$

码 6-4 附合导线计算算例

(二)附合导线算例

根据上述附合导线计算步骤，附合导线算例如图 6-10 所示，计算结果如表 6-4 所示。

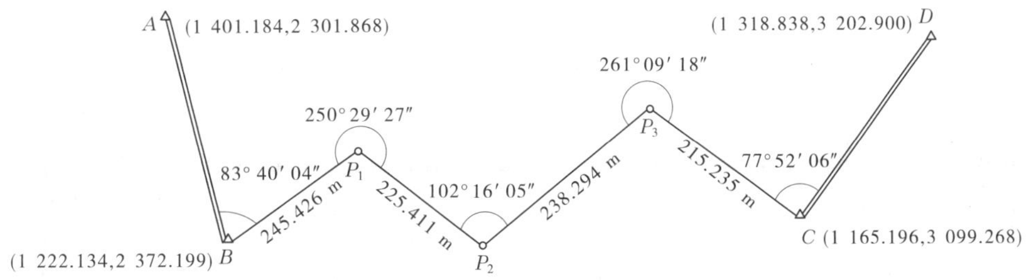

图 6-10 附合导线略图

表 6-4　附合导线坐标计算

点号	观测角 (° ′ ″)	角度改正 (° ′ ″)	坐标方位角 (° ′ ″)	距离 D/m	纵坐标增量值		横坐标增量值		纵坐标值 x/m	横坐标值 y/m
					Δx/m	v_x/mm	Δy/m	v_y/mm		
1	2	3	4	5	6	7	8	9	10	11
A			158 33 18						1 401. 184	2 301. 868
B	-4 83 40 04	83 40 00							1 222. 134	2 372. 199
			62 13 18	245. 426	+114. 381	-0. 001	+217. 142	-0. 001		
P_1	-4 250 29 27	250 29 23							1 336. 514	2 589. 340
			132 42 41	225. 411	-152. 898	-0. 001	+165. 627	-0. 001		
P_2	-4 102 16 05	102 16 01							1 183. 615	2 754. 966
			54 58 42	238. 294	+136. 754	-0. 001	+195. 147	-0. 001		
P_3	-4 261 09 18	261 09 14							1 320. 368	2 950. 112
			136 07 56	215. 235	-155. 172	0. 000	+149. 157	-0. 001		
C	-3 77 52 06	77 52 03							1 165. 196	3 099. 268
			33 59 59							
D									1 318. 838	3 202. 900
总和	775 27 00			924. 366	-56. 935	-0. 003	+727. 073	-0. 004		

辅助计算：

$f_\beta = \sum\beta - (\alpha_{终} - \alpha_{始}) + n\times180° = +19''$　　$f_{\beta限} = \pm\sqrt{n}\,10'' = \pm22''$　　$f_x = \sum\Delta x_{测} - (x_{终} - x_{始}) = +0.003\ \text{m}$

$f_y = \sum\Delta y_{测} - (y_{终} - y_{始}) = +0.004\ \text{m}$　　$f_D = \sqrt{f_x^2 + f_y^2} = 0.005\ \text{m}$　　$K = \dfrac{f_D}{\sum D} = \dfrac{1}{184\ 873}$　　$K_{容} = \dfrac{1}{14\ 000}$

三、闭合导线的计算

码 6-5　闭合导线计算方法

（一）闭合与附合导线计算的差异

闭合导线计算与附合导线计算基本相同，只是角度闭合差、坐标增量闭合差计算不同。

1. 角度闭合差的计算

闭合导线角度闭合差的计算把内角和作为理论值，来计算角度闭合差，如式（6-17）所示。

$$f_\beta = \sum_{i=1}^{n} \beta_{内} - (n-2) \times 180° \tag{6-17}$$

2. 坐标闭合差的计算

由于闭合导线从一个已知点开始推算坐标增量，最后又回到该已知点，坐标增量代数和的理论值为零，因此闭合导线坐标闭合差计算公式如式（6-18）所示。

$$\left.\begin{aligned} f_x &= \sum_{i=1}^{n} \Delta x_i \\ f_y &= \sum_{i=1}^{n} \Delta y_i \end{aligned}\right\} \tag{6-18}$$

（二）闭合导线计算算例

如图 6-11 所示为闭合导线计算略图，A、B 为已知点，P_1、P_2、…、P_5 为待定导线点，计算过程除上述两点不同，其他与附合导线基本相同。需要注意的是，推算方位角时，从 α_{AB} 沿着逆时针推算，再次回到 B 点时，最终附合到 BA 边上，即 α_{BA}。因此，在平差计算表 6-5 中，起始方位角为 $\alpha_{AB}=123°51'25''$，返回 B 点时，α_{BA} 应该等于 $303°51'25''$，两者相差 180°，附合导线与闭合导线网形不同，这也是两者计算中不同的地方。

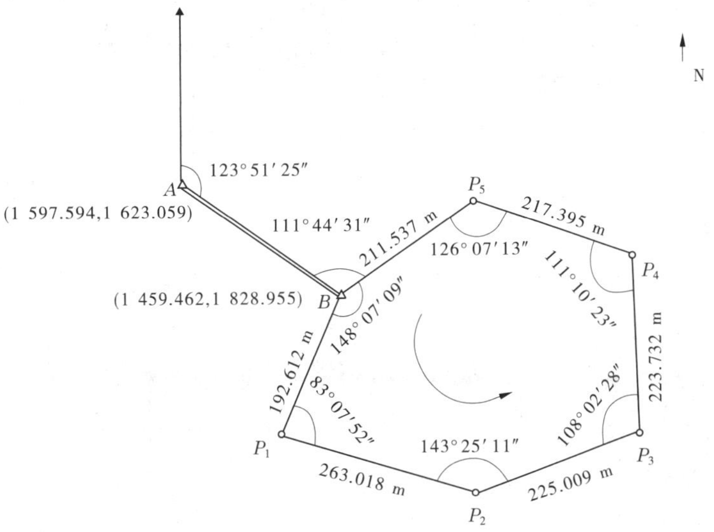

图 6-11　闭合导线略图

码 6-6　闭合导线计算算例

码 6-7　导线计算实操

表 6-5　闭合导线坐标计算

点号	观测角 (° ′ ″)	角度改正 (° ′ ″)	坐标方位角 (° ′ ″)	距离 D/m	纵坐标增量值		横坐标增量值		纵坐标值 x/m	横坐标值 y/m
					Δx/m	v_x/mm	Δy/m	v_y/mm		
1	2	3	4	5	6	7	8	9	10	11
A		连接角 (111 44 31)							1 597.594	1 623.059
			123 51 25							
B	−2 148 07 09	148 07 07							1 459.462	1 828.955
			203 43 03	192.612	−176.344	−0.001	−77.474	+0.007		
P_1	−2 83 07 52	83 07 50							1 283.117	1 751.488
			106 50 53	263.018	−76.232	−0.002	+251.728	+0.010		
P_2	−3 143 25 11	143 25 08							1 206.883	2 003.226
			70 16 01	225.009	+75.972	−0.002	+211.796	+0.009		
P_3	−3 108 02 28	108 02 25							1 282.853	2 215.031
			358 18 26	223.732	+223.634	−0.002	−6.609	+0.009		
P_4	−3 111 10 23	111 10 20							1 506.485	2 208.431
			289 28 46	217.395	+72.494	−0.001	−204.952	+0.008		
P_5	−3 126 07 13	126 07 10							1 578.978	2 003.487
			235 35 56	211.537	−119.515	−0.001	−174.540	+0.008		
B									1 459.462	1 828.955
			303 51 25							
A										
总和	720 00 16			1 333.303	+0.009	−0.009	−0.051	+0.051		

辅助计算：

$f_\beta=\sum\beta-(6-2)\times180=+16''$　　$f_{\beta限}=\pm10''\sqrt{n}=\pm24''$　　$f_x=\sum\Delta x_{测}=+0.009\ \text{m}$

$f_y=\sum\Delta y_{测}=-0.051\ \text{m}$　　$f_D=\sqrt{f_x^2+f_y^2}=0.052\ \text{m}$　　$K=\frac{f_D}{\sum D}=\frac{1}{25\ 640}$　　$K_{容}=\frac{1}{14\ 000}$

【知识拓展】

使用专业软件进行导线平差

导线计算,除了使用计算器进行近似平差计算,测量工作中主要利用测量软件进行导线严密平差计算。常用软件有南方平差易 2005、COSA、NASEW、ESDPS 等。

码 6-8　附合导线平差(PA2005)

码 6-9　闭合导线平差(PA2005)

码 6-10　附合导线平差(COSA)

码 6-11　闭合导线平差(COSA)

码 6-12　附合导线平差(NASEW)

码 6-13　闭合导线平差(NASEW)

码 6-14　附合导线平差(ESDPS)

码 6-15　闭合导线平差(ESDPS)

任务四　GNSS 静态测量

一、GNSS 定位测量概述

GNSS 是 Global Navigation Satellite System 的缩写,简称全球导航卫星系统,是所有在轨工作的卫星导航定位系统的总称,目前主要的四大全球性卫星导航定位系统,如中国的北斗卫星导航系统(BDS)、美国的全球定位系统(GPS)、俄罗斯的格洛纳斯卫星导航系统(GLONASS)和欧盟的伽利略卫星导航系统(GALILEO);区域性导航定位系统,如日本准天顶服务系统(QZSS)、印度区域导航卫星系统(IRNSS/NavIC);区域性增强系统(辅助全球导航系统),如美国广域增强系统(WAAS)、日本多功能卫星增强系统(MSAS)、欧洲地球同步导航增强服务(EGNOS)、印度 GPS 辅助型静地轨道增强导航系统(GAGAN)等,区域性系统通常服务于特定地理范围,与全球性系统(如北斗、GPS 等)互补,部分兼具独立导航和增强功能。

(一)中国北斗卫星导航系统(BDS)

北斗导航定位系统(BDS)是我国自主建设、独立运行的全球卫星导航系统,自 1994 年启动建设以来,北斗系统经历了三代技术迭代,从覆盖亚太的区域性系统发展为服务全球的综合时空服务体系。2000 年底,北斗一号系统建成,采用有源定位体制,为中国提供服务,让中国成为世界上第三个拥有卫星导航系统的国家。2012 年 12 月,北斗二号系统建成,实现向亚太地区提供无源定位服务。2020 年,北斗三号系统完成星座部署并正式开通全球服务,其星座由 24 颗中圆地球轨道卫星、3 颗地球静止轨道卫星和 3 颗倾斜地球同步轨道卫星巧妙布局而成。北斗系统采用混合星座设计,包含地球静止轨道(GEO)、倾斜地球同步轨道(IGSO)和中圆地球轨道(MEO)三类卫星。这种架构增强了亚太地区的信号覆盖强度,尤其是在复杂地形和城市环境中表现优异。地面段通过全球监测站和主控站实现高精度时空基准维护,用户段支持智能手机、车载终端、农业机械等多类设备。

北斗卫星导航系统时间系统为北斗时(BDT),BDT 自 2006 年 1 月 1 日 0 时起连续计时,以中国科学院国家授时中心(NTSC)的原子钟组为基准,通过地面时间同步网络实现全系统纳秒级同步,与国际原子时(TAI)的偏差控制在 5 ns 以内,与协调世界时(UTC)的偏差通过公开数据实时修正(如 2023 年累计偏差约 14 s)。坐标系统为 CGCS2000,该系统是中国自主建立的地心地固坐标系,与国际地球参考框架(ITRF)在 2000. 0 历元一致,长期精度与 ITRF 吻合度优于 3 cm。

北斗系统功能强大,能为全球用户提供全天候、全天时且高精度的定位、导航和授时服务,面向全球用户提供水平定位精度优于 9 m、垂直定位精度优于 10 m,测速精度优于 0. 2 m/s,授时精度优于 20 ns 的服务。亚太地区定位精度优于 5 m,测速精度优于 0. 1 m/s,授时精度优于 10 ns。

当前北斗系统已深度融入交通运输、农林渔业、气象测报、救灾减灾、公共安全等众多领域。在交通运输中,助力智能交通管理,提升物流运输效率;农林渔业中,实现精准农业、渔业监管。在大众消费领域,基于北斗系统的导航服务被广泛应用于手机、汽车导航等产品,深刻改变着人们的出行与生活方式。2024 年 11 月 28 日,中国卫星导航系统管理办公室发布《北斗卫星导航系统 2035 年前发展规划》,明确在稳固北斗三号系统运行的基础上,将打造技术更先进、功能更强大、服务更优质的下一代北斗系统。届时,从室内到室外、从深海到深空,用户均可享受全覆盖、高可靠的导航定位授时服务,北斗卫星导航系统将更好地服务全球、造福人类。

(二)美国全球定位系统(GPS)

GPS 是 Global Positioning System 的缩写,简称全球定位系统,是由美国国防部研制和维护的全球卫星导航系统,也是全球应用最广泛的卫星导航系统之一。其核心目标是为全球用户提供全天候、高精度的定位、导航和授时(PNT)服务,广泛应用于军事、民用、科研等多个领域,深刻改变了人类对时空信息的获取和利用方式。

GPS 系统由空间卫星、地面监控和用户三大部分组成。

(1)空间卫星部分。由 24 颗卫星(21 颗工作星+3 颗备用星)组成的,均匀分布在 6 个倾角为 55°的中圆地球轨道(MEO)上,轨道高度约 20 200 km,运行周期约 12 h。这种设计确保全球任何地点、任何时刻至少可见 4 颗卫星,满足定位解算需求。卫星通过 L1(1 575. 42 MHz)、L2(1 227. 60 MHz)、L5(1 176. 45 MHz)等频段播发导航信号,包含伪随机码(用于测距)、星历数据(卫星位置与时间)和历书数据(星座概貌)。

(2)地面监控部分。地面监控部分是由分布在世界各地的 5 个地面站组成的,按功能可分为监测站、主控站和注入站三种。监测站内设有双频 GPS 接收机、高精度原子钟、气象参数测试仪和计算机等设备,主要任务是完成对 GPS 卫星信号的连续观测,并将搜集的数据和当地气象观测资料经过处理后传送到主控站。主控站除了协调管理地面监控系统,还负责将监测站的观测资料联合处理,推算卫星的星历、卫星钟差和大气修正参数,并将这些数据编制成导航电文送到注入站;另外,它还可以调整偏离轨道的卫星,使之沿预定轨道运行，调度备用卫星，以替代失效的卫星开展工作。注入站的主要任务是将主控站编制的导航电文、计算出的卫星星历和卫星钟差的改正数等，通过直径为 3.6 m 的天线注入相应的卫星。

(3)用户部分。军用设备：如战斗机、导弹、舰艇搭载的高精度接收机，支持加密信号(如 M 码)，定位精度达厘米级。民用设备：包括 GNSS 接收机、智能手机、车载导航仪、无人机等，通过解码公开信号(如 C/A 码、L2C、L5)实现定位，普通民用精度 5~10 m，结合地基增强或星基增强(如美国 WAAS 系统)可提升至厘米级。

GPS 采用原子钟作为时间基准，每颗卫星搭载铷/铯原子钟，通过星间链路与地面主控站同步，确保时间误差小于 3×10^{-11} s。系统时间以"GPS 时"为独立标尺，与协调世界时(UTC)保持整数秒差，并通过闰秒机制调整。GPS 采用 WGS-84 坐标系，属于全球统一的协议地球坐标系，原点为地球质心，Z 轴指向协议地球极(CTP)，X 轴指向本初子午线与赤道交点，Y 轴垂直构成右手坐标系。WGS-84 坐标系与我国 CGCS2000 差异小于 5 cm。

GPS 不仅是美国的国家战略资产，更是全球共享的基础设施。其从军事专用到军民两用的转型，展现了科技进步对人类社会的深远影响。尽管面临多系统竞争与技术挑战，GPS 仍以成熟的生态和广泛的兼容性，在未来很长一段时间内仍是全球卫星导航的重要支柱。与此同时，全球卫星导航系统的多元化发展(如北斗与 GPS 的兼容互用)，将为用户提供更可靠、更精准的时空服务，推动"全球一张网"的愿景走向现实。

(三)俄罗斯格洛纳斯导航系统(GLONASS)

格洛纳斯(GLONASS，Global Navigation Satellite System)是俄罗斯研发的全球卫星导航系统，其诞生于冷战时期的技术博弈，历经苏联解体后的衰退与俄罗斯的重振，如今已成为支撑俄罗斯国家安全、经济发展和国际竞争力的战略基础设施。GLONASS 计划始于 1976 年，旨在对抗美国 GPS 的军事威胁。苏联于 1982 年发射首颗试验卫星，1993 年正式启动系统建设，1996 年完成首批 24 颗卫星组网(含 3 颗备用星)，成为全球第二个具备全功能的卫星导航系统。冷战背景下，其设计强调抗核打击能力和军用优先，卫星采用高椭圆轨道(后调整为圆轨道)，信号加密强度高于同期 GPS。苏联解体后，俄罗斯因经济衰退导致 GLONASS 维护乏力，卫星在轨数量一度跌破 10 颗，民用服务基本瘫痪。

2000 年起，俄罗斯通过国家专项计划(如 2004 年《格洛纳斯-2012》)重启系统建设，2011 年恢复 24 颗卫星完整星座，2015 年实现全球连续服务，并逐步开放民用信号。2020 年俄罗斯推出格洛纳斯-K 系列卫星，采用更高效的质子号火箭发射，计划部署 30 颗卫星(含 6 颗备用星)，并引入北斗兼容信号(如 L3 频段)，提升全球用户的多模接收能力。截至 2023 年，在轨卫星约 27 颗，系统可靠性达 99.8%。

GLONASS 系统采用了倾斜地球同步轨道(IGSO)，轨道倾角 64.8°，高度约 19 100 km，卫星分布更集中于高纬度地区(覆盖俄罗斯本土及北极区域)，低纬度地区(如赤道附近)可见卫星数量较少(通常 4~6 颗，GPS 为 6~8 颗)。早期 GLONASS 卫星寿命仅 3~5 年，格洛纳斯-K 卫星采用氪离子推进器，使卫星寿命延长至 10~12 年，降低了组网成本。

GLONASS 系统采用双频设计，军用信号使用 L1(1 602 MHz)和 L2(1 246 MHz)频段，民用信号为 L1-C/A 码(公开)和 L2-P 码(加密)。采用频分多址(FDMA)技术，与 GPS 的码分多址(CDMA)不同，GLONASS 通过不同频率区分卫星信号，抗干扰能力较强，但对接收机频率稳定性要求更高，早期民用设备复杂度和成本较高。GLONASS 时间同步基于俄罗斯国家时间标准[UTC(RU)],与 GPS 时的偏差控制在 50 ns 以内。坐标系为 PZ-90 大地坐标系,与 WGS-84 坐标系的转换误差约为 0.5 m,可通过软件修正实现兼容。

GLONASS 不仅是俄罗斯技术主权的象征,更是全球卫星导航多元化的重要力量。其独特的高纬度覆盖能力和抗干扰特性,使其在特定区域和场景中不可替代。尽管面临资金、技术和生态的挑战,俄罗斯通过与中国等国家合作,正努力重塑 GLONASS 的全球竞争力。

(四)欧盟伽利略导航系统(Galileo)

伽利略卫星导航系统(Galileo Satellite Navigation System),是由欧盟研制和建立的全球卫星导航定位系统,该计划于 1999 年 2 月由欧洲委员会公布,欧洲委员会和欧洲空间局共同负责。2002 年欧盟正式批准项目启动,历经技术验证、星座部署和服务优化等阶段。2016 年完成首批卫星组网并提供初始服务,2020 年 7 月正式宣布全球组网完成,标志着欧洲成为继美、俄之后,又一个拥有独立全球卫星导航系统的区域。

Galileo 系统空间部分由 30 颗卫星(24 颗工作星+6 颗备用星)组成,均匀分布在 3 个中地球轨道(MEO)平面上,轨道高度约 23 222 km,轨道倾角 56°。这种设计确保全球任意地点至少可见 9 颗卫星,优于 GPS 的 6 颗,可显著提升定位精度和抗遮挡能力。单颗卫星重约 714 kg,设计寿命 12 年,搭载高精度原子钟(氢钟与铷钟)、双频信号发射器(E1、E5 频段)和星间链路设备,为高精度时间同步提供保障。

Galileo 地面系统以位于德国慕尼黑的伽利略运营中心(GOC)为核心,辅以分布全球的 40 个监测站、9 个上行站和 10 个导航任务中心。监测站实时跟踪卫星信号,收集伪距、载波相位等数据;上行站负责向卫星注入导航电文和控制指令;导航任务中心通过复杂算法完成卫星轨道计算、时间同步和误差修正,确保系统整体性能。

Galileo 系统采用伽利略时(GST),基于地面原子钟组维持,与协调世界时(UTC)的偏差控制在 50 ns 以内。坐标系统为欧洲地心参考框架(ETRF),与国际地球参考框架(ITRF)一致,定义地心为原点,Z 轴指向协议地极,X 轴指向本初子午线与赤道交点,确保全球坐标统一。

Galileo 系统对外定位服务分为五类。公开服务(OS):免费开放,定位精度 4~10 m,支持全球用户基础导航需求;商业服务(CS):需授权使用,精度提升至 1 m 以内,面向测绘、农业、物流等专业领域;安全-of-Life 服务(SoL):符合民航等安全关键领域标准,具备完好性监测能力,精度 2 m 左右;搜救服务(SAR):与国际搜救卫星组织(Cospas-Sarsat)合作,提供遇险信号中继与定位;公共管制服务(PRS):军用加密服务,仅供欧盟成员国政府使用,具备抗干扰和反欺骗能力。

信号设计上采用宽频带调制技术(如 E5 频段的 AltBOC 调制),降低多路径效应的影响,同时通过信号分层(如 E1 频段的 I/Q 通道分离)提升抗干扰性能。

二、GNSS 定位测量原理

(一)GNSS 硬件设备

GNSS 接收机专门用来接收、解码和处理 GNSS 卫星信号。它通过天线捕获卫星发射的无线电信号,经射频前端处理后转化为数字信号,再通过基带处理模块解算卫星轨道参数、信号传播时间等信息。根据用户的不同需求,GNSS 接收机设备各异,从应用角度上可以分为测地型、导航型和授时型。GNSS 静态测量使用测地型接收机,如图 6-12 所示。

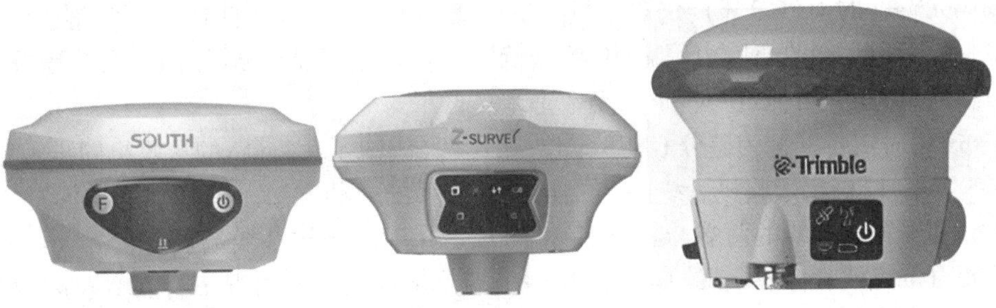

南方锋芒S2　　华测中绘i86　　天宝R780

图 6-12 测地型 GNSS 接收机

接收机根据其功能不同,可有多种分类,随着接收机研制开发技术的不断进步,现在的接收机一般具备多频多星座接收能力,同时具备静态与动态功能,既可以作基准站,也可以作流动站,内置发射电台,内置 eSIM 流量卡,提供 CORS 差分服务。如图 6-12 所示,虽然接收机品牌型号不同,但接收机面板上一般设置有功能键 FN 和电源键,配备卫星指示灯、数据指示灯和电源指示灯,具体功能与含义根据接收机而异。

(二)GNSS 测量原理

1. GNSS 单点定位

GNSS 单点定位,也叫绝对定位,采用一台接收机进行定位的模式,它所测定的是接收机天线相位中心在 WGS-84 世界大地坐标系统中的绝对位置,所以单点定位的结果也属于该坐标系统。其基本原理是以 GNSS 卫星和用户接收机天线之间的距离(或距离差)观测量为基础,根据已知可见卫星的瞬时坐标,来确定用户接收机天线相位中心的位置。

GNSS 单点定位的实质,即是空间距离后方交会。GNSS 通过伪距测量,得到卫星到接收机间的伪距,根据卫星和接收机坐标可反算出两者之间的距离,由此得到观测方程,如式(6-19)所示。

$$[(x_i - X)^2 + (y_i - Y)^2 + (z_i - Z)^2]^{\frac{1}{2}} - Cv_{t_b} = \tilde{\rho}_i + (\delta\rho_i)_{\mathrm{ion}} + (\delta\rho_i)_{\mathrm{trop}} - cv_{t_{a_i}} \tag{6-19}$$

式中:x_i、y_i、z_i 为某时刻卫星坐标;X、Y、Z 为待求地面接收机坐标;v_{t_a}、v_{t_b}、$\tilde{\rho}_i$、$(\delta\rho_i)_{\mathrm{ion}}$、$(\delta\rho_i)_{\mathrm{trop}}$、$C$ 分别为卫星钟差、接收机钟差、伪距(卫星与接收机之间含有误差的距离)、电离层的影响、对流层的影响、光的传播速度。

卫星的瞬时坐标(x_i, y_i, z_i)可由导航电文中的卫星星历计算得出;电离层、对流层的影响$(\delta\rho_i)_{\mathrm{ion}}$、$(\delta\rho_i)_{\mathrm{trop}}$ 由导航电文中的大气折射改正给出;$\tilde{\rho}_i$ 由码伪距测量得到;卫星钟差 v_{t_a} 由导航电文中的时钟改正得到,接收机钟差 v_{t_b} 很难精确得到,因此把 x_i、y_i、z_i、v_{t_b} 作为未知数求解,4 个未知数,需要接收 4 颗卫星数据,即可解算。

单点伪距定位,速度快、无多值性测距,增加观测时间可以提高定位精度。但测量定位精度低,只能满足部分用户的需要。

2. GNSS 相对定位

伪距测量的核心误差来源于码相位测量精度。伪随机码的码元宽度决定了测距分辨率:以 GPS 的 C/A 码为例,码率为 1.023 Mcps,码元宽度约 300 m(光速/码率),即使测量精度达到码元宽度的 1%(3 m),仍难以满足高精度需求。在实际应用中,受多路径效应、电离层/对流层延迟、接收机噪声等影响,单点伪距定位精度通常为 5~10 m,动态场景(如车辆高速移动)中误差可能进一步扩大至数十米。

GNSS 相对定位又称为差分 GNSS 定位,采用两台以上(含两台)的接收机同步观测相同的 GNSS 卫星,以确定接收机天线间的相互位置关系的一种方法。最基本的情形是用两台接收机分别安置在基线的两端,同步观测相同 GNSS 卫星,确定基线端点在世界大地坐标系统中的相对位置或坐标差(基线向量),在一个端点坐标已知的情况下,用基线向量推求另一待定点的坐标。相对定位可以推广到多台接收机安置在若干条基线的端点,通过同步观测 GNSS 卫星确定多条基线向量。

由于同步观测值之间存在着多种误差,其影响是相同的或大体相同的,这些误差在相对定位过程中可以得到消除或减弱,从而使相对定位获得极高的精度。在相对定位中,包括静态定位和动态定位两种方式。静态相对定位一般采用载波相位观测值为基本观测量。这种定位方法是当前 GNSS 测量定位中精度最高的一种方法,在大地测量、精密工程测量、地球动力学研究和精密导航等精度要求较高的测量工作中被普遍采用。

其基本原理为通过测定卫星与接收机之间载波信号的相位差,间接测定信号传播时间,相比码相位测量,精度可从米级达到毫米级。坐标求解原理与单点定位相似,此处不再赘述。

三、GNSS 静态测量实施

GNSS 静态测量即相对定位,通过设置 3 台及以上接收机,进行同步观测,然后进行基线解算、网平差,最终得到高精度待定点坐标。

(一)基本概念

在实施静态测量之前,先了解一些基本概念,有助于进行静态控制网的设计和静态作业的实施。

1. 观测时段

观测时段是测站从开始接收卫星信号到观测停止连续工作的时间段,简称时段。

2. 同步观测

同步观测是两台或两台以上接收机同时对同一组卫星进行的观测(相对定位)。

3. 基线向量

基线向量是指利用由两台或两台以上的接收机所采集的同步观测数据形成的差分观测值,通过参数估计的方法所计算出的两两接收机间的三维坐标差。与常规地面测量所测定的边长不同,基线向量是既有长度性又有方向性的矢量,而边长则是仅具有长度特性的标量。基线向量可采用空间直角坐标差、大地坐标差等形式来表示,在区域控制测量中常以其空间直角坐标差的形式来显示。

4. 同步网

同步网是由多台接收机同步观测获得的基线向量所构成的基线网。进行同步观测的接收机数量不同,同步网的形状也不同。当同步观测接收机数量 N 分别为 2、3、4、5 时所构成的同步网各不相同,如图 6-13 所示。

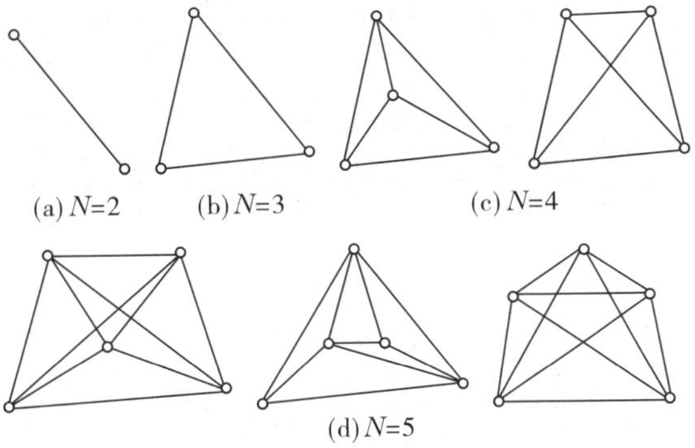

图 6-13　GNSS 同步网

5. 异步网

异步网是由多个同步网以点连、边连或混连方式相互连接的 GNSS 控制网。异步网的布网形式有跟踪站式、会战式、多基准站式、同步图形扩展式、单基准站式等。常用的布网形式是同步图形扩展式。如图 6-14 所示，3 台接收机同步观测，通过同步图形扩展式，分别以点连、边连或混连等方式所构成的异步网各不相同。

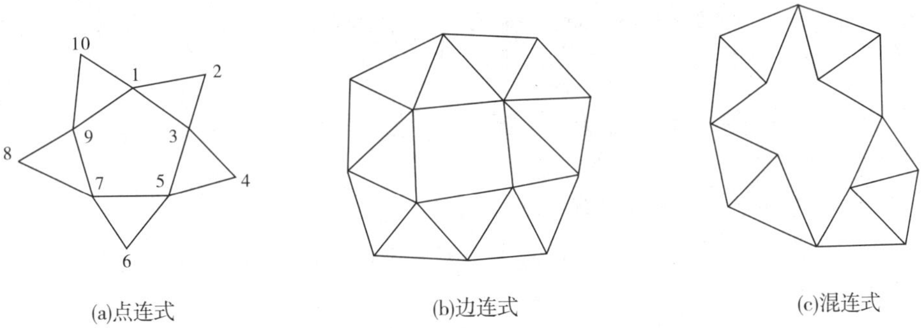

图 6-14　GNSS 异步网

点连式异步网工作量最小，但无重复基线检核；边连式异步网工作量最大，检核条件也最多；混连式异步网比较灵活，工作量与检核条件比较适中。在选择测设方案时，应从所具备的接收机数量和精度、工作量大小、卫星运行状态、测区条件等方面进行权衡。

(二)静态技术设计

1. GNSS 选点原则

在选择 GNSS 点布网时，除遵循表 6-6 技术要求外，还需满足以下要求：

(1)点位应选设在易于安置接收设备和便于操作的地方，视野应开阔。被测卫星的地平高度角一般应大于 10°~15°，以减弱对流层的折射影响。

(2)点位应远离大功率无线电发射源(如电视台、微波站等，其距离不得小于 200 m；并应远离高压输电线，其距离不得小于 50 m)，以避免周围磁场对 GNSS 卫星信号的干扰。

(3)点位附近不应有强烈干扰接收卫星信号的物体，并尽量避免大面积水域，以减弱多路径误差的影响。

表 6-6　GNSS 静态测量技术要求

项目	级别			
	B	*C*	*D*	*E*
卫星截止高度角	10°	15°	15°	15°
同时观测有效卫星数	≥4	≥4	≥4	≥4
有效观测卫星总数	≥20	≥6	≥4	≥4
观测时段数	≥3	≥2	≥1.6	≥1.6
时段长度	≥23 h	≥4 h	≥60 min	≥40 min
采样间隔	30 s	10~30 s	5~15 s	5~15 s

注:1. 计算有效观测卫星总数时,应将各时段的有效观测卫星数扣除其间的重复卫星数。
2. 观测时段长度,应为开始记录数据到结束记录的时间段。
3. 观测时段数≥1.6,指采用网观测模式时,每站至少观测一时段,其中二次设站点数应不少于 GNSS 网总点数的 60%。
4. 采用基于卫星定位连续运行基准点观测模式时,可连续观测,但观测时间应不低于表中规定的各时段观测时间和。

(4)点位应选在交通方便的地方,有利于用其他测量手段联测或扩展。
(5)地面基础稳定,利于点位保存。
(6)应充分利用符合要求的旧有控制点。
(7)控制网里应包含两个或以上具有本地测量坐标的已知点,以便后期约束平差用。

2. 作业调度表编写

作业调度表是 GNSS 静态测量外业实施的依据,每个同步环观测的调度都以此为准。根据表 6-6 要求,结合控制网等级、仪器配备量、星历预报和网形来编写作业调度方案。

如图 6-15 所示为边连式控制网,3 台接收机,按 E 级网进行同步观测。调度表编写如表 6-7 所示。

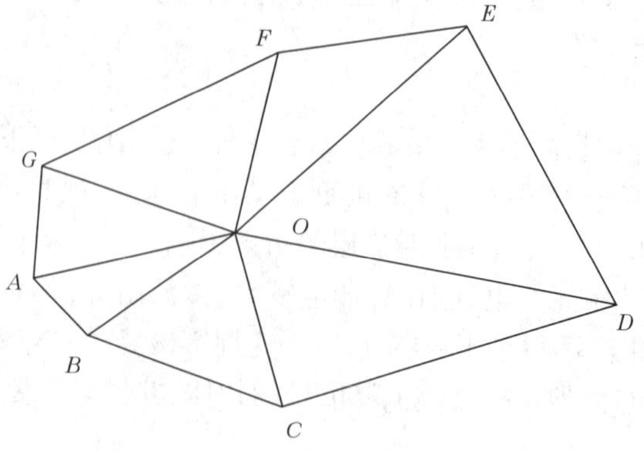

图 6-15　GNSS 控制网

表 6-7　作业调度表

时段编号	观测时间	测站号/名		
		机号	机号	机号
0	08:30—09:10	O/1	A/2	B/3
		2 720	2 714	6 634
1	09:25—10:05	O/1	C/2	B/3
		2 720	2 714	6 634
2	10:20—11:00	O/1	C/2	D/3
		2 720	2 714	6 634
3	11:15—11:55	O/1	E/2	D/3
		2 720	2 714	6 634
4	12:10—12:50	O/1	E/2	F/3
		2 720	2 714	6 634
5	13:05—13:45	O/1	G/2	F/3
		2 720	2 714	6 634
6	14:00—14:40	O/1	G/2	A/3
		2 720	2 714	6 634

【小贴士】

一般接收机配套软件都有星历预报功能，用于星历预报的历书文件可在武汉大学 IGS 中心官网下载，也可以登录 International GNSS Service 官网下载，然后使用星历预报软件进行星历预报，辅助编写作业调度表。

(三) GNSS 静态外业观测

在编写好作业调度表后，各作业小组按照调度表要求进行观测。根据表 6-6 技术要求，每个时段每站观测前，首先完成对中整平，然后如图 6-16 所示，从脚架三个方向测量仪器高至天线位置，填写外业记录表，如图 6-17 所示。

图 6-16　天线高的量取

观测者：张 ×　　日期 2025年4月28日

测站名：*B*　　测站号：3　　时段号：0

本测站为：已知点 ☐　　待定点 ☑

记录时间：北京时间 ☑　　UTC ☐　　区时 ☐

开机时间：08：30　　结束时间：09：10

接收机号：华测 i93-6634　　天线号：华测 i93-6634

天线高：(m)

1. 1.588　　2. 1.588　　3. 1.587　　平均值：1.588

备注：
天线高测量为斜高；
记录数据格式为HCN

图 6-17　GNSS 静态测量记录表

GNSS 静态外业观测,需注意如下问题:

(1)观测组必须严格遵守调度命令,按规定时间同步观测同一组卫星。当未按计划到达点位时,应及时通知其他各组,并经观测计划编制者同意对时段作必要调整,观测组不得擅自更改观测计划。

(2)一个时段观测过程中严禁进行以下操作:关闭接收机、重新启动;进行自测试(发现故障除外);改变接收设备预置参数;改变天线位置;按关闭和删除文件功能等。

(3)观测期间作业员不得擅自离开测站,并应防止仪器受震动和被移动,要防止人员或其他物体靠近、碰动天线或阻挡信号。

(4)在作业过程中,不应在天线附近使用无线电通信。当必须使用时,无线电通信工具应距天线 10 m 以上。雷雨过境时应关机停测,并卸下天线以防雷击。

(5)测量完成后关机,可按住电源键直接关机,也可再次按住切换键不放直到接收数据灯不闪,结束静态模式。

(6)每个时段结束后,同步环里每台接收机按时关机,待迁站接收机在规定时间内完成迁站后,再同时开机,进行新的时段同步观测。

四、GNSS 数据处理

静态观测数据的处理包含以下步骤。

(一)数据传输

连接数据线至接收机,打开接收机,电脑中以 U 盘方式显示接收机存储位置,找到对应文件夹,拷贝静态数据至电脑。

(二)修改观测文件

使用接收机对应的软件,这里以华测 i93 接收机为例,配套软件为 CGO,从华测官网下载最新版软件,安装后打开软件,在"工具"菜单中找到"HCN"查看器,打开对应静态 HCN 文件,进行点名、天线高、天线类型等项目的修改,如图 6-18 所示。

图 6-18 修改静态观测文件

(三)数据预处理

打开 CGO 软件,新建工程,导入修改后的 HCN 观测文件,进行数据检查及天线高的计算与修改。

(四)平差计算

平差计算包含基线处理、自由平差、约束平差(根据静态控制网里的已知坐标计算转换参数,平差计算得待定 GNSS 点的本地坐标)。

使用软件进行数据处理过程,扫二维码学习。

【小贴士】

GNSS 静态数据处理包含数据预处理、基线解算、自由平差和约束平差。自由平差是在 WGS-84 坐标系统下进行平差计算,约束平差则是把 WGS-84 坐标转换为本地测量坐标系坐标,进行平差计算,最终得到本地测量坐标成果。衡量 GNSS 控制测量成果主要看最弱点点位中误差与最弱边相对中误差的大小。

码 6-16　CGO 静态数据处理

任务五　GNSS RTK 控制测量

一、GNSS RTK 概述

(一)GNSS RTK 测量原理

RTK(Real-Time-Kinematic)技术是 GNSS 实时载波相位差分的简称。这是一种将 GNSS 与数传技术相结合,实时处理两个测站载波相位观测量的差分方法,经实时解算进行数据处理,实时得到高精度位置信息的技术。载波相位差分法分为两类:一类是修正法,另一类是差分法。所谓修正法,即将基准站的载波相位修正值发送给用户,改正用户接收到的载波相位,再求解坐标。所谓差分法,即将基准站采集的载波相位发送给用户,进行求差解算坐标。因此,修正法属准 RTK,差分法为真正的 RTK。

GNSS RTK 分为单基站 RTK 和网络 RTK 两种模式。单基站 RTK 如图 6-19(a)所示,设置一个基准站,配置若干台流动站,基准站以电台为数据链,实时向流动站发送差分信息。单基站 RTK 设置灵活,没有额外差分服务费用,适用于局部地区或应急场景。如图 6-19(b)所示,网络 RTK 指在一定区域内建立多个参考站,对该地区构成网状覆盖,并进行连续跟踪观测,通过这些站点组成卫星定位观测值的网络解算,获取覆盖该地区和该时间段的 RTK 改正参数,用于该区域内 RTK 测量用户进行实时 RTK 改正的定位方式。代表技术有虚拟参考站技术(virtual reference station,VRS)、区域改正数技术(flat plane correction parameter,FKP)、主辅站技术(master auxiliary concept,MAC)和综合误差内插技术(combined bias interpolation,CBI)等。网络 RTK 无须架设基准站,在网络区域内不存在作业半径问题,但需要服务授权,额外支出差分服务使用费用。

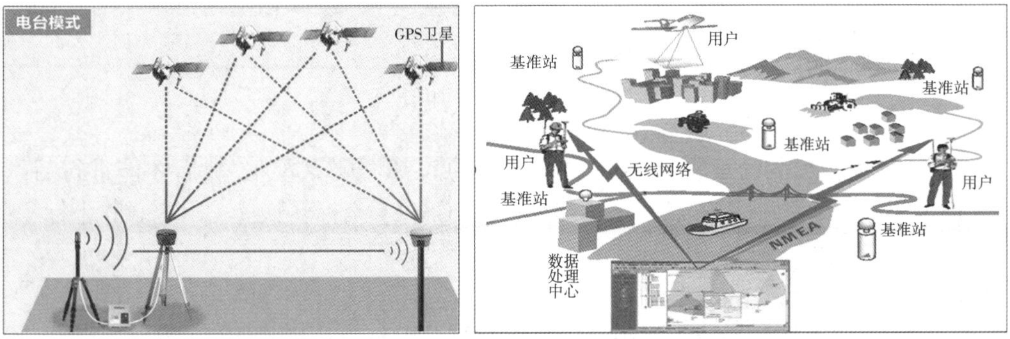

(a)单基站RTK　　(b)网络RTK

图 6-19　GNSS RTK 作业模式

(二)GNSS RTK 控制测量设计

GNSS RTK 控制测量主要适用于地形图测绘及摄影基础控制,使用网络 RTK 模式施测,对 GNSS 卫星状态要求如表 6-8 所示。平面精度等级分为一级、二级、三级,高程按等外水准精度,如表 6-9、表 6-10 所示。

码 6-17　GNSS RTK 点校正

表 6-8　GNSS 卫星状态的基本要求

观测窗口状态	截止高度角 15°以上的卫星个数	PDOP 值
良好	≥6	< 4
可用	5	≥4 且≤6
不可用	< 5	> 6

表 6-9　网络 RTK 平面测量技术要求

等级	相邻点间距离/m	点位中误差/cm	边长相对中误差	测回数
一级	≥500	≤±5	≤1/20 000	≥4
二级	≥300	≤±5	≤1/10 000	≥3
三级	≥200	≤±5	≤1/6 000	≥2

注:困难地区相邻点间距离可缩短至表中数值的 2/3。

表 6-10　网络 RTK 高程测量技术要求

中误差/cm	测回数
3	≥3

GNSS RTK 控制点的选择与 GNSS 静态控制点相似,不再赘述。由于网络 GNSS RTK 直接测得的坐标系为 WGS-84,需要转换为指定平面坐标系坐标,有两种方式:一是已有坐标系统转换关系时,可以直接利用已知的参数;二是在没有已知转换关系时,需要求解。WGS-84 与地方坐标系转换关系的求解,应采用不少于 3 个高等级控制点作为参考控制点,所选控制点应分布均匀,且能控制整个区域,坐标转换精度应不超过±2 cm。转换时应根据区域范围及具体情况,对参考控制点进行可靠性检验,采用合理的数学模型。

二、GNSS RTK 控制测量实施

(一)GNSS RTK 坐标转换

使用 GNSS RTK 无论是测量控制点还是地形点,都需要点校正,然后才能进行后续测量,下面以华测 i93 为例,讲解点校正过程,即由 WGS-84 坐标转换为 CGCS2000 坐标,其他坐标转换与此类似。

1. 新建工程

通过"测量→点测量→控制点测量→测量参数设置→外业测量点",测量参与校正点的 WGS-84 坐标,A60、B60、C60(在原有点名基础上加个 0,以示与原点的区分)。包含工程命名、坐标系统、中央子午线经度的设置,如图 6-20 所示。

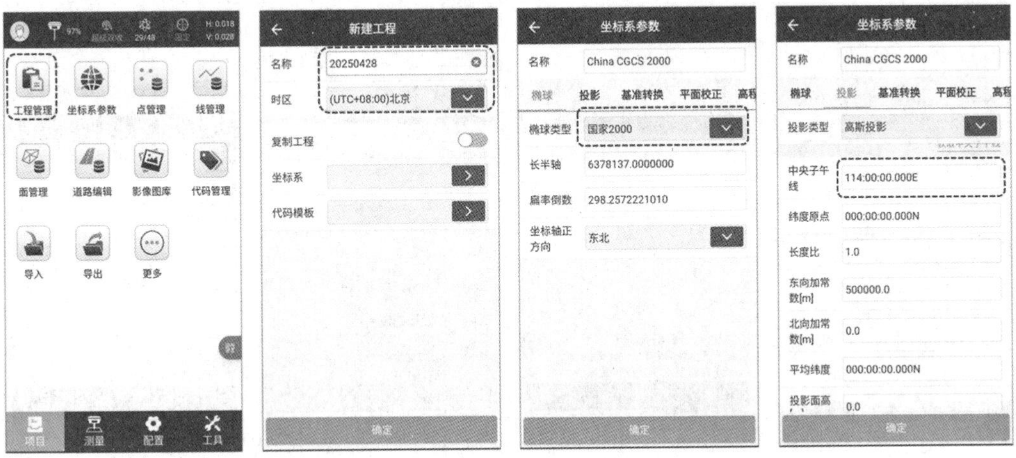

图 6-20　新建工程

2. 输入校正点本地坐标，测量校正点 WGS-84 坐标

如图 6-21 所示，通过“项目→点管理→添加”，输入参与校正点 A6、B6、C6 本地坐标。

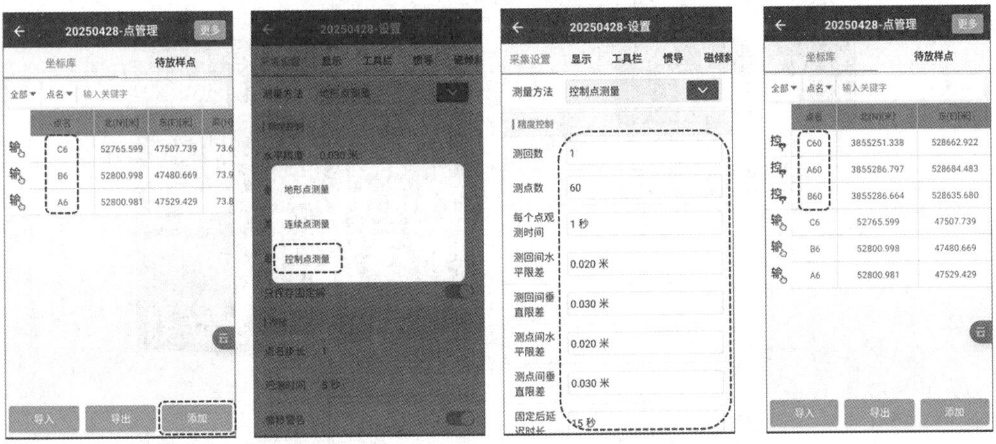

图 6-21　输入本地坐标，测量其对应 WGS-84 坐标

3. 点校正

如图 6-22 所示，通过“测量→点校正→添加控制点对→库选测量点和已知点“，计算转换参数，水平残差在 2 cm 以内即可。校正参数计算完毕，点击“应用”，即完成转换参数的应用，后续控制点测量可直接得到本地坐标。

(二) GNSS RTK 控制测量

完成坐标参数转换后，即可开始进行外业测量，如图 6-23 所示。在每次作业开始前，应进行至少一个同等级或高等级已知点的检核，平面点位较差应不超过 7 cm；网络 RTK 平面坐标转换残差应不超过 2 cm；网络 RTK 观测前设置的平面收敛阈值应不超过 2 cm；网络 RTK 观测时应采用三角架对中、整平，每测回观测历元数应不少于 20 个，采样间隔不少于 2 s，各测回的平面坐标较差应不超过 4 cm；应取各测回的平面坐标平均值作为最终结果。网络 RTK 观测前设置的高程收敛阈值应不超过 3 cm；网络 RTK 高程控制点测量流动站观

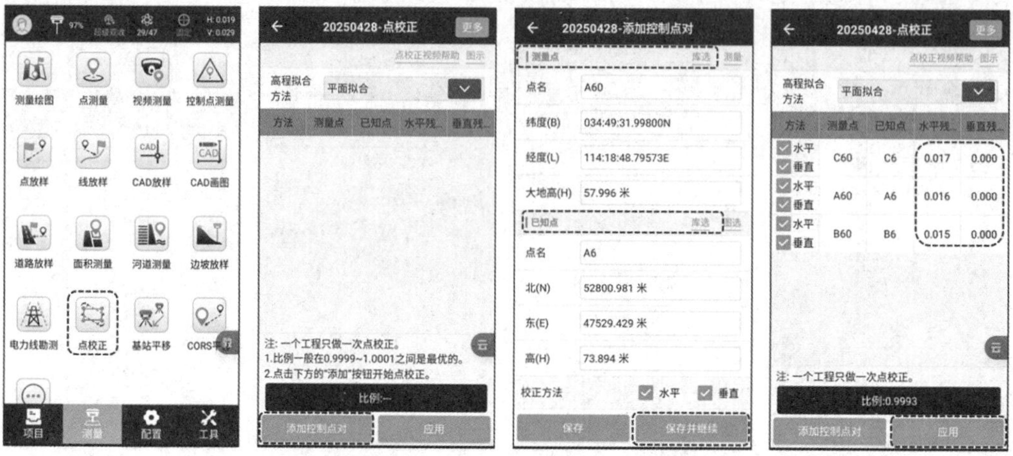

图 6-22　进行点校正计算,应用于坐标系统

测时应采用三角架对中、整平,宜进行已知点大地高的检核,大地高较差应不大于 5 cm,每测回观测历元数应不少于 20 个,采样间隔不少于 2 s,各测回的大地高较差应不大于 4 cm。应取各测回的大地高平均值作为最终结果。

图 6-23　GNSS RTK 控制测量

任务六　交会测量

布设图根平面控制点,当图根导线点的密度不够时,就必须对控制点进行加密,可采用交会测量的方法。有时测量不易抵达区域点,可用交会测量实现。

交会测量是用经纬仪或全站仪测角、测距,然后利用角度或距离交会,根据已知点坐标,经计算而求得待定点的坐标的测量技术和方法。但与导线测量相比,交会法精度较低,通常在图根控制测量中使用。

交会测量分为方向交会测量、测边交会测量和边角后方交会测量三类。交会测量图形结构简单,外业工作量少,是加密控制测量常用的方法。其中,方向交会测量分为前方交会、侧方交会和后方交会。在方向交会中,交会角的大小对未知点位的精度有一定影响,在布设交会图形时,应特别注意选点位置。

一、前方交会

(一)前方交会的原理

如图 6-24 所示,已知点 A、B 的坐标分别为 (x_A, y_A) 和 (x_B, y_B)。在 A、B 两点设站,测出水平角 α 和 β,计算待定点 P 坐标。

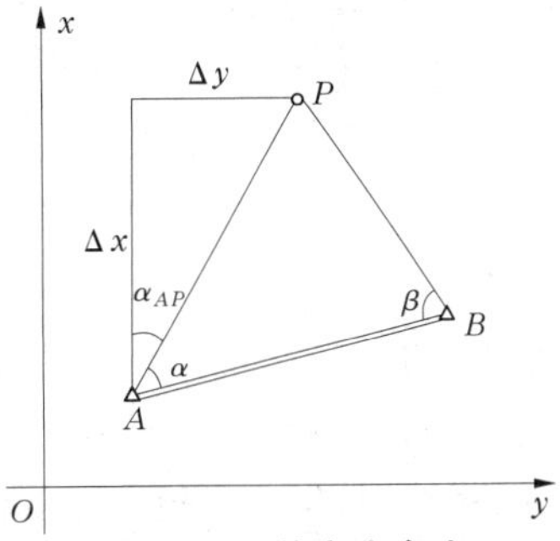

图 6-24　前方交会法

计算过程如下。

1. 已知点坐标反算

根据两个已知点的坐标,计算 A、B 两点间的边长 S_{AB} 及坐标方位角 α_{AB},按坐标反算公式,即

$$\left.\begin{aligned} S_{AB} &= \sqrt{(x_B - x_A)^2 + (y_B - y_A)^2} \\ \alpha_{AB} &= \arctan\frac{y_B - y_A}{x_B - x_A} \end{aligned}\right\} \tag{6-20}$$

2. 待定边边长和坐标方位角计算

按正弦定律计算已知点至待定点的边长 S_{AP}、S_{BP} 为

$$\left.\begin{aligned} S_{AP} &= S_{AB}\frac{\sin\beta}{\sin\gamma} = S_{AB}\frac{\sin\beta}{\sin(\alpha+\beta)} \\ S_{BP} &= S_{AB}\frac{\sin\alpha}{\sin\gamma} = S_{AB}\frac{\sin\alpha}{\sin(\alpha+\beta)} \end{aligned}\right\} \tag{6-21}$$

由图 6-24 所示,待定边的坐标方位角计算如下:

$$\left.\begin{aligned} \alpha_{AP} &= \alpha_{AB} - \alpha \\ \alpha_{BP} &= \alpha_{BA} + \beta = \alpha_{AB} + \beta \pm 180° \end{aligned}\right\} \tag{6-22}$$

3. 待定点坐标计算

根据已算得待定点的边长和坐标方位角,按坐标正算法,分别从已知点 A、B 计算至待定点 P 的坐标增量为

$$\left.\begin{aligned} \Delta x_{AP} &= S_{AP}\cos\alpha_{AP} \\ \Delta y_{AP} &= S_{AP}\sin\alpha_{AP} \end{aligned}\right\} \tag{6-23}$$

$$\left.\begin{aligned} \Delta x_{BP} &= S_{BP}\cos\alpha_{BP} \\ \Delta y_{BP} &= S_{BP}\sin\alpha_{BP} \end{aligned}\right\} \tag{6-24}$$

由已知 A、B 点坐标及式(6-23)、式(6-24)计算待定点 P 的坐标,两次算得的 P 点坐标可作为检核:

$$\left.\begin{aligned} x_P &= x_A + \Delta x_{AP} \\ y_P &= y_A + \Delta y_{AP} \end{aligned}\right\} \tag{6-25}$$

$$\left.\begin{aligned} x_P &= x_B + \Delta x_{BP} \\ y_P &= y_B + \Delta y_{BP} \end{aligned}\right\} \tag{6-26}$$

前方交会计算待定点坐标方法较多,其中比较常用的是余切公式,这里不加推导,直接给出公式,有兴趣的同学可自行推算。

整理简化得前方交会直接计算待定点坐标的公式(余切公式)。

$$\left.\begin{aligned} x_P &= \frac{x_A\cot\beta + x_B\cot\alpha - y_A + y_B}{\cot\alpha + \cot\beta} \\ y_P &= \frac{y_A\cot\beta + y_A\cot\alpha + x_A - x_B}{\cot\alpha + \cot\beta} \end{aligned}\right\} \tag{6-27}$$

【小贴士】

(1)式(6-27)中,前方交会已知点、待定点及观测角的编号规则是依 P、A、B 按逆时针方向编号的,A、B 是已知点,P 点是待定点。A 点和 B 点所测得的水平角是 α 和 β。

(2)为检核计算及外业观测数据是否有误,可通过增加多余观测的方法进行,不但能检核观测数据有无错误,同时可以提高 P 点的精度。

(二)双点前方交会

在实际工作中,为了保证定点的精度,避免测角错误的发生,测量规范要求一般从3个已知点 A、B、C 分别向 P 点观测水平角 α_1、β_1、α_2、β_2,作为两组观测数据,如图6-25所示。

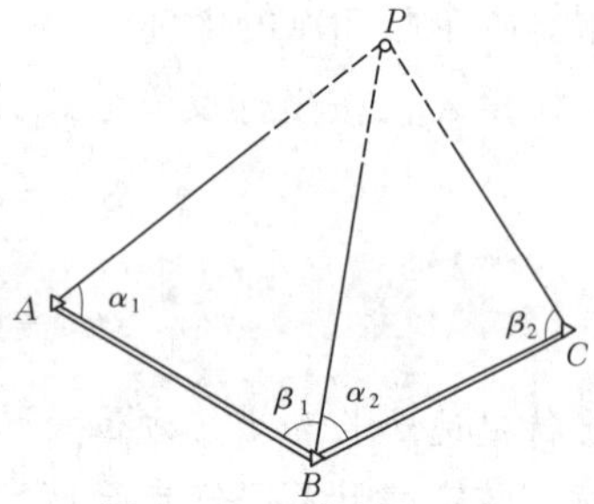

图6-25　双点前方交会

在△ABP 中,可以求得 P 点的坐标(x'_P, y'_P);在△BCP 中,同样可以求出 P 点的坐标(x''_P, y''_P)。当这两组坐标的较差在允许限差内时,可取它们的平均值作为最后结果。

限差:

$$\Delta_S = \sqrt{(\Delta x)^2 + (\Delta y)^2} \leqslant 2 \times 0.1M(\text{mm}) \tag{6-28}$$

式中:$\Delta x = x'_P - x''_P$;$\Delta y = y'_P - y''_P$;M 为测图比例尺分母。

另外,前方交会可根据测区实际情况也有其他布设形式,如图6-26所示。

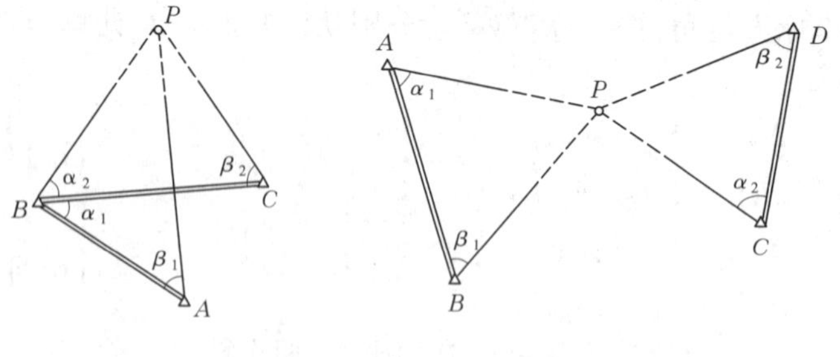

图6-26　前方交会的其他形式

码6-18　前方交会(PA2005)

(三)前方交会算例

前方交会算例如表6-11所示。

表 6-11　前方交会算例

点号		x/m	y/m	角度(°　′　″)	
A	野狼坡	5 522.010	1 523.290	α_1	59　20　59
B	凤岭	5 189.350	1 116.900	β_1	54　09　52
P	尖岗	5 062.973	1 595.144		
B	凤岭	5 189.350	1 116.900	α_2	62　10　15
C	刘寺	4 671.790	1 236.060	β_2	55　21　10
P	尖岗	5 062.968	1 595.095		
	中数	5 059.970	1 595.120		
计算与检核	$f_{容}=\pm0.2\times1\ 000=\pm200$(mm) 测图比例尺 1∶1 000　$f_s=\pm\sqrt{f_x^2+f_y^2}=\pm\sqrt{5^2+49^2}=\pm49$(mm)				
示意图	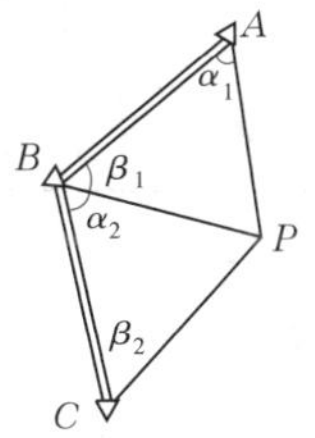				

二、侧方交会

(一)侧方交会原理

侧方交会是在一个已知点 A(或 B)上和待定点 P 上设站,分别观测 α(或 β)和 γ 角,如图 6-27 所示,根据三角形 3 个内角和等于 180°的性质,计算出另一个已知点上的内角 β(或 α),再由已知点 A、B 的坐标和 α、β,应用前方交会余切公式计算出 P 点的坐标即可。

为了检查观测角和已知点 A、B 的坐标是否有误,通常在待定点 P 测角时除观测已知点 A、B 外,还应观测另一个已知点 C,测角 $\varepsilon_{测}$,如图 6-28 所示。根据已知点 A、B 求得 P 点坐标后,即可计算角 $\varepsilon_{算}=\alpha_{PB}-\alpha_{PC}$,与观测值 $\varepsilon_{测}$ 进行比较作为检核条件。

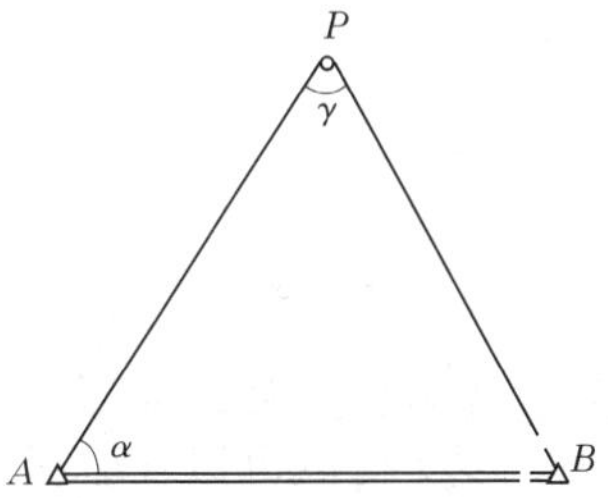

图 6-27　侧方交会

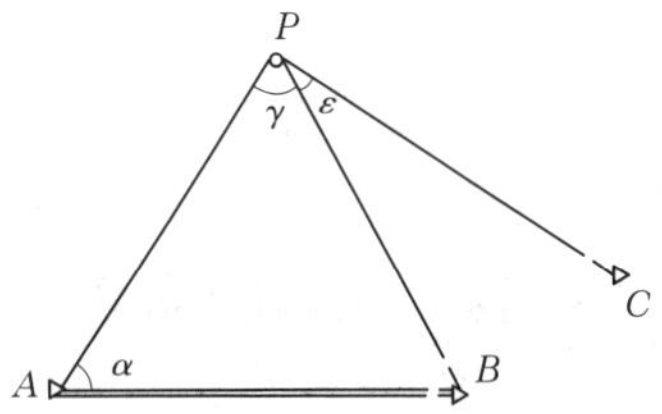

图 6-28　侧方交会的检核

$$\alpha_{PB}=\arctan\frac{\Delta y_{PB}}{\Delta x_{PB}} \tag{6-29}$$

$$\alpha_{PC} = \arctan \frac{\Delta y_{PC}}{\Delta x_{PC}} \tag{6-30}$$

这里方位角的计算还要根据 Δx 与 Δy 的正负,综合判断,得出方位角

$$\varepsilon_{算} = \alpha_{PB} - \alpha_{PC} \tag{6-31}$$

检查角 $\varepsilon_{测}$ 与 $\varepsilon_{算}$ 较差为

$$\Delta\varepsilon = \varepsilon_{算} - \varepsilon_{测} \tag{6-32}$$

误差允许值为

当按 1:500~1:2 000 测图时:

$$|\Delta\varepsilon| \leqslant 0.20M \times 10^{-3}\rho''/D_{PC}$$

当按 1:5 000 和 1:10 000 测图时:

$$|\Delta\varepsilon| \leqslant 0.15M \times 10^{-3}\rho''/D_{PC}$$

M 为测图比例尺分母。

码 6-19　侧方交会(PA2005)

(二)侧方交会算例

侧方交会算例如表 6-12 所示。

表 6-12　侧方交会算例

<table>
<tr><td colspan="2">示意图</td><td colspan="3">起算数据</td></tr>
<tr><td colspan="2" rowspan="4">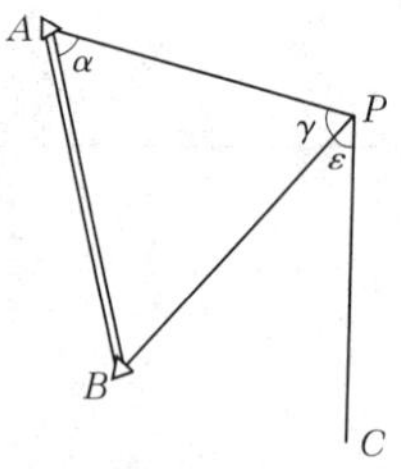</td><td>点号</td><td>x/m</td><td>y/m</td></tr>
<tr><td>A</td><td>35 189.35</td><td>41 116.90</td></tr>
<tr><td>B</td><td>34 671.79</td><td>41 236.06</td></tr>
<tr><td>C</td><td>34 570.74</td><td>41 585.88</td></tr>
<tr><td colspan="2">观测角值</td><td>未知点 P 的坐标</td><td colspan="2" rowspan="4">$\varepsilon_{算}=41°40'26''$
$\varepsilon_{测}=41°40'55''$
$\Delta\varepsilon=-29''$,$\Delta\varepsilon_{容}=\pm1'24''$
$S_{PC}=489.37$ m
测图比例尺分母 $M=1\ 000$</td></tr>
<tr><td>α</td><td>61°54′30″</td><td>x=35 060.02</td></tr>
<tr><td>ε</td><td>41°40′55″</td><td>y=41 595.35</td></tr>
<tr><td>γ</td><td>62°20′36″</td><td></td></tr>
</table>

三、后方交会

(一)后方交会的原理

在某一个待定点 P 上设站,观测三个已知点 A、B、C,得观测角 α、β 和 γ,根据三个已知点 A、B、C 的坐标和观测角 α、β 和 γ,计算待定点 P 的坐标方法,如图 6-29 所示。已知点 A、B、C 按逆时针排列,待定点 P 可以在已知点所组成的 $\triangle ABC$ 之内,也可以在其外。但是,当 A、B、C、P 处于四点共圆的位置时,用后方交会这种方法就无法确定 P 点的位置,四点共圆称为危险圆。

后方交会计算待定点 P 的坐标的公式很多,现主要介绍适合计算器计算的重心公式(也称仿权公式)。未知点 P 的坐标计算公式如下:

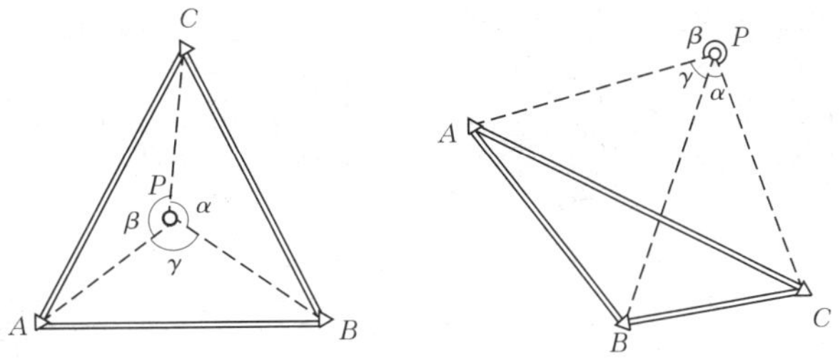

图 6-29 后方交会

$$\left.\begin{aligned} x_P &= \frac{P_A x_A + P_B x_B + P_C x_C}{P_A + P_B + P_C} \\ y_P &= \frac{P_A y_A + P_B y_B + P_C y_C}{P_A + P_B + P_C} \end{aligned}\right\} \tag{6-33}$$

式(6-33)中：

$$P_A = \frac{1}{\cot\angle A - \cot\alpha}$$

$$P_B = \frac{1}{\cot\angle B - \cot\beta}$$

$$P_C = \frac{1}{\cot\angle C - \cot\gamma}$$

$\angle A$、$\angle B$、$\angle C$ 为三个已知点 A、B、C 构成的三角形的内角。α、β 和 γ 为未知点 P 上的三个角，不论 P 点在什么位置，它们均满足下列等式：

$$\left.\begin{aligned} \alpha &= \alpha_{PB} - \alpha_{PC} \\ \beta &= \alpha_{PC} - \alpha_{PA} \\ \gamma &= \alpha_{PA} - \alpha_{PB} \end{aligned}\right\}$$

重心公式计算过程中的重复运算公式较多，如由已知点坐标反算坐标方位角来求得 $\angle A$、$\angle B$、$\angle C$ 和仿权 P_A、P_B、P_C 的计算，它们都只需换一换变量就能完成几个计算步骤，因而使用计算机和编程计算器特别方便。

在使用重心公式时，应注意以下几点：

(1) α、β、γ 必须分别与 A、B、C 按图中所示关系对应，这三个角可按方向观测法获得，其总和应等于 360°。

(2) $\angle A$、$\angle B$、$\angle C$ 为三个已知点构成三角形内角，其值根据三条已知边的方位角计算。

(3) P 点不能位于或接近三个已知点的外接圆(危险圆)上，否则 P 点的坐标无法确定或计算精度低。如图 6-30 所示，P 点若选在已知 $\triangle ABC$ 的外接圆上时，观测角在圆周上任何位置，其角值不变。在这种情况下，无论运用后方交会的哪一种公式，都解算不出 P 点的

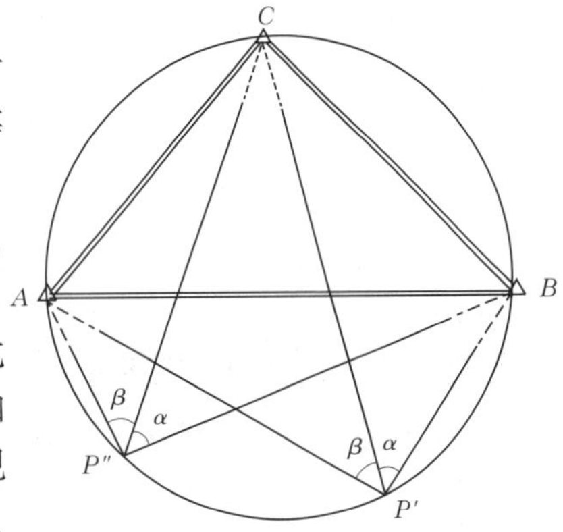

图 6-30 后方交会的危险圆

坐标。现以仿权公式为例说明危险圆的问题。

若 P 点位于 $\triangle ABC$ 的外接圆上,观测角与已知角必有如下关系:

$$A = \alpha$$
$$B = \beta$$
$$C = 360^\circ - \gamma$$

故

$$P_A = \frac{1}{\cot A - \cot \alpha} = \infty$$

码 6-20　后方交会(PA2005)

测量上把已知 $\triangle ABC$ 的外接圆称为后方交会的危险圆。后方交会点不能布设在危险圆上或危险圆附近,一般规定 P 点离开危险圆的距离不得小于该圆半径的1/5。

(二)后方交会算例

用后方交会算例如表6-13所示。

表6-13　后方交会算例

x_A	2 858.06	y_A	6 860.08	α	118°58′18″
x_B	4 374.87	y_B	6 564.14	β	204°37′22″
x_C	5 144.96	y_C	6 083.07	γ	36°24′20″
$x_A - x_B$	−1 516.81	$y_A - y_B$	295.94	α_{BA}	168°57′35.7″
$x_B - x_C$	−770.09	$y_B - y_C$	481.07	α_{CB}	148°00′27.0″
$x_A - x_C$	−2 286.90	$y_A - y_C$	777.01	α_{CA}	161°14′03.0″
A	7°43′32.7″	P_A	0.126 185		
B	159°02′51.3″	P_B	−0.208 617	x_P	4 657.78
C	13°13′36.0″	P_C	0.345 003	y_P	6 074.27
Σ	180°00′00.0″	Σ	0.262 571		

示意图

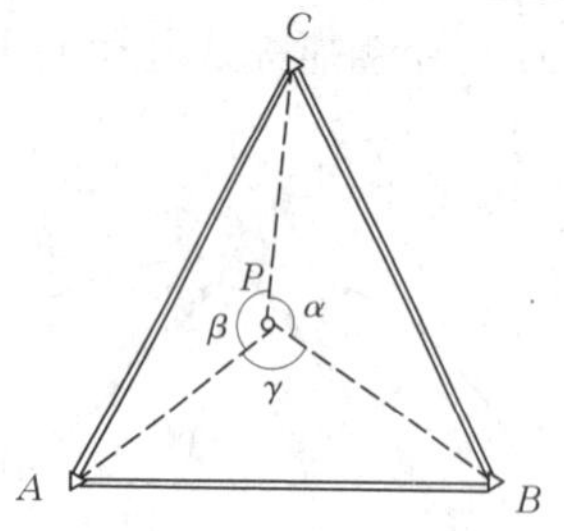

观测略图

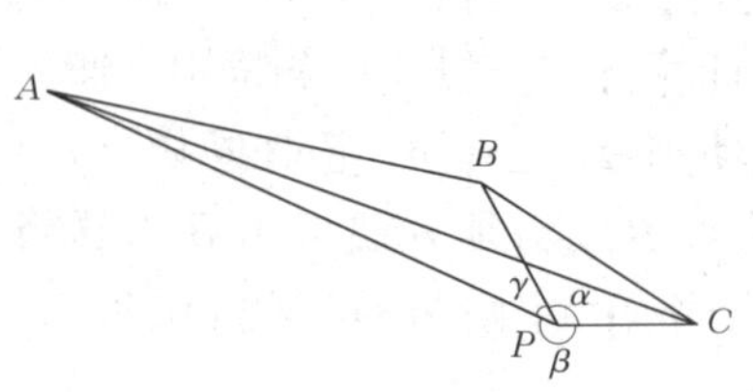

【小贴士】

为避开危险圆,选择计算图形时一定要考虑:

(1)避开危险圆,即使 $\alpha+\beta+C \neq 160^\circ \sim 200^\circ$。

(2)交会角不能太大或太小,交会角应在30°~150°。

(3)未知点尽量选在已知三角形内。

(4)对于仿权公式,应避免接近一条直线的三个已知点作为计算图形。

四、单三角形

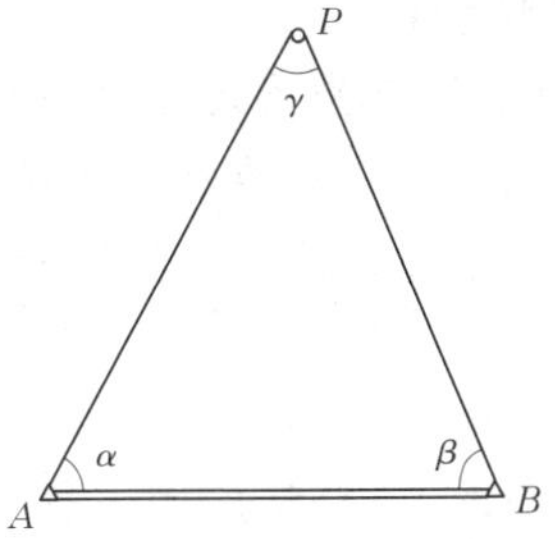

图 6-31　单三角形法

(一)单三角形原理

在前方交会中，为了检核观测角度，观测三角形三个角度 α、β、γ，使之构成闭合三角形，如图 6-31 所示，在已知点 A、B 和待定点 P 上设站，分别测出 α、β、γ，计算出 P 点坐标，这种方法称为单三角形法。

由于观测了三角形的三个内角，这就增加了一个图形条件即三个内角和等于 180°，但是由于测量过程中存在误差，致使三个内角和不等于 180°，产生一个三角形闭合差 f_β。

$$f_\beta = \alpha + \beta + \gamma - 180° \tag{6-34}$$

为了使三角形三个内角和等于 180°，就必须对三个观测值进行平差，求其改正数，计算如下：

$$V_\alpha = V_\beta = V_\gamma = -\frac{f_\beta}{3} \tag{6-35}$$

当不能平均分配时，一般将改正数余数分配给相对较大的观测角值。改正后的角值为

$$\left.\begin{aligned} \alpha' &= \alpha + V_\alpha \\ \beta' &= \beta + V_\beta \\ \gamma' &= \gamma + V_\gamma \end{aligned}\right\} \tag{6-36}$$

码 6-21　单三角形(PA2005)

最后由已知点 A、B 的坐标 (x_A, y_A)、(x_B, y_B) 和 α'、β' 按前方交会公式(6-27)计算 P 点的坐标 (x_P, y_P)。

(二)单三角形算例

单三角形算例如表 6-14 所示。

表 6-14　单三角形的计算

点名	观测角		改正数	平差角	x/m	y/m
(A)青山	α	58°39′55″	+3″	58°39′58″	24 532.34	45 016.43
$(B)N_{04}$	β	53°57′24″	+4″	53°57′28″	24 701.47	45 193.50
$(P)N_{17}$	γ	67°22′30″	+4″	67°22′34″	24 741.87	44 970.54
	Σ	179°59′49″	+11″	180°00′00″		
cotα	0.608 820		cotβ	0.727 669	cotα+cotβ	1.336 489
示意图				观测略图		
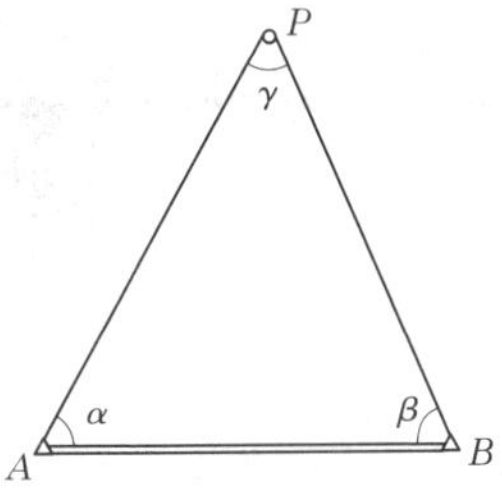				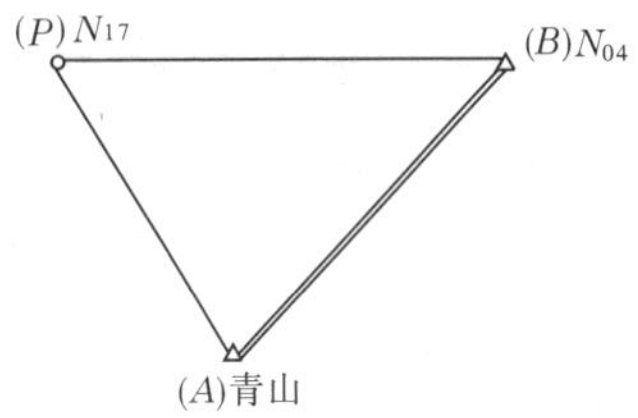		

【小贴士】

在单三角形定点时,如果已知点坐标抄错了,或 α 和 β 的位置弄反了,这些错误不能在计算时发现,所以在单三角形计算时,一定要严格检查。

五、测边交会

为测定待定点 P 的坐标,除了方向交会测量,随着测距仪器的广泛使用,测边交会在工程建设中已广泛应用。测边交会就是在已知点设站,测定已知点到未知点之间的距离,来确定待定点坐标的方法。

(一)测边交会化为前方交会

如图 6-32 所示,A、B 为已知点,P 为待定点,a、b 为观测边,c 为已知边,可由 A、B 两已知点坐标反算求得,则 AB 边长 c 为

$$c=\sqrt{(x_B-x_A)^2+(y_B-y_A)^2} \tag{6-37}$$

在$\triangle ABP$ 中由于三条边的边长已知,可由余弦定理计算出 α 和 β,则有

$$\left.\begin{aligned}\alpha&=\arccos\left(\frac{c^2+b^2-a^2}{2bc}\right)\\ \beta&=\arccos\left(\frac{c^2+a^2-b^2}{2ac}\right)\end{aligned}\right\} \tag{6-38}$$

当求出 α 和 β 后,就可使用公式(6-27)前方交会计算 P 点坐标。

(二)直接计算待定点坐标的公式

如图 6-33 所示,从 P 点向已知边 AB 作垂线,垂足为 O,设 $PO=h$,$AO=b_1$,$BO=a_1$。在$\triangle APO$ 中,则有:

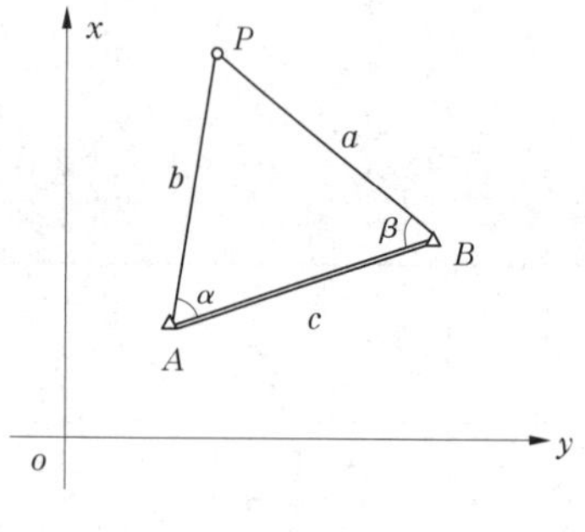

图 6-32 测边交会

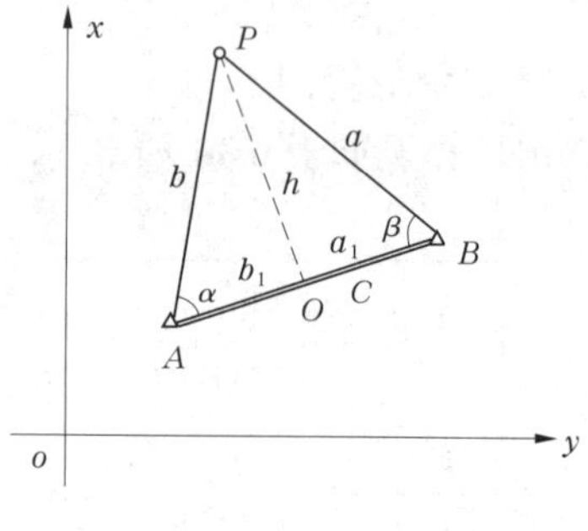

图 6-33 测边交会计算

$$\cot\alpha=\frac{b_1}{h} \tag{6-39}$$

在$\triangle BPO$ 中,则有

$$\cot\beta=\frac{a_1}{h} \tag{6-40}$$

在$\triangle ABP$ 中,根据余弦定理则有

$$\cos\alpha=\frac{c^2+b^2-a^2}{2bc} \tag{6-41}$$

码 6-22 测边交会
(PA2005)

在$\triangle APO$ 中,则有

$$\cos\alpha = \frac{b_1}{b} \tag{6-42}$$

由式(6-41)和式(6-42)可得

$$\left.\begin{aligned} b_1 &= \frac{c^2 + b^2 - a^2}{2c} \\ a_1 &= \frac{c^2 + a^2 - b^2}{2c} \end{aligned}\right\} \tag{6-43}$$

则有

$$h = \sqrt{a^2 - a_1^2} = \sqrt{b^2 - b_1^2} \tag{6-44}$$

将 $\cot\alpha = \dfrac{b_1}{h}$，$\cot\beta = \dfrac{a_1}{h}$ 代入式(6-27)前方交会余切公式，得

$$\left.\begin{aligned} x_P &= \frac{a_1 x_A + b_1 x_B - h(y_A - y_B)}{a_1 + b_1} \\ y_P &= \frac{a_1 y_A + b_1 y_B + h(x_A - x_B)}{a_1 + b_1} \end{aligned}\right\} \tag{6-45}$$

使用式(6-45)时，必须注意 A、B、P 的编号问题，A、B、P 是按逆时针方向编排，并使 $\angle A$、$\angle B$、$\angle P$ 所对的边分别记为 a、b、c。

在实际作业中，为检核和提高交会精度，一般采用三个已知点向未知点测量三条边，然后每两条边组成一计算图形，可组成三组图形，选取两组较好的交会图形计算 P 点坐标。当两组算得的点位较差限差为

$$\Delta s = \sqrt{(\delta x)^2 + (\delta y)^2} \leqslant 2 \times 0.1M \tag{6-46}$$

式中：$\delta x = x'_P - x''_P$；$\delta y = y'_P - y''_P$；M 为测图比例尺分母。

六、边角交会

如图 6-34 所示，A、B 为两已知点，P 为待定点，测得 P 点至 A、B 两点的距离分别为 a、b，测得 PA 与 PB 的水平夹角为 α，则用 A、B 两点的坐标，依据坐标反算计算得 AB 直线的坐标方位角 α_{AB}，AB 的反坐标方位角为 $\alpha_{BA} = \alpha_{AB} \pm 180°$ 。

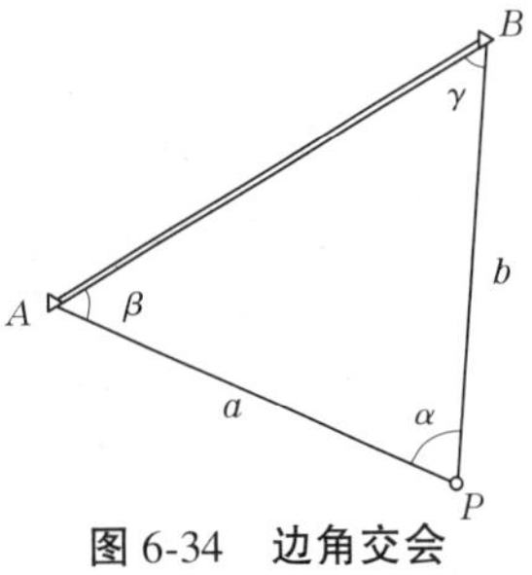

图 6-34　边角交会

在 $\triangle PAB$ 中，应用正弦定理可求得

$$\left.\begin{aligned} \beta &= \arcsin \frac{b\sin\alpha}{\sqrt{(x_B - x_A)^2 + (y_B - y_A)^2}} \\ \gamma &= \arcsin \frac{a\sin\alpha}{\sqrt{(x_B - x_A)^2 + (y_B - y_A)^2}} \end{aligned}\right\} \tag{6-47}$$

AP 的坐标方位角 α_{AP} 为

$$\alpha_{AP} = \alpha_{AB} \pm \beta \tag{6-48}$$

当 P 点在 AB 直线的右侧时，取“+”；当 P 点在 AB 直线的左侧时，取“-”。

BP 的坐标方位角 α_{BP} 为

$$\alpha_{BP} = \alpha_{BA} \pm \gamma \tag{6-49}$$

当 P 点在 BA 直线的右侧时,取“+”;当 P 点在 BA 直线的左侧时,取“-”。

码 6-23 边角交会
(PA2005)

由 A 到 P 点、由 B 到 P 点,根据求得的坐标方位角和测量边长分别计算未知点 P 的两组坐标为

$$\left.\begin{aligned} x_{P1} &= x_A + a\cos\alpha_{AP} \\ y_{P1} &= y_A + a\sin\alpha_{AP} \end{aligned}\right\} \\ \left.\begin{aligned} x_{P2} &= x_B + b\cos\alpha_{BP} \\ y_{P2} &= y_B + b\cos\alpha_{BP} \end{aligned}\right\} \tag{6-50}$$

根据式(6-50)计算的两组坐标,如果点位较差在限差之内,则取其平均值作为最后的结果。

任务七 三角高程测量

一、三角高程测量原理

三角高程测量是通过测量两地面点的竖直角和平距,量取仪器高和目标高,计算两点间高差的方法。根据计算出的高差,由已知点高程,推算待定点高程。

如图 6-35 所示,A 为已知高程点,其高程为 H_A,B 为未知高程点,根据高差的概念可知,只要得到 A 点对 B 点的高差 h_{AB},即可求出 H_B。为求得高差 h_{AB},将仪器架设在 A 点,观测到 B 点的竖直角 α,并量取仪器高 i 和目标高 v,A、B 之间的水平距离为 D,则

$$h_{AB} = D\tan\alpha + i - v \tag{6-51}$$

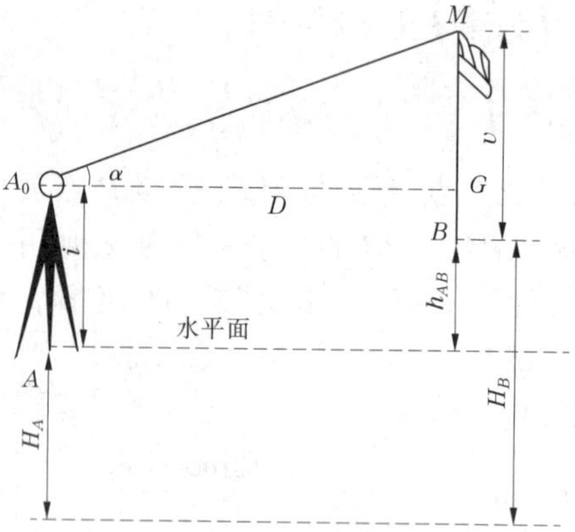

图 6-35 三角高程测量原理

B 点的高程 H_B 为

$$H_B = H_A + D\tan\alpha + i - v \tag{6-52}$$

这就是三角高程测量原理,但它是以水平面代替水准面、照准视线是直线为前提的,当地面上两点间距离小于 300 m 时,可以近似认为以上条件是成立的,上述公式可以直接使用。但当距离较远时,必须考虑地球弯曲和大气折光的影响。

如图 6-36 所示,设过 A 点的水准面为 AF,它是一个曲面,过 A 点的水平面为 AE。由于

过 A 点的水平面和水准面在 B 点的铅垂线上不严密重合,其二者的差距即为“地球弯曲差”,简称“球差”。

设地球是一个半径为 R 的圆球,A、B 所对应的圆心角为 θ,则球差 EF 所对的弦切角为 $\theta/2$。由于 θ 角较小,故

$$\frac{\theta}{2} \approx \frac{EF}{D}\rho$$

式中, $\rho = 206\ 265''$。

即

$$EF = \frac{\theta}{2}\frac{D}{\rho}$$

而

$$\theta \approx \frac{D}{R}\rho$$

所以,球差 EF 为

$$EF = \frac{D^2}{2R} \tag{6-53}$$

由图 6-36 可知,球差的存在总是使所测高差减小。根据式(6-53),取地球半径 $R=6\ 371$ km,当 $D=300$ m 时,球差改正数为 0.01 m。如果高程计算要求 0.01 m 的精度,则相距 300 m 以上的两点间的观测高差中,就应当加入球差改正数。

【小贴士】

球差的大小仅与两点间水平距离的平方成正比,与地面起伏无关。

下面讨论大气折光对高差的影响。地球被大气所包围,大气密度又因距地面的高度不同而不同,距地面愈近密度愈大,距地面愈远密度愈小。因此,设想:地球表面是一个无起伏的球面,包围地球表面的是稳定而密度又连续变化的大气层,并把这密度连续变化的大气层划分为若干不同密度的介质层,如图 6-37 所示的 ab、bc、cd、…为不同密度的介质层,而 a、b、c、…为两介质层的临界面。由几何光学原理可知, 光线通过两个不同介质的临界面时会产

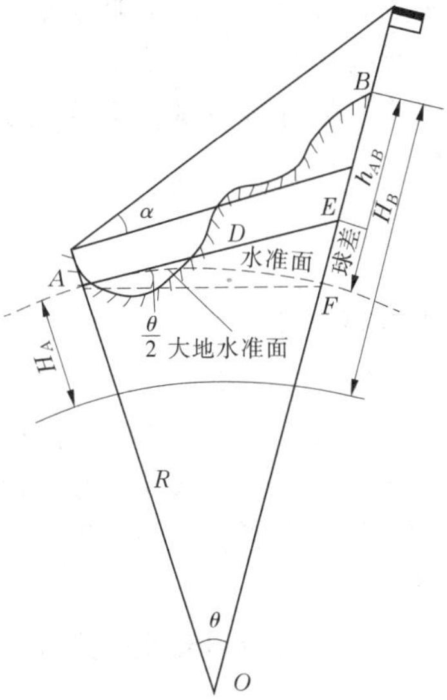

图 6-36 球差

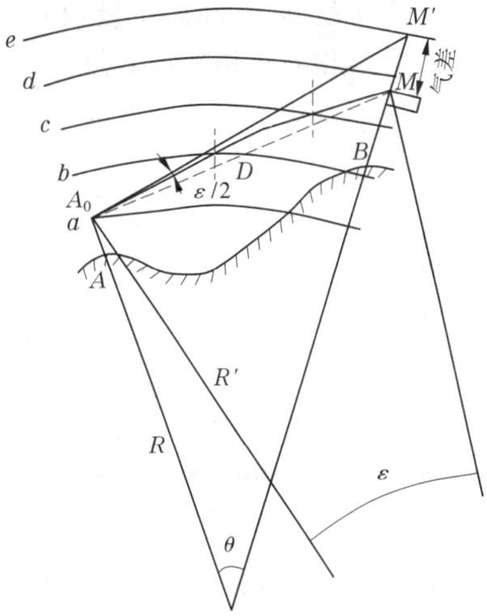

图 6-37 气差

生折射现象,从光疏进入光密时,出射角总是小于入射角;反之,出射角总是大于入射角。现将从仪器中心 A_0 照准旗顶 M 的视线看成从 A_0 发出的一条照准 M 的光线,因 ab 层的大气密度大于 bc 层,bc 层的大气密度又大于 cd 层,依此类推,故照准光线 A_0M 由一系列折线所组成;大气密度是逐渐均匀变化的,所以光线 A_0M 实际为一凹向地面的圆弧,设其圆心角为 ε,半径为 R'。也就是说观测到的目标 M,实际上是照准了 M',这样 MM' 就是由于大气密度变化造成的误差,这一误差称为“大气折光差”,简称为“气差”。

大气折光差的大小如何?又与什么因素有关呢?

设 $A_0M=D$,则由几何关系得

$$\varepsilon = 2 \times \frac{MM'}{D}\rho$$

即

$$MM' = \frac{\varepsilon}{2}\frac{D}{\rho}$$

又因

$$\varepsilon = \frac{L_{A_0M}}{R'}\rho \approx \frac{D}{R'}\rho$$

所以

$$MM' = \frac{D^2}{2R'} \tag{6-54}$$

式中:L_{A_0M} 为弧长。

设地球半径 $R=KR'$,则 $R'=\frac{R}{K}$,将其代入式(6-54),则有

$$MM' = \frac{D^2}{2R}K \tag{6-55}$$

式中:K 为大气折光系数;R 为地球半径。

从图6-37可以看出,R 总是小于 R',因此大气折光系数 K 小于1。通常取 K 值为0.08~0.20。气差使高差测大,球差却使高差测小,二者如何进行改正?

地球弯曲差和大气折光差的共同影响称为“球气差”。在所测量的高差中加入“球气差”的改正数,通常称为“两差改正”,设其大小为 f,则有

$$f = EF - MM' = \frac{D^2}{2R} - \frac{D^2}{2R}K = \frac{D^2}{2R}(1-K) \tag{6-56}$$

式中:R 为地球曲率半径;D 为两点间的水平距离;K 为大气折光系数。

K 值的变化是非常复杂的,它不仅与气温、气压、湿度和空气密度有关,而且随地区、季节、气候、地形、植被及高度的变化而变化。因此,在实际工作中,通常选取全国性或地区性的平均 K 值来代替某一地区的 K 值,一般近似取为 $K=0.14$,则两点间球气差改正数为

$$f = 0.43 \times \frac{D^2}{R} \tag{6-57}$$

当 K 值确定后,根据式(6-57),可以编制“两差改正表”,如表6-15所示,列出了100~2 000 m的两差改正数的数值。

表 6-15 三角高程测量两差改正数

D/m	f/mm	D/m	f/mm	D/m	f/mm
100	1	500	17	900	55
200	3	600	24	1 000	67
300	6	700	33	1 500	152
400	11	800	43	2 000	270

注：$K=0.14$。

为提高三角高程测量的精度，消除或减弱球气差的影响，通常采用直觇和反觇进行测量。在已知点 A 架设仪器，观测待定点 B，从而求取 B 点高程的测量方法称为直觇；反之，在待定点 B 上架设仪器，观测已知点 A，从而求得 B 点高程的测量方法称为反觇。用直、反觇观测，计算待定点高程的计算公式为

$$\left.\begin{aligned}H_B &= H_A + h_{AB} = H_A + (D\tan\alpha_{AB} + i_A - v_B + f_{直})\\ H_B &= H_A - h_{BA} = H_A - (D\tan\alpha_{BA} + i_B - v_A + f_{反})\end{aligned}\right\} \tag{6-58}$$

在一条边上只进行直觇或反觇观测，称为单向观测(或单觇)；在同一条边上进行直反觇观测称为对向观测(或复觇)。如前所述，球气差仅与水平距离的平方成正比，因此 $f_{直}$ 和 $f_{反}$ 是相等的。当直、反觇高差取平均值时，球气差会被抵消。因此，在实际工作中，为检核和消除或减弱球气差的影响，一般均采用对向观测。当对向观测的不符值小于规定限差时，则取对向观测高差的平均值作为最后结果。

【小贴士】

由于大气折光系数 K 值不仅与气温、气压、湿度和空气密度有关，而且随地区、季节、气候、地形、植被及高度的变化而变化，因此一般要求直觇观测结束后立即进行反觇观测。

采用光电测距三角高程测量时，测距仪直接测定 A、B 两点间斜距 S，高差的计算公式为

$$h_{AB} = S\sin\alpha_A + i_A - v_B + f \tag{6-59}$$

二、独立交会高程测量

独立交会高程测量是根据已知点高程，用三角高程测量方法测定独立点高程的一种方法。为提高精度，一个独立点的高程，通常采用三个单觇测定，交会图形如图 6-38 所示；图 6-38(a)为三个直觇，称为前方交会；图 6-38(b)为一个双向观测和一个反觇观测，又称为侧方交会。

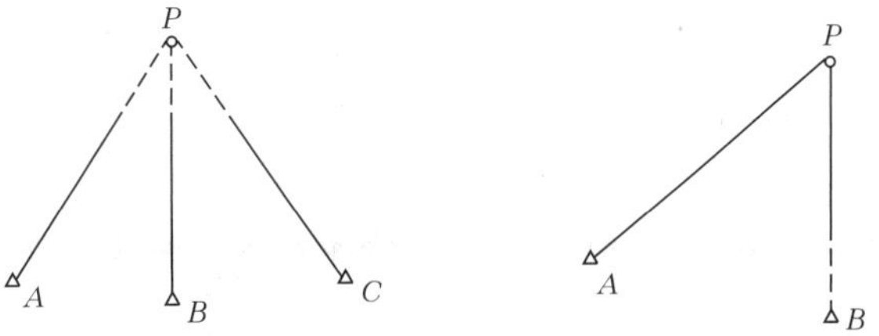

(a)前方交会　　(b)侧方交会

图 6-38 独立交会高程测量

无论是前方交会或侧方交会，所计算的高差不得超过其规定限差，否则重新测量。当其

差值符合限差要求时,则取平均值作为 P 点的最后高程。

需要注意的是,独立交会高程测量方法通常用于测定图根点的高程,但所求点不能作为起算点再发展。独立交会高程多在交会法测定图根点平面位置的同时测定,一般不单独进行。

独立交会点高程测量的技术要求见表 6-16。

表 6-16　独立交会点高程测量的技术要求

高程测量方法	竖直角观测			对向观测高差不符值		线路闭合差或独立交会点的高差之差/m	闭合差配赋方法
	仪器类型	测回数	各测回指标差之差/(″)	小于 300 m 的边/cm	大于 300 m 的边/cm		
独立交会点高程	DJ_2	1	15	9	3	$\frac{1}{7}h$	取中数
	DJ_6	2	24				

【例 6-1】　独立高程点计算见表 6-17。

表 6-17　独立交会高程测量计算

所求点	P_6		
起算点	N_3	N_5	N_5
观测方法	反觇	直觇	反觇
α	−2°23′15″	+3°04′23″	−3°00′46″
D/m	624. 42	748. 35	748. 35
$D\tan\alpha$	−26. 03	+40. 18	−39. 39
i/m	+1. 51	+1. 60	+1. 48
v/m	−2. 26	−2. 20	−1. 73
f/m	+0. 03	+0. 04	+0. 04
高差 h/m	−26. 75	+39. 62	−39. 60
起算点高程 H/m	258. 26	245. 42	245. 42
所求点高程 H/m	285. 01	285. 04	285. 02
高程中数/m	285. 02		
观测略图	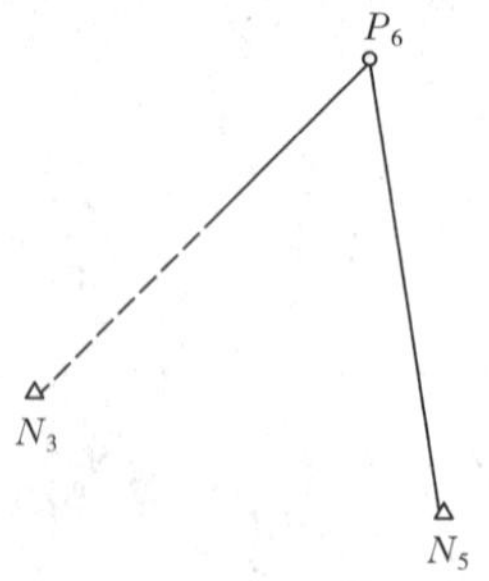		

三、三角高程导线测量

三角高程导线是在平面控制测量的基础上,将待求高程点构成导线形式,附合或闭合于已知点上,并对向观测相邻两点间的竖直角,以测定平面控制点高程的一种高程测量方法。

三角高程导线通常应用于地形平面控制中的小三角测量和导线测量的控制点,即用三角高程测量方法来确定三角点和导线点的高程。在实际工作中,根据需要也可以布设独立的电磁波测距三角高程导线。

根据不同需要,三角高程导线可以布设成不同等级,各等级的具体技术要求见表 6-18。

表 6-18　光电测距三角高程测量主要技术要求

等级	仪器	竖直角测回数（中丝法）	指标差较差/(″)	竖直角较差/(″)	对向观测高差较差/mm	附合路线或环线闭合差/mm
四等	DJ_2	3	≤7	≤7	$40\sqrt{D}$	$20\sqrt{\sum D}$
五等	DJ_2	2	≤10	≤10	$60\sqrt{D}$	$30\sqrt{\sum D}$
图根	DJ_6	2	≤25	≤25	$40\sqrt{D}$	$40\sqrt{\sum D}$

注: D 为光电测距边长度,km。

(一)三角高程导线布设与观测

三角高程导线类似于平面控制中的导线,其布设形式有附合高程导线和闭合高程导线两种形式,如图 6-39(a)、(b)所示。

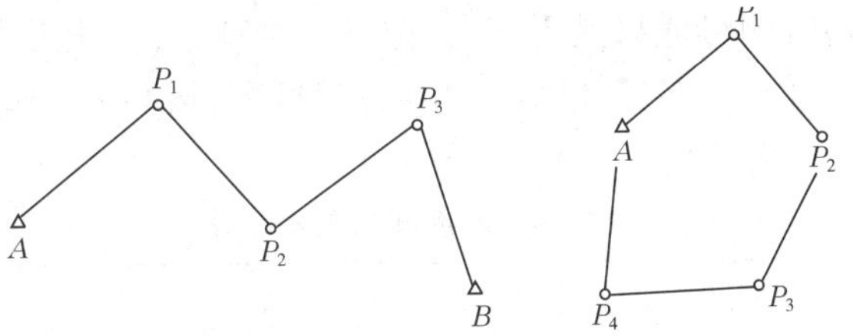

(a)附合高程导线　　(b)闭合高程导线

图 6-39　三角高程导线布设

起闭于两个高程点间的高程导线称为附合高程导线;起闭于同一个高程点间的高程导线称为闭合高程导线。这两种布设形式可应用于导线测量及三角锁三角测量。用于单一导线时,只要在观测水平角的同时观测竖直角,并量取仪器高和觇标高即可。若用于线形三角锁,如图 6-40 所示,可选择 A、N_3、N_5、B 和 A、N_4、N_6、N_7、B 为两条三角高程导线。用于其他锁形的平面控制,应在测量前设计、规划好传递高程的起讫路线。尽量选择竖直角小且边长短的各边组成,各边的边长由平面点的坐标解算可得。

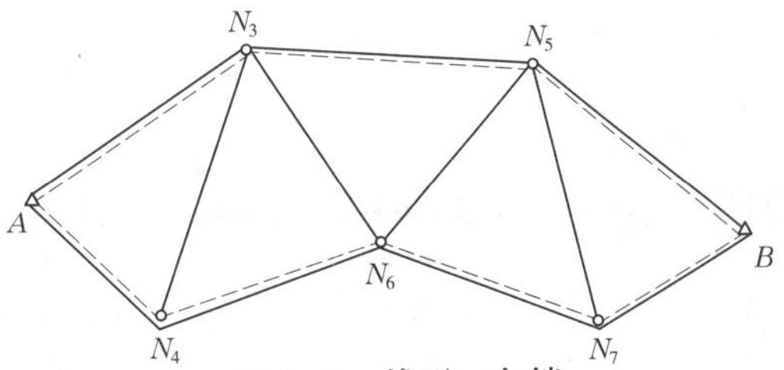

图 6-40　线形三角锁

三角高程控制网应在平面网的基础上,布设成三角高程网或高程导线。为保证三角高程网的精度,四等三角高程测量应起讫于不低于三等水准的高程点上,五等三角高程测量应起讫于不低于四等水准的高程点上;路线长度不应超过相应等级水准路线的长度限值;平均边长不得超过 1 km。

竖直角观测是三角高程测量的关键工作,对竖直角观测的要求见表 6-18。为减少垂直折光变化的影响,应避免在大风或雨后初晴时观测,也不宜在日出后和日落前 2 h 内观测,在每条边上均应作对向观测。觇标高和仪器高应在观测前后各量取一次并精确至毫米,当其较差符合限差规定(四等三角高程不应大于 2 mm,对于五等三角高程不大于 4 mm)时,取其平均值作为最终高度。

码 6-24　三角高程测量

如前所述,为了消除或减弱大气折光和地球曲率的影响,三角高程导线通常采用直、反觇观测。当直、反觇高差符合精度要求时,取其中数作为两点间的高差,从而提高了测量精度。

大量实践证明,电磁波测距高程导线可以代替四等水准测量,并已被工程单位认可,已大量应用于工程建设。

(二)三角高程导线的计算

1. 两点间的高差计算

计算前必须认真检查测量成果是否有误,记录是否齐全,确认无误后方可进行计算。首先将观测数据、点号、已知点点名等填写在相应的表格内,按高差公式计算各个高差。具体计算见表 6-19。

表 6-19　两点间的高差计算

起算点	*A*		*B*	
待求点	*B*		*C*	
觇法	直	反	直	反
α	+11°38′20″	−11°23′55″	6°51′45″	−6°34′30″
D/m	581.38	581.38	488.01	488.01
i/m	1.44	1.49	1.49	1.50
v/m	−2.50	−3.00	−3.00	−2.50
r/m	0.02	0.02	0.02	0.02
h/m	118.71	−118.70	57.24	−57.23
中数 h/m	118.70		57.24	
起算点	*C*		*D*	
待求点	*D*		*A*	
觇法	直	反	直	反
α	−10°04′45″	+10°20′30″	−7°23′00″	+7°37′08″
D/m	530.00	530.00	611.10	611.10
i/m	1.50	1.48	1.48	1.44
v/m	−2.50	−3.00	−3.00	−2.50
r/m	0.02	0.02	0.03	0.03
h/m	−95.19	95.22	−80.68	80.71
中数 h/m	−95.20		−80.70	

2. 高差闭合差计算、配赋及高程计算

三角高程导线的路线闭合差计算方法与水准路线计算完全相同，即

闭合路线　$$f_h = \sum h_{测}$$

附合路线　$$f_h = \sum h_{测} - (H_{终} - H_{起})$$

当闭合差不超限时，其处理通常按与边长成正比、以相反的符号进行配赋，求得改正后的高差，就可逐点推算高程。具体计算见表 6-20。

表 6-20　高差闭合差计算、配赋及高程计算

点号	距离/m	平均高差/m	改正数/m	改正后高差/m	点之记高程/m	备注
A					325.88	已知
	581.38	118.70	-0.01	118.69		
B					444.57	
	488.01	57.24	-0.01	57.23		
C					501.80	
	530.00	-95.20	-0.01	-95.21		
D					406.59	
	611.10	-80.70	-0.01	-80.71		
A					325.88	
Σ	2 210.49	0.04	-0.04	0		
辅助计算	$f_h = \sum h = +0.04$ m, $f_{允} = \pm 40\sqrt{\sum D} = \pm 59$ mm, $f < f_{允}$					

(三)三角高程导线测量的误差来源

三角高程测量的误差来源主要有以下几个方面。

1. 竖直角测量误差

对于光学经纬仪来说，观测误差主要有照准误差、读数误差及竖直度盘指标水准器气泡居中误差等。而对于全站仪来说，读数是自动显示的，竖直度盘具有自动补偿装置，因此测角误差主要是照准误差。照准误差的大小与观测目标的形状、大小、颜色等都有关。竖直角测量误差对三角高程测量的影响与推算高差的边长有关，边长愈长、影响愈大。因此，通常要求三角高程测量推算高差要尽可能用短边。

2. 边长误差

现在使用的主要测边方法是电磁波测距，使用全站仪在测距的同时也测竖直角(天顶距)。衡量测距精度的方法为

$$m_s = a + b \times D \tag{6-60}$$

式中：m_s 为测距中误差，mm；a 为仪器标称精度的固定误差，mm；b 为仪器标称精度中比例误差系数，mm/km；D 为测距边长度，km。

为提高距离测量精度，主要采取如下措施：

(1)采用较高测距精度的测距仪。

(2)使用反射棱镜作为目标时，要正确确定棱镜常数。

(3)测量环境气象条件，如温度、气压等，使用模型对所测距离直

码 6-25　三角高程导线计算

接加以改正。

(4)使用测回法测距,取多次测量平均值,从而提高测量精度。

3. 大气折光误差

大气折光的影响与观测条件密切相关,大气折光系数f值变化比较复杂,与地区、季节、气候、地面覆盖物及视线高度等都有关。试验证明,大气折光系数f在中午时最小,且比较稳定,日出和日落时稍大一些,且变化较大。因此,三角高程测量要求竖直角观测应避免日落、日出时测量,最好是在中午前后观测。

4. 仪器高、觇标高的量测误差

利用小钢尺量取仪器高和觇标高,采取测量两次取平均的方法,一般可以达到毫米级。但在测量实践中,由于脚架面的阻挡,不能直接测量点的标志中心到仪器横轴的垂直高度,如果直接量取,就可能存在较大的误差,但由于在高差计算公式中仪器高和觇标高的符号相反,因此如果量测误差大小相同,可以抵消其影响。由于涉及某条边的高差计算的仪器高和觇标高分别位于边的两端点,受地形等因素的影响,仪器高和觇标高的量测误差不会完全相同,计算中不能完全抵消。因此,应当采取适当的量取措施,如采用分段量测的方法,即先从地面量到脚架面,然后从脚架面量到仪器横轴或者觇牌标志中心,最后相加的方法。最好采用专用的仪器高和觇标高的量测工具,才能有效地减小量测误差。

随着全站仪测距精度不断提高,三角高程的测量精度也随之提高,三角高程测量的应用范围不断扩大。三角高程测量已成为地形测量中高程控制测量的主要手段之一。利用三角高程测量代替低等级水准测量已成为现实,如果采取适当的措施(如改进照准目标提高测角精度,缩短边长,采用专用的仪器高和觇标高的量测工具,限制竖直角观测时间等措施),将更进一步提高三角高程测量的精度,三角高程测量代替高等级水准测量也一定能够实现。

项目小结

本项目主要学习小区域控制测量,平面控制常用的方法有导线测量、GNSS静态测量、GNSS RTK控制测量和交会测量,高程控制有水准测量和三角高程测量。每种测量方式从基本概念、方案设计、踏勘选点、外业施测、数据处理等方面进行阐述,既有必要的理论,更有实践操作方法,还有软件处理方法,突出技能学习在专业学习中的重要作用。

思考与习题

1. 建立平面控制网的方法有哪些?各有何优缺点?
2. 导线布设的主要形式有哪些?
3. 选定导线点应注意哪些问题?
4. 如何衡量导线的测量精度?导线计算有哪几项闭合差?如何计算?
5. 全球性GNSS卫星导航系统有哪几个?有何特点?
6. GNSS静态控制网的布网方式有哪些?有何优缺点?
7. GNSS RTK控制测量精度如何分类,适用于什么测量?
8. GNSS RTK点校正作用是什么?如何做点校正?

9. 什么是前方交会和侧方交会？二者有何区别？

10. 什么是后方交会？什么是后方交会的危险圆？如何避免在危险圆上选点？

11. 三角高程对向观测取平均值可消除什么影响？试用公式证明。

12. 试分析测距高程导线与水准测量的区别及其优缺点。

13. 计算图 6-41 中利用侧方交会方法测定 P 点的坐标。

表 6-21 习题 13 表

已知数据			观测数据	
点名	X/m	Y/m	转折角	(° ′ ″)
A	9 988. 735	16 948. 596	β	62 53 26
B	9 918. 523	19 762. 072	γ	52 41 50
C	10 936. 748	20 857. 319	ε	27 57 16

14. 计算图 6-42 中利用后方交会方法测定 P 点的坐标。

表 6-22 习题 14 表

已知数据			观测数据	
点名	x/m	y/m	转折角	(° ′ ″)
G_{02}	4 435. 367	17 032. 073	α	111 10 37
I_{15}	3 873. 935	18 769. 587	β	140 02 28
I_{20}	5 394. 668	18 428. 857	γ	108 46 54

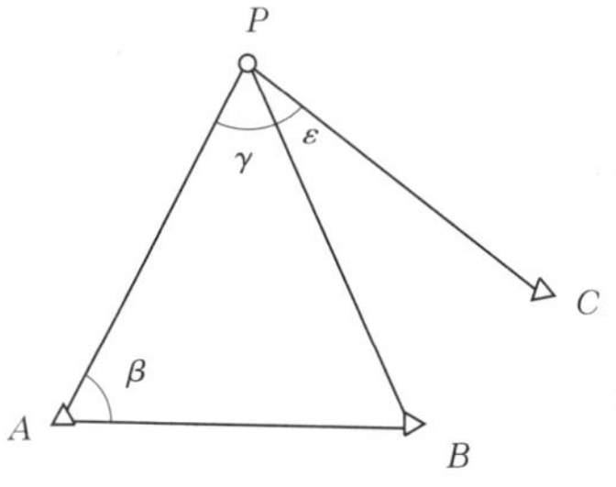

图 6-41 侧方交会

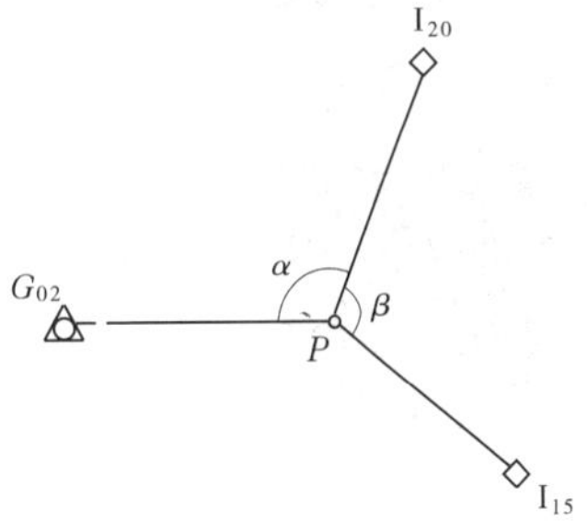

图 6-42 后方交会

15. 计算图 6-43 中利用边长交会方法测定 P 点的坐标。

表 6-23 习题 15 表

已知数据			观测数据		交会角
点名	x/m	y/m	名称	距离/m	
G_{15}	6 223. 522	4 232. 742	S_1	417. 224	
G_{20}	6 232. 750	4 759. 698	S_2	410. 590	
P					79°04′51″

16. 如图 6-44 所示，已知起算数据见表 6-24，试计算 P 点的坐标。

表 6-24　习题 16 表

已知数据			观测数据			
点名	x/m	y/m	转折角	(°	′	″)
$Ⅱ_{08}$	276 013. 963	464 822. 890	α	50	19	11
$Ⅱ_{14}$	276 085. 784	465 643. 811	β	45	59	23
			γ	83	41	26

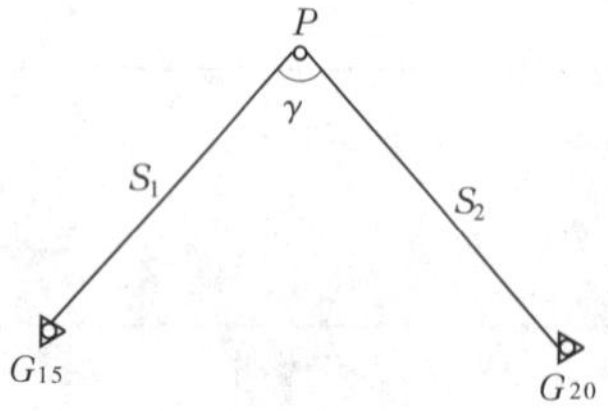

图 6-43　边角交会

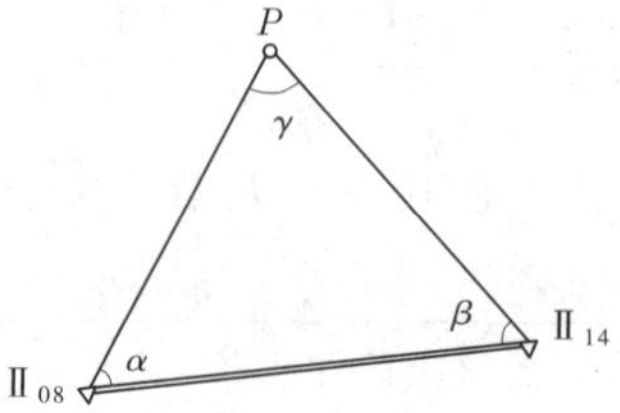

图 6-44　单三角形

码 6-26　导线算例

码 6-27　思考与习题参考答案

码 6-28　单选题

码 6-29　多选题

码 6-30　判断题

项目七 地形图认识

项目概述

地形图要记载山、水、林、田、湖、草、矿、房、路、管线、电力等自然资源和经济社会发展成果，如何将它们用抽象概括的点线面符号、丰富多样的色彩和文字注记加以表达，使其呈现出位置分布、特征属性和样貌形象，是学习的要点。

本项目从什么是地形图、地形图表示什么内容、怎么准确测定和表达这些内容等方面逐步展开论述。

学习目标

理解地形图和比例尺的概念，理解地形图的分幅与编号方法、碎部点的测量方法、地物测绘一般原则、地形图表示的内容、图式符号，掌握等高线的概念与分类，能用不同形状的等高线来表达各种地貌，能测绘地貌，了解地形图如何进行技术设计，如何检查验收测图成果。

【思政导入】

洪钧，字陶士，号文卿，江苏吴县人同治七年状元，历任翰林院修撰、湖北学政、内阁学士、兵部左侍郎，撰有《元史译文证补》30 卷，1839—1892 年，洪钧曾任清廷驻俄、德、奥、荷兰四国大臣。洪钧曾在国外以重金购买了一张中俄边界地图，刻印后交给朝廷。这张中俄边界地图实际上是由沙俄政府所制作的，帕米尔地区的许多卡哨因此被画出中国国界。后来这张绘错的地图被沙俄公使收集起来作为“证据”，从而挑起了中俄帕米尔争界事端，引发了战争。洪钧也因此遭弹劾，抑郁成疾，于 55 岁病逝。

地图是国家版图的表达形式，是领土主权的象征，如果没有正确标示出国家领土、漏绘重要岛屿、错将重要岛屿按其他国家主张名称进行标注、错绘国界线等，将危害到国家的主权统一和领土完整。“地图事，无小事”，地图象征着国家主权和领土完整，体现国家的主权意志和政治外交立场。测绘人员在测图绘图中必须一丝不苟、精益求精，确保我们的测绘成果分毫不差、满足精度要求；同时在工作、生活中，要时刻树立“规范使用地图，一点都不能错”的国家版图意识，应从学习地图的基本知识开始。

亲爱的同学们，当你看到家乡连绵起伏的群山、广袤的平原、富饶的物产、优美的景观、灿烂的文化、浓郁的民族风情，这些容纳到一幅优美地图的时候，就会被测绘工作者的妙手所折服，该对他们的科学、严谨、艺术化的工作予以敬佩。

【正文】

任务一　地形图概述

一、地形图的概念

(一)地图

地图是依据一定的数学法则,利用制图语言,通过制图综合,将地球上自然资源、经济社会发展成果等各种事物的空间分布、联系及随时间变化的状态,用图式符号表达成的图。

1. 地图的特性

(1)地图必须遵循一定的数学法则,才能将它与客观实体在位置、属性等要素之间的关系准确地反映在平面上,才能量算长度、角度、面积和坐标等。

(2)地图必须经过科学概括,才能将地面所有的现象缩小并容纳在平面上。地表的地物多种多样,不可能也不必毫无选择地全部表示,必须依据不同的用途,对地物按照一定的要求有选择地综合或取舍。地图使用的对象不同,表示的内容应当有所侧重,需要的地物地貌着重精确表示;意义不大的地物地貌综合概括表示;没有意义的地物地貌舍去。

(3)地图必须具有完整的符号系统,才能将种类繁多,形状、大小不一的自然与经济社会现象用专门的地图符号、文字注记和颜色等制图语言形象、直观、准确地表达,供人使用。

(4)地图是地理信息的载体,将人类社会80%以上的与位置有关的信息纳入多媒体介质当中,如可视化的屏幕影像、声像地图、触觉地图、混合现实地图。随着科技的进步,地图的概念、内容、表现形式将不断出现新的变化,以反映科学技术发展的最新成果。

2. 地图的分类

地图种类繁多,通常按照某些特征进行归类。

(1)按其区域范围不同分为:世界图、半球图、大洲图、大洋图、海图、国家(地区)图、省区图、市县图等。

(2)按其专题学科不同分为:自然地图、人口地图、经济地图、政治地图、文化地图、历史地图。

(3)按其具体应用不同分为:参考图、教学图、地形图、航空图、海图、海岸图、天文图、交通图、旅游图等。

(4)按其使用形式不同分为:挂图、桌面图、地图集(册)等。

(5)按其表现形式不同分为:缩微地图、数字地图、电子地图、三维地图、影像地图等。

(6)按其印刷开本不同分为:16开、8开、4开、对开、全张、两全张、三全张、四全张、九全张。

(7)按照内容不同,地图可分为普通地图、专题地图和地形图三种。

①普通地图是综合反映地表自然和社会现象一般特征的地图。它以相对均衡的详细程度表示自然要素和经济社会要素,广泛地用于经济建设、国防建设和人们的日常生活。

②专题地图是着重表示某一专题内容的地图,如地貌图、交通图、地籍图、土地利用现状图、规划图等。

③地形图是普通地图中最重要的一种,它将地物、地貌等地形信息细分为居民地、工矿

企业、道路、水系、垣栅、土质、植被、地貌等内容详细加以表示。

(8)地图按比例尺可分为:大比例尺地图、中比例尺地图和小比例尺地图。

测量学把比例尺大于1:2 000的地图称为大比例尺,比例尺小于1:10万的地图称为小比例尺。其他称为中比例尺地图。而制图学则把大于或等于1:10万的地图称为大比例尺地图,比例尺小于1:50万的地图称为小比例尺地图,其他则称为中比例尺地图。

(二)地形图

1. 地形图的定义

地形图是地表起伏形态和地物位置、形状在水平面上的投影图,即将地面上的地物和地貌沿铅垂线方向投影到水平面上,并按一定的比例尺缩绘,用规定的符号和颜色表达到平面上的地图。

将地球表面高低起伏的形态和地表物体测绘表达在图纸上,不可能也不必要按其真实大小来描绘,通常要按一定的比例尺缩小绘制。这种缩小的比率就是比例尺,即图上距离与实地相应水平距离的比值。

规定的符号和颜色指的是地形图图式。地形图图式是指在地形图上表示各种地物和地貌要素的符号、注记和颜色的规则和标准,是测绘和出版地形图必须遵守的基本依据之一,是由国家统一颁布执行的标准。统一标准的图式能够科学地反映实际场地的形态和特征,是人们识别和使用地形图的重要工具,是测图者、用图者与地形图沟通交流的语言。在地形图上,地物按图式符号加注记表示,地貌一般用等高线和地貌符号表示。等高线能反映地面的实际高度、起伏特征,并有一定的立体感,因此地形图多采用等高线表示地貌。

2. 数字地形图与纸质地形图

大比例尺地形图按分类特征不同分为数字地形图和纸质地形图,其特征见表7-1。

表7-1 大比例尺地形图的分类特征

特征	分类	
	数字地形图	纸质地形图
信息载体	适合计算机存取的磁盘、光盘等	纸质
表达方法	计算机可识别的代码系统和属性特征	线划、颜色、符号、注记等
数学精度	解析精度	图解精度
测绘产品	各类文件,如原始文件、成果文件、图形信息数据文件等	纸图、细部点成果表
工程应用	借助计算机及其外部设备	几何作图

3. 地形图要素

地形图上将地物、地貌的定位信息、属性信息可量测、可识读地表达在图纸上,其内容通常归结为数学要素、地理要素和整饰要素三类,它们构成地图的基本内容,叫作地图要素,又通称地图"三要素"。

1)数学要素

数学要素是构成地图的数学基础。地图投影、比例尺、控制点、坐标网、高程系、地图分幅等。这些内容是决定地图图幅的范围、位置,控制其他内容的基础,它保证地图的精确性,是地形图上量取点位、高程、长度、面积的可靠依据,在大范围内保证多幅图的拼接使用。数学要素对军事和经济建设都是不可缺少的内容。

2)地理要素

地理要素是指地图上表示的具有地理位置、分布特点的自然现象和社会现象。因此,又可分为自然要素(如水文、地貌、土质、植被等)和经济社会要素(如居民地、交通线、行政境界等)。

3)整饰要素

整饰要素主要指便于读图和用图的某些内容。例如,图名、图号、图例和地图资料说明,以及图内各种文字、数字注记等。

【小贴士】

地图和地形图的区别主要表现在:地图在投影、分幅、比例尺和表示方法上比地形图灵活,表示的内容比同比例尺地形图概括,精度较地形图低,地图的编制都以地形图为基础,地形图是编制地图的底图,地形图是国家经济建设、国防建设和军队作战的基本用图,是进行规划设计、调查和填图的工作底图。地形图只是地图"大家族"中的一员。

二、比例尺

(一)比例尺的定义

图上任一线段的长度 d 与地面上对应线段的实际水平距离 D 之比,称为地图比例尺。计算方法见式(7-1),M 称为比例尺分母。

$$\text{比例尺}=\frac{\text{图上距离}(d)}{\text{实地相应水平距离}(D)}=\frac{1}{D/d}=\frac{1}{M} \tag{7-1}$$

(二)比例尺系列

我国地形图比例尺系列包括1:100万、1:50万、1:25万、1:10万、1:5万、1:2.5万、1:1万、1:5 000、1:2 000、1:1 000、1:500等,随着科学技术的发展,基于空天地海平台立体化、实时化、自动化、网络化、智能化测绘的精度越来越高,呈现地图的媒介越来越丰富,多分辨率无级"缩放"地图的能力越来越强,比例尺在数字地图表达上的作用将不明显,但在印刷地形图上仍将长期发挥作用。

城市规划建设、自然资源管理常用的比例尺包括1:500、1:1 000、1:2 000、1:5 000。通常把1:500、1:1 000、1:2 000的比例尺称为大比例尺,1:5 000、1:1万、1:2.5万、1:5万、1:10万的比例尺称为中比例尺,1:25万、1:50万、1:100万的比例尺称为小比例尺。不同比例尺的地形图有不同的用途。大比例尺地形图多用于工程建设的规划和设计,中、小比例尺地形图多为国防、国民经济建设管理服务。

比例尺为1:500、1:1 000、1:2 000的地形图,主要使用全站仪、GNSS RTK、无人机等仪器设备进行测量,是采用计算机制图的方法绘制的;比例尺为1:5 000的地形图一般由1:500、1:1 000的地形图缩编而成;大面积1:500~1:5 000的地形图优先选用航空摄影测量方法成图。中比例尺地形图为国家的基本地图,1:1万的地形图由省级基础测绘部门负责测绘,其他中比例尺地形图由国家基础测绘部门和军队测绘部门负责测绘,成图方法多为航空摄影测量。小比例尺地形图由中比例尺地图缩编而成。

【小贴士】

地图比例尺的大小是以比例尺的比值来衡量的，它的大小与分母值成反比，分母值大，则比值小，比例尺就小，地面缩小倍率大，地图内容就概略；分母值小，则比值大，比例尺就大，地面缩小倍率小，则地图内容就越详细。

若已知地形图的比例尺，则可根据图上两点之间的距离求得相应的实地水平距离；反之，也可根据实地水平距离求得相应的图上距离。

【例 7-1】　已知实地直线水平距离为 100 m，则 1∶1 000 地形图上相应长度为：$d=D/M=100\ \text{m}/1\ 000=0.1\ \text{m}=10\ \text{cm}$。

【例 7-2】　已知 1∶500 地形图上一直线长度为 8 cm，则其实地长度为：$D=dM=8\ \text{cm}\times 500=4\ 000\ \text{cm}=40\ \text{m}$。

【例 7-3】　若已知图上 12 cm 相当于实地长 240 m，则其地图比例尺为：$\frac{1}{M}=\frac{12\ \text{cm}}{240\times 100\ \text{cm}}=\frac{1}{2\ 000}$

【例 7-4】　若 1∶2 000 比例尺地形图上面积为 2.5 cm^2 的方形地块，开挖 5 m 深的基坑，可计算出开挖土方量为 $2.5\times 20\ \text{m}\times 20\ \text{m}\times 5\ \text{m}=5\ 000\ \text{m}^3$。

（三）比例尺精度

一般来说，正常人的眼睛只能清楚地分辨出图上大于 0.1 mm 的两点间的距离，这种相当于图上 0.1 mm 的实地水平距离称为比例尺的精度。比例尺精度可用下式表示

$$\delta = 0.1\ \text{mm}\cdot M \tag{7-2}$$

式中：M 为地图比例尺分母。

比例尺的精度决定了与比例尺相应的测图精度，如 1∶10 000 比例尺精度为 1 m，在测绘 1∶10 000 地形图时，只需准确到整米即可，更高的精度是没有意义的；也可以按照用户要求的精度确定测图比例尺。如某工程设计要求在图上要能显示出 0.1 m 的精度，则测图比例尺不应小于 1∶1 000。

比例尺精度可用式（7-2）表示。利用该公式求得几种常见比例尺地形图的精度，见表 7-2。

表 7-2　常见比例尺地形图精度

比例尺	1∶1 000	1∶2 000	1∶5 000	1∶10 000	1∶25 000
比例尺精度/m	0.1	0.2	0.5	1.0	2.5

【小贴士】

由比例尺精度可知，地图比例尺愈大，表示地物和地貌的情况愈详细，误差愈小，图上量测精度愈高；反之，表示地面情况就愈简略，误差愈大，图上量测精度愈低。应当以精度“必须够用”为原则来选取比例尺，不能片面追求地图精度而增大测图比例尺，来追加投资、增加工作量，也不能因经费不足牺牲地形图精度而缩小测图比例尺。

【例 7-5】　如果规定在地形图上应表示出的最短距离为 0.2 m，则测图比例尺最小为多大？

解：

$$\delta=0.1\ \text{mm}\times M$$

$$\frac{1}{M}=\frac{0.1\ \text{mm}}{\delta}=\frac{0.1\ \text{mm}}{200\ \text{mm}}=\frac{1}{2\ 000}$$

【例7-6】　某工程用图,要求图上能显示出大于7 cm的水平长度,试确定最小测图比例尺。

解:由于 $M=\delta/0.1\ \text{mm}=7\ \text{cm}/0.1\ \text{mm}=700$

测图比例尺应大于1:700,实际采用1:500。

(四)比例尺的分类

比例尺分为数字比例尺、文字比例尺、图示比例尺三种形式。

1. 数字比例尺

数字比例尺是用分子为1的分数表示的比例尺。数字比例尺可写成比的形式,如1:1 000,也可以写成1/1 000。在地形图上以数字比例尺的形式注记在地形图南图廓下方正中处,如图7-1所示。

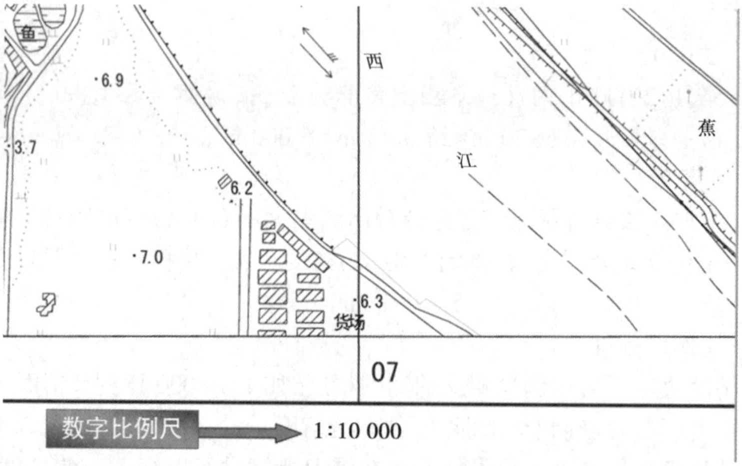

图7-1　数字比例尺

2. 文字比例尺

文字比例尺是在地图上用文字直接写出地图上1 cm代表实地距离多少千米,如图上1 cm相当于地面距离10 km,用文字比例尺表示为一比一百万,或简称百万分之一,也可用"图上1 cm相当于实地10 km"等。

表达比例尺的长度单位在地图上通常以cm计,在实地上以m或km计。例如,常常用"图上1 cm相当于实地××m(或km)"来表示比例尺,涉及海图时,实地距离则常以海里(mile)计。

3. 图示比例尺

图示比例尺又称图解比例尺,是由线段组合成的图解形式比例尺,或者说是用图形加注记的形式表示的比例尺。地形图上常用的图示比例尺有直线比例尺、斜分比例尺、地图投影比例尺等,通常在图上数字比例尺下方绘制图示比例尺。

1)直线比例尺

直线比例尺是以直线段形式标明图上线段长度所对应的地面距离,其作用是用图方便,以及避免图纸伸缩而引起的误差,如图7-2所示。但是直线比例尺只能量测到基本单位长度的1/10,要量测到基本单位长度的1/100,需要采用斜分比例尺。

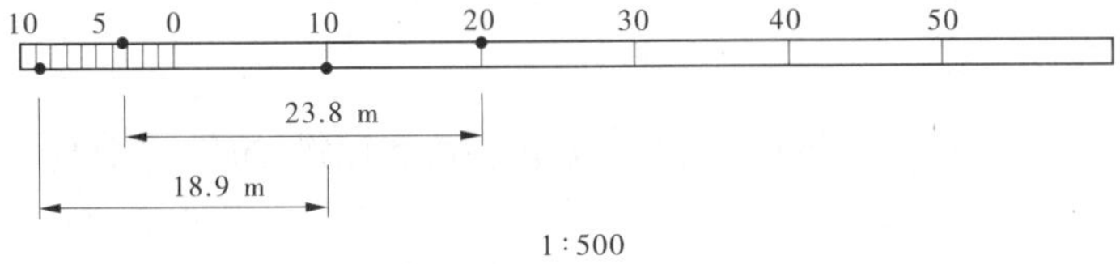

图 7-2 直线比例尺

2）斜分比例尺

如图 7-3 所示，斜分比例尺又称复式比例尺，它是直线比例尺的一种扩展，它弥补了直线比例尺精度不高的缺点，是根据相似三角形原理制成的，通常制作在受温度影响较小的金属板上。复式比例尺的精度为最小格值的 1/10，估读到最小格值的 1/100。在使用该尺时，先在图上用两脚规卡出欲量线段的长度，然后到斜分比例尺上去比量。比量时应注意：每上升一条水平线，斜线的偏值将增加 0.01 基本单位；两脚规的两脚务必位于同一水平线上。

图 7-3 中两脚规①量测的数据 = 100+80 = 180（m），两脚规②量测的数据 = 100+60+3 = 163（m）。

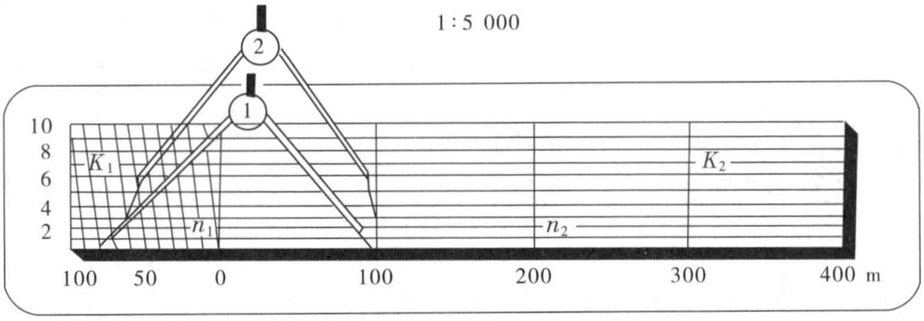

图 7-3 斜分比例尺

【小贴士】

图示比例尺的优点在于：

（1）从图上直接量算地面长度，或将地面上长度转绘到图上只需要在图上直接量测，不需要计算。

（2）受纸张变形及复印变形的影响相对较小。

（3）地图上通常采用几种形式配合来表示比例尺，最常见的是数字比例尺和直线比例尺配合使用；1∶500、1∶1 000 和 1∶2 000 大比例尺地形图只注明数字比例尺，不注明直线比例尺。

（五）比例尺的选择

地形图的比例尺根据工程的设计阶段、规模大小和运营管理需要，可按表 7-3 选择。

表 7-3 测图比例尺的选用

比例尺	用途
1∶5 000	可行性研究、总体规划、厂址选择、初步设计等
1∶2 000	可行性研究、初步设计、矿山总图管理、城镇详细规划等

续表 7-3

比例尺	用途
1:1 000	初步设计、施工图设计,城镇、工矿总图管理,竣工验收等
1:500	

注:对于精度要求较低的专用地形图,可按小一级比例尺地形图的规定进行测绘或利用小一级比例尺地形图放大成图。

三、图幅元素

(一)图幅元素

地形图的图幅元素是决定地形图位置、大小和范围的一组数据,是地形图的基本数据。

1. 按经差、纬差划分的地形图的图幅元素

如图 7-4 所示,地形图图幅元素包括以下内容:

图廓点的经度、纬度:(L_1,B_1)、(L_2,B_2)、(L_3,B_3)、(L_4,B_4);

图廓点高斯平面坐标:(X_1,Y_1)、(X_2,Y_2)、(X_3,Y_3)、(X_4,Y_4);

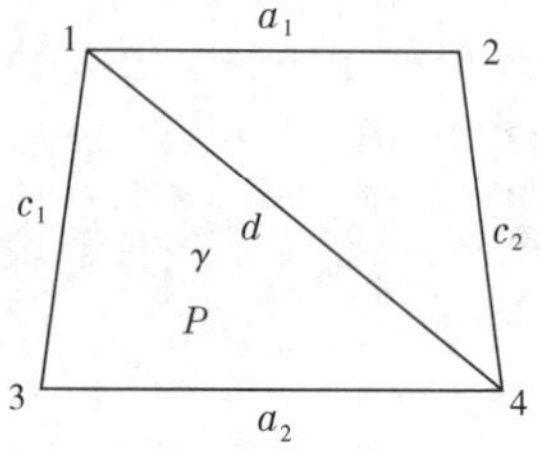

图 7-4　地形图的图幅元素

图廓线长:a_1、a_2、c_1、c_2;

图廓对角线长:d;

图幅四个图廓点的平均子午线收敛角:γ;

图幅的实地面积:P。

图幅的实地面积取决于地形图的位置。纬度相同的同比例尺图幅其实地面积相等。图幅元素利用计算机程序自动计算,以前用“高斯-克吕格坐标表”查图幅元素。

2. 矩形分幅的图幅元素

图廓点的高斯平面坐标:(X_1,Y_1)、(X_2,Y_2)、(X_3,Y_3)、(X_4,Y_4);

图廓线长:a、b。

矩形分幅的同比例尺、同分幅标准的图幅实地面积相等。

(二)坡度尺

如图 7-5(a)所示,为便于在地形图上量测相邻两条等高线(首曲线或计曲线)间两点直线的坡度,通常在中、小比例尺地形图的南图廓外绘有坡度尺。坡度尺是按等高距与平距的关系 $d=h\tan\alpha$ 制成的。图 7-5(a)中,在底线上以适当比例定出 0°、1°、2°、…各点,并在点上绘垂线。将相邻等高线平距 d 与各点角值 α_i 按关系式求出相应平距 d_i。然后,在相应点垂线上按地形图比例尺截取 d_i 值定出垂线顶点,再用光滑曲线连接各顶点而成。应用时,用卡规在地形图上量取等高线 a、b 点平距 ab,在坡度尺上比较,即可查得 ab 的角值约为 1°45′。

(三)三北方向线

如图 7-5(b)所示,用真北、磁北和坐标北之间的子午线收敛角、磁偏角绘制而成的图是三北方向图。地形图上绘制的三北方向图指地形图中央一点的三北方向图。中、小比例尺地形图通常绘在南图廓线外,一般绘在坡度尺的右方,当坡度尺绘在东图廓线右下方时,三

北方向线一般绘在坡度尺的上方。利用三北方向图,可对图上任一方向的真方位角、磁方位角和坐标方位角进行相互换算。

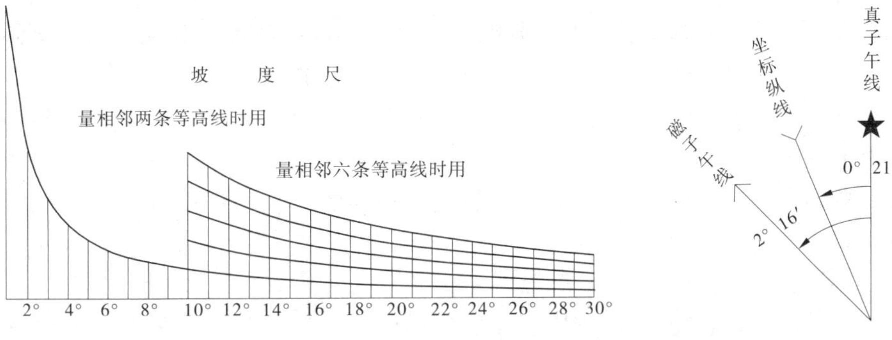

(a)坡度尺 (b)三北方向线

图 7-5 坡度尺与三北方向线

四、图式符号

(一)地形图符号及其分类

大比例尺地形图图式中有 8 大类共 400 多个符号(注记除外),表示着地面上千姿百态、千差万别的物体,如房屋、道路、河流、森林、湖泊等,其类别、形状和大小及其在地图上的位置,都是用规定的符号来表示的。

如图 7-6 所示,按照符号的形状不同,地形图符号分为点状符号、线状符号、面状符号。按照符号与实地物体的比例关系可将地形图符号分成依比例符号、不依比例符号、半依比例符号。

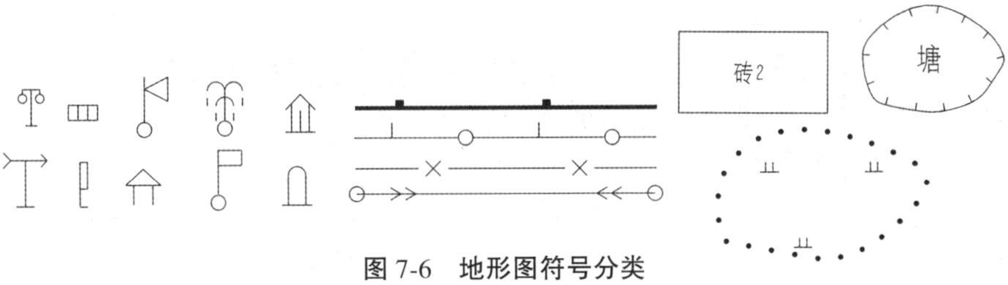

图 7-6 地形图符号分类

1. 依比例符号

依比例符号又叫真形符号或轮廓符号,主要是面状符号,以保持物体平面轮廓形状的相似性为特征,轮廓位置准确,如房屋、运动场、田地、森林、海洋、湖泊、草地、沼泽地,以及某些较大的建筑设施等。这些轮廓较大的地物,能按比例尺把它们的形状、大小和位置缩绘在图上,称为比例符号。这类符号表示出地物的轮廓特征。

依比例符号由轮廓和填充符号组成,轮廓表示面状物体的真实位置与形状,其线划有实线、虚线和点线之分,分别表示位置明显的、准确而无实物的和不明显的界线,如岸线、境界线和地类界。填充符号只起说明物体性质的作用,不表示物体的具体位置,是一种配置性的符号,有时还要加注文字或数字以说明其质量或数量特征,如森林符号。水域在出版图上涂以蓝色,不再填充符号,但在地形单色原图上不作填充。

2. 不依比例符号

不依比例符号又叫点状符号或独立符号,以不保持物体的平面轮廓形状为特征,只表示该地物在图上的点位和性质。这些独立地物实在太小,无法将其形状和大小按比例画到图上,按比例缩绘在图上只能是一个点,所以采用一种统一规格、概括形象特征的象征性符号表示,如控制点、路灯、消防栓、独立树、水井等,这种符号称为非比例符号,只表示地物的中心位置,不表示地物的形状和大小。在大比例尺测图时,有些独立地物仍然可以按比例描绘其轮廓,则必须如实测绘,再在其中适当位置绘一独立符号。由此可见,独立符号有时可作填充符号。

3. 半依比例符号

半依比例符号是指物体的长度按比例描绘而宽度不按比例描绘的符号,在实地上大都是一些狭长的线状物体,又称为线状符号。如河流、道路、通信线、管道、垣栅等,其长度可按测图比例尺缩绘,而宽度无法按比例表示,这种符号一般表示地物的中心位置,如城墙和垣栅等,其准确位置在其符号的底线上。但在某些较大比例尺的测图中,有时铁路、公路的宽度也可以依比例尺表示,则成为依比例表示的符号。

4. 注记符号

对地物加以说明的文字、数字或特定符号,称为地物注记。如地区、城镇、河流、道路名称,江河的流向、道路去向及林木、田地类别等说明。

【小贴士】

依比例、半依比例或不依比例符号没有绝对的概念,同一地物可能同时用两类符号表示,例如,河流的发源端绘成半依比例的单线,到中游和下游则逐渐变成依比例的双线河;同一地物在不同比例尺的图上可能用不同类的符号表示,如独立房屋有时是不依比例的独立符号,而在更大比例尺的测图中却可依比例描绘。

(二)地形图符号的定位和定向

各种图式符号中的哪一点代表实际地物的真实位置,符号按什么方向描绘,这就是地形图符号的定位和定向问题,图式中均有明确的规定。

1. 不依比例符号的定位

不依比例符号是以符号的“主点”和与之相对应的地物垂直投影后“中心点位”相重合为特征的,而独立符号是由几何图形组成的,既有单个的几何图形,也有复合而成的几何图形。因此,图形的“主点”就是定位点(见图 7-7),其基本法则如下:

定位点	独立地物示例	
图形中心	污水箅子	电力检修井
底部中心	窑洞	亭子
直角顶点	路标	针叶独立树

图 7-7 不依比例符号的定位点

(1)带点的符号,如三角点、亭子、窑等的中心点就是主点。

(2)具有典型的几何形状的符号,如电杆、石油井、抽水机站、粮仓等其几何中心就是“主点”。

(3)具有宽底的符号,如水塔、环保检测站、散坟等,其底线中心即为“主点”。

(4)底部成直角状的符号,如独立树、路标等,其直角顶点即为“主点”。

(5)底端为缺口的符号,如城门、山洞等,其缺口底端中心即为“主点”。

2. 半依比例符号的定位

半依比例符号大多为线状符号,是以符号的“主线”与相应地物投影后的中心线位置相重合为特征的(见图 7-8),确定符号主线的法则如下:

类别	定位线	符号及名称	类别	定位线	符号及名称
对称符号	在中心线上	公路 铁路	不对称符号	在底线上或缘线上	城墙 陡坎

图 7-8　依比例符号的定位线

(1)单线符号,如人行小路、单线河、栏杆、地类界、岸线等,线划本身就是“主线”。

(2)对称性的双线符号,如公路、铁路、土堤和岸垄等,其中心线就是“主线”。

(3)非对称性的双线符号,如城墙、陡岸等,其底线或缘线就是“主线”。主线就是野外采样时必须确定的位置,直线由两点联结之,曲线由多点逼近光滑而得到。

3. 符号的定向

不依比例符号在描绘时必须遵守定向法则。通常分为按标定方位定向和按地物的真方位定向两种情况,前者称为定向符号,后者称为变向符号(见图 7-9)。在野外数据采集时,定向符号只要测定定位参数即可,而变向符号还必须增加一个定向参数。

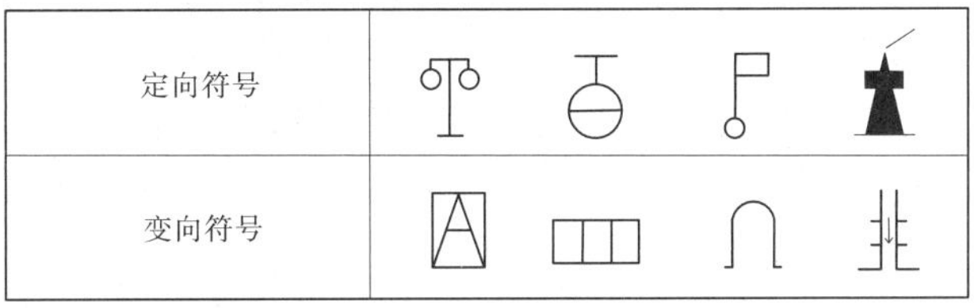

图 7-9　符号的方向

1)定向符号

不管实际地物的真实方向如何,其符号始终按垂直于南图廓线描绘,独立地物符号多数为定向符号,且多为突出地面的地物。

2)变向符号

符号方向必须按地物的实际方向描绘,如窑洞、独立房、山洞、城门、城楼、地下建筑物的地表出入口、斜井井口、平峒洞口,以及与风向有关的沙丘地貌等。

3)土质和植被符号的配置

(1)整列式:按一定行列配置,如苗圃、草地、稻田等。

(2)散列式:不按一定行列配置,如有林地、灌木林、石块地等。

(3)相应式:按实地疏密或位置配置,如疏林、散树、独立树等。

当土质或植被面积较大时,其符号间隔可放大1~3倍描绘;在能表示清楚的原则下,也可采用注记的方法表示;还可将图中最多的一种省绘符号,图外加附注说明,但一幅图或一批图应统一。

4)道路符号

如图7-10所示,以虚实线表示的符号(大车路、乡村路等),按光线法则描绘,其虚线绘在光辉部。实线绘在暗影部,一般在居民地、桥梁、渡口、徒涉场、山洞、涵洞、隧道或道路相交处变换虚实线方向。

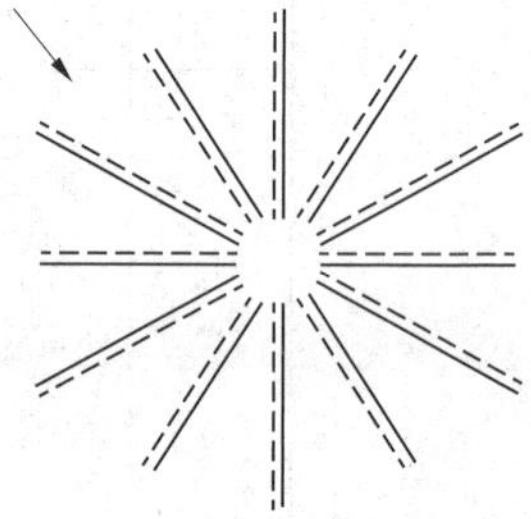

图7-10　道路表示的光线法则

(三)地形图注记

地形图上用的文字、数字或特定的符号是对地物、地貌性质、名称、高程等的补充和说明,称为地形图注记。如图上注明的地名、控制点编号、河流的名称等。注记是地形图的主要内容之一,注记的恰当与否,与地形图的易读性和使用价值有着密切关系。

1. 地形图注记的种类

地形图上各种要素除用符号、线划、颜色表示外,还须用文字和数字来注记,既能对图上物体作补充说明,成为判读地形图的依据,又弥补了地形符号的不足,使图面均衡、美观,并能说明各要素的名称、种类、性质和数量,它直接影响着地形图的质量和用图的效果。

注记种类可分为专有名称注记、说明注记和数字注记。专有名称注记是表示地面物体的名称,如居民地、河流及森林等名称;说明注记是对地物符号的补充说明,如车站名、码头名、公路路面所用的材料等;数字注记是说明符号的数量特征,如地面点的高程、河流的水位、建筑物的层高等。

地形图上的注记除了具有上述意义,在某种情况下还起到符号的作用,如可根据居民地的注记字体不同,来表示隶属于城市的镇或村庄。根据字体的大小,可了解其居民地的大小和行政划分;根据变形字,可领会河流、湖泊的通航情况和山地中的山名,如山顶、山岭或山脉的名称等,这些注记弥补了地形符号表达不全面的不足,丰富了地形图的内涵。

2. 注记字体

地形图上注记所用的字有数字、汉语拼音字母和外文字母及汉字等。字体有宋体、等线体、仿宋体、隶体等。字形有正体、扁体、长体、左斜体、右斜体和耸肩体等,地形图中采用什么字体,在图式中有明确的规定。

1)汉字的书写

基本要求:重心稳定、左右对称、长短适度、布白均匀、分割恰当、充满字格。

2)数字

数字有等线体和楷体两种,这两种又各有正体和斜体的区别。等线体数字的笔画粗细相同,楷体则粗细分明。

数字笔画的结构是由直线或曲线组成的,一般分三种:

①笔画由直线和近似直线组成的数字,如1、4、7。

②笔画由曲线和直线组成的数字,如2、5。

③笔画由曲线所组成的数字,如0、8、3、6、9。

3)汉语拼音字母

汉语拼音字母分大写和小写两种,字体有等线体与楷体。每种字体又分为正体和斜体两种。

3. 注记基本要求与规则

1)基本要求

(1)主次分明:大的地物或宽阔的轮廓表面,应采用较大的字号;小的地物或狭小的轮廓表面,则采用较小的字号,以分清等级主次,使注记发挥其表现力。

(2)互不混淆:图上注记要能正确地起说明作用。当注记稠密时,位置应安排恰当,不能使甲地注记所代表的物体与乙地注记所代表的物体混淆,导致图的表示内容发生错误。

(3)不能遮盖重要地物:图上注记要想完全不遮盖一点地物是不容易做到的,但应尽量避免,不得已时可遮盖次要地物的局部,以免影响地形图的清晰度。

(4)整齐美观:文字、数字的书写要笔画清楚、字形端正、排列整齐,使图面清晰易读,整洁美观。

2)注记规则

地形图上所有注记的字体、字号、字向、字间隔、字列和字位均有统一规定。

字体,在大比例尺地形图上是以不同字体来区分不同地物、地貌的要素和类别的。如在1:500~1:2 000比例尺地形图上,镇以上居民地的名称均用粗等线体,镇以下居民地的名称及各种说明注记用细等线体,河流、湖泊等名称用左斜宋体,山名注记用长中等线体,各种数字注记用等线体。注记字体应严格执行《国家基本比例尺地图图式 第1部分:1:500 1:1 000 1:2 000 地形图图式》(GB/T 20257.1—2017)的规定。

字的大小,在一定程度上反映被注记物体的重要性和数量等级。选择字号时应以字迹清晰和彼此易于区分为原则,尽量不遮盖地物。字的大小是以容纳字的字格大小为标准的,以mm为单位。正体字格以高或宽计;长体字格以高计;扁体和斜体以宽计。同一物体上注记字体的字大小应相等;同一级别各物体注记字体的字大小也应相等。

字向是指注记文字立于图幅中的方向,或称字顶的朝向。图上注记的字向有直立和斜立两种形式。地形图上的公路说明注记,河宽、水深、流速等注记,等高线高程注记随被注记方向的变化而变化,其他注记字的字向都是直立的。

4. 注记的布置

地形图上注记所采用的字体、字号,要按相应比例尺图式的规定注写;而字向、字隔、字列和字位的配置,应根据被注记符号的范围大小、分布形状及周围符号的情况来确定,基本配置原则:注记应指示明确,与被注记物体的位置关系密切;避免遮盖重要地物。如铁路、公路、河流及有方位意义的物体轮廓,居民地的出入口、道路和河流的交叉或转弯点,以及独立符号和特殊地貌符号等。

1)专有名称注记

(1)居民地注记。镇以上居民地名称用粗等线体;镇以下居民地名称用细等线体(1:2 000 地形图中)。注记的大小,依居民地的等级、大小来确定。居民地注记的字列一般采用水平字列,注在居民地的右方或上方;也可根据居民地的分布情况,选用垂直或雁行字列。注记的字隔,依居民地平面图形的形状和面积大小而定,要求注记能表示被注记的整个范围。多使用普通字隔,若使用隔离字隔,应使各字间隔相等。

(2)道路注记。城镇居民地内的街道名称注记用细等线体,字的大小可根据路面宽度而定。字隔为隔离字隔,沿街道走向排列,注记在街道中心。铁路、公路的名称,一般在图内不注记。若用图单位有要求的,可注出。公路符号在图上每隔 15~20 cm 注出路面材料和路面宽。当比例尺大于 1:2 000 时,只注路面材料。

(3)水系注记。水系名称采用左斜宋体注记。河流与运河的名称,通常以隔离字隔和雁行字列注记在水系的内部;较窄的双线河,注在水涯线的上方或右侧,但不能遮盖水涯线或沿岸的重要地物符号。字隔的大小可视河流长短而定。短的河流,应注记在河流的中段,长的河流,则每隔 15~20 cm 重复注记。

(4)山名注记。山顶的名称采用长中等线体注记,接近字隔,水平字列,注记在山头的上方,高程注记在右方。有时为避免遮盖山头等高线,也可注记在其右方或右下方,高程则注记在左方或下方。如果同一名称的各山顶不在同一图幅内,可分别注出。

山岭、山脉名称用耸肩等线体,隔离字隔和雁行字列,顺着山岭或山脉的延伸方向注记在中心线位置上。在小比例图上,较长的山脉与较长的河流一样也要重复注记。注记字向为直立字向。

2)说明注记

符号旁的说明注记,用细等线体接近字隔,以水平字列为主,注记在符号的轮廓内部或符号的适当位置。但必须紧靠符号,使所注的文字能说明其符号。

3)数字注记

高程注记用直立等线体的阿拉伯数字,接近字隔,水平字列,一般注记在测定点的右侧。有时为避免遮盖其他符号,也可注记在左边或左上方。

等高线注记是用来标注等高线高程的,一般注记在计曲线上。但在等高线稀疏处,也可注记在首曲线上。

等高线的高程注记应沿着等高线斜坡方向注出,字位应选在斜坡的凸棱上,数字的中心线应与等高线方向一致,字头朝向山顶,并中断等高线。应避免字头倒立、遮盖主要地貌形态或重要地物。

任务二　地形图分幅与编号

为便于地形图的存储、检索和使用,需将测区分成小块进行测绘拼接。这种在测区进行的分块称为地形图的分幅,对每幅地形图给一个代号,称为地形图的编号,相当于身份证号。

地形图的分幅可分为两种:一是按经纬度进行分幅,称为梯形分幅法,一般用于中小比例尺地形图分幅;二是按平面直角坐标进行分幅,称为矩形分幅法,一般用于大比例尺地形图分幅。

一、梯形分幅与编号

(一)分幅与编号的基本原则

(1)由于分带投影后,每带为一个坐标系,地形图的分幅必须以投影带为基础、按经纬度划分,且尽量用“整度、整分”的经差和纬差来划分。

(2)为便于测图和用图,地形图的幅面大小要适宜,不同比例尺的地形图幅面大小要基本一致。

(3)为便于地图编绘,小比例尺的地形图应包含整幅的较大比例尺图幅。

(4)图幅编号应能反映不同比例尺间的联系,以便进行图幅编号与地理坐标间的换算。

(二)分幅与编号的方法

我国基本比例尺地形图包括 1:100 万、1:50 万、1:25 万、1:10 万、1:5万、1:2.5 万、1:1万、1:5 000、1:2 000、1:1 000 和 1:500。梯形分幅统一按经纬度划分,编号方法有两种,一是传统的编号方法,二是有利于计算机管理的新编号方法。

1. 传统分幅与编号

基本比例尺地形图的分幅,都是以 1:100 万分幅为基础来划分的。

1)1:100 万地形图的分幅与编号

1:100 万比例尺地形图的分幅与编号采用“国际分幅编号”。如图 7-11 所示,将整个地球从经度 180°起,自西向东按 6°经差分成 60 个纵列,自西向东依次用数字 1、2、…、60 编列数;从赤道起分别由南向北、由北向南,在纬度 0°~88°的范围内,按 4°纬差分成 22 个横行,依次用大写字母 A、B、C、…、V 表示。

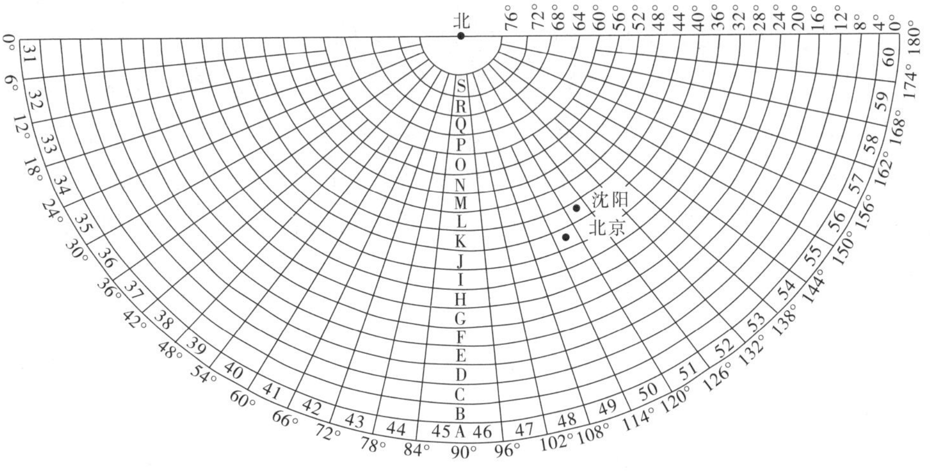

图 7-11　1:100 万的分幅与编号

1:100 万比例尺地形图的编号以“横行-纵列”的形式来表示。例如,郑州所在国际 1:100 万地形图的编号为 1-49。

纵列号与 6°带带号之间有下列关系式:纵列号=带号±30。

当图幅在东半球时,取"+"号;在西半球时,取"-"号。由于我国位于东半球,故纵号与带号的关系式为:纵列=带号+30。

2)1:50 万、1:25 万、1:10 万地形图的分幅与编号

如图 7-12 所示,1:50 万、1:25 万、1:10 万地形图的分幅和编号都是在 1:100 万地形图的分幅与编号基础上进行的。

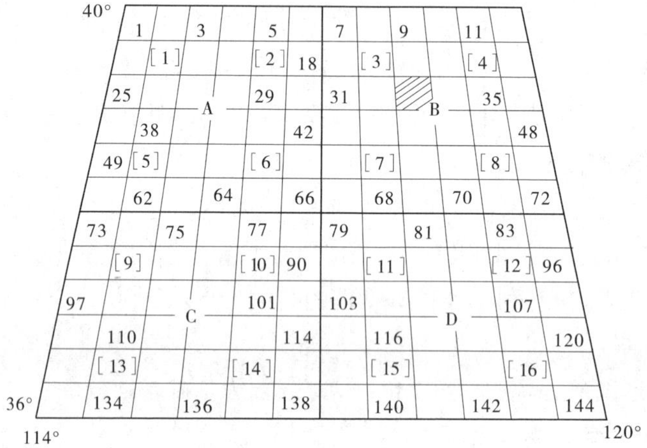

图 7-12　1:50 万、1:25 万、1:10 万地形图的分幅与编号

将一幅 1:100 万地形图按经差 3°、纬差 2°等分成(2 行×2 列)4 幅,每幅为 1:50 万地形图,从左向右、从上向下分别以 A、B、C、D 表示。

将一幅 1:100 万地形图按经差 1.5°、纬差 1°等分为(4 行×4 列)16 幅,每幅为 1:25 万地形图,从左向右、从上向下分别以 [1]、[2]、[3]、…、[16]表示。

将一幅 1:100 万地形图按经差 30′、纬差 20′等分为(12 行×12 列)144 幅,每幅为 1:10 万地形图,从左到右,从上向下分别以 1、2、3、…、144 表示。

1:50 万、1:25 万、1:10 万地形图的分幅与编号是在 1:100 万地形图的编号上加上本幅代码构成的。如某地所在的 1:50 万地形图、1:25 万地形图和 1:10 万地形图的编号分别为 I-49-B、I-49-[8]和 I-49-48。

3)1:5万、1:2.5 万地形图的分幅与编号

将一幅 1:10 万地形图,按经差 15′、纬差 10′等分成(2 行×2 列)4 幅,每幅为 1:5万的地形图,分别以代码 A、B、C、D 表示。

再将一幅 1:5万地形图,按经差 7′30″、纬差 5′等分成(2 行×2 列)4 幅,每幅为 1:2.5 万的地形图,分别以代字 1、2、3、4 表示。

1:5万、1:2.5 万地形图的编号是在前一级图幅编号上加上本幅代字,如某地 1:5万、1:2.5 万地形图的编号分别为 I-49-48-C,I-49-48-C-4。

4)1:1万、1:5 000 地形图的分幅与编号

1:1万地形图是在 1:10 万地形图的基础上进行分幅和编号的。将一幅 1:10 万地形图,

按经差3′45″、纬差2′30″等分成(8行×8列)64幅,每幅为1:1万地形图,分别以(1)、(2)、(3)、…、(64)表示。1:1万地形图的编号是在1:10万地形图的编号上加上本幅代码,如I-49-48-(64)。

将一幅1:1万地形图,按经差1′52.5″、纬差1′15″等分成(2行×2列)4幅,每幅为1:5 000地形图,分别以a、b、c、d表示。1:5 000地形图的编号是在1:1万地形图的编号上加上本幅代码,如I-49-48-(64)-d 。

图7-13是梯形分幅各种比例尺关系导图,表7-4是1:100万~1:5 000各种比例尺对应关系,表7-4是国家基本比例尺分幅对应关系一览表。

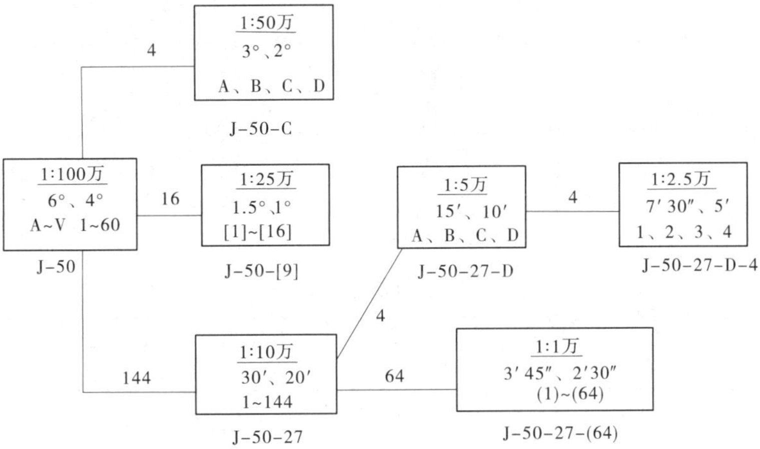

图7-13　梯形分幅各种比例尺关系导图

表7-4　国家基本比例尺分幅对应关系

比例尺		1:100万	1:50万	1:25万	1:10万	1:5万	1:2.5万	1:1万	1:5 000
图幅	经差	6°	3°	1°30′	30′	15′	7′30″	3′45″	1′52.5″
	纬差	4°	2°	1°	20′	10′	5′	2′30″	1′15″
行列数量关系	行数	1	2	4	12	24	48	96	192
	列数	1	2	4	12	24	48	96	192
图幅数量关系		1	4	16	144	576	2 304	9 216	36 864
			1	4	36	144	576	2 304	9 216
				1	9	36	144	576	2 304
					1	4	16	64	256
						1	4	16	64
							1	4	16
								1	4

2. 新的梯形分幅与编号

新的地形图图幅分幅方法仍以1:100万图幅为基础划分,各种比例尺图幅的经差和纬差也不变,其编号是在1:100万图幅编号的基础上按该地形图比例尺代码和该图幅在1:100万地形图上的行、列编号的,比例尺代码如表7-5所示。

表7-5　地形图比例尺代码

比例尺	1:50万	1:25万	1:10万	1:5万	1:2.5万	1:1万	1:5 000
代码	B	C	D	E	F	G	H

1:100万比例尺地形图新的编号由“横行纵列”组成。如原图号I-49的图幅的新图号为I49。除1:100万外,其他比例尺地形图的图幅编号均由10位字母数字串组成的代码构成,如表7-6所示。其中,第一位是该图幅所在的1:100万图幅的横行号,第二、三位是该图幅所在的1:100万图幅的纵列号,第四位是比例尺代码,新的图幅编号后6位是该图幅在1:100万图幅中所处的行列位置,各用三位表示图幅在1:100万图幅中的行号和列号,不够三位时前面补0。如某地所在的1:50万地形图,其1:100万图幅的横行号为I、纵列号为49,1:50万地形图的比例尺代字为B,该图幅在1:100万图幅中位于第1行、第2列,故该图幅的新编号为I49B001002。

表7-6　新的图幅编号写法

行号	列号	比例尺代码	横	行	号	纵	列	号

若要根据某点的经纬度来求取所在1:100万图幅中的行号和列号,可根据经差和纬差用公式计算求得。设图幅在1:100万图幅中的位置行为C,列为D,则计算公式为

$$\left.\begin{aligned} C &= \frac{4^\circ}{\Delta B} - \mathrm{int}\,\frac{\mathrm{mod}\,\dfrac{B}{4^\circ}}{\Delta B} \\ D &= \left(\mathrm{int}\,\frac{\mathrm{mod}\,\dfrac{L}{6^\circ}}{\Delta L}\right) + 1 \end{aligned}\right\} \tag{7-3}$$

式中:L、B分别为某点的经纬度;ΔL、ΔB为相应图幅比例尺的经差、纬差;int表示取整数运算;mod表示取余数运算。

很容易用计算机算出该比例尺地形图在1:100万比例尺地形图中的行列号C、D;也容易根据某地的经纬度检索需要比例尺地形图的编号,供用图单位到测绘资料管理部门购买、调用地形图。

3. 各种比例尺地形图新旧图幅编号对照

各种比例尺地形图的经差、纬差,以及原图幅编号、新图幅编号示例如表7-7所示。

4. 接图表

接图表俗称“九宫格”,也叫图幅接合表,用于表示某图幅与其相邻图幅的邻接关系,如图幅J-48-32的相邻图幅如表7-8所示。

表 7-7 各种比例尺地形图的图幅大小及编号

比例尺	经差	纬差	原图幅编号	新图幅编号
1:100 万	6°	4°	I-49	I49
1:50 万	3°	2°	I-49-B	I49B001002
1:25 万	1.5°	1°	I-49-[8]	I49C002004
1:10 万	30′	20′	I-49-48	I49D004012
1:5万	15′	10′	I-49-48-C	I49E008023
1:2.5 万	7′30″	5′	I-49-48-C-4	I49F016046
1:1万	3′45″	2′30″	I-49-48-(64)	I49G032096
1:5 000	1′52.5″	1′45″	I-49-48-(64)-d	I49H064192

表 7-8 接图表

J-48-19	J-48-20	J-48-21
J-48-31	J-48-32	J-48-33
J-48-43	J-48-44	J-48-45

二、矩形分幅与编号

大比例尺地形图，主要指比例尺为 1:500、1:1 000、1:2 000 三种比例尺地形图，通常采用矩形或正方形分幅，是按平面直角坐标来划分的，编号则用图幅的图廓西南角坐标以 km 为单位表示。

矩形分幅按平面直角坐标划分，通常采用 40 cm×40 cm、40 cm×50 cm、50 cm×50 cm 成图规格，图幅编号的方法，通常采用图幅西南角坐标千米数为编号，x 坐标在前，y 坐标在后，中间用短横线连接，如 35.0—46.0。根据图幅的边长，1:500 比例尺图幅的坐标值取至 0.01 km，1:1 000 及 1:2 000 则取至 0.1 km。

地形图矩形分幅图幅的面积及尺寸如表 7-9 所示。

表 7-9 地形图矩形分幅图幅的面积及尺寸

比例尺	1:500	1:1 000	1:2 000	1:5 000
图幅标准	50 cm×50 cm	50 cm×50 cm	50 cm×50 cm	40 cm×40 cm
图幅实地边长	250 m×250 m	500 m×500 m	1 000 m×1 000 m	2 000 m×2 000 m
实地面积	0.062 5 km^2	0.25 km^2	1.0 km^2	4.0 km^2
1:5 000 图幅内的分幅数	64	16	4	1
1:2 000 图幅内的分幅数	16	4	1	
1:1 000 图幅内的分幅数	4	1		

大比例尺地形图图幅编号比较灵活,在编号时考虑的因素主要是测区图幅多少,图幅多可以正规一点,图幅少可以简单一点,但也应照顾到用图单位使用方便。

三、地形图的识读

(一)地形图外信息

根据地形图比例尺,图外信息的内容也不同,主要内容包括图名、图号、领属注记、邻接图幅接合表、保密等级、图例、测绘单位、测图方式和时间、比例尺、坡度尺、等高距、三北方向图等。

1. 图名、图号、接图表

如图7-14所示,图名一般取图幅中较著名的地理名称,注记在地形图的上方中央。图号即图幅编号,注记在图名下边。

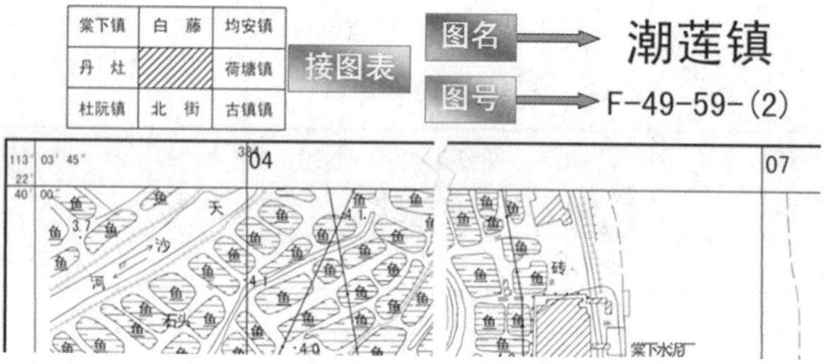

图7-14　图名、图号、接图表

邻接图幅结合表又称接图表(俗称“九宫格”),以表格形式注记该图幅的相邻8幅图的图名,便于查找到相邻图幅。

2. 坡度尺、三北方向图

坡度尺、三北方向图如图7-5所示。

3. 图廓与坐标格网

图廓线是地形图的范围线,图廓线的四个角点称为图廓点。地形图的图廓线分内图廓、分度线和外图廓。内图廓是图幅的实际范围线,分度带是图廓经纬线的加密分划,绘在内图廓上,形式不一,外图廓仅起装饰作用,如图7-15所示。

矩形图廓只有内、外图廓之分。内图廓为直角坐标格网线,外图廓用较粗的实线描绘。外图廓与内图廓之间的短线用来标记坐标值。如图幅编号为10.0-20.0的地形图,内图廓左下角的纵坐标为10.0 km,横坐标20.0 km。

4. 比例尺

南图框外中央均注有数字比例尺,数字比例尺下方绘出图示比例尺。1∶500、1∶1 000和1∶2 000大比例尺地形图,只注明数字比例尺,不注明直线比例尺。

5. 图外文字说明

文字说明是了解图件来源和成图方法的重要资料。通常在图的下方或左、右两侧注有文字说明,内容包括测图日期、坐标系、高程基准、测量员、绘图员和检查员等。

在图的右上角标注图纸的密级。一幅1∶1万地形图为秘密成果,一幅1∶5万地形图属于机密成果。一幅1∶500、1∶1 000、1∶2 000地形图也标注“秘密“字样,连续提供一定数量的

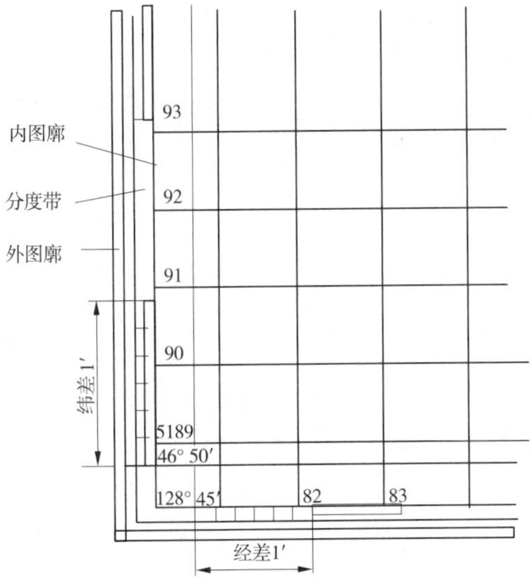

图 7-15 图廓与坐标格网

该类地形图,必须履行涉密程序。

6. 图例

为便于阅读地形图,中、小比例尺地形图的东图廓右线外右上区域,绘制常用的地形图图式符号。

(二)地形图图内信息

图内要素是指地物、地貌符号及相关注记等。在判读地物时,首先了解主要地物的分布情况,如居民点、交通线路及水系等。要注意地物符号的主次让位问题,如铁路和公路并行,图上是以铁路中心位置绘制铁路符号,而公路符号让位,地物符号不准重叠。在地貌判读时,先看计曲线再看首曲线的分布情况,了解等高线所表示出的地性线及典型地貌,进而了解该图幅范围总体地貌及某地区的特殊地貌。同时,通过对居民地、交通网、电力线、输油管线等重要地物的判读,可以了解该地区的经济社会发展情况。

识读地形图内各种信息,应当了解地形图图式符号,使用的数字地形图测绘软件需要建立一个符合国家或行业标准的、完整的地形图图式符号库。

地形图符号由点、线、几何图形及有关注记组成,它是测图者、用图者与地图沟通交流的语言,是地面信息在图纸上的集中表现。任何一个符号都具有形状、大小和颜色 3 个基本特征。

1. 符号的形状

地形图符号的形状(图形)是用于区别物体或现象的主要标志,其形状应力求与被表现的物体有神似或形似的关系,即具有会形或会意的特点,既便于区分又便于识别。由于地形图是平面图,与实地有一定的比例关系,而地面信息既有平面的或立体的实物,如水井和宝塔等;也有纯意象性的非实体,如境界、水流方向、等高线等。因此,地形图符号绝大部分是按照正射投影的原理构成缩小的平面图形,然后在平面图形内绘以补充标志(说明符号、说明注记和颜色等),以区别不同物体的性质或数量,按其形状特征可分为以下几种。

1)正形符号

正形符号以物体垂直投影后的几何形状表示,如图 7-16 所示中的居民地边界、湖泊边界等;单个的物体(简称独立地物)则以其投影后的象形图案表示,如粮仓、水井、独立房等。

2)侧视符号

侧视符号从物体一侧按正射投影后的抽象几何形状表示,一般都是独立物体,如图7-16中的水塔、突出树、烟囱等。

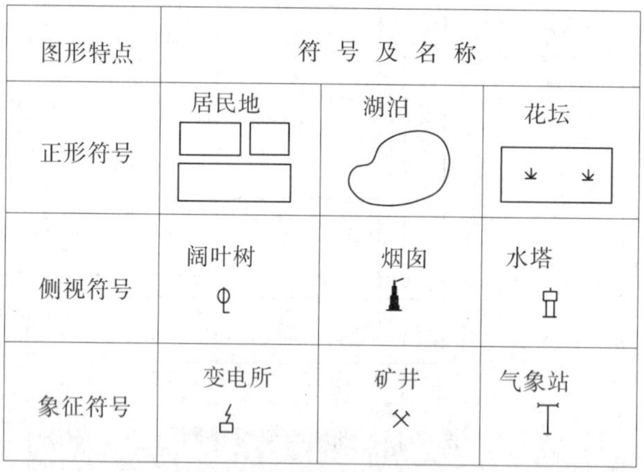

图7-16 符号的图形分类

3)象征符号

有些地物无论从垂直投影还是从侧面正射投影看,其形状均易雷同。例如,矿井的垂直投影有圆形的、方形的或线状的;就其作业方式也有竖井、斜井、平峒和小矿井等;就其作用而言,有正在开采的和废弃的。但"矿井"却是它们的共性。用一个象征性的符号,即两把交叉的采矿工具(铁镐)表示。其他如学校用"文"、卫生所用"+"等象征其作用。

4)会意符号

有些地物在地面上虽有位置,但无论用何种比例尺缩绘,它只能是一个点,如三角点、控制点等;有些地面信息只有概念而无实物,如境界只有境界标志而无境界线,诸如此类信息只能用会意符号表示。如用"△"表示三角点,名、实相符,而控制点和图根点符号则纯属会意的;国界线、省界线等只是按其重要程度用不同形式的线段加以区分。

5)注记符号

有些地物只从形状上还难以区分其性质,因此必须附加某些说明注记以示区别。例如,同是一个矿井符号,但要区分其为铜、铁、磷或煤,就必须在其旁加注相应的属性字。因此,不论是数字注记还是汉字注记,都可看成是地形图的符号之一。

2. 符号的大小

符号的大小特征也就是符号的尺寸特征,它与实地物体的大小和重要程度有关。重要的物体一般以大的符号和较粗的线划来描绘,如国界的线宽为0.8 mm,界碑点为直径1.0 mm的黑点;省界线宽为0.6 mm,界碑点直径为0.8 mm;又如公路用0.3 mm的粗线表示铺面宽,用两条0.15 mm的细线表示路基宽,如此等。

3. 符号的颜色

符号的颜色主要用以区别地物大类的基本性质,增强地形图的表现力,提高艺术效果,使之美观逼真,清晰易读。屏幕地形图用RGB颜色系统、印刷地图用CMYK颜色。由于目前我国的地形图一般只采用CMYK4色印刷,所以不能完全按物体的自然色表示出来,而只能按 4 大类分别表示：

黑色——表示人工物体，如居民地、道路、管线与垣栅、境界等。

蓝色——表示水系要素，如河流、湖泊、沟渠、泉、井等。

棕色——表示地貌与土质，如等高线、特殊地貌符号等。

绿色——表示植被要素，如森林、果园等。

需要指出的是，符号的颜色针对出版图而言，有的只用 3 色出版（用绿色表示水系而无蓝色）。但对于外业原图来说，一般都是用黑色描绘，特别是工程用的大比例尺地形图，通常并不公开出版，只是晒印蓝图，以供应用，当然，在自动绘图机上也是可以绘出多色图的。

任务三　碎部点测量

地物、地貌的平面轮廓由一些特征点所决定，这些特征点统称碎部点。传统的碎部测图方法主要有平板仪测图、经纬仪配合小平板测图等形式，其实质是图解法测图。数字测图是直接测定或解算出碎部点的空间位置（X, Y, H），然后用规定的符号表示出来。在数字测图中，可以利用控制点根据实际情况选用不同的方法进行碎部测量，常用的碎部点测量方法有极坐标法、方向与直线相交法、方向交会法、正交内插法、导线法、距离交会法、直线内插法、对称点法等。

一、碎部点测量方法

（一）极坐标法

极坐标法是最基础也是最主要的碎部点测量方法。将仪器整置在测站点，目标棱镜竖在地形点上，无论是水平角还是竖直角均可用一个度盘位置测定。水平角观测实际上就是坐标方位角观测。

如图 7-17(a)所示，S 为测站点，用盘左照准某一已知点 K，安置水平度盘读数为该方向的坐标方位角 A_{SK}，然后松开度盘。测量时，当望远镜照准点 P 的目标棱镜时，则水平度盘上的读数即为该方向的坐标方位角 A_{SP}；与此同时，还可测得竖直角 α_P 和斜距 D'，如图 7-17(b)所示。

只要在数据终端中预先输入仪器高 i 和觇标高 v，当输入观测数据后，数据终端按式(7-4)计算 P 点的有关信息：

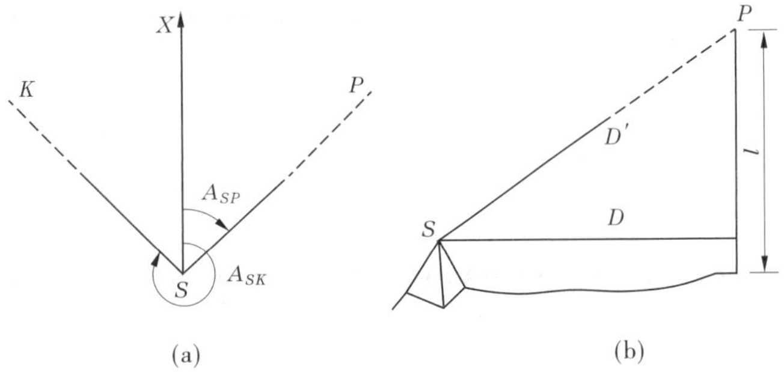

图 7-17　极坐标法

$$\left.\begin{aligned} X_P &= X_S + D\cos A_{SP} \\ Y_P &= Y_S + D\sin A_{SP} \\ H_P &= H_S + D\tan\alpha_P + i - v \end{aligned}\right\} \tag{7-4}$$

用全站仪测量碎部点时,需事先将仪器高和觇标高输入到仪器中,其显示的碎部点坐标就是根据式(7-4)计算得到的。

(二)方向与直线相交法

这种方法是不依赖测距而确定已知线上一点的方法,也就是通过照准方向线与已知直线相交来确定采样点的方法。如图7-18所示,$T_1(X_1, Y_1)$和$T_2(X_2, Y_2)$是已知测点,设采样点P位于已知直线T_1T_2上,现在只要在测站点$S(X_S, Y_S)$上照准P点而测得方位角A_{SP},则不难由下式求得P点坐标。

$$\left.\begin{aligned} X_P &= X_S + x \\ Y_P &= Y_S + y \end{aligned}\right\} \tag{7-5}$$

式中:$x = (M - NK_2)/(1 - K_1K_2)$;$y = K_1x$;$M = X_1 - X_S$;$N = Y_1 - Y_S$;$K_1 = \tan A_{SP}$;$K_2 = (X_2 - X_1)/(Y_2 - Y_1)$。

这种方法测点,一般是无须测定高程,而且多是一些较远而难以到达或不便竖立棱镜的点。

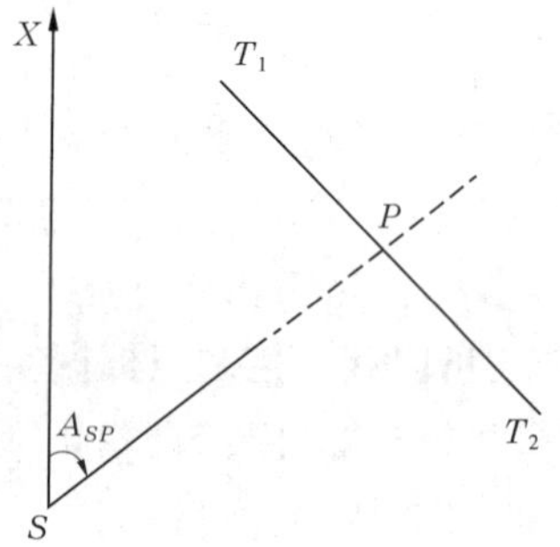

图7-18 方向与直线交会法

(三)方向交会法

某些距测站较远而且无法到达的地物点(如塔尖、避雷针、旗杆等),采用单交会法来确定其点位既方便又可靠。如图7-19所示,若在当前测站点$S(X_S, Y_S)$上测得采样点P的方位角为A_1,在以前的测站点K上测得采样点P的方位角为A_2,则P点坐标可由下式确定:

$$\left.\begin{aligned} X_P &= X_S + x \\ Y_P &= Y_S + y \end{aligned}\right\} \tag{7-6}$$

式中:$x = (x_0K_2 - y_0)/(K_2 - K_1)$;$y = K_1x$;$K_1 = \tan A_1$;$K_2 = \tan A_2$;$x_0 = X_K - X_S$;$y_0 = Y_K - Y_S$。

(四)正交内插法

某些地物(如大型建筑物)具有直角多边形图形,其外轮廓具有迂回曲折的特点。在一个测站上有时能测定其绝大多数轮廓点,但难以测定其个别隐蔽点,但根据已测定轮廓点可以内插出这些隐蔽点,使问题获得解决。

如图7-20所示,在测站点S上可以测定房角点1、2、3、5,但4点却无法测定,而34和45的长度也无法直接量取,此时利用已知的2、3、5点和直线45//23、34⊥23的特点,可以求得第4点的坐标,作为一般表达式,由已知的A、B、D点求C点,且$CD//AB$,$BC \perp AB$,则

$$\left.\begin{aligned} X_C &= \frac{K^2X_B + K(Y_B - Y_D) + X_D}{1 + K^2} \\ Y_C &= \frac{K^2Y_D + K(X_B - X_D) + Y_B}{1 + K^2} \end{aligned}\right\} \tag{7-7}$$

式中:$K = (X_B - X_A)/(Y_B - Y_A)$。

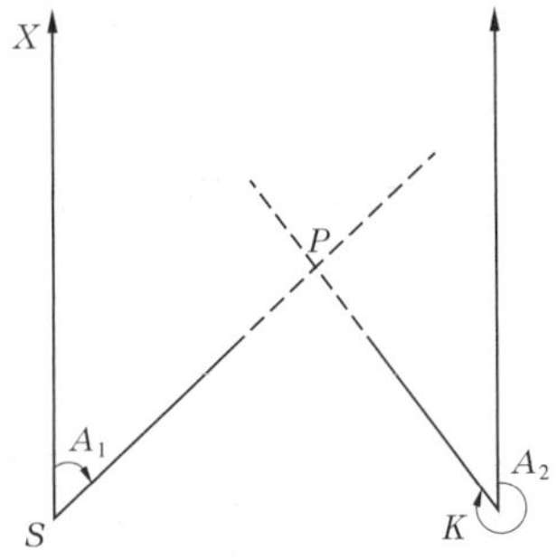

图 7-19 方向交会法

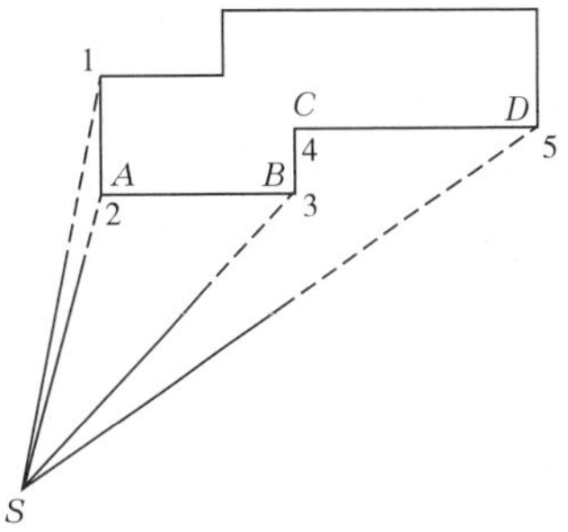

图 7-20 正交内插法

这类点没有输入任何新的观测值，完全是一种由采样点扩展采样点的方法，可以用它补充个别隐蔽点，实际测量时能直接测定的点仍以直接测定为宜。

(五)导线法

基于野外直接测量的方法具有解析的特点，某些外轮廓具有规律性(如直角)的地物(如大楼房)，可只测定少量的定向、定位点，大量的中间点可以通过计算方法求得，即量取各边长度且各转折角均为直角，则相当于一条闭合导线。只不过由于各边互相平行或正交，可用较简便的方法进行计算。

在图 7-21 中，设该建筑物共有 18 个轮廓点，在测站点 S 上只能直接测定其中少数几点。

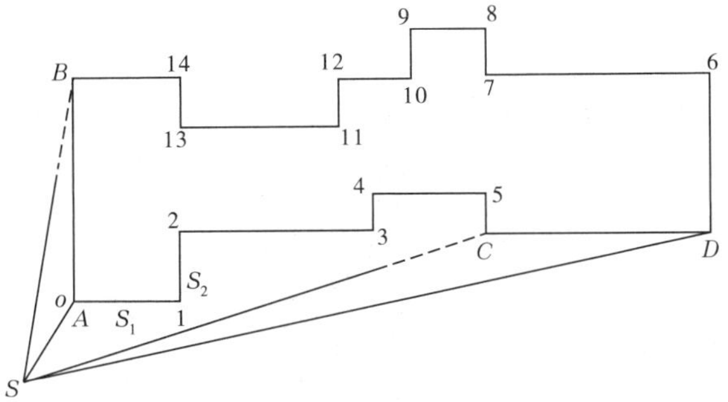

图 7-21 导线法

若有选择地测定其两端较长边上的转折点，如 A、B、C、D 四个点，用钢卷尺量取各边长度后，且各转折角又都是直角，则不难用两条导线来分别算得中间各点。

有起、闭边的图形可看成是标准导线图形；当无闭合边但有闭合点 C 时，则无直线间平行或正交的检核条件，但有坐标闭合条件；当既无闭合边又无闭合点时，则无任何检核条件，实际上就是支导线，一般可以测定 1~2 个支点。

(六)距离交会法

如图 7-22 所示，已知碎部点 A、B，欲测碎部点 P。可以分别量取 P 至 A、B 点的距离 D_1、D_2，即可求得 P 点坐标。

由于 A、B 点坐标已知，可以计算该两点间距离 D_{AB}，联合 D_1、D_2 即可求出角度 α、β：

$$\left.\begin{aligned}\alpha &= \arccos\frac{D_{AB}^{2}+D_{1}^{2}-D_{2}^{2}}{2D_{AB}D_{1}}\\ \beta &= \arccos\frac{D_{AB}^{2}+D_{2}^{2}-D_{1}^{2}}{2D_{AB}D_{2}}\end{aligned}\right\} \tag{7-8}$$

然后根据交会法的余切公式即可求得 P 点坐标。

(七)直线内插法

如图7-23所示,已知 A、B 两点,欲测位于直线 AB 上的碎部点 P_1、P_2。可以依次量取 A 至 P_1、A 至 P_2 的距离 D_{A1} 和 D_{A2},然后按照下式进行计算。

$$\left.\begin{aligned}X_i &= X_A + D_{Ai}\cos\alpha_{AB}\\ Y_i &= Y_A + D_{Ai}\sin\alpha_{AB}\end{aligned}\right\} \tag{7-9}$$

式中:α_{AB} 是直线 AB 的坐标方位角。

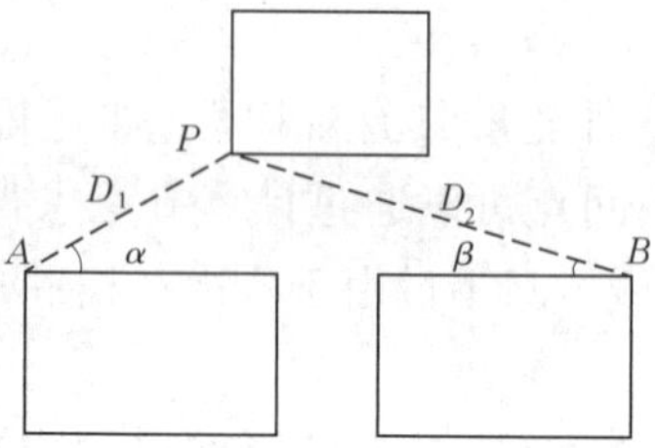

图7-22　距离交会法

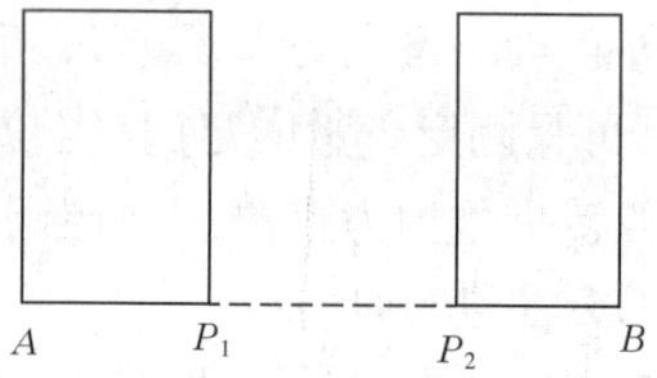

图7-23　直线内插法

(八)对称点法

具有对称形状的地物(如规则楼房、操场跑道等),只要测定其中互相对称的一组点(2个或4个点),计算出对称参数,其余的两两互相对称的点,只要测定其中之一,另一个则可通过计算而得。

在图7-24中,若测了互相对称的两点 A 和 B,另一组对称点为1和2,设 PQ 是对称轴,若测定了1点,则2点不难算得,反之亦然。由图7-24可知:

$$\left.\begin{aligned}X_2 &= L - MY_1 - NX_1\\ Y_2 &= Lk - MX_1 + NY_1\end{aligned}\right\} \tag{7-10}$$

式中:$L=[X_A+X_B+k(Y_A+Y_B)]/(1+k^2)$;$M=2k/(1+k^2)$;$N=(1-k^2)/(1+k^2)$。

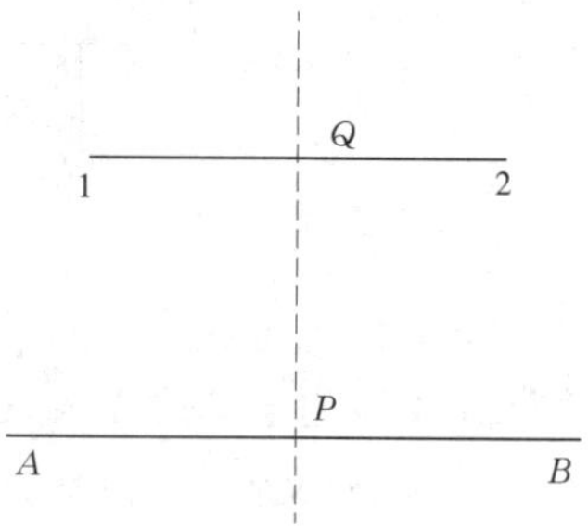

图7-24　对称法

【小贴士】

边长交会、方向交会、微导线、正交内插法等,是全站仪测坐标中常用的方法,对于不通视或不易测达碎部点的情况特别有用。

二、地物测绘的一般原则

(1)要素采集应不失真、不移位、无错漏。

(2)凡能依比例表示的地物,将其水平投影位置的几何形状测绘到地形图上,如房屋、双线河流、球场等。或将它们的边界位置表示到图上，边界内再填充绘入相应的地物符号，如森林、草地等。对于不能依比例表示的地物，则测绘出地物的中心位置并以相应的地物符号表示，如水塔、烟囱、小路等。

(3)当点状要素(独立地物)能依比例表示时，应按实际形状采集，不能依比例表示时应精确测定其定位点或定线点。有方向的点状要素应先采集其定位点，再采集其方向点(线)。

(4)具有多种属性的线状要素(如线状地物、面状地物公共边、线状地物与面状地物边界线的重合部分)应只采集一次，但应处理好要素之间的关系。

(5)在线状要素采集时，应视其变化情况进行测量，较复杂时可适当增加地物点密度，以保证曲线的准确拟合。

(6)当碎部点采集与控制测量同时进行时，碎部点坐标应以平差后的控制点坐标计算得到，当控制测量成果检核超限时，测量控制点应重测，并重新计算碎部点坐标。

(7)数据成果包含数字高程模型时还应采集特征点、特征线、边界线、水域线面和高程推测区等信息。具体内容与采集要求如下：

①特征点包括山头、洼地、鞍部、沟心、谷底、道路交叉点等地形特征点和地貌突变点等。所采集特征点高程精度应与高程注记点的精度一致。

②特征线包括山脊线、山谷线、断裂线及堤坝、沟渠、采石场、大的陡坎等人工地貌上缘、下缘等地形变换处。所采集特征线的高程精度应与等高线精度一致。

③边界线指构筑物和道路的边界线。构筑物应采集其散水线作为边界线，道路按变坡点采集边界，并测量相应高程值，不同边界线之间可邻接，但不应重叠或相交。

④水域线面包括双线河、面状静止水域等。双线河应根据实际情况采集河岸上下缘线，双线河水涯线的高程以实测值为准，必要时，应依据上、下游水位点高程分段内插的高程值进行合理性检查，其高程值应梯度下降，关系合理。面状静止水域应采集水涯线，赋统一高程值。所赋高程应与周边高程相协调且符合等高线高程精度要求。

⑤高程推测区应按照推测区区域采集范围线。

三、地物的测绘

地形图图式将地物符号归纳为居民地、独立地物、管线和垣栅、境界、道路、水系、植被等几部分，其测绘方法如下。

(一)居民地

居民地是人们集中活动的地方，是地形图上十分重要的地物要素。居民地按其大小分为城市、集镇和村庄等几种类型。

在测绘居民地时，应着重表示居民地的外部轮廓特征、内部街道分布及通行情况，表示清楚街道口与道路的连接，以及与其他地物的关系。对分割或包围居民地的地物，以及那些对接近居民地有隐蔽、障碍或有方位作用的地物，均应认真表示。

在大比例尺数字测图中，居民地中的建筑物一般用极坐标法按比例逐一测绘，而对于排列整齐的大片房屋，除正常逐一施测外，也可在精确测定该片房屋的两条互相垂直的外边缘线后，用量距内插或方向与直线相交法确定各房角点。居民地内部不便布设控制点的地方，则需在周围较大建筑物已测的基础上，利用各种量距、定向的方法逐一确定。

(二)独立地物

大比例尺数字测图中,独立地物的测绘有两种方式,若独立地物比较大,则按依比例测绘其外围轮廓,于其中央位置配以相应的符号,如图7-25所示的散热塔,可用极坐标法测定周围1、2、3点,绘出其圆形外轮廓,中央绘上塔形建筑物符号,并注“散”字;若独立地物轮廓很小,则直接测定其定位点,如路灯、井盖、污水箅子、消防栓等。

(三)管线和垣栅

地面上输送石油、煤气或水等的管道,以及各种电力线和通信线等,统称管线;各类城墙、围墙、栏栅等,称为垣栅。它们都属于线状物体,在地形图上一般采用半依比例的线状地形符号表示。除城墙一般要依比例测绘外,有些架空管线的支架塔柱或其底座基础,也须按比例尺测定其实际位置,若为双杆高压线,则按图7-26表示,其中两个小圆圈表示两电杆的实际位置。

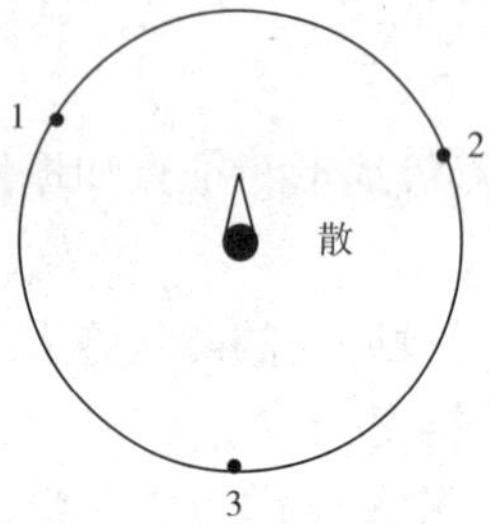

图7-25　独立地物的测绘图

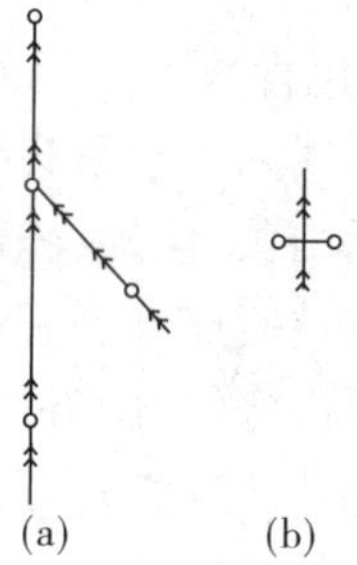

图7-26　电线与电杆

(四)境界

境界是划定国家之间或国内行政区划的界线。特别是国界,它涉及国家的领土主权和与邻国的政治、外交关系等问题。测绘国界线,须由有经验的测量员在边防人员陪同下,准确而迅速地进行,不得有任何差错;国内行政区划界线,通常依据居民地或其他地物的归属绘出,应由地方政府有关部门指定专人在实地指认确定。

(五)道路

道路是连接居民地的纽带,是国家经济生活的脉络,是军事行动的命脉。因此,各类地图都十分重视对道路的正确测绘和表示。

地形图中通常有双线道路和单线道路两类符号。在中、小比例尺测图中铁路和公路多用双线符号表示,其中心线即为道路的真实位置;大车路以及人行小路等多用单线表示。在大比例尺测图中,除人行小路用单线表示外,其他类型的道路大都可以按比例尺测绘其宽度,然后用相应的符号表示。

在测绘道路时,除了道路本身应当位置准确、等级分明、取舍恰当、分布合理;沿道路的各种附属地物,如桥梁、隧道、里程碑、路标、路堤和路堑等,也应准确测绘;道路两侧附近具有方位意义的地物,如独立房屋、碑亭等,也应准确表示;道路与居民地的接合处应当十分明确,特别是双线道路在居民地内的走向及通行情况,更应交代清楚。

(六)水系

水系是江、河、湖、海、水库、渠道、池塘、水井等及其附属地物和水文资料的总称,它与人类生活密切相关,是地形图的要素之一,必须准确地测绘和表示。

海岸线是多年大潮(朔、望潮)的高潮所形成的岸线,一般根据海水侵蚀后的岸边坎部、海滩堆积物或海滨植被所形成的痕迹来确定,比较容易用仪器测定其准确的位置。低潮时的水涯线称为低潮界,它与海岸线之间的地段称为干出滩(即浸潮地带),干出滩内的土质、植被、河道及其他地物均应表示。因此,首先应设法测定低潮界的位置,方可正确表示有关干出滩的地形。

低潮界一般采用这样的方法测定:当干出滩伸展的范围不大(几百米以内)时,可于低潮时刻直接用视距法测定低潮线;当干出滩伸展的范围较大(1 000 m 以上)时,通常可于退潮时刻在距低潮界数百米处设站,快速地用视距法测定几个低潮界的碎部点和主要河道的特征点等,便可准确地描绘出干出滩的位置及其附属地物;当干出滩十分平坦且来不及于退潮时刻设站时,可于低潮界的特征点处竖立标志,用单交会法确定其位置,也可参照海图或询问当地居民用目测或半仪器法测定。

在大比例尺测图中,水系及其附属地物多应依比例测绘,并以相应的符号表示;只有宽度小于图上 0.5 mm 的河流才可用单线表示。

河流岸线只要准确测定其交叉点和明显的转弯点,即可参照实地形状描绘,细小的弯曲和变化可以舍弃或综合表示。

(七)植被

植被是指覆盖在地表上的各类植物。地形图上要充分反映地面植被分布的特征和性质,准确地表示植被覆盖的范围,这对于资源开发、环境保护、农牧业生产规划和军事行动等方面的用图,都具有十分重要的意义。因此,要求准确测绘地类界的转折点,以便准确地描绘植被覆盖的范围;有关植被的说明注记,应遵照图式规定的内容,于实地准确地查看和量取,以确保其可靠性。

(八)测量控制点的表示

各级测量控制点在图上必须精确表示。图上几何符号的几何中心,就是相应控制点的图上位置。控制点点名和高程以分式表示,分子为点名,分母为高程,分式注在符号的右侧。水准点和经水准点引测的三角点、小三角点的高程,一般注至 0.001 m,以三角高程测量测定的控制点的高程一般注至 0.01 m。

综上所述,尽管地物类别很多,但在图上表示不外乎点状、线状和面状符号三类,其测绘要点是:

(1)在测绘点状地物时,应测定其底部的中心位置,再以相应符号的定位点与图上点位重合,并按规定的方向描绘。独立地物底部经缩绘后多大于符号尺寸,需将其轮廓按真实形状绘出,并在轮廓内绘相应符号。

(2)在测绘线状地物时,主要测定物体中心线上的起点、拐点、交叉点和终点,再对照实地地物,以相应符号的定位线与图上点位重合绘出。

(3)在测绘面状地物时,应测绘地物轮廓的特征点,再对照实地地物,以相应符号的轮廓线与图上点位重合后绘出。部分面状地物(如居民地、水库、森林等),还应在轮廓范围内(或外)加注地理名称或说明注记等。

四、地物的综合取舍

地物测绘是地形测图的重要内容,测定地物点的难点是如何正确理解和运用地形图图式规定的地物符号,恰如其分地表示实际地物,使用图者不致产生错觉或混淆。这就要求测量人员要不断地学习图式和规范,不断地总结经验,以提高和丰富这方面的知识。图式和规范的规定在实际工作中必须遵守。但图式和规范的规定并不能包括工作中的所有情况,这就需要根据基本原则,灵活运用,测绘出高质量的地图来。测绘地物时除了按照有关规定表示每个符号,还应该正确处理以下几种关系。

(一)正确处理符号之间的关系

在图上表示地物时,如何处理各种符号之间的关系,不同符号相交或相遇时,怎样根据不同情况按相交、压盖、间隔、移位或共边的关系表示,以达到真实、准确、清晰、易读的目的。

(1)高出地面的建筑物,直接建筑在陡坎或斜坡上的房屋或围墙,其房屋或围墙应按正确位置绘出,坎、坡无法准确表示时,可移位 0.2 mm 绘出;悬空建筑在水上的房屋与水涯线冲突时,可间断水涯线,而将房屋完整表示。

(2)在通信线和电力线遇居民地时,应相接于居民地边缘,不留间隔;当遇到独立地物时,应断开 0.2 mm;当遇到双线路、双线堤、双线河渠、湖泊、水库、鱼塘时,则应连续绘出不必中断。

(3)铁路与公路相交,铁路照常绘出,公路中断于铁路边缘;双线公路相交,要保证其连通;双线公路与房屋围墙等高出地面的建筑物边界线重合时,可用建筑物边线代替道路边线,且在道路边线与建筑物接头处,应间隔 0.2 mm;双线公路与单线公路相交,单线公路接于双线公路边线;道路与河流相交,一定要实线相交;道路通过桥梁应间隔 0.2 mm;虚线路拐弯或相交处应为实线。

(4)当河流在桥下穿过时,河流符号应中断于桥梁符号边缘;当河流通过涵洞时,也中断于涵洞符号边缘;当河流、湖泊的水涯线与陡坎重合时,仍应在坡脚绘出水涯线。

(5)当境界以线状地物一侧为界时,应离线状地物 0.2 mm 按规定符号描绘境界线;当以线状地物中心为界时,境界线应尽量按中心线描绘,确实不能在中心线绘出时,可沿两侧每隔 3~5 cm 交错绘出 3~4 个符号,并在交叉、转折及与图边交接处绘出符号以表示走向。

(6)地类界与地面有实物的线状符号(如道路、河渠、土堤、围墙等)重合时,可省略地类界符号;当与地面上无实物的线状符号(如境界)或架设线路的符号(如电力线、通信线路等)重合时,地类界移位绘出,不得省略。

(7)当植被为线状地物符号分割时,应在每块被分割的范围内至少绘出一个能说明植被属性的符号。

(二)正确掌握综合取舍原则

地形图上不可能、也无必要逐个表示全部地物,就必然存在地物的取舍与综合问题。因此,必须把握所测地形图的性质和使用目的,重点、准确地表示那些具有重要使用价值和意义的地物,如突出的、有方位意义的地物;对战场行动有障碍、隐蔽、支撑以及有利于夜间判定方位的地物;对经济建设中勘察、规划、设计、施工等有重要价值的地物,以及用图单位要求必须重点表示的地物,都要按实地位置准确表示。

(1)移位或综合表示次要地物。次要,是相对主要而言的,如两地物相距很近,且均需在图上表示,但都不能按其真实位置描绘时,则可将其中主要地物绘于真实位置,次要地物移位表示。移位后的地物应保持其总的轮廓特征及正确的相关位置。

(2)地形图内容保持中密度承载。为使地形图清晰易读,除了允许符号交叉和结合表示,各符号之间的间隔(包括轮廓线与所配置的不依比例符号之间的间隔)一般不应小于0.3 mm。当某些地区地物的密度过大,图上不能容纳时,允许将符号的尺寸略为缩小(缩小率不大于0.8)或移动次要地物符号。当双线表示的线状地物其符号相距很近时,可采用共线表示。当点状地物与房屋、道路、水系等其他地物重合时,可中断其他地物符号,间隔0.3 mm,以保持独立符号的完整性。

(3)对于那些既不能综合又不能移位表示的密集地物,可只表示主要地物,舍去次要地物。例如,戈壁滩上有些干河床,像蜘蛛网一样的密集,既无必要一一表示,又不能综合成大干河床,只能选择主要的,而舍去次要的。这样既保持图面清晰,又保证了主要干河床位置正确。对于那些临时性的、易于变化的和用途不大的地物,一般不表示。当两地物相重叠或立体交叉时,按投影原则下层被上层遮盖的部分断开,上层保持完整。

(4)实地上有些建筑物、构筑物,图式中未规定符号,又不便归类表示者,可表示该物体的轮廓图形或范围,并加注说明。地物轮廓图形线用0.15 mm实线表示,地物分布范围线、地类界线用地类界符号表示。

地物的综合取舍,贯穿于整个测图过程,它与所测地形图的比例尺关系密切,也与测图人员的经验有关。能否正确进行形状的概括、数量的概括;综合取舍是否合理,直接关系到地图的质量好坏,它是一项重要而又严肃的工作。特别是对中小比例尺测图,作业人员要做到正确地综合取舍,不但要有高度的责任心,同时要有熟练的测绘技术及丰富的社会知识、相关专业知识和识图用图的经验,并通过反复实践,多次比较和体会,方能合理地综合取舍,满足用图需要。

五、碎部点跑尺方法

立尺员依次在各碎部点立尺的作业,通常称为跑尺。立尺员跑尺质量,直接影响着测图速度和质量,在某种意义上说,立尺员起着指挥测图的作用。立尺员除须正确地选择地物特征点外,应结合地物分布情况,采用适当的跑尺方法,既要做到不漏测、不重测,又要节省体力。

(1)当地物较多时,应分类立尺,以免绘图员连错,不应单纯为立尺员方便而随意立尺。例如,立尺员可沿道路立尺,测完道路后,再按房屋立尺,一类地物尚未测完,不应转到另一类地物上去立尺。

(2)当地物较少时,可从测站开始,由近到远,采用螺旋形跑尺路线跑尺。待迁测站后,立尺员再由远到近以螺旋形跑尺路线跑回到测站。

(3)若有多人跑尺,可以测站为中心,划分几个区,采取分区专人包干的方法跑尺。

不管如何跑尺,从测站开始,按由近到远,到最大视距,再按由远到近,回到测站。

任务四　地貌测绘

地貌是地球表面高低起伏形态的通称,按其形态和规模可分为山地、丘陵、平原和盆地等,地貌在地形图上一般用等高线和高程点注记表示。1791年法国的都朋特里尔绘制了第一张等高线地形图。18世纪末至19世纪初,等高线逐渐开始用于测绘地形图之中。由于等高线具有准确、简易和可度量的优越性,19世纪后半叶,等高线法已成为地形图表示地貌的基本方法。

一、地貌的分类与组成

地表起伏形态和性质,称为地貌与土质。它以其“形”与“质”,影响人类的生产活动、经济建设,并对其他地形要素的存在与分布产生影响。

地貌按高低起伏程度的不同,划分为不同的类型,其具体的划分又随着需要和作用的不同,有着不同的标准。就地形测量而言,为达到经济实用的目的,对不同的地面坡度地形图提出不同的精度要求,采取适当的测量方法。

地貌按坡度分为平地、丘陵地、山地和高山地。

(1)平地:地面坡度在2°以下,比高一般不超过20 m。

(2)丘陵地:地面坡度在2°~6°,比高一般不超过150 m。

(3)山地:地面坡度在6°~25°,比高一般在150 m以上。

(4)高山地:地面坡度在25°以上地区。

【小贴士】

“比高”是相对高差,比如说陡坎的比高是2.0 m,意思是坎上比坎下高出2.0 m,在地形图中池塘、鱼塘和地坎都要求适当测注比高。

地貌按形态的完整程度,又分为一般地貌和特殊地貌。特殊地貌是指地表受外力作用改变了原有形态的变形地貌和形态奇特的微地貌形态。前者如冲沟、陡崖、陡石山、崩崖、滑坡;后者如石灰岩地貌中的孤峰、峰丛、溶斗;沙漠地貌中的沙丘、沙窝、小草丘,黄土地地貌中的土柱溶斗。

地貌形态虽然多种多样,但从测绘等高线的角度看,任何一个完整的地貌单元,通常由山顶、鞍部、山谷、山脊、山脚等地貌元素组成,如图7-27所示。

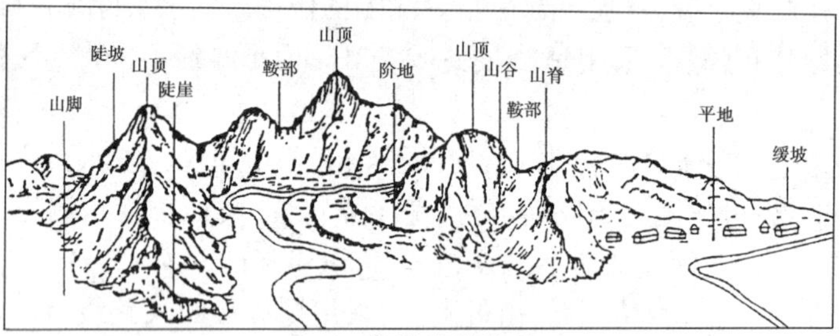

(a) 各种地貌类型

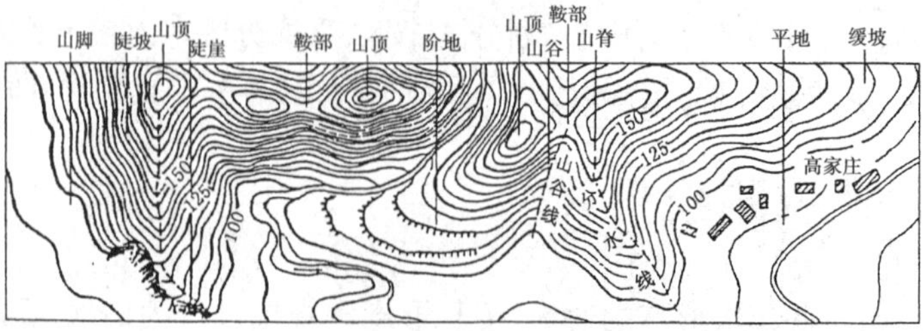

(b) 对应等高线表示方法

图7-27 地貌元素

山顶是山体的最高部分，按其形状的不同分为尖山顶、圆山顶和平山顶，特别高大陡峭的山顶，称为山峰。

鞍部是两山顶相邻之间的低凹部分，形如马鞍。

山脚是山体的最下部位。

山脊是从山顶到山脚或从山顶到鞍部凸起的部分。山脊最高点连线称山脊线，因雨水以山脊线为界流向两侧，故又称分水线。山脊按形态可分为尖山脊、圆山脊和平山脊。

山谷是相邻两山脊之间的低凹部分。它的中央最低点的连线称山谷线，亦称集水线或合水线。山谷按形态的不同分为尖形谷（V 形）、圆形谷（U 形）和槽形（口形）谷。

四周高、中间低，无积水的地域叫凹地，大范围的则称盆地。

山坡是连接山脊与山谷的山体，也称为山背。

二、等高线的概念

等高线是地面上高程相等的各相邻点所连成的闭合曲线，是地形图上显示地貌要素的有力工具，它不但能完整而形象地构成地形起伏的总貌，还能比较准确地表达微型地貌的变化，同时能提供高程、高差和坡度等。

（一）等高线表示地貌的原理与特性

如图 7-28 所示，设想用一组高差间隔相等的水平面去截地貌，则其截口必为大小不同的闭合曲线，并随山梁、山凹的形态不同而呈现不同的弯曲曲线。将这些曲线垂直投影到平面上并按比例尺缩小，便形成了一圈套一圈的曲线，它们即构成等高线。这些曲线的数目、形态完全与实地地貌的高度和起伏状况相对应。

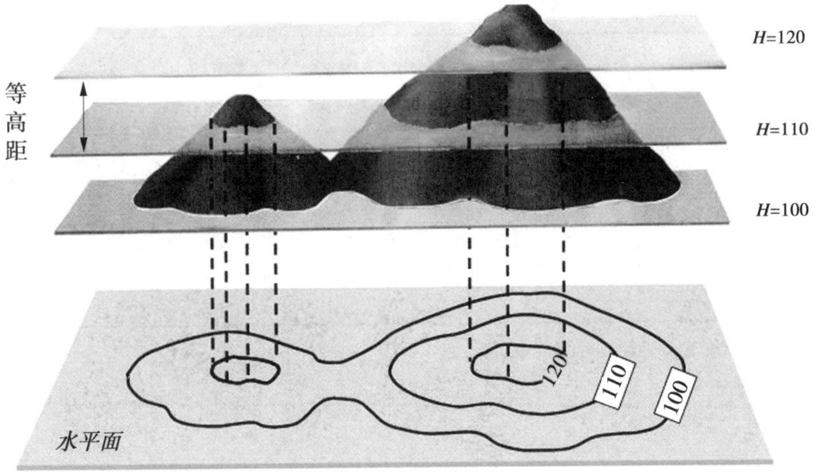

图 7-28　等高线表示原理

等高线具有如下特性：

（1）等高性：同一条等高线上各点的高程相等。

（2）闭合性：等高线是闭合曲线，等高线必定是闭合曲线，如不在本图幅内闭合，则必在相邻的图幅内闭合。在描绘等高线时，凡在本图幅内不闭合的等高线，应绘到内图廓，不能在图幅内中断。

（3）非交性：一般不相交、不重合，只有通过悬崖、绝壁或陡坎时才相交或重合。

(4)正交性:等高线与分水线、集水线正交,即在交点处,分水线、集水线应该与等高线的切线方向垂直。

(5)密陡稀缓性:在等高距相同的情况下,图上等高线愈密,地面坡度愈陡;反之,等高线愈稀,地面坡度则愈缓。

(二)等高距及等高线的种类

1.等高距

相邻等高线的高差,叫等高距。等高距愈小,表示地貌愈真实、细致;但若过小,将会使图上等高线密集而影响地形图的清晰。如果等高距过大,则显示地貌粗略,一些细貌形态将被忽略,从而影响地形图的使用价值。由图7-29可以看出,等高距 h 与等高线的水平间隔 D、地面坡度 α 有以下关系:

$$h = D\tan\alpha = lM\tan\alpha \tag{7-11}$$

式中:l 为图上相邻等高线间隔;M 为比例尺分母。

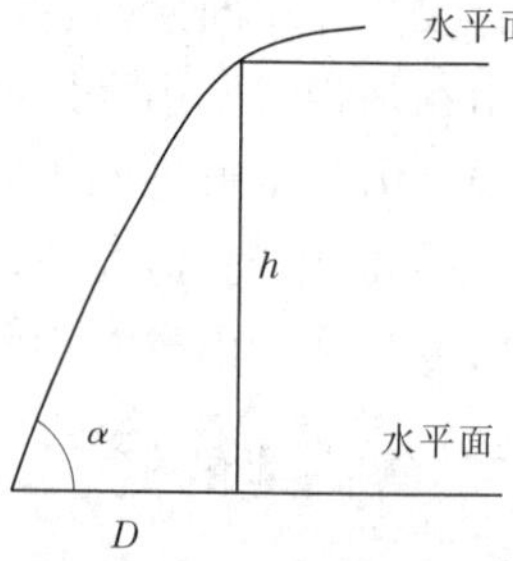

图7-29 等高距

地形图的基本等高距,以等高线的高程中误差的经验公式验算:

$$M_{等} = \frac{1}{4}H_d + \frac{0.8M}{1\ 000}\tan\alpha \tag{7-12}$$

式中,H_d 为等高距;M 为测图比例尺分母;α 为地面坡度。

在常用的设计坡段,等高线的高程中误差均不应大于1/2等高距;在较大的设计坡段,也不大于一倍等高距。

不同比例尺、不同地形的地形图所采用的等高距,如表7-10所示。

表7-10 地形图的基本等高距

单位:m

地形倾角(α)	比例尺			
	1:500	1:1 000	1:2 000	1:5 000
α<3°	0.5	0.5	1	2
3°≤α<10°	0.5	1	2	5
10°≤ α< 25°	1	1	2	5
α≥ 25°	1	2	2	5

注:1.一个测区同一比例尺,宜采用一种基本等高距。

2.水域测图按水底地形倾角和比例尺选择基本等深(高)距。

【小贴士】

等高线不宜过密,规格也不宜过多。等高距的选取不仅与比例尺、坡度有关,还与用户的需求有关。

同一城市或测区的同一种比例尺地形图,应采用同一种等高距。但测区面积大,且地面起伏比较大时,可允许以图幅为单位采用不同的等高距。同时,等高线的高程必须是所采用等高距的整倍数,而不能是任意高程的等高线。例如,使用的等高距为2 m,则等高线的高程必须是2 m的整倍数,如40 m、42 m、44 m,而不能是41 m、43 m、…,或40.5 m、42.5 m等。

2. 等高线的种类

地形图上的等高线，按其作用不同分为首曲线、计曲线、间曲线和助曲线，如图 7-30 所示。

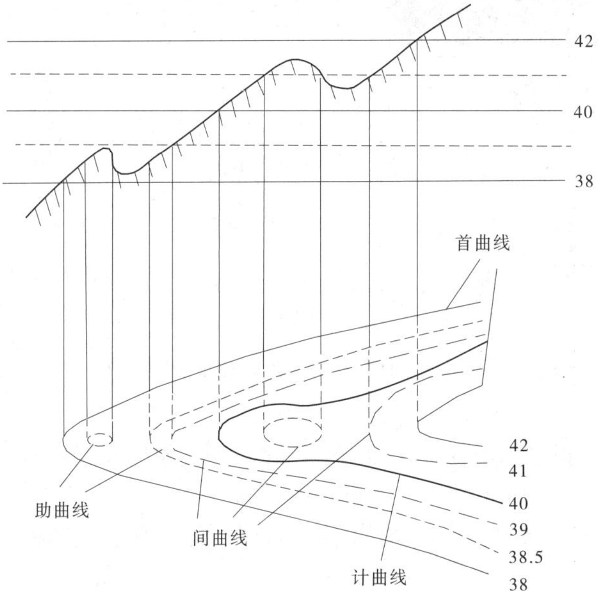

图 7-30 等高线的种类

(1)首曲线，也叫基本等高线。高程 0 m 起，按规定的等高距测绘，图上以 0.1 mm 细实线描绘。

(2)计曲线，叫加粗等高线。由高程 0 m 起，每隔四条首曲线，以 0.2 mm 的粗实线表示。在地形图上便于查算点的高程或两点间高差。

(3)间曲线，叫半距等高线。是按等高距的一半，以长虚线描绘的等高线，主要用于高差不大，坡度较缓，只以首曲线不能反映局部地貌形态的地段。间曲线可以绘一段而不需封闭。在地形图上用 0.15 mm 宽的长虚线绘制。

(4)助曲线，叫辅助等高线。通常是按 1/4 等高距描绘等高线；但也可以任意高度描绘等高线。助曲线用以表示首曲线和间曲线尚无法显示的重要地貌，图上以短虚线描绘。

【小贴士】

首曲线是基本等高线，其高程值能被 1 倍等高距整除；计曲线是加粗等高线，其高程值能被 5 倍等高距整除；间曲线和助曲线是辅助等高线，其高程值分别能被 0.5 倍和 0.25 倍等高距整除。

三、典型地貌的表示

(一)山顶和洼地

根据等高线特性，山顶、洼地表示为数条封闭曲线，山顶等高线的内圈高程大于外圈，洼地等高线的内圈高程小于外圈，要根据高程注记区分，也可用示坡线指示斜坡向下的方向，如图 7-31 所示。

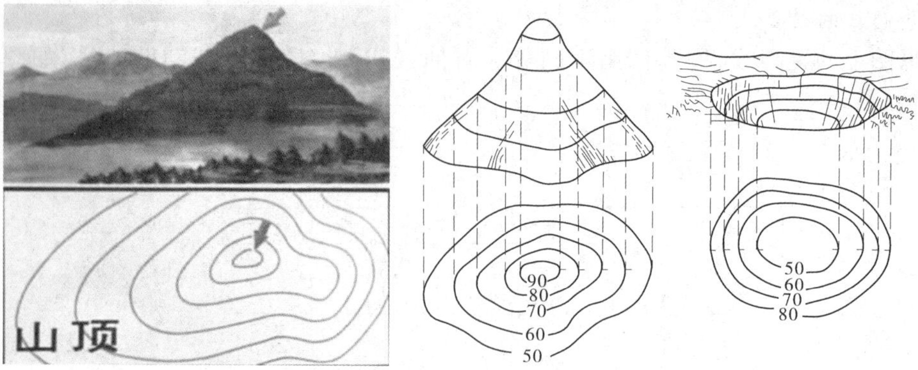

(a) 实景图　　(b) 示意图

图 7-31　山顶与洼地

(1)圆山顶,图上顶部环圈大,由顶向下等高线由稀变密,测绘时山顶点和其周围坡度变化的地方均需立棱镜。

(2)尖山顶,顶部环圈小,由顶向下等高线由密变稀,测绘时除山顶外,其周围要适当增加棱镜点。

(3)平山顶,顶部环圈不仅大,且有宽阔空白,向下等高线变密,测绘时应注意在山顶坡度变化处设立棱镜。

【小贴士】

示坡线是垂直于等高线并指示坡度降落方向的短线,示坡线往外标注是山头,往内标注的则是洼地。

(二)山脊与山谷

如图 7-32 所示,山脊等高线向下坡方向凸出,两侧基本对称,山脊也叫分水岭。山脊的等高线均凸向低处,山脊是分水的地方,因此山脊线叫分水线。尖山脊的等高线依山脊延伸方向呈较尖的圆角状,圆山脊的等高线依山脊延伸方向呈较尖的圆弧状,平山脊的等高线依山脊延伸方向呈疏密悬殊的长方形状。

(a)实景图　　(b)示意图

图 7-32　山脊与山谷

山谷的等高线均凸向高处,两侧基本对称,山谷是汇水的地方,也叫集水线。山脊线与山谷线合称地性线。

尖底谷是底部尖窄,等高线在谷底处呈圆尖状;圆底谷是底部较圆,等高线在谷底处呈圆弧状,测绘时山谷线不太明显,应注意找准位置;平底谷是底部较宽,底部平缓,两侧较陡,等高线过谷底时其两侧呈近似直角状,测绘时棱镜应设立在山坡与谷底相交处,以控制谷宽和走向。

(三)鞍部

如图 7-33 所示,鞍部是相邻两山头之间呈马鞍形的低凹部,是山区道路选线的重要位置,左右两侧等高线是近似对称的两组山脊线和两组山谷线。各种鞍部都是凭借两对等高线的形状和位置来显示其不同特征的,一对是高于鞍部高程的等高线,另一对是低于鞍部高程的等高线,具有较明显的对称性。测绘时鞍部的最低点必须设立棱镜,其附近要以坡度变化情况适当选择测量点位。

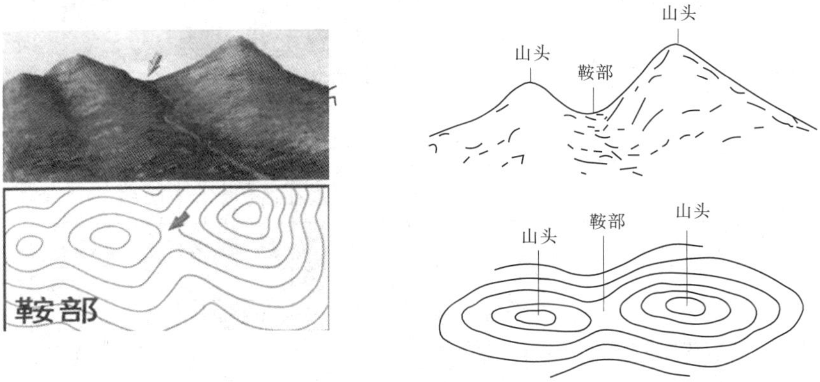

图 7-33 鞍部

(四)陡崖和悬崖

如图 7-34 所示,陡崖是坡度大于 70°的陡峭崖壁,分为石质、土质,用陡崖符号表示;悬崖是上部突出、下部凹进的陡崖,上部等高线投影到水平面,与下部的等高线相交,下部凹进的等高线用虚线表示。

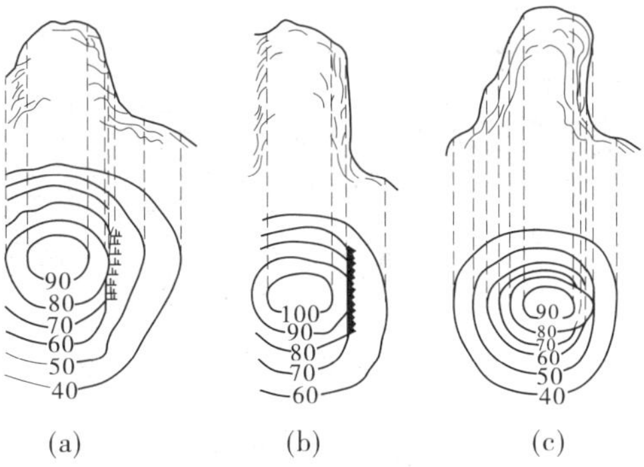

图 7-34 陡崖与悬崖

(五)特殊地貌

特殊地貌通常不能用等高线表示,图式中制定有相应的符号,其表示图例如图 7-35 所示。在测绘时,应测出分布特征,然后绘以相应符号。

如图 7-36 所示,各种典型地貌与对应等高线的表示方法。

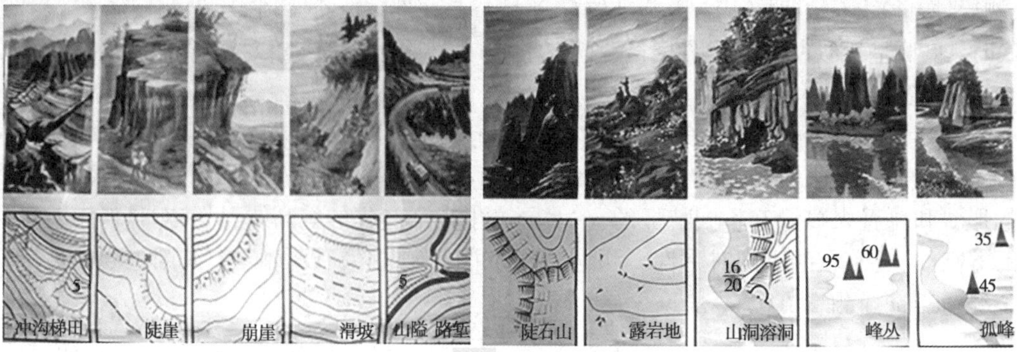

图 7-35　特殊地貌

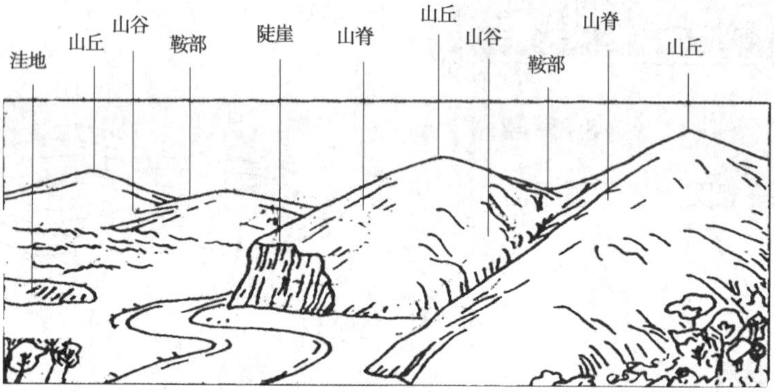

(a)

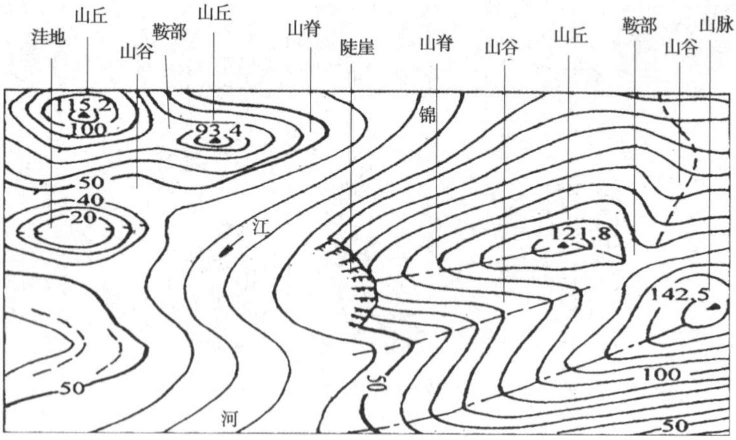

(b)

图 7-36　典型地貌示意图

四、地貌特征点的测定

(一)地貌特征点的测定

地貌的测绘大体分为测绘地貌特征点、连接地性线、确定等高线的通过点和按实际地貌勾绘等高线,即一测、二连、三分、四绘。计算机根据高程点高程值生成三角网,通过算法自动生成等高线,无论人工勾绘还是计算机自动生成等高线,等高线修正都必不可少。

测绘地貌,首先要全面分析地貌的分布形态,尤其是山脊、山谷的走向,找出其坡度变化和方向变化的特征点。地貌特征点包括山顶点、山脚点、鞍部点、分水线(或集水线)的方向变换点及坡度变换点。

如图 7-37 所示,在测定地貌特征点的同时要根据其位置和实地点与点之间的关系正确连接分水线或集水线,虚线表示山脊线,实线表示山谷线。地性线连好后,即可按地性线两端碎部点的高程,在地性线上求得等高线的通过点。一般来说,地性线上相邻两点间的坡度是等倾斜的,根据垂直投影原理可知,其图上等高线之间的间距也应该是相等的。因此,在确定地性线上等高线的通过点时,可以按比例计算的方法求得。

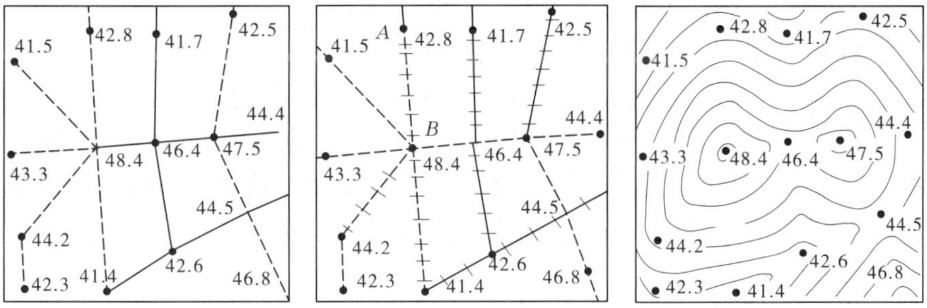

(a)连接地性线　(b)差分高程点　(c)勾绘等高线

图 7-37　等高线的勾绘

在地性线上求得等高线通过点后,即可根据等高线的特性勾绘等高线。

(二)地貌测绘的跑尺

1. 沿山脊线和山谷线跑尺法

当地貌比较复杂时,为了绘图连线方便和减少差错,立尺员从第一个山脊的山脚开始,沿山脊线向上跑尺,到达山顶后,再沿相邻的山谷线向下跑尺直至山脚。然后到相邻的下一个山脊线和山谷线,直至跑完。这种跑尺方法,立尺员的体力消耗较大。

2. 沿等高线跑尺法

如图 7-38 所示,当地貌不太复杂,坡度平缓且变化均匀时,立尺员按“之”字形沿等高线方向一排排立尺。当遇到山脊线或山谷线时,顺便立尺。这种跑尺方法既便于观测和勾绘等高线,又易发现观测、计算中的差错,同时立尺员的体力消耗较少。但勾绘等高线时,容易错误判断地性线上的点位,故绘图员要特别注意对地性线的连接。

图7-38　地貌测绘的跑尺方法

任务五　技术设计与检查验收

“凡事预则立,不预则废”,地形图测绘前,必须事先作好周密的计划与准备,做好测图方案,后续的工作才有章可循、有规可依。大比例尺地形图测绘应当根据单位技术人员、仪器设备状况等技术实力,选择合适的技术方法,将项目所涉及的各个工种、各个环节的先后顺序结合起来,最终完成测图项目。

一、技术设计书的编写

地形图测绘技术设计书是测图工作的依据,在编制过程中主要依据以下几个方面。

(一)编写依据

1. 相关测量规范

测量规范是国家测绘相关职能部门或行业部门制定的技术法规,是测绘工作者从事测量工作所依据的规定和标准,地形图测绘依据相关的规范主要有以下几种:

(1)《国家基本比例尺地图图式 第1部分:1∶500 1∶1 000 1∶2 000地形图图式》(GB/T 20257.1—2017);

(2)《1∶500 1∶1 000 1∶2 000外业数字测图规程》(GB/T 14912—2017);

(3)《基础地理信息要素分类与代码》(GB/T 13923—2022);

(4)《全球导航卫星系统(GNSS)测量规范》(GB/T 18314—2024);

(5)《城市测量规范》(CJJ/T 8—2011);

(6)《测绘技术设计规定》(CH/T 1004—2005);

(7)《测绘技术总结编写规定》(CH/T 1001—2005)。

2. 有关部门下达任务的文件、合同书(或测量任务书)及甲方单位下达技术要求文件

这些文件一般包含了测区范围、测图工作量、对工程的主要技术要求、上交成果的种类和时间等。

3. 有关测绘产品的生产定额、成本定额和装备标准等

(二)测区踏勘与资料收集

1. 测区踏勘

接受测图任务,签订测量合同后,首先要进行测区踏勘,了解测区有关情况,为后面的技术设计和测图作业进行准备。测区踏勘主要包括如下内容。

1)交通情况

测区道路是否通畅,直接关系到作业时的便利性,因此首先要了解测区公路、铁路、乡村道路等分布及通行情况,以便为野外作业时后勤配备奠定基础。

2)居民地相关情况

主要调查测区内城镇、乡村居民点的分布情况、风俗语言习惯、地名规律等,以了解测区作业难度,为后面的控制测量、碎部测量的实施进行分区规划,同时为作业队驻地选址。

3)自然地理情况

主要调查测区山脉、水系、主要地貌类型和特征、平均概略高程、一般比高、地貌自然坡度、通视程度等,为接下来的技术设计提供资料。

4)气象气候情况

主要包括测区风力、雨水、雪、雾、气温、气压、能见度、冻土深度、高秆作物季节分布等情况,统计出测区每年可作业月份、每个月可作业天数等情况,为后期作业实施提供依据。

5)作业区已有控制点分布

作业区已有控制点分布,如三角点、水准点、GNSS 点、导线点的等级、坐标,高程系统、点位数量与分布、点位标志的保存情况等。

2. 资料收集

根据测区踏勘和测图特点,需要收集与测区有关的资料,主要包括以下几种。

1)控制资料

测区范围内各等级三角点、导线点、GNSS 点、水准点等,了解它们所采用的平面系统、高程系统、投影带号、标石保存情况及可利用程度等。

2)图件资料

测区范围内各个时期的地形图、平面图、交通图等,了解它们的施测单位、施测年代、等级、精度、比例尺、所依据的规范及可利用程度等。

3)其他资料

与测区有关的地质、气象、交通、通信、电力等情况;测区的行政区划;测区的生活用品、粮食、饮水的供应情况,木材、水泥、砂石等就地取材的可能性和价格,消耗品、材料、工具的采购地点等;测区请用劳动力、向导、翻译等情况和工资标准;测区治安情况、卫生情况及预防办法等。

(三)测图设计书的编写

通过测区踏勘、资料收集,根据测量合同书或甲方单位要求,结合相关测量规范要求和自己单位的实际情况,按照技术设计书的格式,编写测图设计书。下面就按照规范要求的格式,对测图设计书的各个部分进行较详细地阐述。

地形图测绘技术设计书

码7-1　工程案例

1. 任务概述

说明测量任务来源、测区范围、地理位置、行政隶属、成图比例尺、任务量和采用的技术依据等,要求言简意赅,简要介绍出测区的上述要求情况。通过该部分内容,让人了解到测区的大致情况。

2. 作业区自然地理概况

说明测区海拔、相对高差、地形类别、困难类别和居民地、交通设施、水系设施、植被分布等要素特征;说明气候、风雨季节及生活条件等情况。该部分内容主要介绍测区地形、地貌及测区测量条件。

3. 已有资料的分析、评价和利用

说明测区已有资料与类别;测绘作业单位、施测年代、作业所依据的标准、所采用的平面和高程基准、测绘资料质量情况及评价;资料利用的可能性及利用方案等。通过分析,为后面控制和碎部测量的技术设计提供最直接的资料。

4. 设计方案

1)测图规格与成图精度情况,采用投影方式、平面和高程坐标系统、图幅、等高距

投影平面的大地基准宜采用CGCS2000坐标系大地基准,投影面可选用过地方平均高程的椭球面,并通过增减椭球长半径或坐标系平移方法确定投影椭球。投影方式宜采用高斯-克吕格投影或通用横轴墨卡托投影(UTM)。投影分带按3°分带,中央子午线可采用标准分带的中央子午线或任意子午线。投影平面坐标宜与CGCS2000坐标系有确定的转换关系及参数。高程基准采用1985国家高程基准。当采用独立高程基准时,应与1985国家高程基准联测或有确定的转换关系和参数。

大比例尺测图,地形图图幅宜按矩形分幅,其规格为40 cm×50 cm或50 cm×50 cm。图幅编号按西南角图廓点坐标千米数编号,X坐标在前,Y坐标在后,亦可按测区统一顺序编号。对于已施测过地形图的测区,可沿用原有分幅和编号,具体还要根据合同书的要求。

等高距的确定除非甲方单位有特殊要求,一般参照规范来确定,如表7-11所示。

表7-11　地形图基本等高距

地形类别	比例尺		
	1:500	1:1 000	1:2 000
平地	0.5	0.5(1.0)	1.0(0.5)
丘陵地	1.0(0.5)	1.0	1.0
山地	1.0	1.0	2.0(2.5)
高山地	1.0	2.0	2.0(2.5)

注:括号内表示依用途需要选用的等高距。

2)平面与高程控制点的布设方案及有关的技术要求

(1)平面控制测量。

平面控制测量根据测区大小和测量单位自身仪器设备情况而定,如果测区面积较大(如上百到几千平方千米),则宜选用 GNSS 静态测量,速度快、精度高、成本低,且布点过程中较少受通视限制;如果测区较小(几平方米或十几平方千米),则可以采用导线测量或 GNSS RTK 控制测量,导线测量布网灵活,成本相对较低,但可靠性不高,检核条件不多,需要隔一定距离与国家控制点联测,GNSS RTK 控制测量适用于图根控制,速度快、效率高。

无论采用哪种布设方式,在布设点位时,都要考虑测区地形地貌特点,还要兼顾网形和网内控制点的精度。较小测区可以进行首级控制即可;当测区范围大时,还要进行加密控制,此时需要考虑各级控制点的密度,如表 7-12 所示。

表 7-12 图根控制点密度

测图比例尺	1:500	1:1 000	1:2 000
图根控制点的密度/(点数/km^2)	64	16	4

(2)高程控制测量。

高程控制测量可以采用多种方法,在地势比较平坦的地区宜采用水准测量,简单易行,精度高、速度快;在地势起伏比较大的地区,则宜采用三角高程测量。在地势起伏不大的平原、丘陵地区,随着大地水准面精化的不断进行,利用 GNSS 静态测量,已可以满足大比例尺测图对控制点的高程精度要求了,这将大大提高高程测量的速度与精度。

(3)测区分区方案、施测方案和相关要求。

外业测图一般以测区为单位统一组织作业和组织数据,当测区不大、作业人员较少时,可以不必分区作业;当测区较大或有条件时,可在测区内按自然带状地物(如街道线、河沿线等)为边界线构成分区界限,分成若干相对独立的分区。各分区的数据组织、数据处理和作业应相对独立,需要注意在分区内及各分区之间在数据采集和处理时不应存在矛盾,避免造成数据重叠或漏测。其他要求根据测量合同书规定进行补充。

(4)碎部测量实施方案、精度要求与注意事项。

碎部测量主要就是采集碎部点,根据采集方法不同,有多种测量方法(如草图法成图、编码法成图、电子平板法成图等)。采用何种方法采集碎部点,取决于单位自身现有的仪器设备和软件配备。

(5)内业成图方法及相关要求。

用于大比例尺测图内业绘图的软件主要有南方 CASS、EPS 三维测图系统等,前者侧重于二维绘图,后者则擅长 3D 绘图。每个软件各有其优势和不足,具体采用何种软件,则要根据单位的人才与软件配备情况而定。若有特殊要求,则根据测量合同书或甲方单位要求而定。

(6)图幅分幅、整饰、拼接等方案与相关要求。

地图分幅主要有 40 cm×50 cm 或 50 cm×50 cm 的标准分幅和自由分幅,具体分幅方式要根据合同书或甲方单位要求确定。接边时要素几何图形的接边误差不应大于规范规定的限差要求,且要求要素属性和拓扑关系一致。图形整饰主要包括如下内容:

①图形中各要素名是否正确,尺寸是否符合图式规定;

②图形线划是否连续、光滑、清晰,粗细是否符合规定;

③图形中各要素关系是否合理,是否有重叠、压盖现象;

④图形中各名称注记是否正确,位置是否合理,指向是否明确,字体、字大、字向是否符合规定;

⑤注记是否压盖重要地物或点状符号;

⑥图面配置要素、图廓内外整饰是否符合规定;

⑦测图成果整理与输出。

测图成果一般包括如下内容:技术设计书(有项目设计书的也应包括项目设计书);测图控制点展点图、水准路线图、埋石点点之记、控制点平差计算成果表;地形图数据文件、元数据文件等各种数据文件;输出的地形图;产品检查报告、产品验收报告、技术总结报告。

(四)施测组织与保障

1. 仪器配备

根据前文设计中确定的控制测量、碎部测量、内业成图方案,确定使用何种仪器及仪器的数量和等级,以确保测量各阶段任务的顺利完成。如要采用国家等级导线进行控制测量,则根据规范和观测测回要求,可以采用2″或5″全站仪,如采用GNSS静态测量,则要根据控制测量布网方案,确定GNSS接收机的数量。进行数字成图,则需要计算机和相应的成图软件,如南方CASS或EPS等。

2. 人员安排

一项测图任务无论大小都是一个系统的工程,科学合理的人员安排是完成任务的前提和保障。因此,首先要确定工程的项目总负责、技术支持、后勤保障等工作,根据工程大小和复杂程度可以由多人分担,也可以由一人身兼多职;其次根据工程规模,确定参与工程实施的技术人员等级及数量,以及对技术要求不高的其他人员的数量和配备方案。

3. 进度安排

完成人员配备后,根据甲方合同书要求和工程规模,结合测区气候、地形、交通和测区复杂程度、仪器配备、人员安排情况等,确定测图工程的进度,制定出工程实施的进度表,进度表要根据事实情况和工程经验合理确定,不能一味求快,也不能肆意拖延,工程时间越长,成本会越高,时间过短,质量将不会得到保障。

4. 质量检查

由于测量工程任务重、强度大、成本高,为了有效保证工程质量,必须建立科学完善的质量保障体系,如技术承包责任制、阶段检查验收制、作业小组自检、作业小组间互检、多级检查制度等,以最大程度地保证工程质量达到合同要求,尽量避免返工。

5. 后勤保障

虽然现代测量技术使得外业测量的强度大大降低,但相比其他行业,劳动强度还是相当大的。因此,在工程开始实施前,必须做好后勤保障。主要包括交通配备、驻地选址、伙食安排等。通过先期踏勘,根据自身单位具体情况,确定采用合适的交通工具来保障仪器与人员的运输。驻地的选址宜在测区附近,便于作业和节约成本。也要根据测区的情况,选择合适的伙食供应方案,这是工程顺利进行的重要前提。

6. 经费预算

根据设计方案和进度计划表,参照现在测绘市场有关价格和成本定额,编制阶段经费计划和总经费计划，并作适当说明。有了经费预算，在工程实施期间的成本花费才有所依据，才能保证必要的市场利润。

（五）安全措施

为保证工程实施期间人员和仪器安全，需要对工程人员进行必要的仪器操作培训和相关的安全教育，以杜绝不必要的安全隐患。

（六）附件

1. 踏勘报告

主要内容为测区自然地理情况、气象气候情况、交通情况、居民地风俗习惯、居民地分布、土壤土质情况、植被的种类和分布情况等。

2. 可供利用的资料清单

对收集到的测区资料进行分类整理，列出各类资料的清单，以便查阅。

3. 附图附表

主要包括收集资料的相关附图附表及前文技术设计中涉及的图表等。

二、测图成果的检查验收

优秀的成果是生产出来的，而不是检查出来的。测绘对象包罗万象，测绘的方法随着测绘对象的变化而变化，简单机械重复劳动的测绘基本没有，因此检查验收是地形图测绘生产的必需环节，不是可有可无的。

（一）地形图的基本精度要求

1. 平面精度

地形图图廓点、公里网、控制点的平面位置坐标值应符合理论值或已有坐标值；图上地物点相对于邻近图根点的点位中误差和邻近地物之间的点间距中误差不应大于表 7-13 所示的规定。当对精度有特殊要求时，可按照相关专业部门规范中所规定的精度要求或根据应用需要在技术设计书中规定。

表 7-13 地物点平面位置精度

地区分类	比例尺	点位中误差	邻近地物点间距中误差
城镇、工业建筑区、平地、丘陵地	1:500	±0.30	±0.20
	1:1 000	±0.60	±0.40
	1:2 000	±1.20	±0.80
困难地区、隐蔽地区、山地、高山地	1:500	±0.40	±0.30
	1:1 000	±0.80	±0.60
	1:2 000	±1.60	±1.20

2. 高程精度

各类控制点的高程值应符合已测高程值；高程注记点相对于邻近图根点的高程中误差

不应大于相应比例尺地形图基本等高距的 1/3;困难地区可放宽 0.5 倍;等高线插求点相对于邻近图根点的高程中误差,平地不应大于基本等高距的 1/3,丘陵地不应大于基本等高距的 1/2,山地不应大于基本等高距的 2/3,高山地不应大于基本等高距。

(二)地形图的检查验收

地形图主要从空间精度、属性精度及时间精度等方面进行检查。

1. 空间精度检查

空间精度检查评价主要从位置精度、数学基础、数据完整性、逻辑一致性、要素关系处理、接边等方面加以检查评价。数据完整性主要检查分层的完整性,实体类型的完整性,属性数据的完整性及注记的完整性等。逻辑一致性检查评价包括检查点、线、面要素拓扑关系的建立是否有错,面状要素是否封闭,一个面状要素有不止一个标识点或有遗漏标识点线划相交情况是否被错误打断,有无重复输入两次的线划,是否出现悬挂结点,以及其他错误的检查。要素关系处理检查评价内容包括确保重要要素之间关系正确并忠实于原图,层与层间不得出现整体平移,境界与线状地物,公路与居民地内的街道以及与其他道路的连接关系是否正确。严格按照数据采集的技术要求处理各种地物关系。

1)粗差检测

图形数据是数字线划图(DLG)的一类重要数据,粗差检测主要是对图形对象的几何信息进行检查,主要包括线段自相交、两线相交、线段打折、公共边重复、同一层及不同层公共边不重合等。

2)数学基础精度

数学基础精度主要包括坐标带号、图廓点坐标和坐标系统。

3)位置精度

位置精度包括平面位置精度和高程精度,数据成果平面坐标和高程采用外业散点法按测站点精度施测。平面和高程检测点应均匀分布,并且为随机选取的明显地物点(特征点)。平面和高程检测点数量视地物复杂程度等具体情况确定,一般情况下每幅图选取不少于 50 个点,点位中误差限差按表 7-13 的规定执行。邻近地物点间距精度检测用钢尺或测距仪量测相邻地物点距离,量测边数量每幅图一般不少于 20 处,邻近地物点间距中误差限差按表 7-13 的规定执行。检测中如发现被检测的地物点和高程点有粗差时,应视情况进行重测。检测结果应建立统计表格和编写野外检测报告。

2. 属性精度检查

属性数据质量可以分为对属性数据的表达和描述(属性数据的可视表现)、对属性数据的质量要求(质量标准)两个质量标准,保证了这两方面的质量,可使属性数据库的内容、格式、说明等符合规范和标准,利于属性数据的使用、交换、更新、检索,数据库集成及数据的二次开发利用等。属性数据的质量还应该包括大量的引导信息及以纯数据得到的推理、分析和总结等,这就是属性元数据,它是前述数据的描述性数据。因此,属性元数据也是属性数据可视表现的一部分。而精度、逻辑一致性和数据完整性则是对属性数据可视表现的质量要求,主要包括属性值域的检验、属性值逻辑组合正确性检验、用符号化方法对各属性值进行详细评价。

3. 时间精度检查

通过查看元数据文件,了解现行原图及更新资料的测量或更新年代,或根据对地理变化情况的了解,直接检查资料的现势性情况,再根据预处理图检查核对各地物更新情况。用影像数据采用人机交互方法进行更新,须将影像与更新矢量图叠加,详细检查是否更新,更新地物的判读精度,对地物判读的位置精度、面积精度及误判、错判情况作出评价。

4. 逻辑一致性检查

逻辑一致性检查主要是指拓扑一致性检验,包括悬挂点、多边形未封闭、多边形标识点错误等。构建拓扑关系后,通过判断各线段的端点在设定的容差范围内是否有相同坐标的点进行悬挂点检查,以及检查多边形标识点数量是否正确。

5. 完整性与正确性

检查内容包括文件命名、数据文件、数据分层、要素表达、数据格式、数据组织、数据存储介质、原始数据等的完整性与正确性。

(1)文件命名完整性与正确性的检查。

(2)数据格式完整性与正确性的检查。

(3)文档资料采用手工方法检查并录入检查结果,元数据通过以下方法实现自动检查:建立"元数据项标准名称模板"与"元数据用户定义模板",将"元数据项标准名称"与"被检元数据项名称"关联起来;通过"元数据用户定义模板"中的"取值说明"及"取值",对元数据进行自动检查。

项目小结

本项目主要从地图、地形图、比例尺、地形图分幅与编号等基本概念入手,讲述地物测绘的原理、地物测绘的方法、等高线、地貌的表示方法,讲述了地形图的技术设计、成果的检查验收方法,这是地形图测绘的全过程。

思考与习题

1. 什么是地图?什么是地形图?它们有何区别?

2. 什么是比例尺?比例尺有哪些表示方法?什么是比例尺精度?比例尺精度在测图中有何意义?

3. 我国基本比例尺系列有哪些?如何划分大比例尺、中比例尺和小比例尺?

4. 地形图图幅要素包含哪些?

5. 图式符号是如何分类的?各有什么特点?

6. 什么是图式符号的定位与定向?如何定位?如何定向?

7. 地形图注记有哪些分类?注记有什么要求?

8. 地形图分幅的基本原则是什么?

9. 什么是梯形分幅? 传统梯形分幅如何划分? 新梯形分幅如何划分?

10. 什么是接图表? 有什么作用?

11. 简述极坐标法测量碎部点的原理。

12. 简述地物测绘的一般原则。

13. 简述测量碎部点时如何跑尺。

14. 在地物测绘时,对地物如何取舍与综合?

15. 地貌按坡度如何划分?

16. 什么是等高线? 有什么特点? 有哪些分类? 各有什么作用?

17. 简述地貌特征点如何测绘。

18. 地形图有哪些基本精度要求?

码 7-2　思考与习题参考答案　　码 7-3　单选题　　码 7-4　多选题　　码 7-5　判断题

项目八 大比例尺地形图测绘

项目概述

大比例尺地形图是基本比例尺图，以高精度和详尽的地形表示，成为城市规划、工程建设、土地管理等的基础数据来源，为决策提供可靠依据。测图方式从传统的白纸测图到全站仪测图、GNSS RTK 测图到现在的无人机测图和三维激光扫描测图，测图方式、测图效率与外业劳动强度，都发生了巨大变化。

学习目标

掌握如何使用全站仪、GNSS RTK 进行外业碎部点采集；学会使用 CASS 进行地物与等高线绘制；学会使用 CASS 进行地形图基本要素采集、土方量算和纵横断面图绘制；了解无人机与三维激光扫描测图发展概况、测图流程与内业处理方法。

【思政导入】

中国北斗，是继“两弹一星”之后的又一战略工程。中国于 20 世纪 60 年代开始了自己的卫星导航系统设计，取名为“灯塔”，但是由于国家财力等原因工程搁浅。作为一个大国，我们必须把命运掌握在自己的手里。1983 年，“两弹一星”元勋陈芳允提出了双星定位设计方案，这在当时是公认的最优方案，科研人员开始积极立项论证，但因种种原因又搁置下来。1994 年，党中央、国务院、中央军委作出独立自主研制北斗卫星导航系统的重大战略决策，北斗人从此汇聚在一起，朝着一个共同的宏伟目标奋勇攀登。基于我国国情，北斗建设者创造性提出“先区域、后全球，先有源、后无源”的建设思路，按照“三步走”发展战略推进，先建立双星定位试验系统，形成区域有源定位与导航服务能力；然后完成 3 种轨道 10 余颗卫星的发射，建成区域导航系统，形成区域无源服务能力，向亚太地区提供定位、导航、授时，以及短报文通信服务；最后建成由 3 颗静止轨道卫星和 30 颗非静止轨道卫星组成、覆盖全球的北斗全球卫星导航系统，形成全球无源服务能力。

经过 20 多年的发展，2023 年 12 月 26 日 11 时 26 分，中国在西昌卫星发射中心用长征三号乙运载火箭与远征一号上面级，发射第 57 颗、第 58 颗北斗导航卫星。该组卫星属中圆地球轨道卫星，是中国北斗三号全球卫星导航系统建成开通后发射的首组 MEO 卫星，入轨并完成在轨测试后，将接入北斗卫星导航系统。2024 年 9 月 19 日，中国在西昌卫星发射中心发射第 59 颗、第 60 颗北斗导航卫星，北斗导航系统具有全球定位服务能力。

在涉及国家安全核心部位、核心数据、核心技术上，绝不会天上掉馅饼，尤其是卫星导航系统,不管是军用,还是民用,不管是发展经济,还是维护国家安全,只能独立自主,才能不受制于人,才有国家的长治久安。北斗导航的全面应用,也使得我们当前测图方式发生了巨大变革,GNSS RTK 测图逐渐替代全站仪测图,成为数字野外测图碎部点采集的主要方式。

【正文】

任务一　全站仪测图

使用全站仪进行外业测图,是地形图测绘由白纸测图转为数字测图后主要坐标数据采集的手段之一。随着 GNSS RTK 在地形图测绘中的应用,其工作效率与便捷性大大高于全站仪,但在建筑物密集、遮挡严重的地方,可接收卫星数量不足,造成无法施测,此时依然需要使用全站仪测图。

一、全站仪坐标测量原理

全站仪野外数据采集是根据极坐标测量的方法,通过测定出已知点与地面上任意待定点之间相对关系(角度、距离、高差),利用全站仪内部自带的计算程序计算出待定点的三维坐标(X,Y,H);也可以通过对已知点的观测用交会的方法求测站点的坐标。

如图 8-1 所示,在已知点和后视点分别架设全站仪和棱镜,量取仪器高和棱镜高,输入已知点坐标或起始方位角(测站点到后视点的方位角),通过设置棱镜常数、大气改正值或气温、气压值等改正参数,精确照准后视后,进行坐标测量。

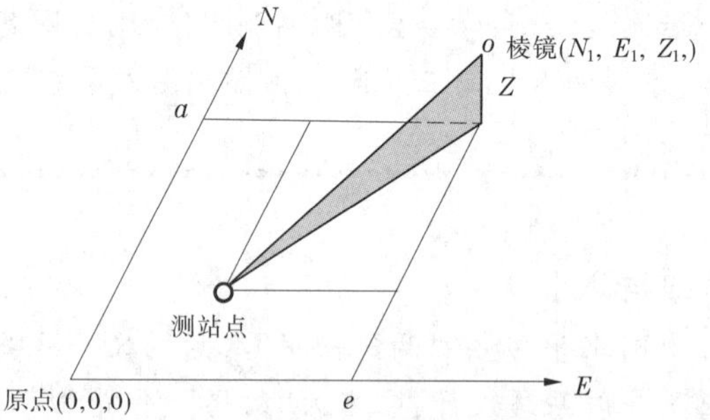

图 8-1　全站仪坐标测量原理图

$$\left.\begin{aligned} N_1 &= N_0 + D\cos\alpha \\ E_1 &= E_0 + D\sin\alpha \\ Z_1 &= Z_0 + D\tan\alpha + i - v \end{aligned}\right\} \quad (8\text{-}1)$$

式中:N_0、E_0、Z_0为测站点(X,Y,H)坐标;D、α 分别为测站点到镜中心的平距和竖直角;i,v 分别为仪器高及棱镜高;N_1、E_1、Z_1 为未知点(棱镜点)(X,Y,H)坐标。

【小贴士】

仪器高 i 量取至全站仪竖直度盘侧面"十"字中心;棱镜高量至棱镜后座中心或者直接由棱镜杆读取,采用后者量取,棱镜一定要竖直(棱镜杆上的圆气泡居中)。

二、全站仪建站

全站仪建站是进行坐标测量前必须做的工作,作用是建立测量基准,并确保后续坐标测量精度。通过建站设定仪器位置(测站点)和方向(后视点),建立测量所需的测量坐标系,为后续坐标测量提供统一的空间基准。下面以科力达 KTS460RM 全站仪为例,讲解建站过程,其他品牌型号全站仪操作与此类似。

码 8-1　全站仪建站

全站仪、棱镜需要架设在图根点上，图根点通过前期控制测量，坐标已知。如图 8-2 所示，建站基本过程为：

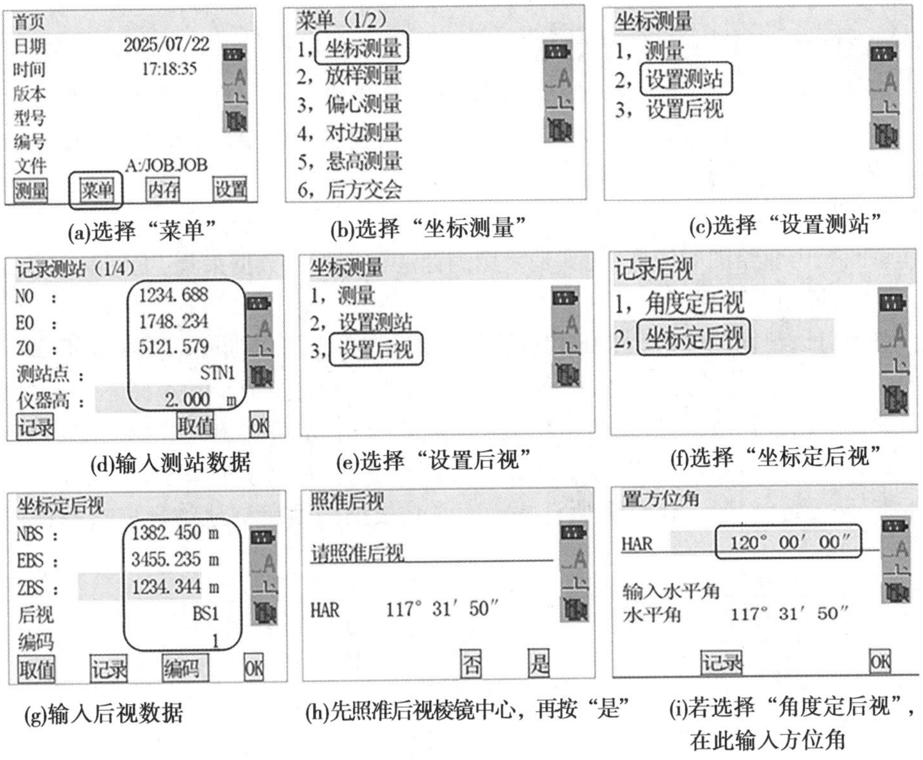

图 8-2 建站基本过程

(1)在测站点上架设全站仪并对中整平。

(2)在后视点架设棱镜并对中整平。

(3)打开全站仪进入建站程序，输入测站点点号、X、Y、H，并测量仪器高，输入。

(4)输入后视点坐标(若已知坐标)或测站点到后视点方位角(若已知方位角)。

(5)转动照准部，精确照准后视点，按“确认”完成建站并测量，得到建站后所测后视点坐标与已知后视点坐标较差，在限差范围内视为合格。

全站仪建站与定性检查限差要求如下：

(1)仪器对中偏差不大于 5 mm。

(2)以较远测站点(或其他控制点)作为测站定向点来标定方向(起始方向)，另一测站点(或其他控制点)作为检核，算得检核点平面位置较差不大于 $0.2 \times M \times 10^{-3}$ m；高程较差不应大于 1/6 等高距。

(3)在每站数据采集结束时应重新检测标定方向，检测结果如超出(2)中所规定的限差，其检测前所测的碎部点成果应重新计算，并应检测不少于两个碎部点。

三、外业测图模式

全站仪野外数据采集除了采集碎部点的坐标数据(点位信息)，还需采集连接信息和属性信息(绘图信息),如碎部点的地形要素名称、碎部点连接线形等,以便由计算机生成图形文件,进行图形处理。野外数据采集的工作程序根据采集信息方式不同,分为草图法和编码法。

(一)草图法

草图法是在观测碎部点时,绘制工作草图,在工作草图上记录地物要素名称、碎部点连接关系。然后,在室内将碎部点显示在计算机屏幕上,根据工作草图,采用人机交互方式连接碎部点,输入图形信息码,生成图形。

1. 草图的绘制

工作草图是内业绘图的依据,尤其是采用测记法进行野外数据采集,工作草图是绘图的必需品,是成果图质量的保证。

工作草图可以根据测区内已有的相近比例尺图编绘,也可以随碎部点采集时画出。如图 8-3 所示,在用编绘或复制方法画草图时,一般要到实地对照记录和草图不一致的地物。在随采集数据一块进行时,可按地物相互关系一块块绘出,也可按测站绘制,地物密集处可放大处理。画草图时一定注意图上点号标注要清楚、准确,有电子记录手簿时,一定要和手簿记录的点号一致。一般工作草图所选幅面为 A4,根据测站所测地物环境选择横向还是竖向。

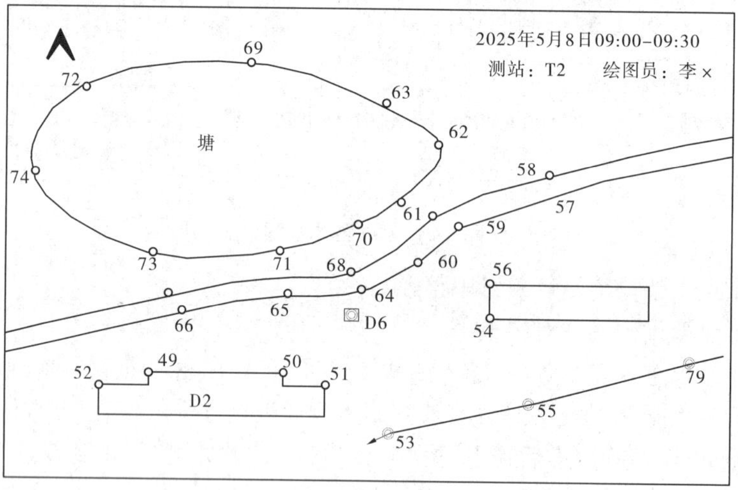

图 8-3　草图

工作草图的主要内容有地物的相对位置、地貌的地性线、点名、丈量距离记录、地理名称和说明注记等。在随测站记录时,应注记测站点点名、指北方向、绘图时间、绘图者姓名等,最好在每到一测站时,整体观察一下周围地物,尽量保证一张草图把一测站所测地物表示完全,对地物密集处标上标记另起一页放大表示。

码 8-2　碎部点测量

2. 采集方法

进入测区后,跑尺员首先对测站周围的地形、地物分布情况大概看一遍,对地物分布、地貌情况基本掌握,以便认清方向。绘图员(绘制草图者)可提前绘制工作草图,以便观测时更迅速准确地在草图上标明所测碎部点的位置及点号。建站完成后开始采集数据,每观测一个点，观测员都要核对观测点的点号、属性、镜高并存入全站仪的内存中。

码 8-3 数据传输

野外数据采集，测站与测点两处作业人员必须实时联络。每观测完一点，观测员要告知绘图员所测点的点号，以便全站仪存储点号与草图相应位置标注点号一致。若两者不一致，应查找原因，是漏标点，还是多标点，或一个位置测重复等，必须及时更正。需要注意，在野外采集时，能测到的点要尽量测，实在测不到的点可利用皮尺或钢尺量距，将丈量结果记录在草图上，室内用交互编辑方法成图。

在进行地貌采点时，可以用一站多镜的方法进行。一般在地性线上要有足够密度的点，特征点也要尽量测到。例如，在山沟底测一排点，也应该在山坡边再测一排点，这样生成的等高线才真实。在测量陡坎时，最好在坎上坎下同时测点，这样生成的等高线才没有问题。在其他地形变化不大的地方，可以适当放宽采点密度。在一个测站上当所有的碎部点测完后，要找一个已知点重测进行检核，以检查施测过程中是否存在误操作、仪器碰动或出故障等原因造成的错误。检查完，确定无误后，关机、装箱搬站。到下一测站，重新按上述采集方法、步骤进行施测。

【小贴士】

草图主要用于记录点与点之间的连接关系及地物属性，对于初学测图者容易上手，特别适合于地物分布杂乱的地方测图。在外业采集后，借助草图，人机交互绘图。

(二)编码法

为便于计算机生成图形文件，进行图形处理，除采集点位信息(测点坐标)外，还应采集该测点的属性信息及连接信息，即对外业采集的数据用一定规则构成的符号串来表示地物属性和连接关系等信息，这种有一定规则的符号串习惯上称为数据编码。不同的数字测图软件在数据采集方法、数据记录格式、图形文件格式和图形编辑功能等方面会有所不同。

数据编码中对采集点的属性信息用地物要素码(或称地物特征码、地物属性码、地物代码)表示，而连接信息主要用连接关系码(或连接点号、连接序号、连接线形)、面状地物填充码等表示。按照《1∶500 1∶1 000 1∶2 000 外业数字测图规程》(GB/T 14912—2017)的规定，野外数据采集码的总形式为地形码+信息码。

地形码是表示地形图要素的代码。地形图要素代码由四位数字码组成，从左到右，第一位是大类码，用 1~9 表示；第二位是小类码；第三位、第四位分别是一、二级代码。例如，一般房屋代码为 2110，简单房屋为 2120，围墙代码为 2430 等。

信息码是表示某一地形要素测点与测点之间的连接关系的代码。随着数据采集方式的不同，其信息编码的方法各不相同。国内开发测图软件很多，一般都是根据各自的需要、作业习惯、仪器设备及数据处理方法等设计自己的数据编码方案，有的全部用数字表示，有的用数字、字符混合表示。目前，没有形成固定的标准。当采用非标准编码形式时，经计算机处理后，要转换为符合《基础地理信息要素分类与代码》(GB/T 13923—2022)规定的地形要素的代码。

目前测绘行业使用的数字测图系统的数据编码方案较多，从结构和输入方式上区分，主要有简编码、全要素编码、块结构编码等。

(1)简编码就是在野外操作时仅输入简单的提示性编码，经内业简码识别后，自动转换为程序内部码。南方GASS采用简编码,它的野外操作码(也称为简码或简编码),由描述实体属性的野外地物码和一些描述连接关系的野外连接码组成。

(2)全要素编码通常是由若干个十进制数组成。其中,每一位数字都按层次分,都具有特定的含义。有的采用五位编码,有的采用六位、七位、八位,甚至十一位编码的都有,各种编码都有各自的特点,但其中地物编码一般都是三位,只是将一些不是最基本的、规律的连接及绘图信息都纳入编码。这种编码方式的优点是各点编码具有唯一性,计算机易识别与处理,但外业编码输入较困难,目前很少使用。

(3)块结构编码将整个编码分成几个部分,如点号、地形编码、连接点和连接线形四部分,分别输入。清华山维的EPSW测绘系统就是采用这种数据编码。

编码法测图,适用于地物规整的测区,若测区地物杂乱,编码法成图会加大软件成图后的修改量,此时用草图法更合适。

【小贴士】

对测量人员,使用编码的主要障碍是难记,但对数字测图及其应用来讲,不论用什么方式、方法,地物编码系统是绝对必要的,编码是计算机自动识别地物的唯一途径。

任务二　GNSS RTK测图

GNSS RTK测量快捷、方便、精度高,已被广泛用于碎部点数据采集工作中。在大比例尺数字测图工作中,采用GNSS RTK技术进行碎部点数据采集,不要求点间通视,仅需一人操作,在待测碎部点上停留几秒,即可测定点位坐标并能达到厘米级精度,比起需要建站、必须通视的全站仪坐标测量,其工作效率远高于全站仪。

一、GNSS RTK准备

(一)GNSS RTK的作业模式

GNSS RTK测量,一般分为单基站RTK和网络RTK两种模式。单基站RTK需要设置基准站,并配备用于发射差分信号的电台,目前GNSS接收机一般都有基准站和流动站功能切换,接收机在基准站模式下有内置电台,虽然发射功率最高能达到2 W左右,但对于小半径范围的GNSS RTK测量已足够,无须外置电台,极大减少了外出测量的负担。若采用外置电台,发射功率可达到25 W,播放差分信号强度会增加许多,RTK作业半径也会大大增加。单基站RTK模式,需要架设基准站,但无须额外费用,自由可控。网络RTK模式,首先要求流动站能上网,具有移动网络流量,其次需要支付网络RTK差分服务使用费。两种作业模式,各有利弊,作业前根据仪器设备条件选择合适方式。

(二)GNSS RTK点校正

在进行GNSS RTK碎部点测量之前,首先需要进行点校正,即把GNSS直接测得的WGS-84坐标转换为本地测量坐标系坐标,如CGCS2000、1980西安坐标、1954北京坐标或地方坐标系。点校正方法前文已阐述,此处不再赘述。RTK点校正平面坐标转换残差不应超过图上±0.1 mm,高程拟合残差不应大于1/10基本等高距。

(三)GNSS RTK基站平移

点校正完成后,即可进行碎部点测量。完成一阶段测量后关机收工,再重新开机开始

RTK 测量,或者基准站位置发生了变化,在原有工程基础上无需再做点校正,但需在已知点上检测坐标,所测坐标与已知点坐标比较,较差超限(同点校正转换限差),需要进行基站平移。基本原理是:在某已知点上测量该点坐标,同时输入该点的正确坐标,在基站平移模块中,依次调用该点的测量坐标和原有已知坐标,计算得基站 X、Y、H 三个方向的平移参数,应用于当前工程,即完成基站平移。然后测量任一已知点坐标,和该点原有坐标比较,较差小于上述点校正残差即可,如图 8-4 所示。

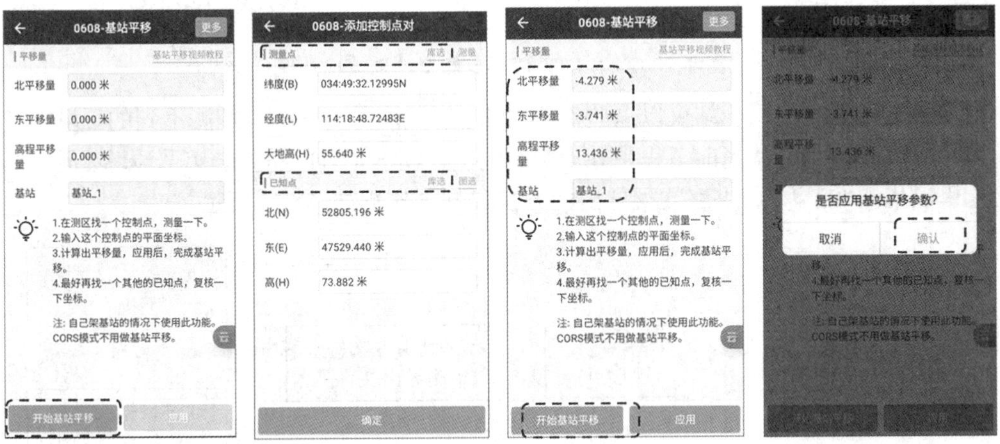

图 8-4 GNSS RTK 基站平移

二、GNSS RTK 碎部点测量

(一)GNSS RTK 工作状态

GNSS RTK 在进行碎部点测量时,其工作状态有单点、浮动和固定,只有在固定时才能进行碎部点采集。GNSS RTK 固定单基站模式时,基准站是否工作正常取决于:周围是否有建筑物、高大树木遮挡卫星信号,移动站能否正常接收来自基准站的差分信号;网络模式时,移动站数据网络模式是否正常取决于:网络账号与参数设置是否正确;移动站周围是否开阔,是否有遮挡卫星信号。当移动站不固定时,需要从以上因素判断,解决不固定的问题。

(二)GNSS RTK 特殊情形

在碎部点测量过程中,当测量房角或不易直接放置移动站的点位时,可开启 GNSS RTK 的倾斜测量功能(倾斜测量功能需要打开,且在固定状态、信号好时可用可靠)。若某些点位由于卫星信号遮挡无法固定,可以辅以边长交会,如图 8-5(a)所示,要测 1 号碎部点,但 GNSS RTK 不固定,无法测得,但 5、6 号点位仪器固定,可以测得 5、6 号坐标,然后用钢尺量取 1~5、1~6 号边长,在南方 CASS 中利用边长交会即可求得 1 号点位。如图 8-5(b)、(c)所示,房角点位不易测得或信号不好,还可以使用 CASS 的隔一点(J)、隔一点闭合(G)功能,跳过该点的测量,但可绘出该点。当使用隔一点或隔一点闭合功能时,需要满足两个条件:一是要隔的点前后两点点位测量精确,且该点前后边长不宜过长;二是被隔的点所在角度为直角。

(三)碎部点数据导出

GNSS RTK 虽然不用考虑通视问题,但在建筑物密集、遮挡严重的地方,由于仪器的不固定,依然需要配合全站仪补充测量这些区域。可用 GNSS RTK 按照图根控制测量精度测

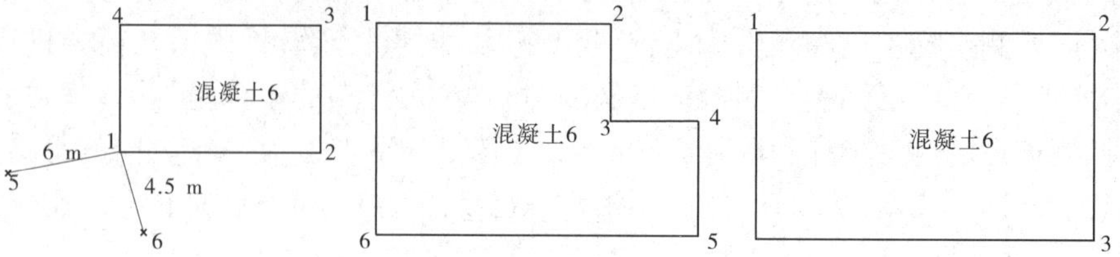

(a)边长交会　　(b)隔一点绘制　　(c)隔一点闭合

图 8-5　GNSS RTK 碎部点测量特殊情况处理

得一些图根点,然后使用全站仪以这些点为图根控制,补测 GNSS RTK 测不到的区域。

外业测量结束后,从当前工程中导出数据,由于 GNSS RTK 品牌与型号众多,但功能相似,这里以华测 i93 为例,讲解数据导出的方法。基本流程如图 8-6 所示。

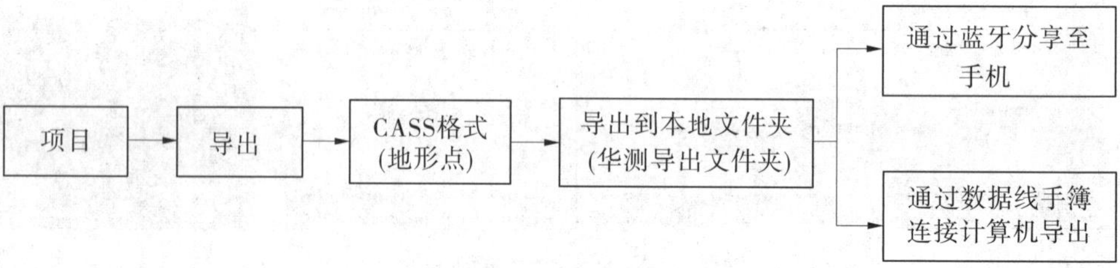

图 8-6　GNSS RTK 数据导出流程

任务三　地形图的绘制

码 8-4　地物绘制

地形图绘制软件有多种,其中南方 CASS 功能齐全、软件较为成熟,使用较为广泛。南方 CASS 是南方测绘基于 AutoCAD 和国产 CAD 平台,开发的集数据采集、编辑、成图、质检等功能于一体的成图软件,主要用于大比例尺地形图绘制、三维测图、点云绘图、日常地籍测绘、工程土石方计算等领域。下面以 CASS11.0 为例,介绍地形图绘制方法。

一、地物的绘制

(一)CASS 概述

打开南方 CASS11.0 软件的操作界面如图 8-7 所示。CASS11.0 的操作界面主要分为顶部下拉菜单、左侧属性窗口、右侧屏幕菜单、标准工具栏、命令行、状态栏和绘图区等七部分。CASS11.0 的工具条、菜单项均以对话框或命令行提示的方式与用户交互应答,可视、直观、易懂,操作灵活方便。

顶部下拉菜单中每一个菜单下面又分为一、二级等多级菜单,这些菜单几乎包括了 CASS11.0 和 CAD 的所有图形编辑命令。左侧属性窗口主要对图层及绘图要素进行批量操作。右侧屏幕菜单则是交互绘图菜单,在使用该菜单的交互编辑功能绘制地形图时,包含坐标定位和点号定位,绘图命令的调用可以根据其类型在屏幕菜单逐一查找,也可通过搜索命令的汉字名、汉语拼音或拼音首写字母组合,来快速找到命令。如调用路灯,可以“路灯”

图 8-7　CASS11.0 软件界面

“ludeng”“ld”等作为关键词搜索，大大提高了命令的查找速度。

(二)CASS 参数设置

CASS 绘图各种设置都在“文件”菜单下的“CASS 参数设置”项目中，在绘图前根据实情进行对应参数设置。如图 8-8(a)所示，在地物绘制中，有高程点注记位数、符号填充间距、高程点字高、展点号字高、高程注记字体、电杆是否连线等常用设置；如图 8-8(b)所示为地物绘制高级设置，包含交换文件、土方量算、断面图、DTM 三角网等的设置；如图 8-8(c)所示为图廓参数设置，在加载图框前，图廓内外各种参数设置，包含坐标系、高程系统、图式、成图日期等；如图 8-8(d)所示，各种注记样式的设置。此外，还有投影转换参数、标注地理坐标、特殊注记设置等。

(三)定显示区与展点

定显示区作用是根据输入坐标数据文件的数据大小定义屏幕显示区域大小，以保证所

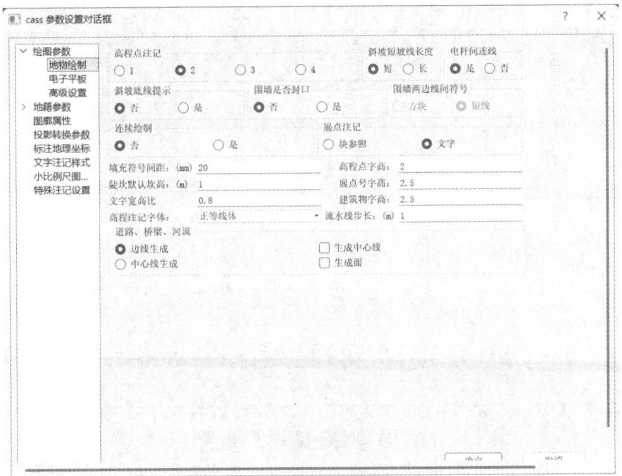

(a)“地物绘制”参数设置

图 8-8　CASS 参数设置

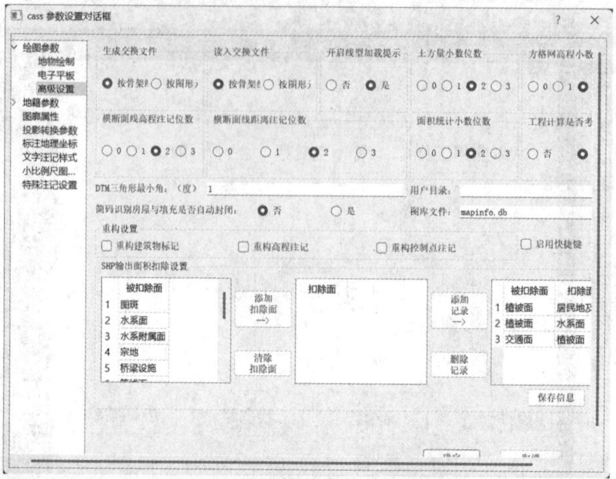

(b) “地物绘制”高级设置

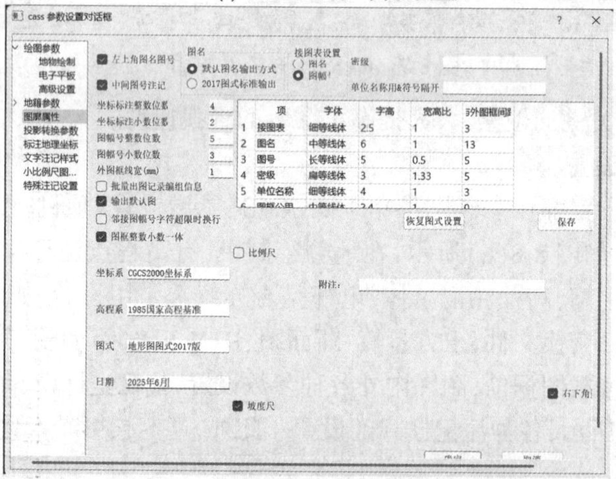

(c) “图廓属性”设置

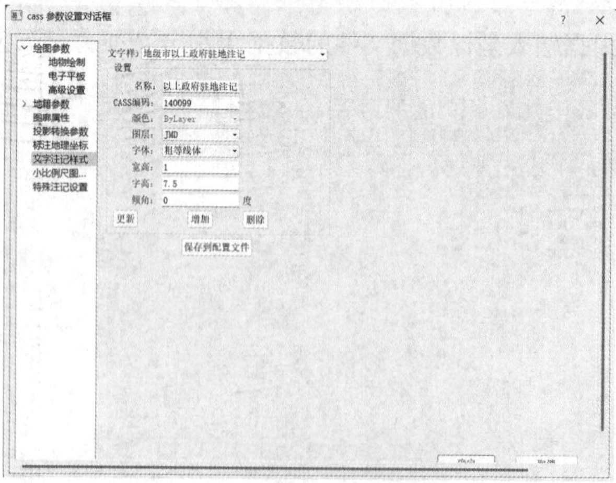

(d) “文字注记样式”设置

续图 8-8

有碎部点都能显示在屏幕上。在“绘图处理”菜单下，选择“定显示区”选项，在弹出“输入坐标数据文件名”对话框中选择已采集的以.dat 为后缀名的坐标数据文件，CASS 自动检索文件中所有点坐标，找到最大和最小坐标值，并在屏幕命令区显示坐标范围，如：

最小坐标(m)：$X = 31\ 036.221$，$Y = 53\ 077.691$

最大坐标(m)：$X = 31\ 257.455$，$Y = 53\ 306.090$

展点是将坐标数据文件中的各个碎部点点位及属性(如点号、代码或高程等)显示在计算机屏幕上，以便在绘图过程中能够更加直观地在图形编辑区内看到各测点之间的关系。如图 8-9 所示，选择“绘图处理”→“展野外测点点号”，此时命令行窗口提示要求输入绘图比例尺，直接输入要求的比例尺分母，回车后在弹出的“输入坐标数据文件名”对话框中选择或输入要展出的坐标数据文件名，然后单击“打开”按钮，则数据文件中所有点以注记点号形式展现在屏幕上，如图 8-10 所示。

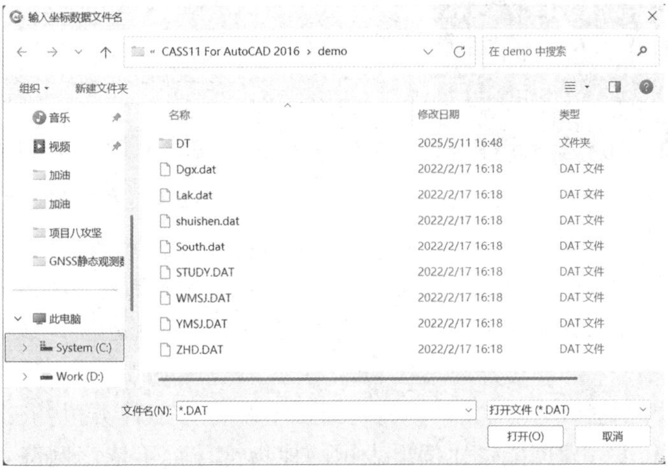

图 8-9　输入坐标文件

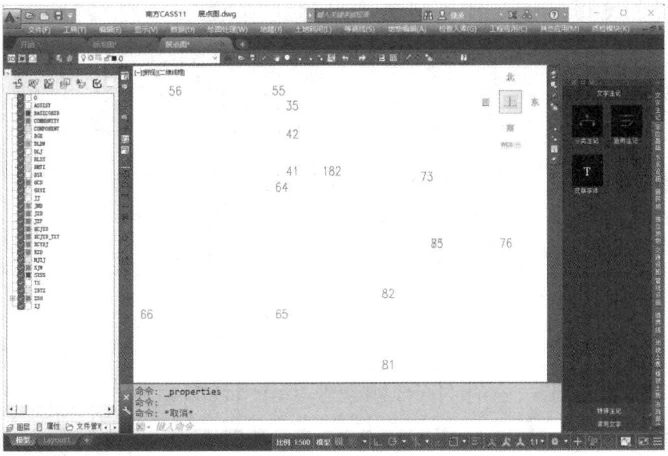

图 8-10　展点图

(四)坐标定位与点号定位

使用 CASS 绘图，分为坐标定位和点号定位两种模式，如图 8-11 所示，屏幕菜单上的两种定位方式。在坐标定位模式下，绘图时通过结点捕捉，捕捉碎部点点位来进行绘图，坐标定位需根据实际点位来绘制相关地物。切换至点号定位,如图8-12所示,弹出“选择点号对应的坐标点数据文件名”对话框,再次选择展点号时的数据文件,读入数据文件,进入点号定位模式。在点号定位绘图时,通过输入所绘制地物对应的点号,CASS软件自动定位至对应点上进行连接。点号定位不必知道所绘点在哪里,只需输入正确点号即可绘制地物,适用于独立地物、线性地物和依比例封闭地物的绘制。

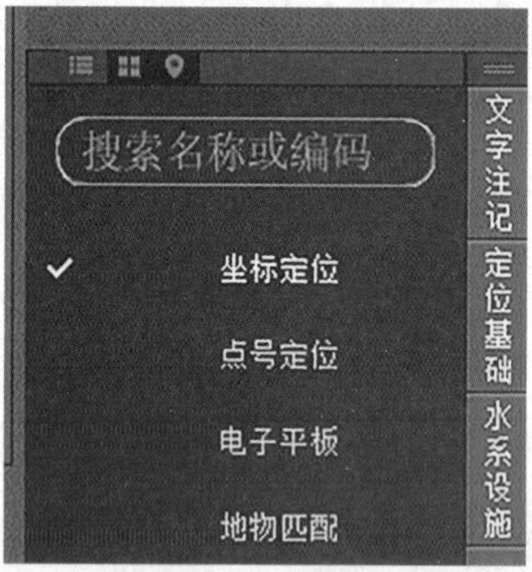

图8-11　两种定位模式

图8-12　点号定位输入文件的调入

【小贴士】

坐标定位通过点位捕捉直接绘图,比较直观;点号定位无须查看要绘制地物的位置,只需要按照草图记录,输入正确点号即可绘制成图,适合绘制独立地物。

(五)地物绘制

根据符号与实地物体的比例关系可将地形图符号分为三种类型:依比例符号(地物依比例尺缩小后,其长度和宽度能依比例尺表示的地物符号)、不依比例符号(地物依比例尺缩小后,其长度和宽度都不能依比例尺表示的符号)、半依比例符号(地物依比例尺缩小后,其长度能依比例尺而宽度不能依比例尺表示的地物符号)。下面就这三种符号的绘制依次阐述。

1. 依比例符号

依比例符号一般实际形状比较大,如房屋、植被、湖泊、广场等,需测其形状的空间转折点,绘制时各点按顺序依次相连,最后闭合成封闭图形,再添加属性信息。如图8-13所示,依比例符号可以分为四类:一是房屋类,绘制封闭区域,然后配以房屋结构与层数;二是植被填充,绘制封闭区域,按规范规定间距内置填充符号;三是依比例的文物碑石、纪念碑、亭子、池塘等,绘制封闭区域,内置相应符号或文字;四是散列分布的相同地物,按独立地物绘制数量太多,因此绘制范围线,内置符号,如喷水池范围、假石山范围、土堆范围等。无论哪种封闭地物,在最后闭合时,要通过命令行参数“C”完成闭合。

码8-5　地物编辑

房屋按结构可分为砖房、混房、混凝土房、钢房、木房等,无论哪种结构,绘制时又分为四点房屋与多点房屋两类。如图8-13(a)所示,四点房屋可通过“三点”“已知两点及宽度”“已知两点与对面一点”和“已知四点”等四种方式绘制,外业测量时根据现场情况,按照以上四种绘制方法选择适合实情的测量方法。多点房屋的绘制则依次相连成封闭图形,绘制过程中常用“曲线 Q”“隔一点 J”“隔一点闭合 G”“垂直距离 Z”“平行线 X”“边长交会 B”“闭合 C”等参数。

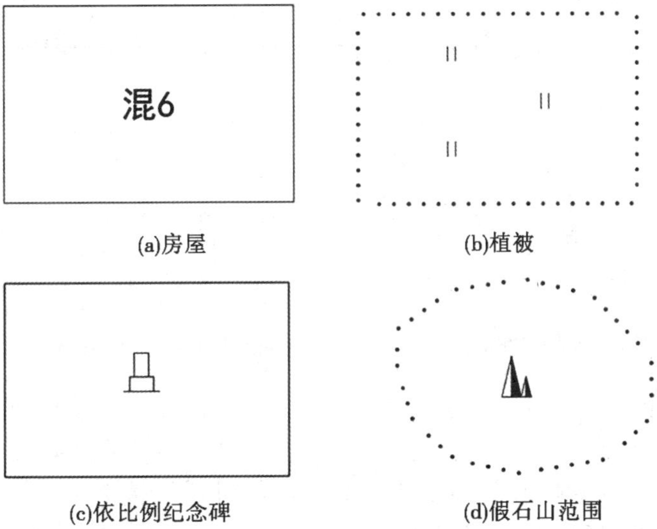

图 8-13 依比例地物绘制

植被类地物，如草地、花圃、旱地、水田、成林、果园等，如图 8-13(b)所示，测其空间形状转折点，绘制时有“(1)绘制区域边界”“(2)绘出单个符号”“(3)封闭区域内部点”“(4)选择边界线”等四种方式，若只有点号，未绘制边界，输入数字 1，全新绘制；若已有封闭区域，想在内部点击一下，输入数字 3；若已有封闭区域，想选择边界线，输入数字 4；若填充区域范围很小，正常填充因为符号间距问题没有符号，绘制单个符号置于区域范围内，输入数字 2。以上绘制方法，涉及封闭区域，必须都要封闭才能正常填充。

2. 不依比例符号

不依比例符号主要是独立地物的测量，如图 8-14 所示，测其中心点，内业绘图时坐标点位在其符号中心、底部圆心、底部中点、底部直角转折点。当不依比例符号绘制时，可以用坐标定位，但使用点号定位更快捷。

3. 半依比例符号

半依比例符号主要指各种线性地物，如各种垣栅、地类、电力线、通信线等，如图 8-15 所示，在测量半依比例符号地物时，在线形空间转折处测点，在软件中依次连接。半依比例符号有两种类型，其中一种有方向，如围墙、栅栏、陡坎等，若方向不对，可绘制完成后在命令行输入“h”，执行换向操作，即可完成线形换向。

二、等高线的绘制

在地形图中，等高线是表示地貌起伏的一种重要手段。在数字化自动成图系统中，等高线是由计算机自动勾绘的，首先由离散点和一套对地表提供连续的算法构建数字地面模型(DTM)，即三角形格网(TIN)。然后，三角形格网上跟踪等高线通过点，最后利用适当的光滑函数对等高线通过点进行光滑处理，从而形成光滑的等高线。

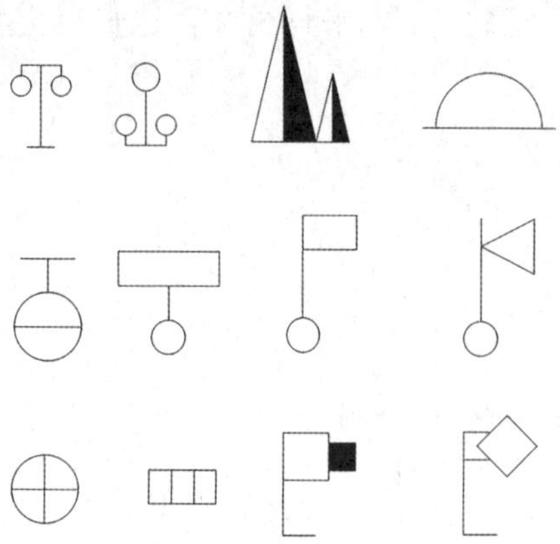

图 8-14　不依比例地物绘制

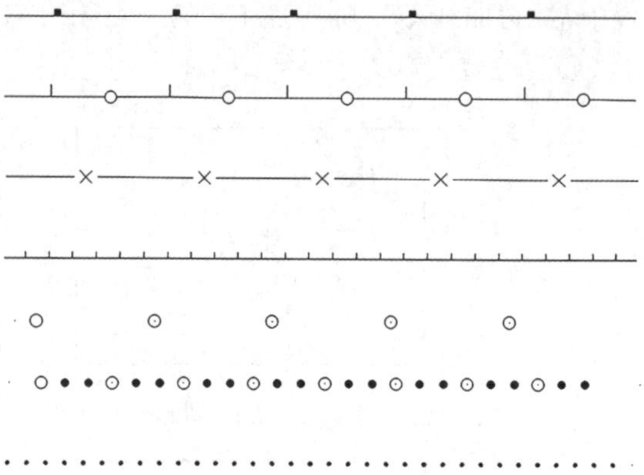

图 8-15　半依比例符号地物绘制

(一)展高程点

如图 8-16(a)所示,点选取“绘图处理”→“展高程点”,在弹出的数据文件的对话框中,选择相应的坐标数据文件,选择“打开”,命令区提示:“注记高程点的距离(米)”,直接回车,表示不对高程点注记进行取舍,全部展出来。这里注记高程点的距离就是注记高程点密度,也可根据实际输入相应的数值对高程点数量进行过滤,如图 8-16(b)所示。

码 8-6　等高线绘制

(二)建立 DTM

数字地面模型(DTM)是以数字形式按一定的结构组织在一起的,表示实际地形特征的空间分布,是地形属性特征的数字描述。使用 CASS 软件在 DTM 的基础上绘制等高线的方法:点取“等高线”→“建立 DTM”,将会弹出“建立 DTM”对话框,如图 8-16(c)所示,然后

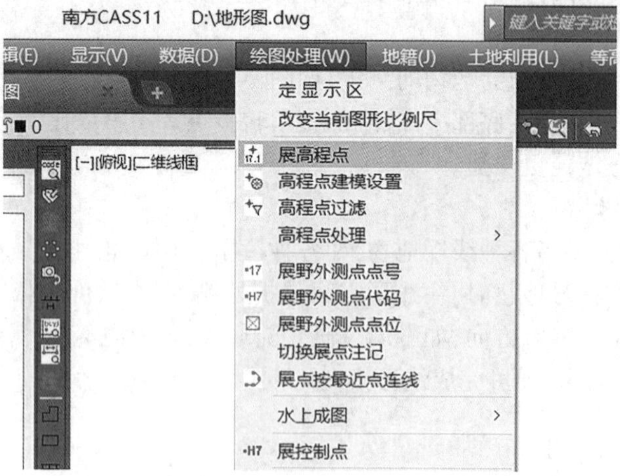

(a)展高程点

图 8-16　展高程点,建立 DTM

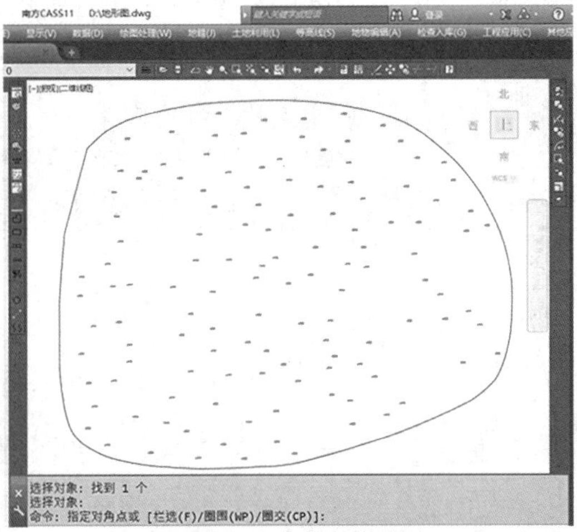

(b)参与生成等高线范围

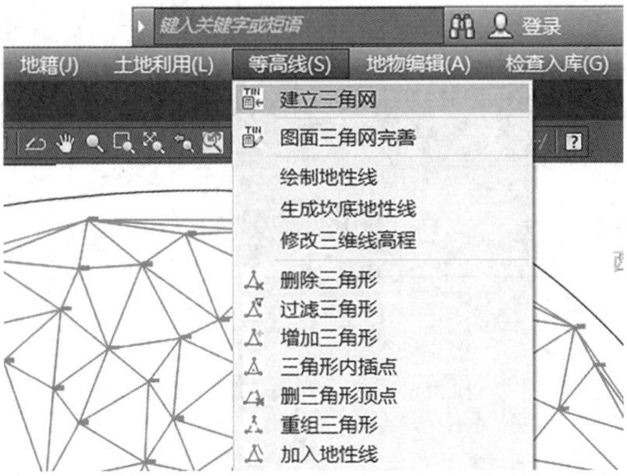

(c)建立DTM

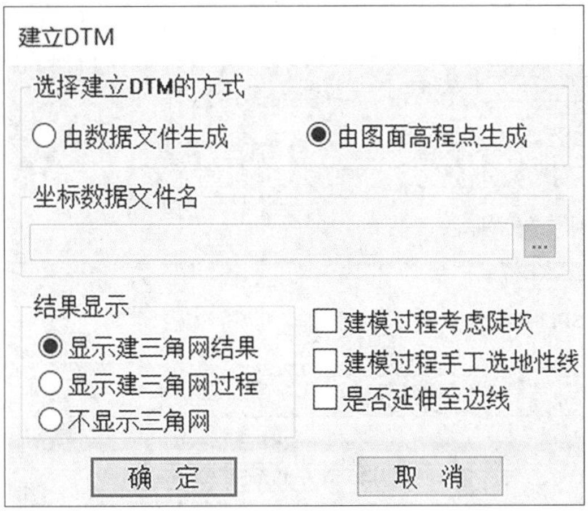

（d）建立DTM方式

续图 8-16

选择生成 DTM 的方式,如图 8-16(d)所示,“由数据文件生成”需要调用用于生成 DTM 的高程点数据文件;“由图面高程点生成”是在已展高程点基础上且划定生成等高线的高程点范围,展出效果如图 8-17(a)所示。

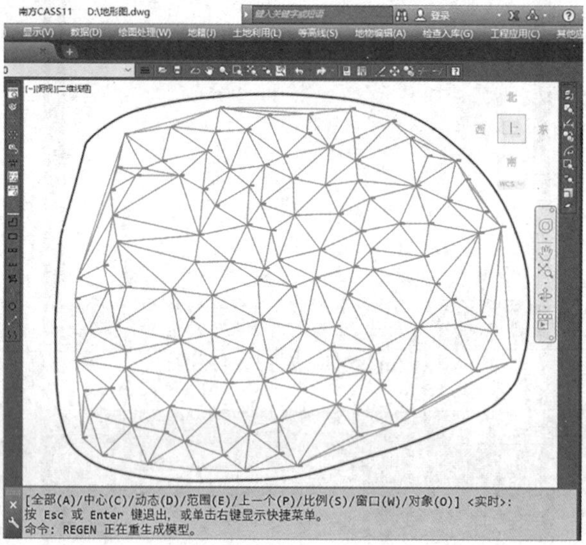

(a)建好的DTM

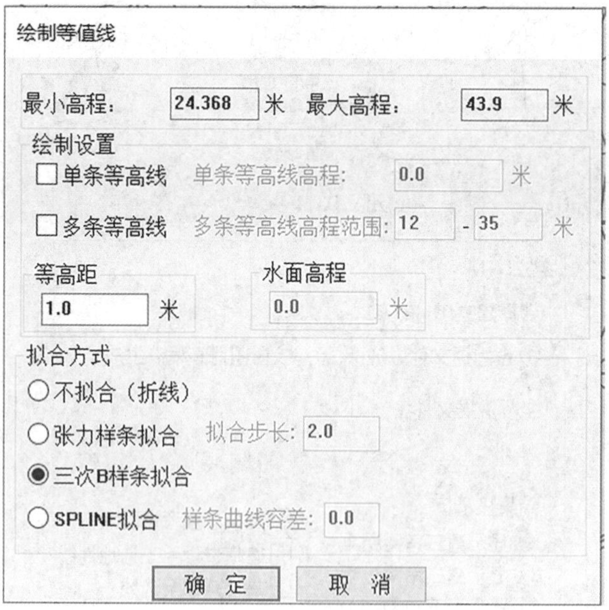

(b)绘制等高线参数设置

图 8-17　生成等高线

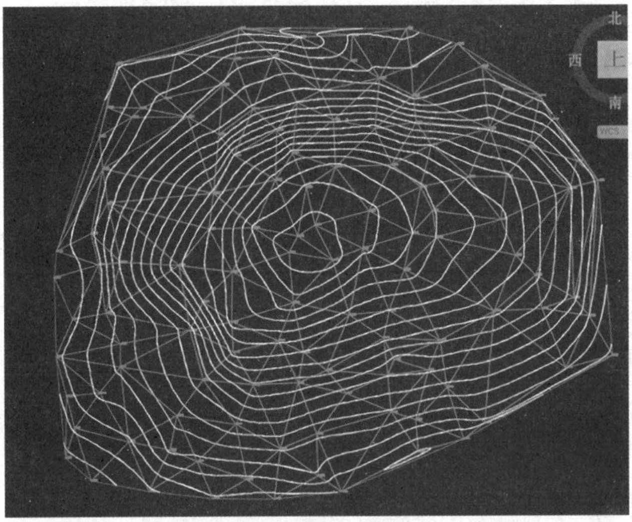

(c)初步生成等高线

(d)编辑好的等高线

续图 8-17

如果要考虑坎高因素，则在建立 DTM 前系统自动沿着坎毛的方向插入坎底点（坎底点的高程等于坎顶线上已知点的高程减去坎高），这样新建坎底的点便参与建立三角网的计算。地性线主要是指山脊线和山谷线，等高线在通过不同的地性线时弯曲的方向不同。如果建三角网时考虑坎高或地性线，系统在建三角网时速度会减慢。

（三）绘制等高线

等高线的绘制可以在绘平面图的基础上叠加，也可以在"新建图形"的状态下绘制，操作过程如下：

点取"等高线"→"绘制等高线"，弹出"绘制等值线"对话框，如图 8-17（b）所示，输入"最小高程""最大高程""等高距"及"拟合方式"，软件即可自动生成等高线。命令区显示："绘制完成！"便完成等高线的绘制，如图 8-17（c）所示。

在等高线绘制完成后,删除三角网,然后对等高线进行编辑。

(1)根据规范规定,高程点的注记密度是图上 3 cm 左右间隔,据此对高程点进行删减,以达到此密度。

(2)等高线必须闭合,对于不闭合的等高线,可使用"B"命令续接使其闭合,注意经过高程点时根据高程值大小,判断在高程点上方还是下方通过。

(3)若无法闭合的等高线,可延伸至道路、房屋等地物停止,对于长度很短的小段等高线,可以直接删除。

(4)对等高线计曲线进行高程注记,字头朝向高处。

(5)高程点注记压盖等高线的,要么高程点注记文字适当移位,避免压盖,要么通过打断(Break)命令,对等高线进行打断。

(6)等高线穿过房屋、道路、桥梁等地物时需要断开,等高线到达陡坎、斜坡、陡崖等处需要停止。

编辑好的等高线如图 8-17(d)所示。

【小贴士】

绘制等高线,建立 DTM,无论是"由数据文件生成"还是"由图面高程点生成",其本质是相同的,都需要在生成等高线区域范围内,按地性线方向测量高程点。前者由数据文件展高程点,后者直接以展好高程点建立 DTM。

三、图幅整饰

地形图绘制完成后,需要对图面要素进行整饰,主要包括地物压盖要断开,如独立地物路灯、井盖、消防栓等压盖道路要断开;植被填充符号压盖地物要适当挪位或删减;边界重合要保留高级别边界或进行移位,如道路边界和陡坎重合,因陡坎重要,故移位表示;等高线穿过地物要断开;等高线不闭合的要手动闭合,计曲线要面向高处进行高程注记;整个图面每隔图上 3 cm 进行高程点注记;道路、地名、路面材质、池塘、球场、广场等要注记;位于 0 层的辅助线要删除;所展的点号要关闭图层或直接删除。

(一)标准分幅

码 8-7 绘制图框

在以上整饰基础上,给图幅加上图框,图框的添加分为标准分幅图框和任意分幅图框。标准分幅包含 50 cm×50 cm 和 50 cm×40 cm 两种规格。点取"绘图处理"→"标准分幅",如图 8-18 所示,一般取该图幅内主要地物或著名单位作为图名。接图表则是本幅图和周围其他图幅的位置关系,可用图名或图号填写接图表。左下角坐标的填写或鼠标拾取是为了确定图幅范围,在取整时有取整到图幅、十米、米和不取整。取整到图幅表示左下角坐标 X、Y 的千米值分别能被图幅实际纵向(南北)与横向(东西)整除,如 1∶500、50 cm×50 cm 图幅,实际图幅的纵向与横向大小为 0.25 km 和 0.25 km;要求左下角坐标能整除 0.25 km;取整到十米、米等,要求左下角坐标能被十米或米整除。输入左下角坐标或鼠标拾取,若达不到以上值,则图幅会自动向左下移动,直至达到条件。需要注意的是,若鼠标拾取左下角坐标,需要先选择图幅取整方式,再鼠标选择,否则取整方式无效。“删除图框外实体”则会在添加图框后,自动把图框外图形要素删除。

添加图框前需要对图廓属性进行设置,如图 8-8(c)所示,添加标准分幅图框后,如图 8-19 所示,接图表与坐标系注记如图 8-20、图 8-21 所示。

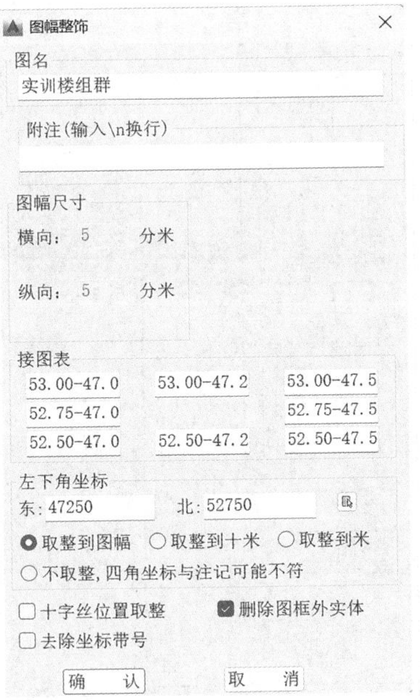

图 8-18　图框设置

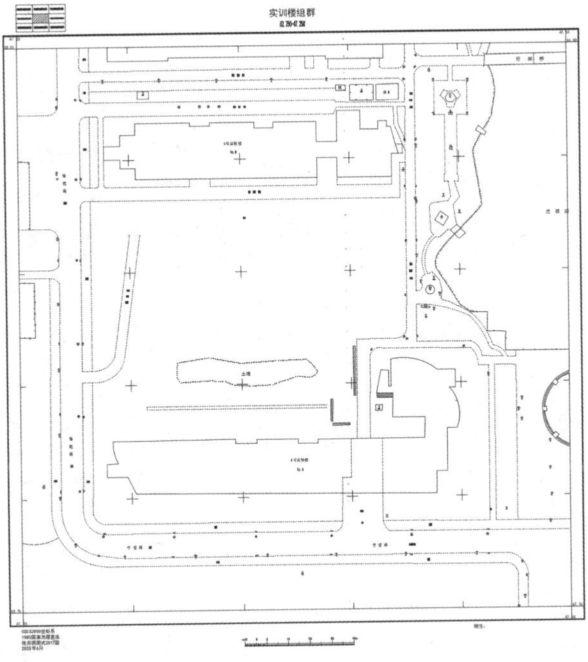

图 8-19　生成标准图幅

53.00-47.00	53.00-47.25	53.00-47.50
52.75-47.00		52.75-47.50
52.50-47.00	52.50-47.25	52.50-47.50

图 8-20　接图表

图 8-21　坐标系与图式注记

(二)任意分幅

任意分幅无范围大小限制,对选定测区添加图框。在“绘图处理”菜单选择“加方格网”,从左下到右上选择绘制方格网范围,选取原则是覆盖整个图形范围,如图 8-22 所示。然后在“绘图处理”菜单下选择“任意图幅”,命令行显示“(1)原有定义方式”“(2)自定义图框两角”两个选项,选择(1)后,弹出如图 8-18 所示的对话框,与标准分幅不同的是,横向与纵向尺寸需要根据图幅范围填写,选择(2)则根据前面添加的方格,捕捉左下角与右上角两个方格(原则为能覆盖整个图面),即可完成图框添加,如图 8-23 所示。

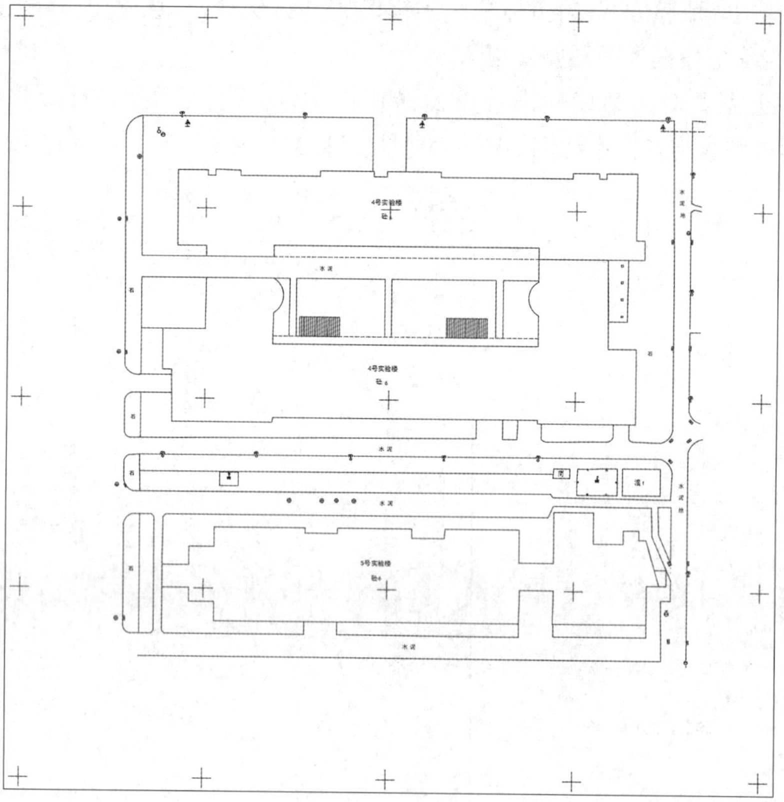

图 8-22　加方格网

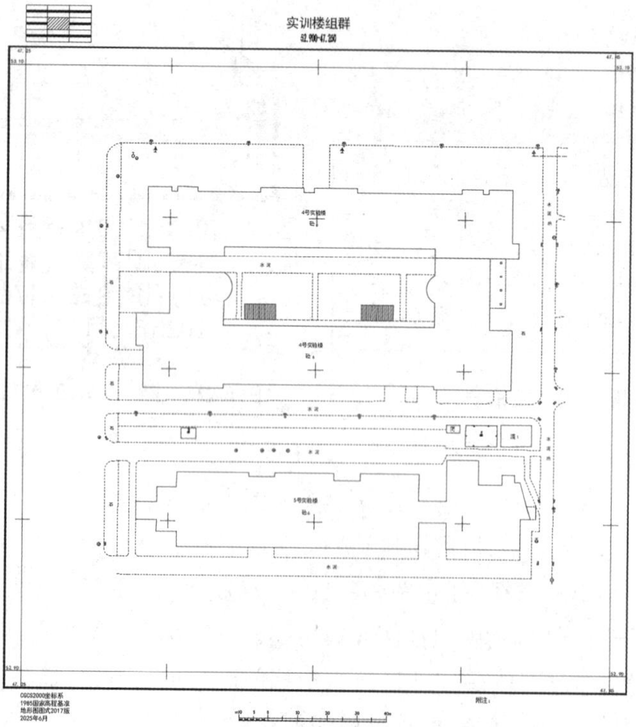

图 8-23　任意图幅

四、CASS 3D 绘图

除全站仪测图与 GNSS RTK 野外测图，然后使用 CASS 进行地形图绘制外，现在基于无人机倾斜摄影测量，使用 CC 等建模软件建立三维立体模型，通常生成 OSGB 模型。使用 CASS11.0 的 3D 绘图模块，其地物、地貌命令的调出与绘制方法与基于碎部点平面绘图基本相同，能习惯使用 CASS 绘图的人员，也能快速上手 CASS 3D 绘图。

码 8-8　CASS3D 绘图之房屋

码 8-9　CASS3D 绘图之道路植被

码 8-10　CASS3D 绘图之地貌

任务四　地形图的应用

在绘制好地形图的基础上，可以进行各种应用，如图 8-24 所示，包含基本要素查询、土方计算、纵横断面图绘制等，下面以基于 CASS 软件的地形图应用进行阐述。

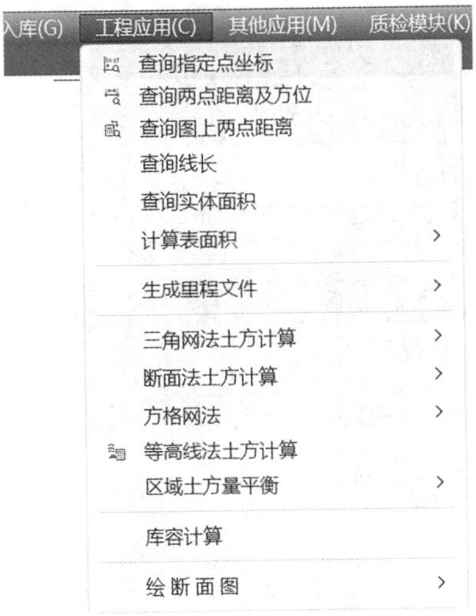

图 8-24　地形图应用

码 8-11　基本要素查询

一、基本要素查询

(一)查询指定点坐标

通过对象捕捉方式，如节点、端点、中点、圆心等，查询指定点坐标。点取“工程应用”→“查询指定点坐标”，通过对象捕捉，查询坐标，如图 8-25(a)所示。

(二)查询两点距离及方位

该功能是查询图上两点间的实地距离及它们连线的方位角。点取“工程应用”→“查询两点距离及方位”，在图上通过对象捕捉，选择两个点，其连线的距离及方位角如图8-25(b)所示。

(三)查询图上两点距离

该功能是查询图上两点间的图面距离。点取“工程应用”→“查询图上两点距离”，在图上捕捉要查询距离的两点，其图上距离显示在命令行，如图8-25(c)所示。

(四)查询线长

该功能是查询图上连续线形的实地距离，可以是直线，也可以是曲线。点取“工程应用”→“查询线长”，选择要查询的线，在窗口区弹出查询结果，在命令行也同步显示，如图8-25(d)所示。

(五)查询实体面积

该功能用来查询图上封闭区域的实地面积。点取“工程应用”→“查询实体面积”，如图8-25(e)所示，有三个选项：“(1)选取实体边线”指直接选择要测量封闭区域的边线来选择被查询实体；“(2)点取实体内部点”指在封闭区域内部点击，以选择被查询实体；“(3)注记设置(S)”指对查询所得面积值在封闭区域内的显示方式，如图8-25所示。

```
命令: CXZB
指定查询点:
测量坐标: X=31388.900米  Y=53437.300米  H=38.200米
```

(a)查询指定点坐标

```
命令: distuser
第一点:
第二点:
两点间距离=37.925米,方位角=62度57分55.36秒
```

(b)查询两点距离及方位

```
命令: DISTGRAPH
选择第一点:
选择第二点:
两点的图面距离为:0.098998 米,  当前图形比例尺为 1:500.00
```

(c)查询图上两点距离

```
命令: getlength
请选择要查询的线状实体:
选择对象: 找到 1 个
选择对象:
共有 1 条线状实体
实体总长度为 60.092 米
```

```
AutoCAD 消息
共有 1 条线状实体
实体总长度为 60.092 米
确定
```

(d)查询线长

```
命令: areauser
[(1)选取实体边线/(2)点取实体内部点]注记设置(S)<1>2
输入区域内一点:
需要二维角点或选项关键字。
区域是否正确?(Y/N) <Y>
实体面积为 2652.24 平方米
```

(e)查询实体面积

图8-25　基本要素查询

(六)计算表面积

表面积是三维立体表面的面积，需要测得测区内不同地势的高程点，外业高程点的采集

密度与地势变化处的准确判断是表面积计算精度的前提条件。计算原理是软件通过DTM建模,在三维空间内将高程点连接为带坡度的三角形,再通过每个三角形面积累加得到整个范围内不规则地貌的面积。由“工程应用”→“计算表面积”可知,三级菜单里包含三种计算方式:根据坐标文件、图上高程点、三角网。这三种计算方式本质上是相同的。下面以“根据坐标文件”为例,阐述表面积计算方法。

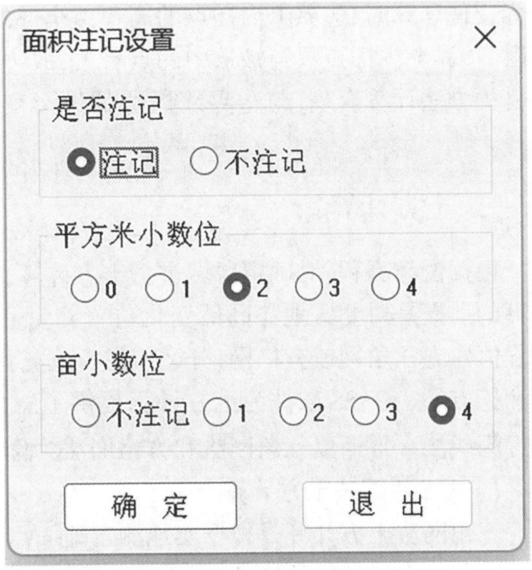

图 8-26 面积注记设置

用多段线或 X 线绘制要计算表面积的区域边界。调出命令,命令行提示“选择计算区域边界线”,选择后弹出对话框,如图 8-27(a)所示,要求调用计算表面积区域的高程点数据文件,选择数据文件并打开。提示“请输入边界插值间隔(米)”,一般取默认 20 m 即可,也可以减小数值,以增加插值密度。表面积计算结果示意图如图 8-27(b)所示,命令行显示结果如图 8-27(c)所示,同时在“C:\Program Files\CASS11 For AutoCAD 2016\system”目录下生成 surface. log 文件,详细统计了封闭区域内每个三角形的顶点坐标和面积,如图 8-27(d)所示。

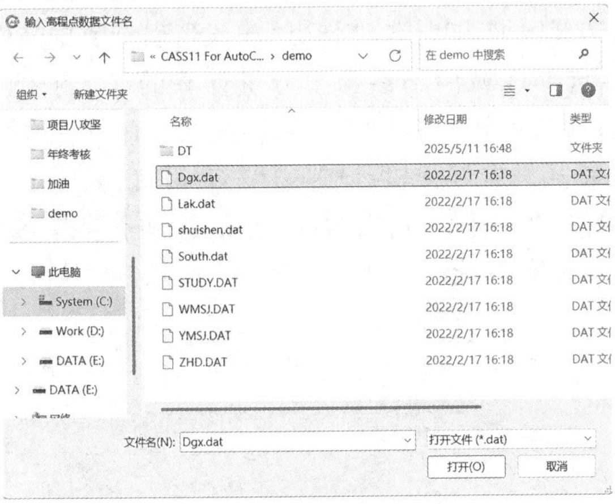

(a)打开数据文件

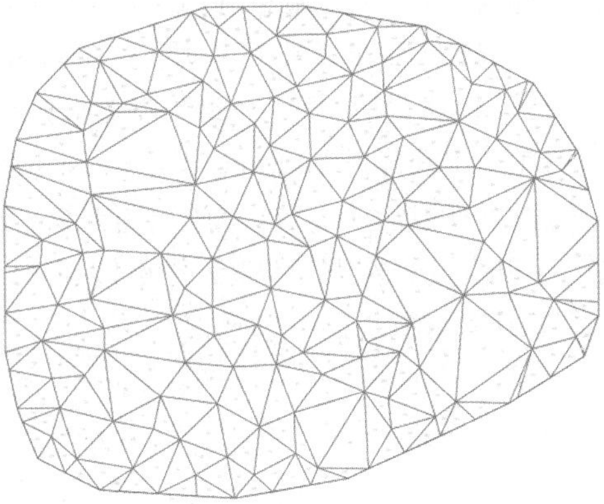

(b)以三角形构成表面积

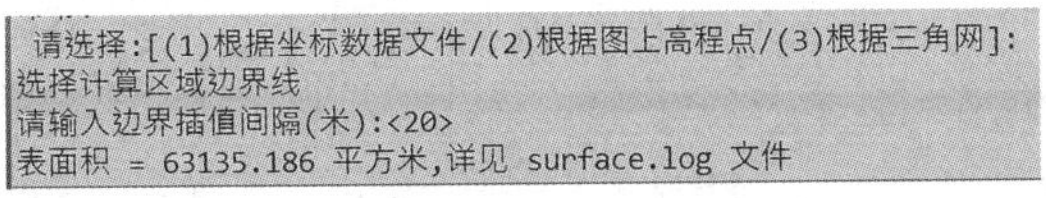

(c)表面积计算结果

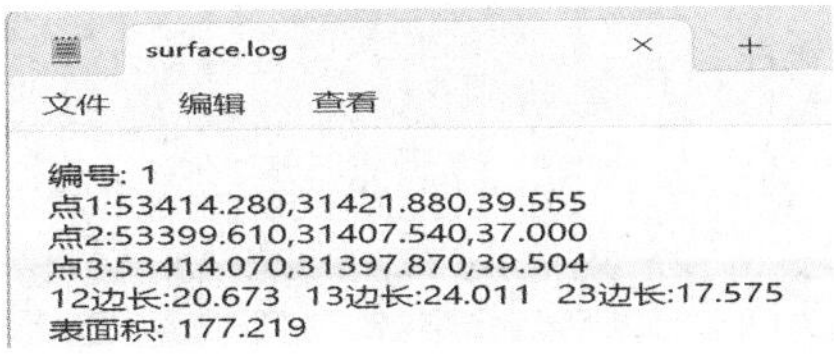

(d)三角形面积统计

图 8-27 表面积计算

计算表面积还可以根据图上高程点,操作的步骤相同,但计算的结果会有差异,因为由坐标文件计算时，边界上内插点的高程由全部的高程点参与计算得到，而由图上高程点来计算时，边界上内插点只与被选中的点有关，故边界上点的高程会影响到表面积的结果。到底用哪种方法计算合理，与边界线周边的地形变化条件有关，变化越大，越趋向由图面上来选择。

二、土方计算

码 8-12　土方计算

根据设计高程，对确定区域进行土方计算，低的地方填，高的地方挖。计算的前提是对测区地势高低变化位置测量高程点，软件根据整个区域高程值建立三角网或方格网，分区域进行土方计算，最后统计出总的填方量和挖方量。CASS 软件为土方计算提供了三角网法、方格网法、断面法和等高线法。下面以三角网法和方格网法为例，阐述土方计算方法。

（一）三角网法土方计算

三角网法土方计算是根据实地测定地面点坐标（X，Y，H）和设计高程，通过生成三角网来计算每一个三棱锥的填挖方量，最后累计得到指定范围内填方量和挖方量，并绘出填挖方分界线。三角网法土方计算共有三种方法：第一种是由坐标数据文件计算；第二种是依照图上高程点进行计算；第三种是依照图上的三角网进行计算。前两种算法包含建立三角网的过程，第三种方法直接采用图上已有的三角形，不再重建三角网。接下来以"根据坐标数据文件"为例，讲解三角网法土方计算，后两种方法与此类似。

点取"工程应用"→"三角网法土方计算"→"根据坐标文件"，命令行提示"是否注记挖填方数值"，默认选择是；如图 8-28（a）所示，选择区域边界，软件弹出"输入高程点数据文件名"，找到高程数据文件并打开；命令行提示选择区域内不参与土方量计算的岛（封闭区域），若没有则直接回车；弹出"DTM 土方计算参数设置"对话框，平场标高根据设计标高填入，边界采用间隔默认 20 m，导出 Excel 文件路径设置好，是否设置边坡，若设置，需要填入坡度，设置完成后确认，即完成土方计算，如图 8-28（b）所示，点击确认；命令行提示指定放置统计表位置的左下角坐标（若直接回车不绘表格），统计表如图 8-28（c）所示；Excel 土方计算明细表如图 8-28（d）所示。

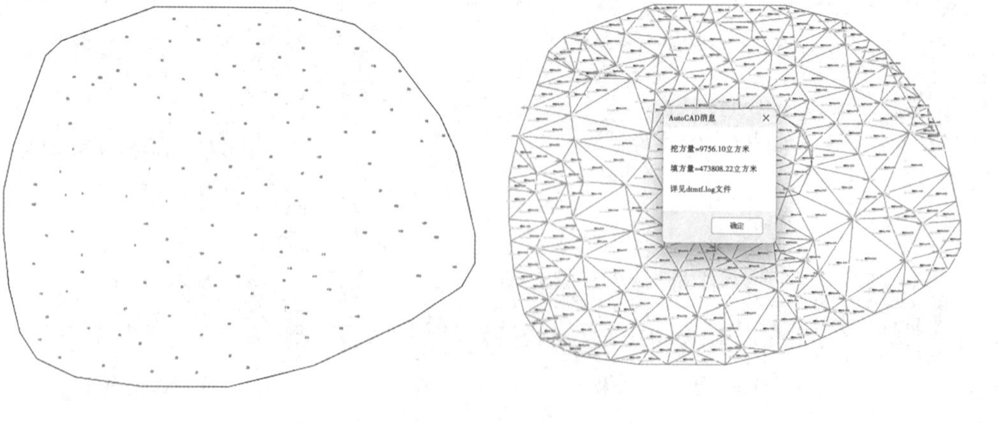

(a)土方计算范围　　(b)土方计算结果

图 8-28　三角网法土方量计算

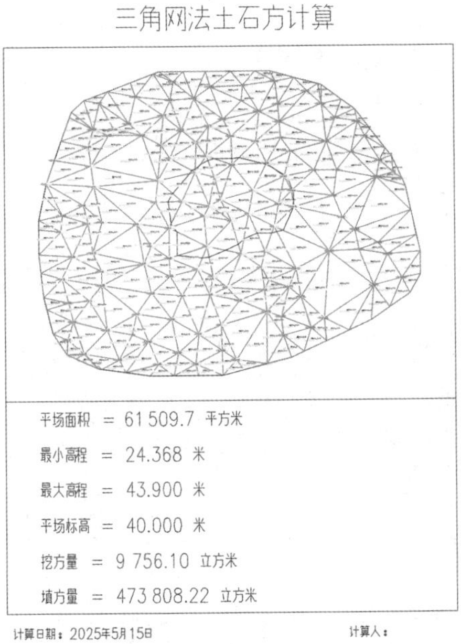

(c)土方计算统计表

A	B	C	D	E	F	G	H	I	J	K	L	M	N
				三角形节点1			三角形节点2			三角形节点3			平均高差
角形编号	挖方	填方	三角形面积	开挖前标高	设计标高	施工高差	开挖前标高	设计标高	施工高差	开挖前标高	设计标高	施工高差	
1	0.00	229.37	174.608	39.555	40.000	-0.445	37.000	40.000	-3.000	39.504	40.000	-0.496	-1.314
2	126.35	34.64	365.097	39.555	40.000	-0.445	39.504	40.000	-0.496	41.694	40.000	1.694	0.251
3	0.00	469.64	128.593	37.000	40.000	-3.000	39.504	40.000	-0.496	32.539	40.000	-7.461	-3.652
4	609.29	1.12	354.311	39.555	40.000	-0.445	41.694	40.000	1.694	43.900	40.000	3.900	1.716
5	50.90	99.06	240.237	39.504	40.000	-0.496	41.694	40.000	1.694	38.200	40.000	-1.800	-0.200
6	0.00	608.72	134.444	37.000	40.000	-3.000	32.539	40.000	-7.461	36.877	40.000	-3.123	-4.528
7	0.00	522.25	149.575	39.504	40.000	-0.496	32.539	40.000	-7.461	37.482	40.000	-2.518	-3.492
8	472.47	0.63	249.042	39.555	40.000	-0.445	43.900	40.000	3.900	42.229	40.000	2.229	1.895
9	789.05	0.00	260.068	41.694	40.000	1.694	43.900	40.000	3.900	43.508	40.000	3.508	3.034
10	0.00	262.22	163.409	39.504	40.000	-0.496	38.200	40.000	-1.800	37.482	40.000	-2.518	-1.605
11	12.81	151.57	131.365	41.694	40.000	1.694	38.200	40.000	-1.800	36.937	40.000	-3.063	-1.056
12	0.00	466.07	212.893	37.000	40.000	-3.000	36.877	40.000	-3.123	39.555	40.000	-0.445	-2.189
13	0.00	4602.62	624.838	32.539	40.000	-7.461	36.877	40.000	-3.123	28.485	40.000	-11.515	-7.366
14	0.00	1281.90	221.117	32.539	40.000	-7.461	37.482	40.000	-2.518	32.587	40.000	-7.413	-5.797
15	74.59	95.02	231.167	39.555	40.000	-0.445	42.229	40.000	2.229	37.951	40.000	-2.049	-0.088
16	299.21	0.00	93.141	43.900	40.000	3.900	42.229	40.000	2.229	43.508	40.000	3.508	3.212
17	458.73	20.95	345.772	41.694	40.000	1.694	43.508	40.000	3.508	38.596	40.000	-1.404	1.266
18	336.62	0.00	92.520	43.900	40.000	3.900	43.508	40.000	3.508	43.508	40.000	3.508	3.639
19	0.00	638.36	203.164	38.200	40.000	-1.800	37.482	40.000	-2.518	34.892	40.000	-5.108	-3.142
20	34.87	327.81	316.970	41.694	40.000	1.694	36.937	40.000	-3.063	38.596	40.000	-1.404	-0.924
21	0.00	335.21	97.855	38.200	40.000	-1.800	36.937	40.000	-3.063	34.587	40.000	-5.413	-3.426
22	0.00	476.38	254.449	36.877	40.000	-3.123	39.555	40.000	-0.445	37.951	40.000	-2.049	-1.872
23	0.00	2737.79	277.951	32.539	40.000	-7.461	28.485	40.000	-11.515	29.426	40.000	-10.574	-9.850
24	0.00	2767.02	354.552	36.877	40.000	-3.123	28.485	40.000	-11.515	31.225	40.000	-8.775	-7.804
25	0.00	3977.69	465.210	32.539	40.000	-7.461	32.587	40.000	-7.413	29.223	40.000	-10.777	-8.550
26	0.00	929.82	185.473	37.482	40.000	-2.518	32.587	40.000	-7.413	34.892	40.000	-5.108	-5.013
27	27.22	249.18	187.826	42.229	40.000	2.229	37.951	40.000	-2.049	36.275	40.000	-3.725	-1.182
28	567.44	0.00	268.189	42.229	40.000	2.229	43.508	40.000	3.508	40.610	40.000	0.610	2.116
29	329.00	10.77	214.813	43.508	40.000	3.508	38.596	40.000	-1.404	42.340	40.000	2.340	1.481
30	340.14	0.00	97.405	43.508	40.000	3.508	43.508	40.000	3.508	43.460	40.000	3.460	3.492
31	0.00	934.84	227.609	38.200	40.000	-1.800	34.892	40.000	-5.108	34.587	40.000	-5.413	-4.107
32	0.00	599.77	200.659	36.937	40.000	-3.063	38.596	40.000	-1.404	35.500	40.000	-4.500	-2.989
33	0.00	408.20	94.369	36.937	40.000	-3.063	34.587	40.000	-5.413	35.500	40.000	-4.500	-4.326
34	0.00	2940.24	529.083	36.877	40.000	-3.123	37.951	40.000	-2.049	28.500	40.000	-11.500	-5.557
35	0.00	1812.50	188.727	32.539	40.000	-7.461	29.426	40.000	-10.574	29.223	40.000	-10.777	-9.604
36	0.00	1572.40	133.266	28.485	40.000	-11.515	29.426	40.000	-10.574	26.692	40.000	-13.308	-11.799
37	0.00	3124.26	400.585	36.877	40.000	-3.123	31.225	40.000	-8.775	28.500	40.000	-11.500	-7.799
38	0.00	1422.16	129.782	28.485	40.000	-11.515	31.225	40.000	-8.775	27.416	40.000	-12.584	-10.958
39	0.00	3565.67	386.948	32.587	40.000	-7.413	29.223	40.000	-10.777	30.546	40.000	-9.454	-9.215
40	0.00	1690.82	244.214	32.587	40.000	-7.413	34.892	40.000	-5.108	31.751	40.000	-8.249	-6.924
41	116.18	208.38	312.158	42.229	40.000	2.229	36.275	40.000	-3.725	40.610	40.000	0.610	-0.295
42	0.00	2525.42	438.589	37.951	40.000	-2.049	36.275	40.000	-3.725	28.500	40.000	-11.500	-5.758
43	390.70	0.00	186.130	43.508	40.000	3.508	40.610	40.000	0.610	42.179	40.000	2.179	2.099
44	458.05	0.00	147.630	43.508	40.000	3.508	42.340	40.000	2.340	43.460	40.000	3.460	3.103
45	79.01	194.51	305.398	38.596	40.000	-1.404	42.340	40.000	2.340	37.929	40.000	-2.071	-0.378
46	280.58	0.00	92.022	43.508	40.000	3.508	43.460	40.000	3.460	42.179	40.000	2.179	3.049
47	0.00	2340.55	344.506	34.892	40.000	-5.108	34.587	40.000	-5.413	30.140	40.000	-9.860	-6.794
48	0.00	901.39	282.754	38.596	40.000	-1.404	35.500	40.000	-4.500	36.340	40.000	-3.660	-3.188
49	0.00	606.23	105.163	34.587	40.000	-5.413	35.500	40.000	-4.500	32.619	40.000	-7.381	-5.765
50	0.00	2014.52	174.705	29.426	40.000	-10.574	29.223	40.000	-10.777	26.758	40.000	-13.242	-11.531
51	0.00	2482.32	199.079	28.485	40.000	-11.515	26.692	40.000	-13.308	27.416	40.000	-12.584	-12.469
52	0.00	3256.39	263.152	29.426	40.000	-10.574	26.692	40.000	-13.308	26.758	40.000	-13.242	-12.375
53	0.00	1756.34	162.220	31.225	40.000	-8.775	28.500	40.000	-11.500	27.794	40.000	-12.206	-10.827

(d)土方计算Excel明细表

续图 8-28

(二)方格网法土方计算

方格网法计算土方量是根据实地测定的地面点坐标(X,Y,H)和设计高程，通过生成方格网来计算每一个方格内的填挖方量，最后累计得到指定范围内填方量和挖方量，并绘出填挖方分界线。CASS 软件先将方格的 4 个角上的高程相加(如果角上没有高程点，通过周围高程点内插得出其高程)，取平均值与设计高程相减。然后通过指定的方格边长得到每个方格的面积，再用长方体的体积计算公式得到填挖方量。方格网法简便直观，易于操作，因此这一方法在实际工作中应用非常广泛。用方格网法计算土方量，设计面既可以是平面，也可以是斜面，还可以是三角网。

点取“工程应用”→“方格网法”→“方格网法土方计算”，命令行提示“选择计算区域边界”，选定区域；命令行提示选择区域内不参与土方量计算的岛(封闭区域)，若没有则直接回车；弹出“方格网土方计算”对话框，如图 8-29 所示，设置参数，包含土方计算方式、高程点数据文件选择、设计标高、基准点方式斜面、基准线方式斜面、三角网方式设计面、方格网坐标数据文件保存和 Excel 报表保存路径等设置，以上设置完成后确认；命令行提示确定方格网起始位置，这里一般选择软件默认即可，也可鼠标指定起始位置，一般选择封闭区域左下角，包含整个封闭区域，选择好区域，软件自动绘制好量算区域内每个方格的填挖方情况，如图 8-30 所示。每个方格土方填挖情况在保存的 Excel 文件中，与图 8-28(d)相似，这里不再赘述。

【小贴士】

表面积计算、三角网法土方计算、方格网法土方计算等，其前提都是需要在测区范围内，根据地形变化测量一定数量的高程点。

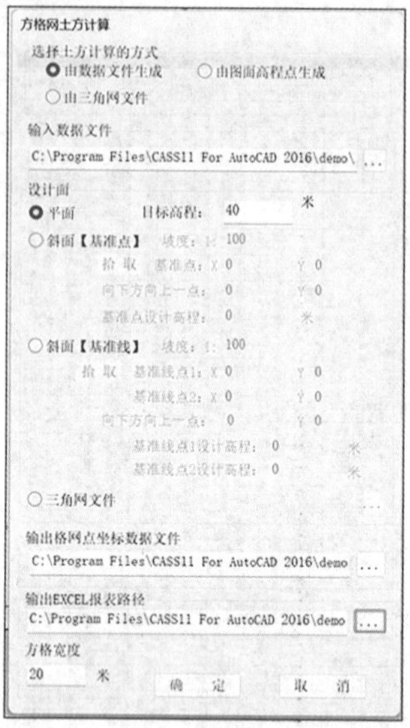

图 8-29　方格网法参数设置

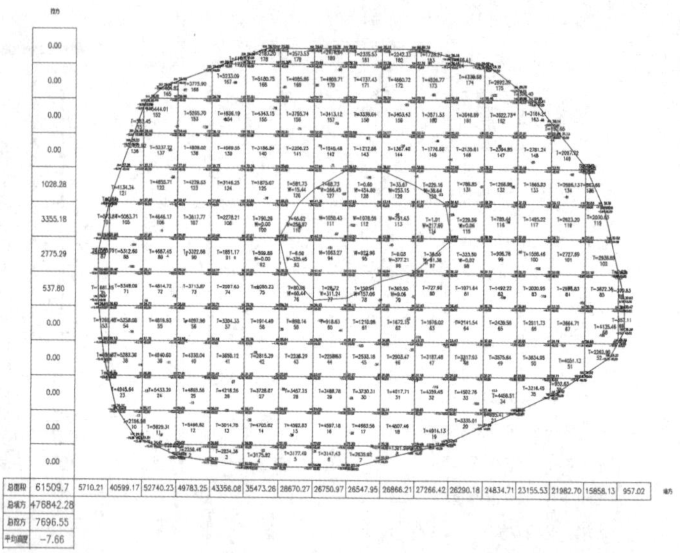

图 8-30　方格网法土方计算结果

三、断面图绘制

码 8-13　断面图绘制

与土方量计算相似，纵横断面图的绘制依然需要在测区采集一定密度和合适位置的高程点，在此基础上进行断面图绘制。断面图的绘制可分为根据已知坐标、根据里程文件、根据等高线、根据三角网等四种方法。下面以前两种为例，讲解纵横断面图的绘制。

(一)里程文件的生成

里程文件是用离散的方法描述实际地形，以纵断面线为中心，记录按照设定桩距间隔的每个横断面线上按规定距离差分的高程值，是生成横断面图的临时数据文件。里程文件的生成有五种方法，即由纵断面线生成、由复合线生成、由等高线生成、由三角网生成、由坐标文件生成，这些方法既有共同点(如都是以测区所测高程点为基础进行后续生成的)，也有其自身特点。下面以纵断面线生成为例，讲解里程文件的生成。

点取“工程应用”→“生成里程文件”→“由纵断面线生成”→“新建”，命令行提示选择纵断面线，选择绘制好的纵断面线，如图 8-31(a)所示，弹出“由断面线生成里程文件”对话框，参数设置含义：中桩点获取方式，结点指只在转折处绘制横断面，等分指从起点里程开始，每隔规定桩距绘制横断面，等分且处理结点则是除按桩距等分处绘制横断面外，结点处增加横断面。横断面间距指桩距，横断面左右长度指横断面以纵断面线为中心，左右延伸的长度。

在生成横断面线基础上，可以进行“添加”“变长”“剪切”“设计”等编辑，然后选择“生成”，命令行提示选择纵断面线，如图 8-31(b)所示，弹出“生成里程文件”对话框。参数设置含义：已知点坐标获取方式有坐标数据文件、图面高程点等三种，与前文相似，不再赘述；生成里程文件名，指设置里程文件保存路径和文件名；里程文件对应的数据文件名，指设置对应数据文件保存路径和文件名；断面线插值间距指断面线上差分高程点的距离间隔；起始里程指第一个横断面里程值。确认后即生成如图 8-31(c)所示横断面线及图 8-31(d)所示里程文件。

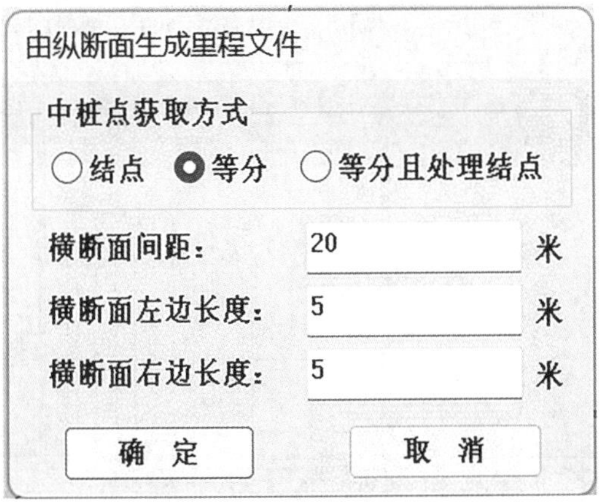

(a)横断面线参数设置

(b)里程文件设置

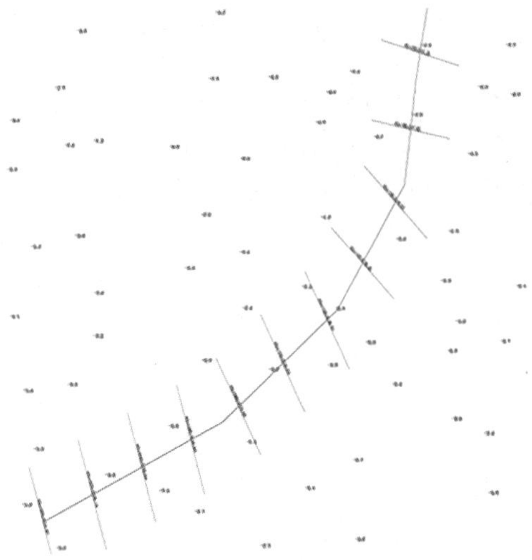

(c)绘制好横断面线

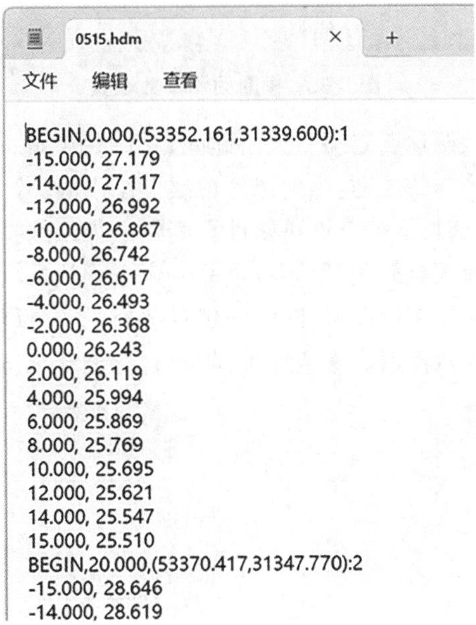

(d)里程文件

图 8-31 里程文件的生成

(二)绘制横断面图

点取“工程应用”→“绘断面图”→“根据里程文件”，弹出“绘制纵断面图对话框”，如图 8-32 所示，包含横向与纵向比例尺设置、断面图位置选择、断面图上文字注记等，设置好后确认，即可绘制出所有横断面的断面图，如图 8-33 所示，这是 K0+220 横断面图。

(三)绘制纵断面图

点取“工程应用”→“绘断面图”→“根据已知坐标”，命令行提示选择断面线，选择已绘制好的纵断面线，如图 8-32 所示，弹出“断面线上取值”对话框。采样点间距的含义是复合

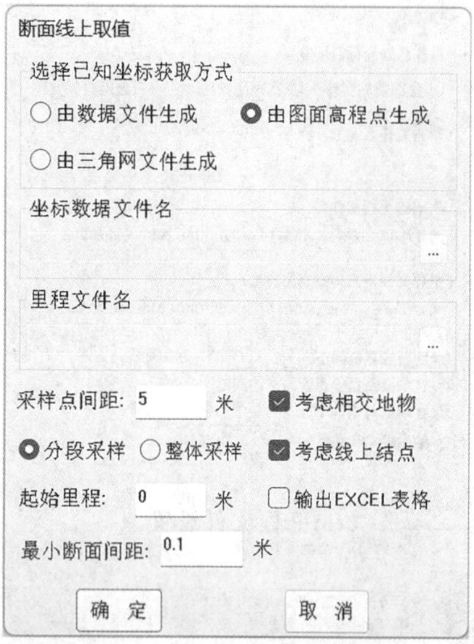

图 8-32　横断面图参数设置

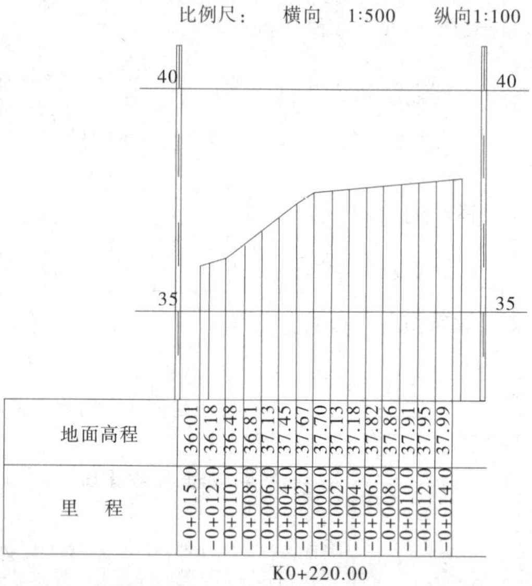

图 8-33　横断面图

线上两顶点之间若大于此间距,则每隔此间距内插一个点,系统默认 20 m。分段采样与整体采样的区别:当勾选考虑线上结点时,并且设置了采样点间隔,如果选择分段采样,则遇到结点时,从结点处重新计算间隔。如果选择整体采样,则始终从起点处计算间隔。其他设置与前面类似,这里不再重复。点击确认后,弹出图 8-34“绘制纵断面图”对话框,包含横向与纵向比例尺设置、断面图位置选择、文字标注设置、方格线间隔、断面图间距等参数设置,一般取软件默认参数即可,除非有特别要求,点击确认后,生成纵断面图如图 8-35 所示。

图 8-34　纵断面图参数设置

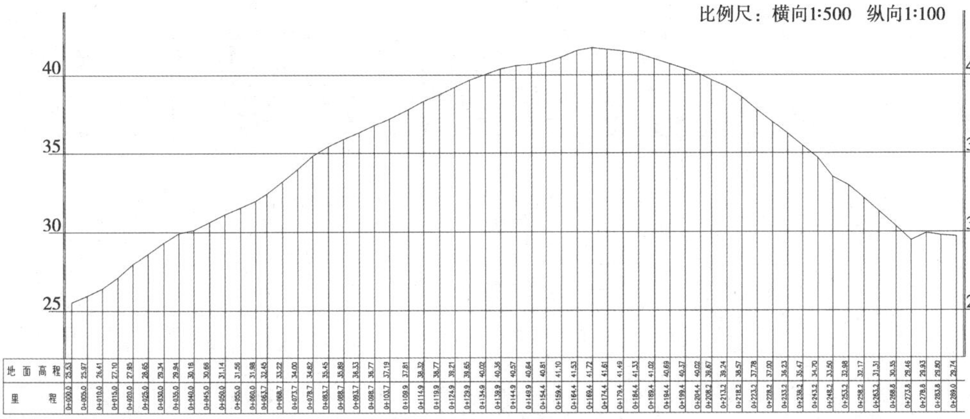

图 8-35　纵断面图

土方计算、纵横断面图绘制，方法多样，但原理相似，以上就典型计算方法进行了讲解，其他方法大家可以此类推来学习使用。此外，地形图应用还有土方量平衡计算、两期土方量计算、库容计算、各种数据文件的提取与生成等，这些应用都是基于测区已测高程点基础上进行的。

任务五　无人机测图

一、认识无人机

（一）无人机的概念

无人机（unmanned air vehicles，简称 UAV）是一种配备数据处理系统、传感器、自动控制系统和无线电通信系统等必要机载设备的不载人飞行器，可通过遥控设备人工干预，也可通过自备程序完全自主控制飞行。无人机技术涉及多个技术领域，包括通信技术、传感器技术、人工智能技术、图像处理技术、模式识别技术和控制理论等。

（二）无人机系统

无人机系统（unmanned aircraft system，简称 UAS），也称无人驾驶航空器系统（remotely piloted aircraft systems，简称 RPAS）。随着无人机性能的不断发展和完善，有了能够执行复杂任务的无人机系统。常规的无人机系统主要包括飞行器、飞控系统、通信链路、发射回收等系统，如图 8-36 所示。

飞行器系统是执行任务的载体，它携带遥控遥测设备和任务设备，到达目标区域后完成要求的任务。它包含飞行平台、动力装置（包括能源装置）、电力系统和任务设备等工作。其中，任务设备可完成具体的遥感、拍摄、侦察、校射、电子对抗、通信中继、对目标的攻击和靶机等任务。

飞控系统又称为飞行管理与控制系统，相当于无人机系统的“心脏”部分，对无人机的稳定性、数据传输的可靠性、精确度、实时性等都有重要影响，对其飞行性能起决定性的作用，其基本任务是当无人机在空中受到干扰时保持飞机姿态与航迹的稳定，以及按地面无线

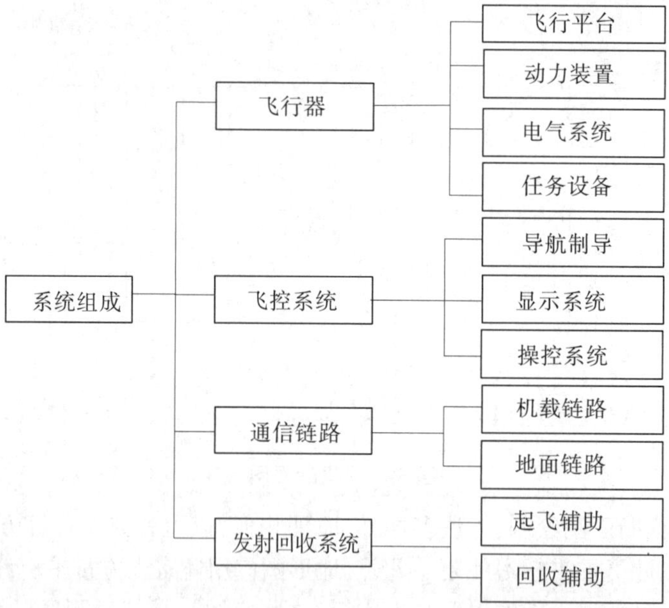

图 8-36　无人机系统组成

传输指令的要求,改变飞机姿态与航迹,并完成导航计算、遥测数据传送、任务控制与管理等工作。其中,导航制导分系统的基本任务是控制无人机按照预定的任务航路飞行,实现导航的基本条件是必须能够确定无人机飞行的实时位置和速度等相关参数信息,制导的任务是确定无人机与目标的相对位置,操纵无人机飞行,在一定的准确度下,引导无人机沿预定的轨迹飞向目标。

通信链路系统可以保证对遥控指令的准确传输,以及无人机接收、发送信息的实时性和可靠性,以保证信息反馈的及时有效性和顺利、准确地完成任务。

发射回收系统指的是与发射(起飞)和回收(着陆)有关的设备或装置,可确保无人机顺利升空以达到安全的高度和速度飞行,在执行任务后从天空安全回落到地面,如发射车、发射箱、助推器、起落架、回收伞、拦阻网等装备。

二、无人机测绘

(一)无人机测绘的定义

无人机测绘是以无人驾驶飞机作为空中平台,以机载测绘遥感设备(如高分辨率 CCD 数码相机、轻型光学相机、红外扫描仪、激光扫描仪、磁测仪等)为载体获取地面空间信息,用计算机对图像信息进行处理,并按照一定精度要求制作成 DEM、DOM、DLG 和数字三维模型等测绘产品。

(二)无人机测绘系统的组成

无人机测绘系统一般由无人驾驶飞行平台、任务载荷、飞行控制系统、地面控制系统、无人机数据链、定位定向与动力系统、发射与回收系统等几部分组成,大白Ⅱ型无人机测绘系统组成如图 8-37 所示。

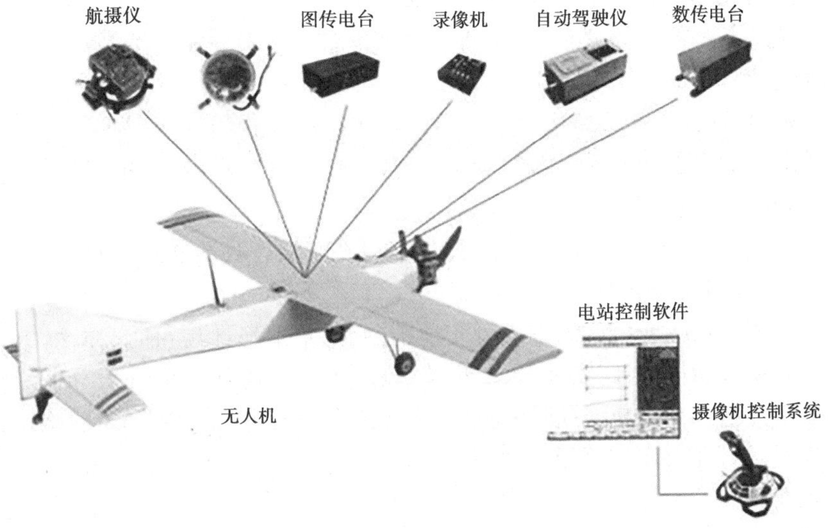

图 8-37 大白Ⅱ型无人机测绘系统组成

飞行平台即无人机本身,是搭载测绘航空摄影、遥感传感器等设备的载体,是无人机摄影系统的平台保障。任务载荷主要是指搭载在无人机平台的各种传感器设备,无人机测绘中常用的传感器设备有光学传感器(如非量测型相机、量测型相机等)、红外传感器、倾斜摄影相机、机载激光雷达、视频摄像机、机载稳定平台等。飞行控制系统俗称自动驾驶仪,是无人机完成起飞、空中飞行、执行任务和返场回收等整个飞行过程的核心系统。飞行控制系统对于无人机的作用相当于飞行员对于载人机的作用,是无人机最为核心的技术之一。地面控制系统(俗称地面站)是无人机系统的重要组成部分,地面操作人员能够有效地对无人机的飞行状态和机载任务载荷的工作状态进行控制。无人机数据链是无人机系统的重要组成部分,是飞行器与地面系统联系的纽带。无人机平台搭载的定向定位系统主要是指高精度惯性测量单元(IMU)和差分(GNSS DGPS),IMU 主要由陀螺、加速度计及相关辅助电路构成,它能够不依赖外界信息,独立自主提供较高精度的导航参数(位置、速度、姿态等)。发射与回收系统主要用于无人机的发射和回收,由弹射架和回收系统组成。

三、无人机测绘安全作业与基本要求

(一)飞行安全的定义

飞行安全是指航空器在运行过程中,不出现由于运行失当或外来原因而造成航空器上人员伤亡或者航空器损坏的事况。事实上,由于航空器的设计、制造与维护难免有缺陷,其运行环境(包括起降场地、运行空域、运行系统、气象情况等)又复杂多变,机组人员操作也难免出现失误等,往往难以保证绝对的安全。

(二)安全作业的重要

无人机属于航空器,具有高使用风险性。无人机的不规范使用会危及国家和公共安全。飞行事故有可能造成人身伤害,以及较大的经济损失,所以需要高度重视无人机的安全作业,尽量避免无人机应用的风险。无人机作业时必须执行国家相关管理规定,进行航空管制协调与申报,对人员操纵技能进行培训。

(三)技术准备

在进行无人机航空摄影之前,需要进行技术准备。技术准备工作主要包括资料收集、技术设计两个方面。

1. 资料收集

资料收集内容:图件与影像资料(地形图、规划图、卫星影像、航摄影像等),地形地貌,气候条件,机场,重要设施等。

资料收集目的:确定设备能否适用摄区环境;判断是否具备空域条件;用于航摄技术设计;制订详细的项目实施方案。

工作人员需对摄区或摄区周围进行实地踏勘,采集地形地貌、地表植被,以及周边的机场、重要设施、城镇布局、道路交通、人口密度等信息,为起降场地的选取、航线规划、应急预案制订等提供资料。在实地踏勘时,应携带手持或车载 GNSS 设备,记录起降场地和重要目标的坐标位置,结合已有的地图或影像资料,计算起降场地的高程,确定相对于起降场地的航摄飞行高度。

2. 技术设计

技术设计要求:飞行高度应高于摄区和航路上最高点 100 m 以上;总航程应小于无人机能到达的最远航程;根据地面分辨率、航摄范围的要求,设计航摄时间、航线布设、影像重叠度、分区等。

(四)设备器材选用

根据航摄任务性质和工作内容,选择所需的飞行设备器材,其规格型号、数量和技术性能指标应满足航摄任务的要求。设备性能指标要满足航摄项目要求,设备器材及备品、备件准备要充足,应对选用的设备进行检查和调试,使其处于正常状态。

(五)场地选取

1. 常规航摄作业

根据无人机的起降方式,寻找并选取适合的起降场地,常规航摄作业,起降场地应满足以下要求:

(1)距离军用、常用机场 10 km 以外。

(2)起降场地相对平坦,通视良好。

(3)远离人口密集区,半径 200 m 范围内不能有高压线、高大建筑物、重要设施等。

(4)地面应无明显凸起的岩石块、土坎、树桩、水塘、大沟渠等。

(5)附近应没有正在使用的雷达站、微波中继、无线通信等干扰源,在不能确定的情况下,应测试信号的频率和强度,若对系统设备有干扰,需改变起降场地。

(6)无人机采用滑跑起飞、滑行降落的,滑跑路面条件应满足其性能指标要求。

2. 应急航摄作业

灾害调查与监测等应急性质的航摄作业,在保证飞行安全的前提下,起降场地要求可适当放宽。

(六)飞行流程

一般飞行流程如图 8-38 所示。

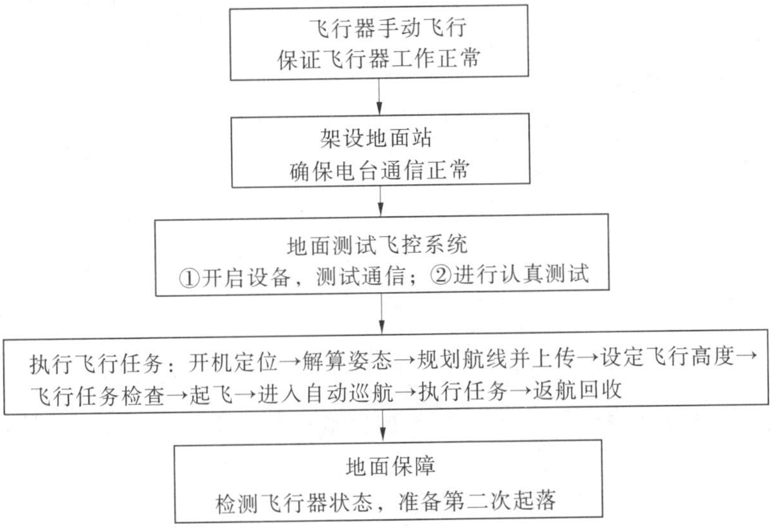

图 8-38 飞行流程

四、倾斜摄影测量

(一)倾斜摄影测量技术

倾斜摄影技术是测绘遥感领域发展起来的新兴技术,融合了传统航空摄影、近景摄影测量、计算机视觉技术,颠覆了以往正射影像只能从垂直角度拍摄的局限,通过在同一飞行平台上搭载多台传感器(目前常用的是五镜头相机),同时从垂直、前视、后视、左视、右视 5 个不同角度采集影像,获取地面物体更为完整准确的信息。垂直地面角度拍摄获取的影像称为正片,镜头朝向与地面成一定夹角(一般为 15°~45°)拍摄获取的影像称为斜片。

如图 8-39 所示,飞机搭载五镜头相机(1 个垂直方向和 4 个倾斜方向),从 5 个视角对同一物体进行影像数据采集。同时,如图 8-40 所示,飞机在高速飞行过程中,镜头高速曝光,形成连续的满足航测航向重叠度、旁向重叠度的影像数据。

图 8-39 倾斜摄影五镜头影像获取示意图

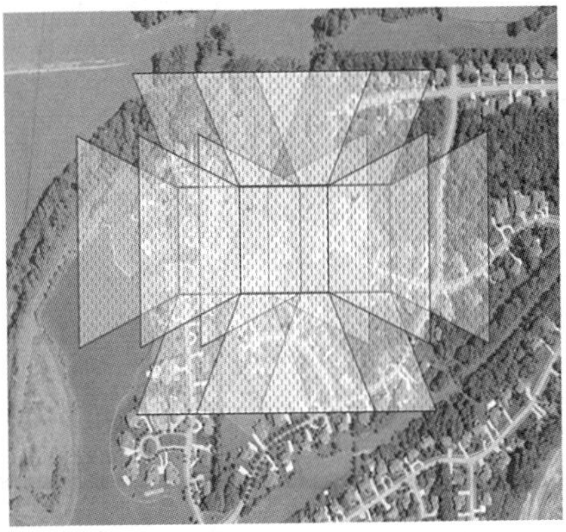

图 8-40 倾斜摄影 3 组影像获取示意图

倾斜摄影采集的多镜头数据,通过高效自动化的三维建模技术,可快速构建具有准确地理位置信息的高精度真三维空间场景,使人们能直观地掌握区域目标内的地形、地貌和建筑物细节特征,在原先仅有正片的基础上,提升数据匹配度,提升地面平面、高程精度,为测绘、电力、水利、数字城市等提供现势、详尽、精确、真实的空间地理信息数据。

(二)倾斜摄影测量的作业流程

1. 倾斜影像采集

倾斜摄影测量技术不仅在摄影方式上区别于传统的垂直航空摄影,其后期数据处理及成果也大不相同。倾斜摄影测量技术的主要目的是获取地物多个方位(尤其是侧面)的信息,并可供用户多角度浏览、实时量测、三维浏览等,方便其获取多方面的信息。

2. 倾斜影像数据加工与测量

1)数据加工

首先对获取的影像进行质量检查,对不合格的区域进行补飞,直到获取的影像质量满足要求;其次进行匀光匀色处理,在飞行过程中存在时间和空间上的差异,影像之间会存在色偏,需要进行匀光匀色处理;再次进行几何校正,同名点匹配、区域网联合平差;最后将平差后的数据(3个坐标信息及3个方向角信息)赋予每张倾斜影像,使得它们具有虚拟三维空间中的位置和姿态数据。倾斜影像数据加工后,影像上的每个像素均对应真实的地理坐标位置,可进行实时测量。

2)数据测量

倾斜摄影测量技术通常包括几何校正、区域网联合平差、多视影像密集匹配、DSM生成、真正射影像纠正和三维建模等关键内容,其基本流程如图8-41所示。

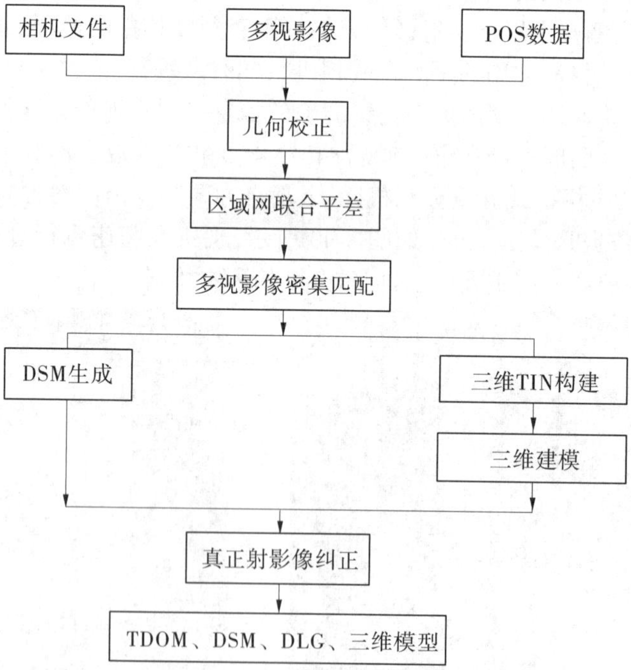

图8-41 倾斜摄影测量技术流程

(三)倾斜模型生产

倾斜摄影获取的倾斜影像经过数据加工处理,通过专用测绘软件可以生产倾斜摄影模型。模型有两种成果数据:一种是单体对象化的模型数据,另一种是非单体化的模型数据。

单体化的模型成果数据，利用倾斜影像的丰富可视细节，结合现有的三维线框模型（或其他方式生产的白模型），通过纹理映射，生产三维模型，这种工艺流程生产的模型数据是单体对象化的模型，单独的建筑物可以删除、修改及替换，其纹理也可以修改，尤其是建筑物底商这种时常变动的信息，这种模型就能体现出它的优势，国内比较有代表性的如天际航的 DP-Modeler。

码 8-14　CC 建模流程

非单体化的模型，简称倾斜模型，这种模型采用全自动化的生产方式，模型生产周期短、成本低，获得倾斜影像后，经过匀光匀色等处理步骤，通过专业的自动化建模软件生产三维模型。这种工艺流程一般会经过多视角影像的几何校正、联合平差处理等流程，可运算生成基于影像的超高密度点云，用点云构建 TIN 模型，并以此为基础生成基于影像纹理的高分辨率倾斜摄影三维模型，因此也具备倾斜影像的测绘级精度。这种全自动化的生产方式大大减少了建模的成本，模型的生产效率大幅提高，大量的自动化模型涌现出来，目前比较有代表性的有 Bentley 公司的 ContextCapture，建模流程如图 8-42 所示。

码 8-15　CC 建模讲解

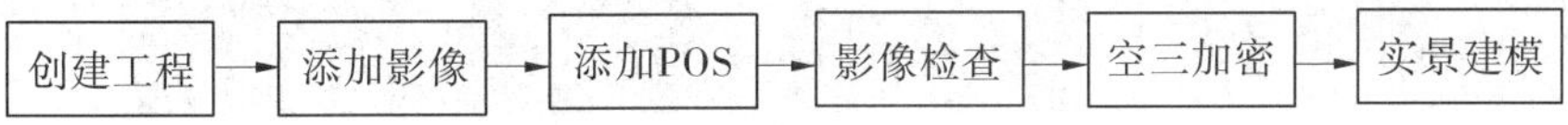

图 8-42　ContextCapture 建模流程

五、实景三维绘图

码 8-16　EPS 三维绘图

以 EPS 软件为例，进行无人机倾斜摄影实景三维绘图。EPS 是北京清华山维技术开发有限公司结合近 20 年来在测绘和 GIS 领域软件开发的经验，自主创新研发的面向 GIS 数据生产、处理、建库更新的测绘与地理信息系统领域的专业软件，是建立信息化测绘技术体系、提高 GIS 数据生产作业效率、保证生产成果质量、实现数据建库更新管理的集成软件。

（一）软件启动

打开 EPS 软件，界面如图 8-43 所示。

（二）新建工程

码 8-17　EPS 的快捷键

点取“工程”→“新建”，选择不动产_地形图模板、输入相应的工程名称及目录确定，如图 8-44 所示。

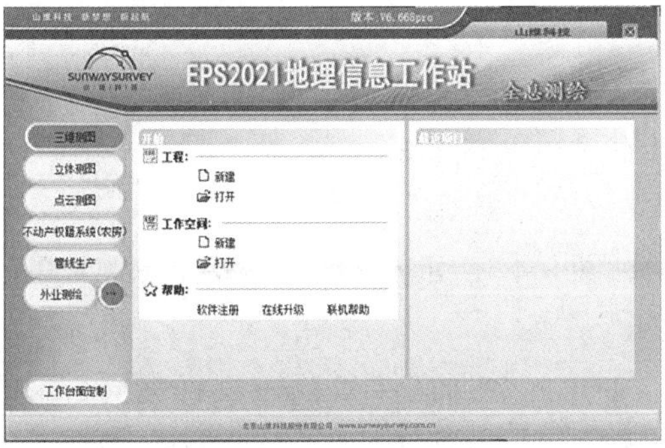

图 8-43　启动软件

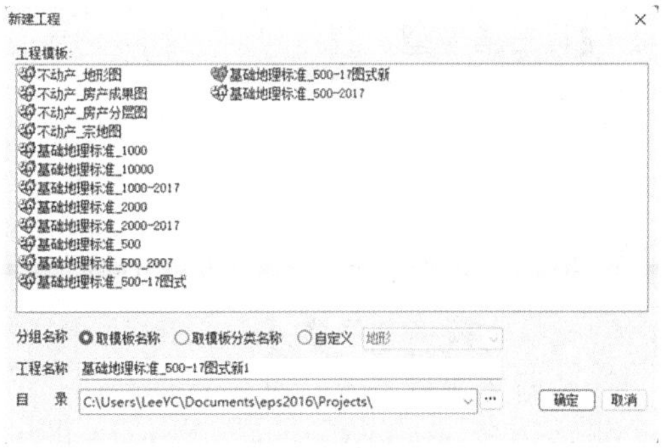

图 8-44　新建工程

(三)软件主界面

新建工程后出现的界面就是软件主界面,主界面由以下几个区域组成,如图8-45所示。

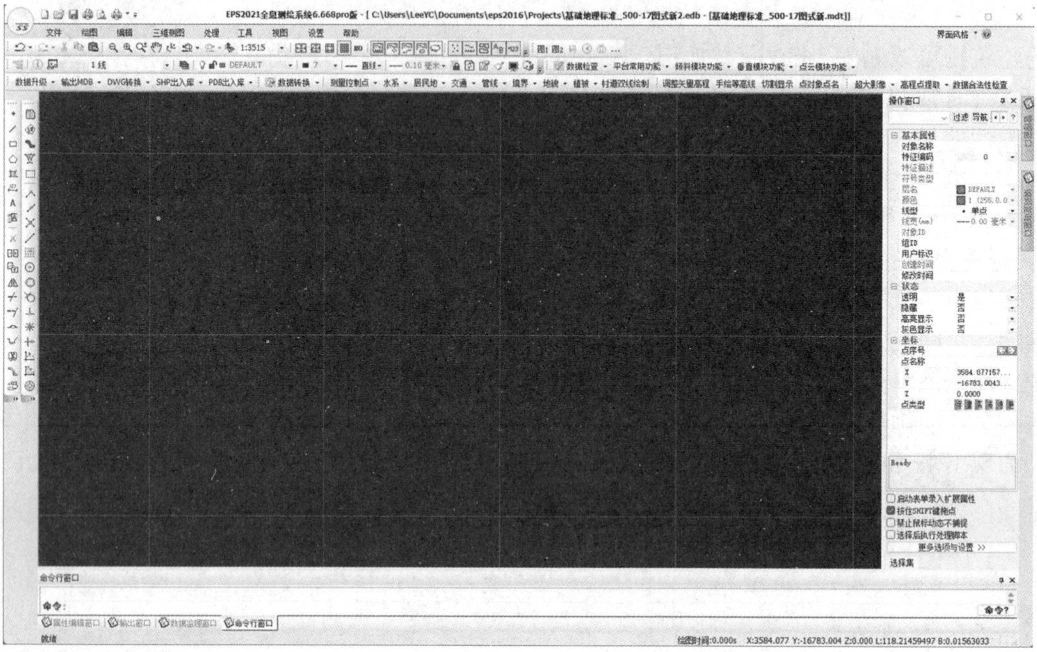

图8-45 EPS软件界面

绘图区:图形显示、编辑窗口。

主菜单:列有文件、绘图、编辑、三维测图、处理、工具、视图、设置、不动产处理、帮助共10类。

操作区:显示、修改选择集对象的基本属性、扩展属性或切换系统已启动的功能状态。

几何对象编辑条:包含绘图、注记、裁剪、延伸、打断等工具。

对象属性工具条:用来显示输入对象编码、层名(图层管理)、颜色、线形、线宽,还有编码查询、编辑状态设定、背景显示设置、工具箱开关等功能。

视图工具栏:集成了复制、粘贴、撤销和恢复工具及漫游工具和图形显示开关。

捕捉工具条:包含不同捕捉选择方式、捕捉开关等。

状态栏:显示当前光标位置、光标位置捕捉的对象信息等。

(四)三维模型加载

1. OSGB数据转换

在主菜单栏,点取"三维测图"→"OSGB数据转换",如图8-46所示。

2. 选择倾斜摄影数据路径

数据路径要指定到模型数据的Data文件夹,如图8-47所示。

3. 选择元数据文件路径

元数据文件路径指定到metadata.xml文件。如果元数据文件和Data文件夹同目录的*.xml文件,合并DSM选择"否",然后点击"确定",运行数据转换后,在Data文件夹下生成一个Data.dsm文件,如图8-48所示。

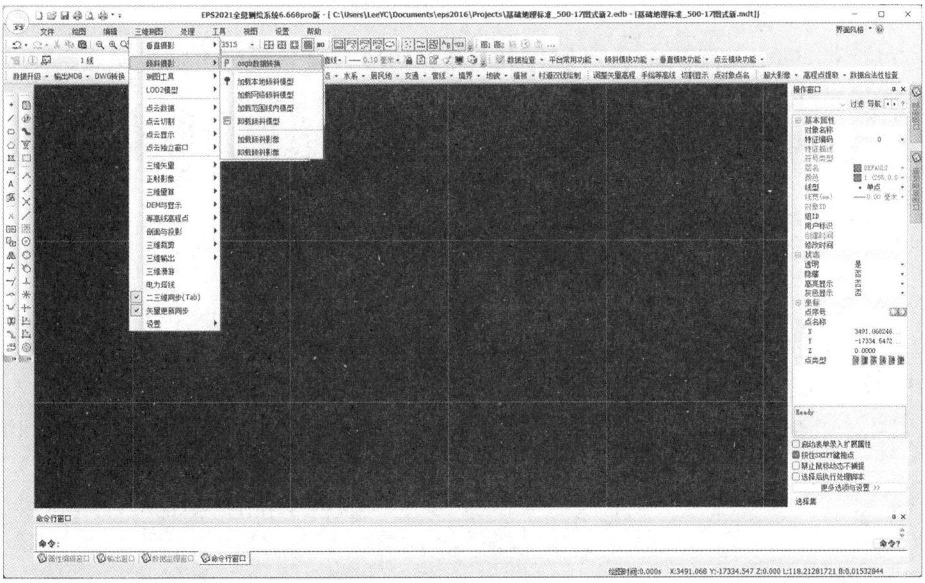

图 8-46　OSGB 数据转换

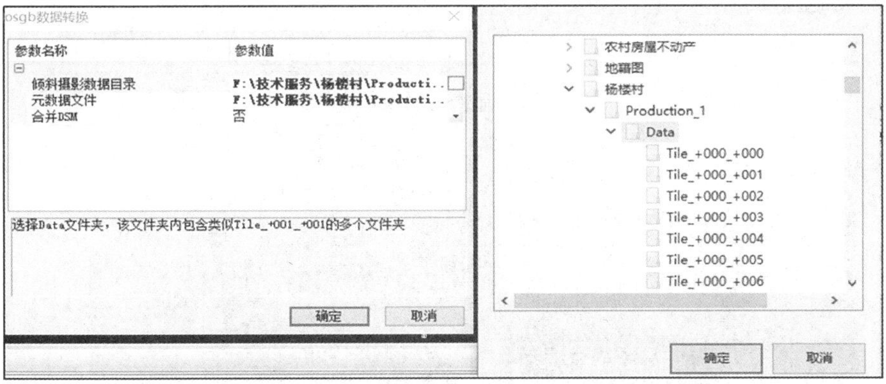

图 8-47　选择倾斜摄影数据路径

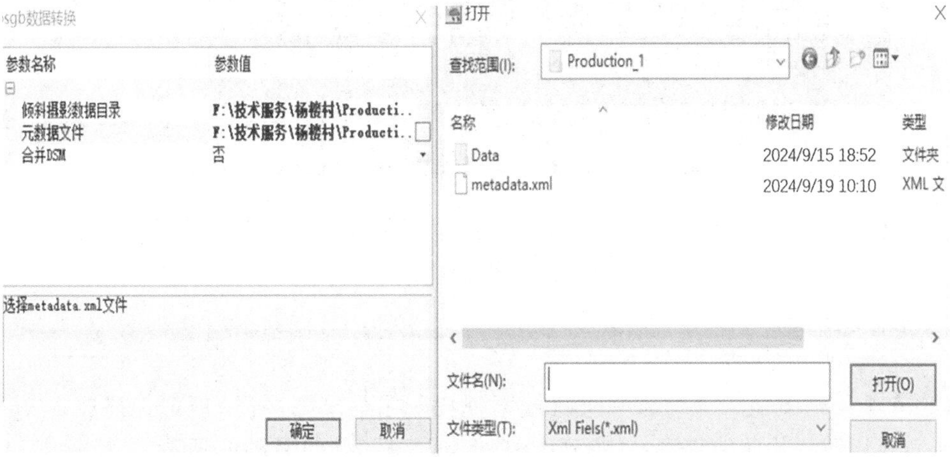

图 8-48　选择元数据文件路径

4. 加载倾斜模型

主菜单下,点取“三维测图”→“加载本地倾斜模型”,在三维窗口加载 *. dsm 实景表面模型,选择 Data 目录下生成的 *. dsm 文件,如图 8-49 和图 8-50 所示。

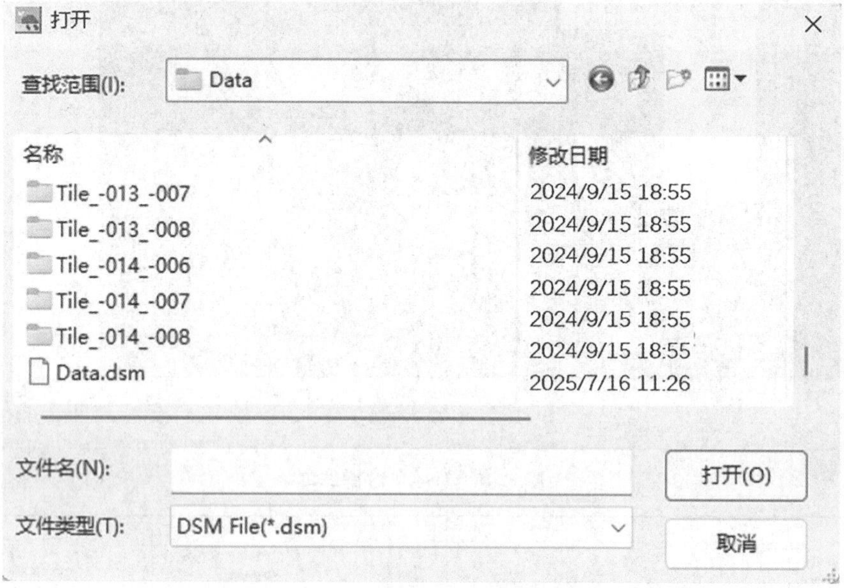

图 8-49　加载倾斜模型(一)

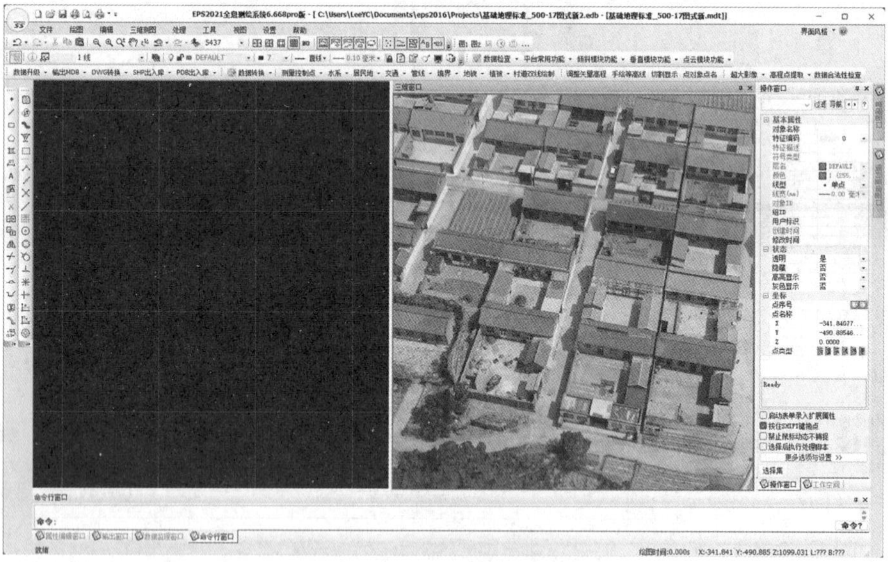

图 8-50　加载倾斜模型(二)

(五)地形图绘制

1. 地物编码的选择方式

(1)在编码框中输入地物名称进行搜索查找。在菜单中选择“地形编码”→“建成房屋”等,也可以输入相应地物编码,如 3103013 建成房屋等,如图 8-51 所示。

(2)在工具菜单中点击“地形编码”,选择相应的编码,如图 8-52 所示。

图 8-51 编码框

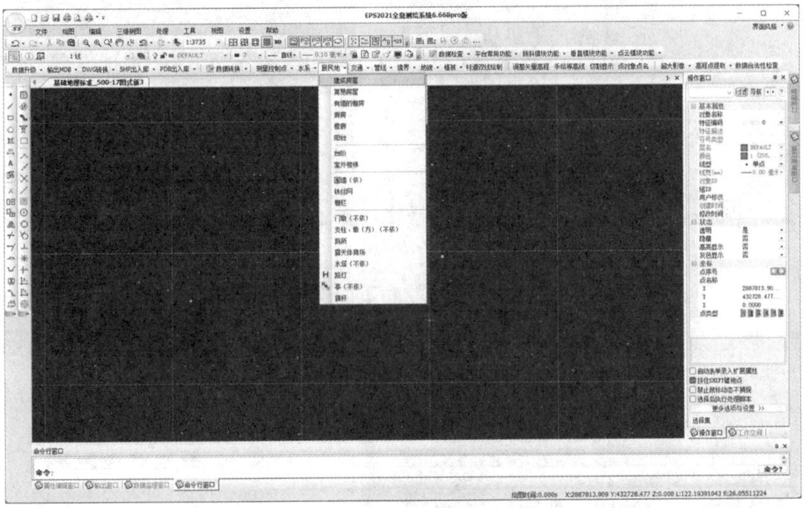

图 8-52 工具菜单栏

2. 房屋的绘制

房屋绘制采用采集房角模式,具体方法:将光标放在房角处,依次采集房屋的各个角点,在采集完房角点后,按快捷键“C”闭合,在右侧“操作窗口”的“扩展属性”中录入房屋结构和层数及楼层信息,如图 8-53 所示。

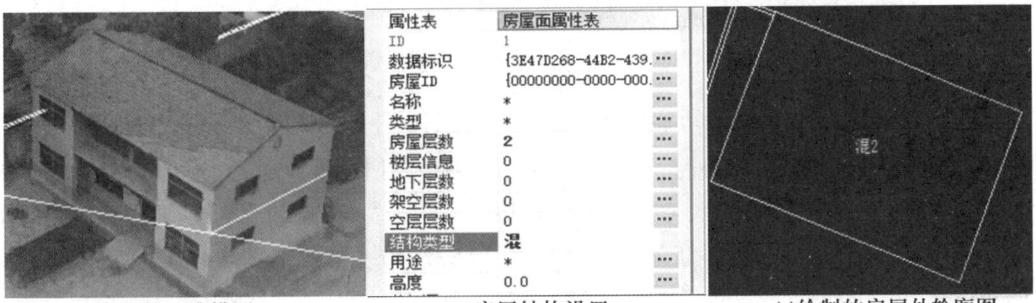

(a)房屋的三维模型　(b)房屋结构设置　(c)绘制的房屋外轮廓图

图 8-53 房屋的绘制

当绘制房屋同轮廓不同层数时,如图 8-54 所示,先采集外围整个房屋的轮廓,混 2,再通过 2 层与 1 层房屋相交的墙壁上采集辅助点,然后捕捉 1 层房屋的平行线,通过延伸或修剪其混 1 房屋封闭完整,接着采用面分割的方法将其从混 2 中分割出来,再选中其分割出来的混 2,并修改其房屋结构和层数为混 1,这样混 1 就从混 2 中面分割出来了。

3. 檐廊、阳台绘制

如图 8-53(a)所示房屋的三维模型,建筑房屋混 2 已经绘制好,其房屋的檐廊或阳台的绘制具体方法:通过在檐廊或阳台与房屋三个相交处各采集 1 个辅助点,然后画对应房屋墙的平行线过辅助点,通过延伸或修剪其檐廊或阳台,使其封闭完整;接着采用面分割的方法,如图 8-55(a)所示,将其从房屋中分割出来;再选中其分割出来的檐廊或阳台,并修改其属性为檐廊或阳台,最后在相应属性中输入楼层信息和面积计算系数,如图 8-55(b)所示。由于

(a)房屋三维模型　　(b)绘制的不同层数的房屋图

图 8-54　房屋同轮廓不同层数的绘制

上下轮廓一样,楼层是1+2,面积系数半封闭檐廊是0.5。如果不一样,需要分别绘制。

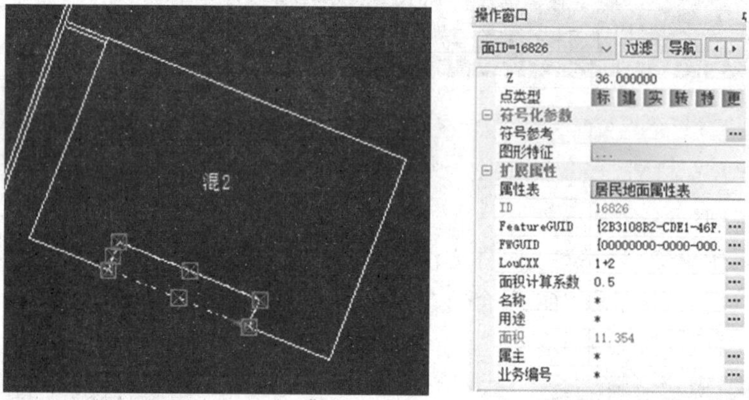

(a)面分割檐廊或阳台　　(b)设置楼层信息和面积计算系数

图 8-55　檐廊、阳台绘制(一)

当檐廊或阳台突出房屋外时,如图 8-56 所示,采集完房屋外轮廓后,还可以在檐廊或阳台的三面的外墙各采集一个点,通过其三点画相应墙的平行线,通过延伸或修剪其檐廊或阳台,使其封闭完整,并修改其属性为檐廊或阳台,最后在相应属性中输入楼层信息和面积计算系数。

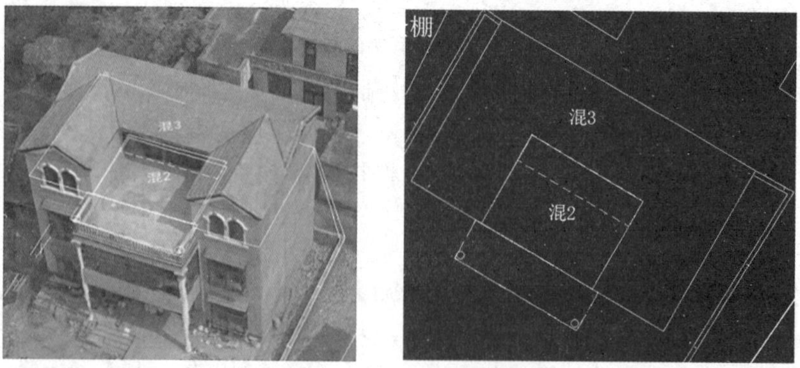

(a)檐廊或阳台突出房屋外的三维模型　　(b)檐廊或阳台突出房屋外的绘制

图 8-56　檐廊、阳台绘制(二)

4. 室外楼梯或台阶的绘制

当绘制室外楼梯或台阶时，房屋及其他相邻面应使用捕捉键盘 S 键捕捉，转点时应用 S 键+J 键，平台时应用 S 键+K 键，最后应用 C 键闭合结束，如图 8-57 和图 8-58 所示两种常见不同类型室外楼梯的画法，图 8-59 所示为对应一个平台转弯室外楼梯的三维模型、楼梯的绘制和楼梯属性的设置。

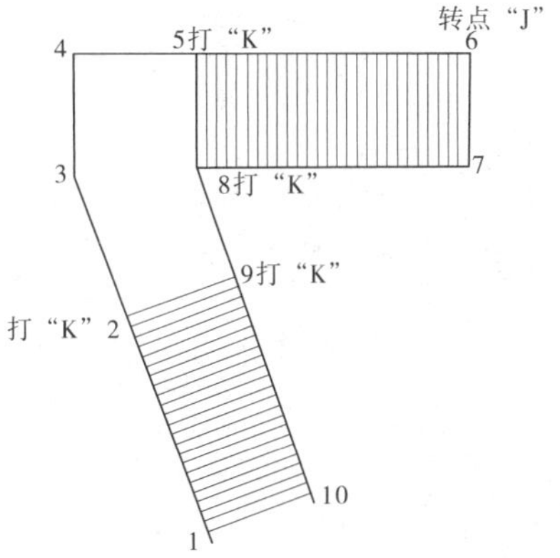

图 8-57　一个平台转弯室外楼梯

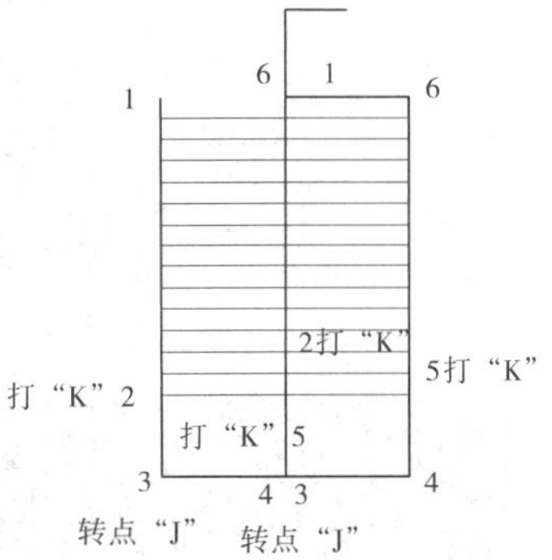

图 8-58　一个平台或者两个平台室外楼梯

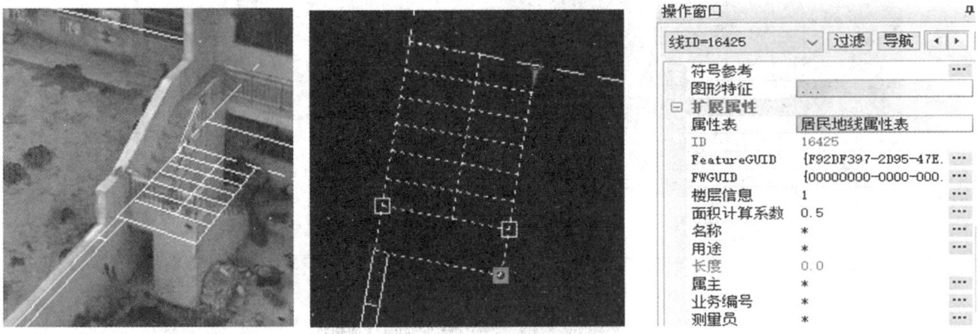

(a)室外楼梯的三维模型　　(b)楼梯的绘制　　(c)楼梯属性的设置

图 8-59　室外楼梯的绘制

楼梯分开绘制如图 8-60(a)所示，在“编辑”→“符号编辑”→“符号附件插入”，如图 8-60(b)所示，按住 Shift 键，依次选择绘制楼梯，将其合并成一个整体，然后选择楼梯，在相应属性中输入楼层信息和面积计算系数，如图 8-60(c)和图 8-60(d)所示。

5. 道路的绘制

道路指道路中线的空间几何形状和尺寸，可能是直线或者折线，在编码框输入道路，绘图时根据道路的等级选择道路，如图 8-61 所示，在此以支路边线为例，沿着道路的边缘采集，当采集完路的一边，鼠标右键道路的另一边结束，此时道路的另外一边按照其宽度也采集了。

(a)室外楼梯的三维模型

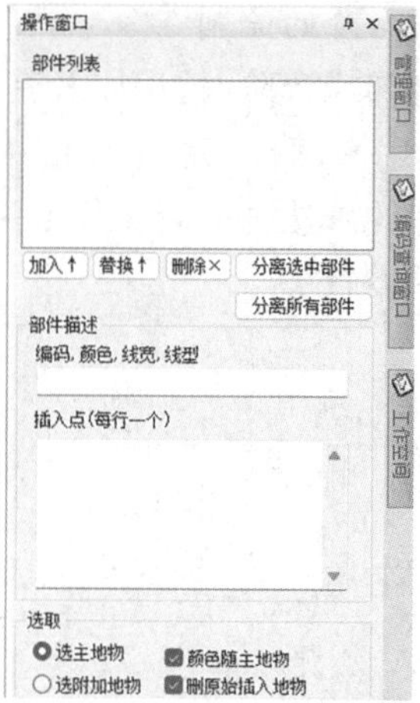

(b)楼梯的编辑

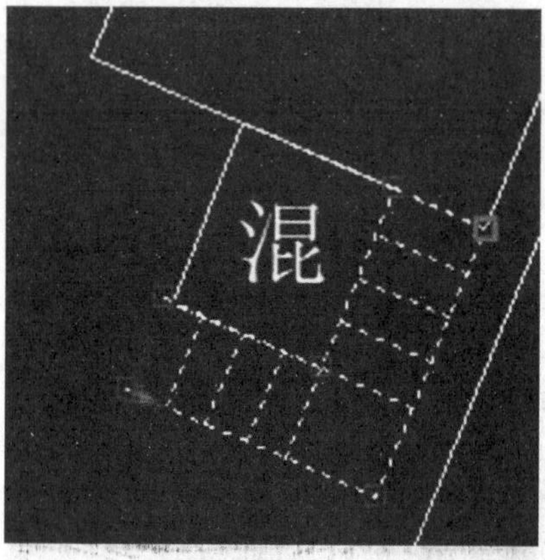

(c)楼梯的合并

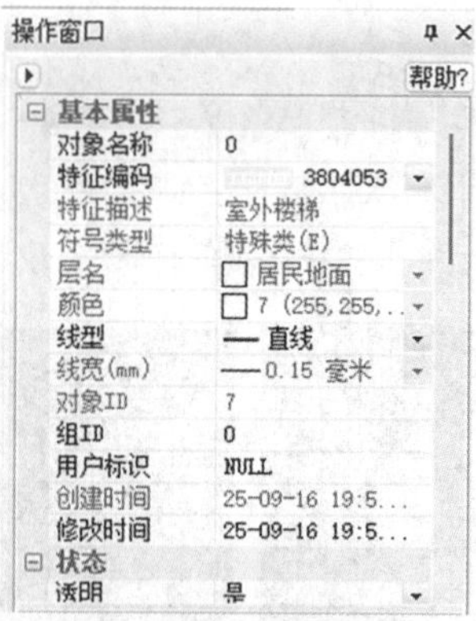

(d)楼梯属性的设置

图 8-60　室外楼梯的绘制

(a)道路的绘制　　(b)道路的三维模型

图 8-61　道路的绘制

6. 路灯的绘制

路灯指道路提供照明功能的灯具,泛指交通照明中路面照明范围内的灯具。

在编码框输入路灯或路灯的编码 3805011,选择路灯符号,在路灯所在定位点切准路灯中心点所在位置,单击鼠标左键,即可添加路灯,如图 8-62 所示。

(a)路灯的绘制　　(b)路灯的三维模型

图 8-62　路灯的绘制

7. 水系边线绘制

在编码框输入水系,按 Esc 键,绘图时根据需要选择水系边线相应类别,在此以池塘为例,沿水系边缘勾勒出大致轮廓,按 C 键闭合结束绘制,如图 8-63 所示。

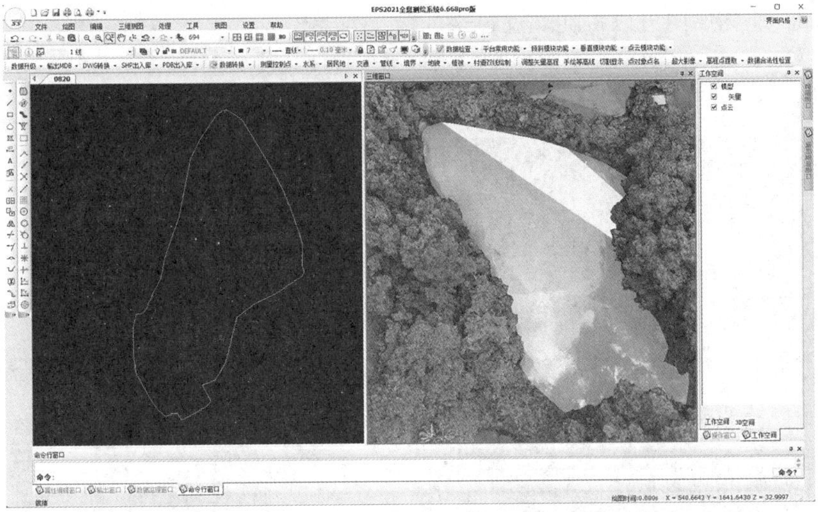

(a)水系的绘制　　(b)水系的三维模型

图 8-63　水系的绘制

8. 高程点绘制

高程点即标有高程数值的信息点,通常与等高线配合表达地貌特征的高程信息。

在编码框输入高程点或高程点符号7201001,在三维模型上,切准所在地面,鼠标左键单击,高程点值即可添加,如图8-64所示。

图8-64　高程点绘制

9. 陡坎的绘制

陡坎是指各种天然和人工修筑的坡度在70°以上的陡峻地段,天然的和人工的用不同的符号表示。天然陡坎分为土质的、石质的两种;人工陡坎分为未加固的、已加固的两种。

在编码框输入陡坎,选择相应的陡坎类型,如图8-65所示为加固的人工陡坎,在三维模型上,切准陡坎边缘逆时针画陡坎,陡坎刺指向高程低的方向,如果画反的话,选中该陡坎,按Shift+Z键,地物反向可以将陡坎反过来。

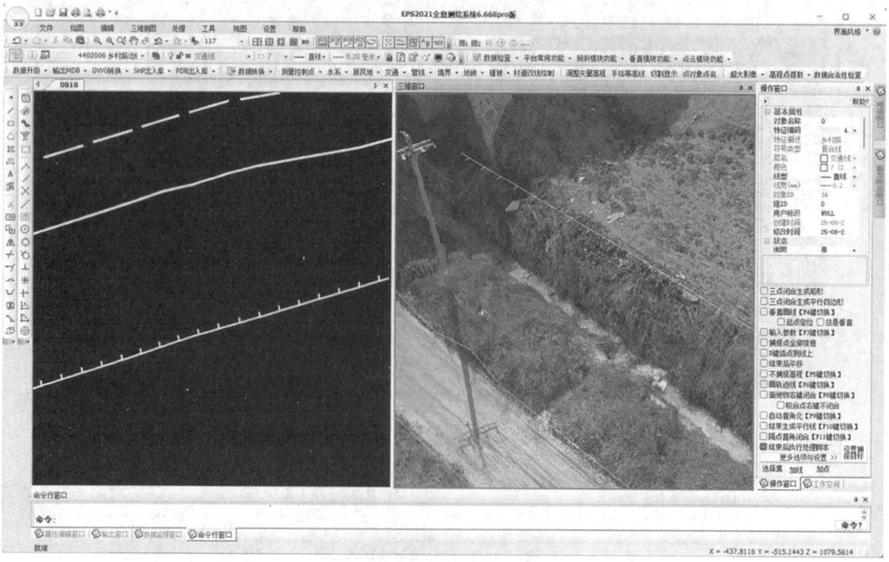

图8-65　陡坎的绘制

任务六　三维激光扫描测图

一、认识三维激光扫描技术

(一)三维激光扫描技术

三维激光扫描技术(3D Laser Scanning Technology),亦称实景复制技术,是20世纪90年代中期发展形成的新型空间信息获取技术,被视为继GNSS技术之后测绘领域的又一次技术革命。该技术基于激光测距原理,通过高速扫描主动发射激光束并接收物体表面的反射信号,大面积、高分辨率地快速捕获目标表面海量点的三维坐标(X,Y,Z)、反射强度及RGB颜色信息,形成高密度点云数据(每秒可达百万点级)的非接触式测量技术。三维激光扫描技术突破了传统单点离散式测量的技术局限,集成了光学、电子、计算机科学与空间定位技术,能够快速、精确地构建目标物体的三维数字化模型,广泛应用于地形测绘、工程监测、文化遗产保护、逆向工程及智慧城市建设等领域。

(二)点云数据

三维激光扫描仪获取的以离散、不规则方式分布在三维空间中的点的集合,称为点云。在记录激光点三维坐标的同时,也会将激光点位置处物体的反射强度值记录,称为“反射率”,配置有数码相机的扫描仪在拍照完成后还可以获取物体表面的色彩信息。因此,点云数据里,不仅有点的三维坐标(X,Y,Z)信息,还包含有反射率和RGB信息,如图8-66所示。

图8-66　点云数据

点云数据具有以下特点:

(1)海量性:三维激光扫描仪能够以极快的速度获取大量点云数据,现有的相位式激光扫描仪最快测速可超百万个点每秒,数据量远远大于其他点云数据获取方式。

(2)不均匀性:由于地面三维激光扫描仪从单点发射激光进行测量,距测站近的位置数据稠密,距测站远的位置数据稀疏,无法像其他点云获取方式一样人为控制测量间隔。

(3)坐标系随意性:测量设站的随意性导致各测站之间的测站坐标系关系未知,需要事后进行坐标系的统一。

(4)散乱性:由于扫描目标的不规则性、激光扫描设备的多次回波探测能力、多站数据拼接及数据另存和更改等因素,不能保证点云数据都按照类似扫描线等具有邻接拓扑关系的数据类型进行存储,后续数据处理的对象一般是散乱点。

(5)噪声的多样性:主动无接触式测量受环境干扰,可能产生非测量目标物体表面的无用数据和离群噪声,物体表面的特征可能导致测量产生毛刺噪声,无测量目标的激光测距方式必然产生细小的随机噪声。

(6)信息丰富性:激光扫描测量不仅可以获取目标物表面的三维坐标信息,与相机正确标定后还可以获取色彩信息,同时可以获取物体的回光强度和反射率等特有信息。

(7)高冗余性:点云数据具有高冗余性,误差分布非线性,给海量三维点云的智能化处理带来了极大的困难。

(8)可量测性:地面三维激光扫描仪获取的点云数据可以直接量测每个点云的三维坐标、点云间距离、方位角、表面法向量等信息,还可以通过计算得到点云数据所表达的目标实体的表面积、体积等信息。

这些特点使三维激光扫描技术在实际应用中既具有高效获取三维数据的优势,也面临数据处理和应用的挑战。

(三)三维激光扫描技术的特点

三维激光扫描技术广泛应用于测绘、古建筑保护、城市规划、虚拟现实建模、工业测量等多个领域,该技术具有以下特点:

(1)非接触测量:无须反射棱镜或对目标物体表面进行处理,可直接采集物体表面三维数据,这种特性非常适用于危险环境或难以企及的目标。

(2)高数据采样率:采样点速率可达百万个点每秒,远超传统测量技术。

(3)主动发射光源:通过探测激光回波信号获取数据,不受环境、时间和空间限制。

(4)高精度与高分辨率:能够快速获取高密度点云数据,单点精度可达毫米级别。

(5)全数字化采集:数据为数字信号,便于后期处理和输出,支持多种软件兼容,可用于三维建模、虚拟现实等多种分析。

(6)可扩展性:支持与外置数码相机、GNSS系统配合使用,提高获取信息的全面性和准确性,扩展应用范围。

(7)多源数据融合:除三维坐标数据外,可同步记录反射强度、RGB颜色等信息,结合摄影测量、红外成像等多传感器数据,增强地物分类与语义分析。

二、三维激光扫描仪的分类

三维激光扫描系统根据承载平台、测距原理、扫描成像方式等指标进行划分,如图8-67所示。每种分类方式都有其特定的应用场景和特点,用户可以根据实际需求选择合适的扫描系统。

(一)依承载平台分类

三维激光扫描系统按承载平台不同,分为星载激光扫描仪、机载激光扫描仪、车载激光扫描仪、地面固定激光扫描仪和手持背包式激光扫描仪五类。

1. 星载激光扫描仪

星载激光扫描仪也称星载激光雷达,是20世纪60年代发展起来的一种高精度地球探

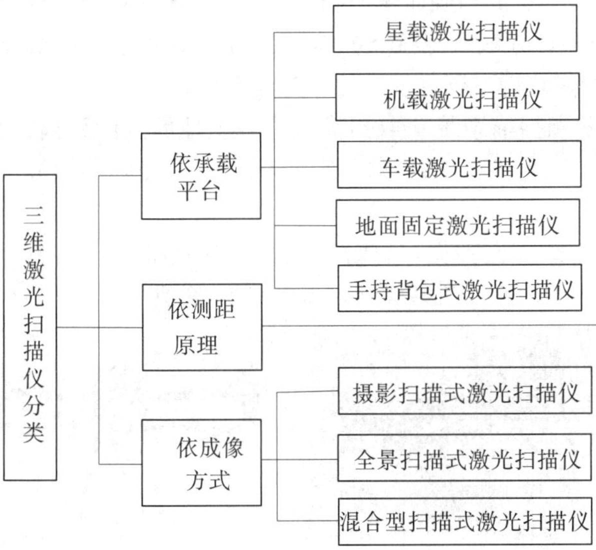

图 8-67　三维激光扫描仪的分类

测技术,以卫星作为承载平台,通过发射激光束并接收目标的后向散射信号,能够获取大气和地表的三维结构信息。

星载激光雷达主要由激光发射系统、光学接收系统和数据处理系统组成。激光发射系统通过发射不同波长的激光束照射目标,光学接收系统接收目标的后向散射信号,并通过滤波和光电转换技术将光信号转换为电信号。数据处理系统对回波信号进行分析,反演出目标的物理特性,如大气消光系数、云高、气溶胶垂直分布等。该系统结合了激光主动探测与卫星平台的广域覆盖能力,具有高垂直分辨率、高探测精度和全天时测量等优势,在国防及科学研究等领域都具有十分重大的应用价值和研究意义,广泛应用于森林结构参数测量、地形测绘、大气气溶胶和云层监测等领域。例如,在对地测绘领域,从 2016 年起,我国先后发射了资源三号 02 星激光高度计、高分七号激光测高仪、陆地生态系统碳监测卫星、多波束激光雷达等,其中高分七号激光测高仪为我国首个全波形采样的长寿命激光高度计。

国际上比较典型的星载激光雷达主要有美国激光高度计 GLAS(geoscience laser altimeter system)、欧洲激光雷达 ALADIN(atmospheric laser doppler instrument)等,均在不同领域取得了显著的应用成果。2022 年,我国发射了大气环境监测卫星大气探测激光雷达 ACDL(aerosoland carbon dioxidedetection lidar),该激光雷达是国际首个星载二氧化碳探测激光雷达和国际首个高光谱气溶胶探测激光雷达。

2. 机载激光扫描仪

机载激光扫描系统(airborne laser scanning system,ALSS;laser range finder,LRF;或 airborne laser terrain mapper,ALTM),也称机载 LiDAR 系统,安装在载人机、飞艇、无人机等承载平台上,从空中对地面进行扫描探测,获取地面三维空间点云信息及强度信息等的一种新型测量手段。

机载激光扫描系统主要由激光扫描仪、惯性导航系统(INS)、GNSS 定位系统、成像装置、计算机及数据采集器、记录器、处理软件和电源组成。GNSS 定位系统给出成像系统和扫描仪的精确空间三维坐标,惯性导航系统给出其空中的姿态参数,由激光扫描仪进行空对地式的扫描来测定成像中心到地面采样点的精确距离,再根据几何原理计算出采样点的空间三维坐标。机载LiDAR技术是将惯性导航系统(INS)、全球导航卫星定位系统(GNSS)和激光扫描测距系统进行集成,利用INS获得飞行过程中的瞬时姿态参数,通过GNSS获取激光扫描仪中心坐标(X,Y,Z),利用激光扫描系统获取扫描仪中心至地面点的距离,由此计算出地面上相应激光点的空间坐标(X,Y,Z),同时可以获得反射率、激光脉冲回波次数等信息。

机载激光雷达可快速获取地表三维点云数据,生成高精度数字高程模型(DEM)、数字表面模型(DSM)及正射影像(DOM),国内常见机载雷达设备如图8-68所示。

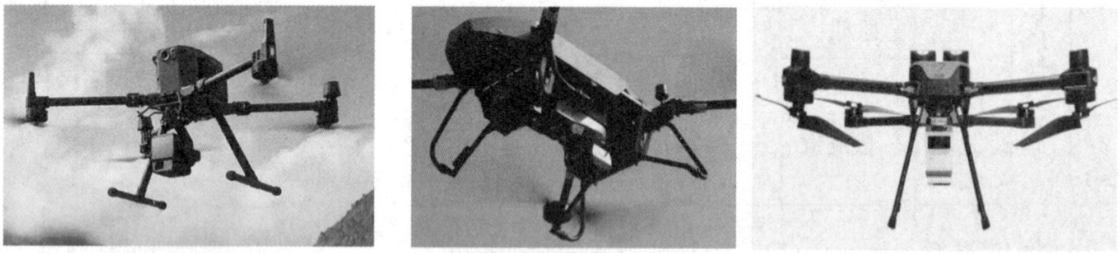

(a)大疆禅思L2　(b)华测导航AA15　(c)南方测绘SA130

图8-68　国产机载雷达设备

3. 车载激光扫描仪

车载的含义广泛,不仅包括汽车,还包括轮船、小型电动车、三轮车等。车载激光扫描系统(mobile laser scanning,MLS)通过搭载在移动平台上(如汽车、船舶)的定姿定位系统和激光扫描仪(或搭载相机作为辅助),动态、实时获取航迹周围一定范围内目标的地理信息数据系统。其中,定姿定位系统一般由全球卫星导航系统(global navigation satellite system,GNSS)、惯性测量单元(inertial measurement unit,IMU)及车轮编码器(distance measuring indicator,DMI)等设备组成,能够提供载体在工作任意时刻的位置和姿态信息。

车载三维激光扫描仪(见图8-69)具有测量速度快、精度高、数据获取范围广等优点,能够实时获取街道、建筑物、立交桥等复杂场景的三维几何信息和纹理信息,是城市空间信息快速获取的重要手段。其应用领域广泛,包括智慧城市、应急救灾、公路勘察、机场测量等,特别适用于大规模、复杂场景的三维建模任务。国内外车载激光雷达厂商有RIEGL、Leica、北京四维远见、中海达等。

4. 地面固定激光扫描仪

地面固定激光扫描仪系统是基于地面固定站的一种通过发射激光获取被测物体表面的三维坐标、反射光强度等多种信息的非接触式主动测量技术。固定式三维激光扫描仪类似于全站仪,二者的不同之处在于架站式扫描仪采集的不是离散的单点三维坐标,而是一系列“点云”数据。地面架站式三维激光扫描系统主要由三维激光扫描仪、控制器、电源供应系统、内置或外置数码相机、三脚架或支撑设备及系统配套的软件构成。其工作原理为仪器通过发射激光脉冲,测量脉冲从发射到接收的飞行时间差或相位差,计算出目标与扫描仪中心的距离;仪器内部的精密时钟控制编码器同步测量激光脉冲的水平角和竖直角(或天顶距),获取每个激光点的横向和纵向扫描角度;结合激光脉冲的距离和角度信息,采用极坐标原理计算每个扫描点的三维坐标(X,Y,Z)。如果测站三维坐标已知,即可通过坐标变换得到整个场景的绝对坐标。在单个测站无法覆盖整个目标区域时,需在多个测站进行扫描,

(a)侧面　　(b)后面

图 8-69　车载激光扫描系统

并通过公共点(如球面标志或特征点)或者保证测站之间的重叠率进行坐标转换和数据拼接,最终形成完整的三维场景信息。扫描获取的点云数据经过处理软件(如 Trimble RealWorks、Cyclone、SouthLidar、CoProcess 等)进行编辑、拼接、建模和纹理分析,可用于地质灾害监测、文物保护、工程测量、工业设计等,特别适用于需要高精度扫描的场景,常见三维激光扫描仪如图 8-70 所示。

南方SPL-1500　中海达HS1000i　象印EasyScan T05

徕卡ScanStation　Trimble X12　FARO Focus 350　RIEGL VZ-6000

图 8-70　国内外三维激光扫描仪

5. 手持背包式激光扫描仪

该类型分为手持式和背包式两种,两者的主要区别在于使用方式和应用场景。手持式三维激光扫描仪是一种新兴的便携式测量设备,结合了激光三角测量与结构光技术、SLAM(同步定位与建图)算法及三维重构技术,由操作者直接用手持握进行操作,能够实现快速、高精度的三维数据采集和处理,广泛应用于工业设计、逆向工程、医疗等领域。其核心特点在于灵活操作、实时建模与高适应性,尤其适用于复杂曲面或狭小空间的快速扫描。

背包式三维激光扫描仪采用多种定位技术和三维激光扫描系统相结合,能够快速获取高密度、高精度的三维点云数据。其定位原理是:在室外环境中,基于 GNSS 和 IMU 组合,GNSS 提供准确绝对坐标;进入室内后,IMU 和 SLAM 技术配合使用,通过 SLAM 定位实现室内扫描对象的绝对坐标获取。背包式三维激光扫描仪设备集成度高,可以背负在操作者的背上,这种设计不仅增加了扫描设备的稳定性,还允许操作者在较大范围内进行长时间的扫描工作,特别适用于地下空间信息采集等需要较大活动范围的场景,尤其是在传统测量效率低、机载测量空域受限的情况下具有显著优势。背包式三维激光扫描技术以其高效性、高精度和灵活性,在大比例尺地形图测绘、城市更新、旧房改造、城市规划、文物保护等领域显示出广阔的应用前景。如图 8-71 所示为国内外移动三维激光扫描仪产品。

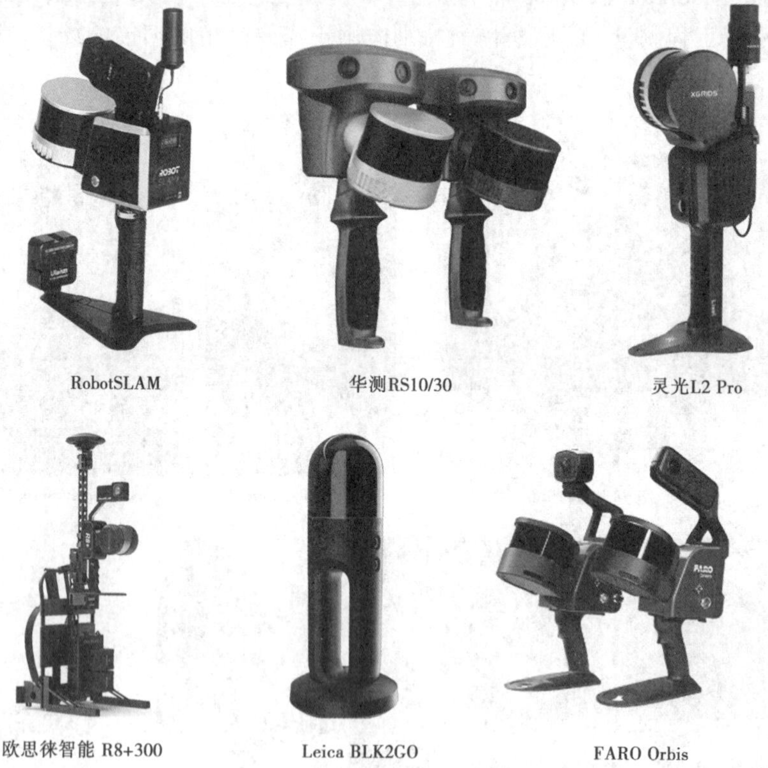

图 8-71　国内外三维激光扫描仪

(二)按测距原理分类

根据三维激光扫描系统的测距原理,可将其分为三类:

(1)脉冲式激光扫描系统:通过测量激光脉冲的飞行时间来确定距离,适用于长距离扫描,测距范围可达几百米到几千米。

(2)相位式激光扫描系统:通过测量激光波的相位差来确定距离,适用于短距离高精度扫描,测距范围通常在 100 m 以内,精度可达毫米级。

(3)激光三角法扫描系统:利用三角形几何关系测量距离,适用于短距离高精度扫描,测距范围通常在 20 m 以内,精度可达亚毫米级。

(三)按扫描成像方式分类

根据三维激光扫描系统的扫描成像方式,可将其分为三类:

(1)摄影扫描式:扫描瞬时视场有限,适用于室外长距离扫描。

(2)全景扫描式:视场受限于仪器本身,适用于室内扫描。

(3)混合型扫描式:结合了摄影扫描式和全景扫描式的优点,适用于多种场景。

三、三维激光扫描地形图测绘

三维激光扫描技术是一种非接触式的测量,能快速获取目标物体表面的三维几何信息,并以点云形式记录目标的(X,Y,Z)坐标及反射强度和色彩信息。该技术具有高精度、高效率、高密度的特点,在地形测绘中得到了广泛应用,尤其是在复杂地形、大面积区域或难以到达的区域(如煤矿沉陷区、地质灾害体等)中表现突出,解决了传统测量方法因地形复杂和通行困难带来的问题,同时满足了高精度大比例尺地形图的要求。

手持式、背包式三维激光扫描仪设计轻便,便于携带和操作,针对复杂地形和危险区域,如沟壑、丘陵、高山、禁飞区等,手持式和背包式设备无须直接接触目标即可完成数据采集,确保人员和设备的安全,通过激光扫描和 GNSS 或 SLAM 技术的结合,这些设备能够实现高精度的三维点云数据采集,满足大比例尺地形图测绘的精度要求,获取的点云数据可用于生成等高线、精细地形图、数字高程模型(DEM)及虚拟实景应用,满足多种测绘需求。手持式和背包式三维激光扫描仪在地形图测绘中具有显著优势,下面以手持式三维激光扫描仪为例,介绍基于该类设备的地形图测绘生产流程。

(一)外业扫描

1. 收集资料

作业前,首先确定扫描区域范围,搜集项目相关资料,为后面的技术设计和测图作业做好准备。收集资料包含控制成果、测区大比例尺地形图、数字高程模型、数字正射影像图等,并进行适用性分析。此外,还需检查手持 SLAM 设备和相关附件的完好性,确保设备处于良好的工作状态,并进行必要的校准。

2. 现场踏勘

外业数据采集前,应进行现场踏勘周边环境,以对场地做到充分了解,针对测量重点和难点区域提出合适的扫描方案。如果测区范围比较大,需要综合考虑测量设备的有效作业时间,将大范围测区划分为若干个扫描区域。测区划分是手持 SLAM 三维激光外业数据采集前必须进行的准备工作,主要是扫描测区行进路线规划,开展测区控制点选点设计,使测区的控制网形合理、行进路线闭合时间符合规定要求,以保证点云成果精度。同时各分区之间应保持一定的扫描重叠度,建议选择特征丰富的区域作为重叠路径,避免在空旷、长走廊等场景规划重叠区域,以保证各站之间的顺利拼接,确保数据的完整性。

在扫描路径规划上,要综合考虑作业效率、数据完整性、重点扫描区域结果精度等几个因素,确保作业时所有待测目标都能获取均匀的点云数据。扫描路径应尽可能短且闭合,以降低测量人员作业时间,提高效率;扫描路径应途经所有预先布设的控制点,后续解算数据要依次拾取途经控制点的坐标信息;要确保途经线路能够扫描到所有的空间信息,做到不重复、不错漏;对重点扫描区域应着重考虑,通常可以采用增加扫描时间的方式来获取更高的数据扫描精度。

3. 控制点布设及测量

地形测量需要获取绝对坐标系下的点云数据,目前大部分手持式和背包式三维激光扫描设备可通过两种方式导出绝对坐标点云数据。第一种方式为使用地面控制点坐标,第二种方式为使用设备 RTK 坐标。

对于没有 GNSS 定位绝对坐标的点云,每个点的 X、Y、Z 只是其局部坐标系的相对位置。若要得到绝对坐标的点云,需要进行空间坐标转换。为使后续点云数据具备绝对坐标属性,通常需要在测区内均匀布设 3~5 个控制点。控制点应遵循边缘控制原则(应布设在每个测区的外边缘),分布均匀合理(应布设在测区的四角),同时应满足相邻两测区(测次)有 1~2 个公共控制点。

RTK 与激光雷达的深度结合,启用 RTK 后绝对精度可达厘米级,经解算后可直接输出带绝对坐标的点云数据,在解算时代入坐标系统参数即可将点云约束到目标坐标系下,一般情况下只采集适量检核点即可,无须单独采集控制点。检核点测量可采用 GNSS RTK 或全站仪的方式按图根控制要求进行测量。点位应均匀布设在测区,并尽量选取在一个平面上材质变换的角点,如斑马线点、车道线点等,其能同时包含平面和高程信息。

4. 开始扫描

初始化完成后,扫描仪进入正常工作状态,测量人员即可按照既定线路进行扫描作业。一般采取匀速前进的方式来获取密度均匀的点云数据。扫描过程中要尽量避开移动中的行人和车辆,因为 SLAM 算法依赖环境的有效特征来重建三维点云,移动的物体不是有效特征,会影响 SLAM 算法的精度,产生多余的干扰点云数据。

(二)数据处理

数据处理是将外业采集的点云原始数据导入配套的软件进行 SLAM 解算、点云配准、坐标转换和点云分类等操作,形成可供地形图测绘使用的完整合格点云。

1. SLAM 解算

通过处理手持式三维激光扫描仪所采集的数据,解算出带地理坐标的点云数据。解算过程中通过可视化、参数调整及人工半自动交互,提高解算精度和成功率。SLAM 解算流程是一个涉及多个步骤的复杂过程,主要目的是让计算机在未知环境中实现自我定位,同时构建环境地图。

2. 点云配准

点云配准也叫点云拼接,当测区范围比较大时,需要从不同方位扫描多个测站,才能把目标物扫描完整,每一测站扫描数据都有自己的坐标系统,将不同场景、不同时间或不同设备获取的多个点云数据,通过空间变换(旋转、平移、缩放)精确对齐到同一个统一坐标系的过程即为点云配准。《地面三维激光扫描作业技术规程》(CH/Z 3017—2015)中定义了点云配准的概念,即把不同站点获取的地面三维激光扫描点云数据变换到同一坐标系的过程。点云配准可通过点云处理软件自动或者手动完成。

3. 坐标转换

完成拼接后的点云数据,如果需要将其统一到所需要的坐标体系下,在满足拼接精度的前提下将拼接好的数据进行坐标转换,满足工程需求。可通过选定特征点位或者靶标球来计算转换参数,并将点云的相对坐标转化为绝对坐标。

4. 点云分类

点云分类即对点云进行归类,也可理解为对地物点云进行图层划分以方便后续使用。在地形图测量中,点云分类的目的主要是提取测区高程点数据,目前大部分点云数据处理软件都具有点云数据自动分类功能,一般处理过程都是先使用软件进行自动分类,然后进行人工检查。

(三)地形图绘制

将处理后的点云数据导入 SouthMap、CoProcess、EPS 等专业绘图软件,进行整个测区地形图的绘制工作。基于手持式三维激光扫描仪的地形图绘制流程如图 8-72 所示。

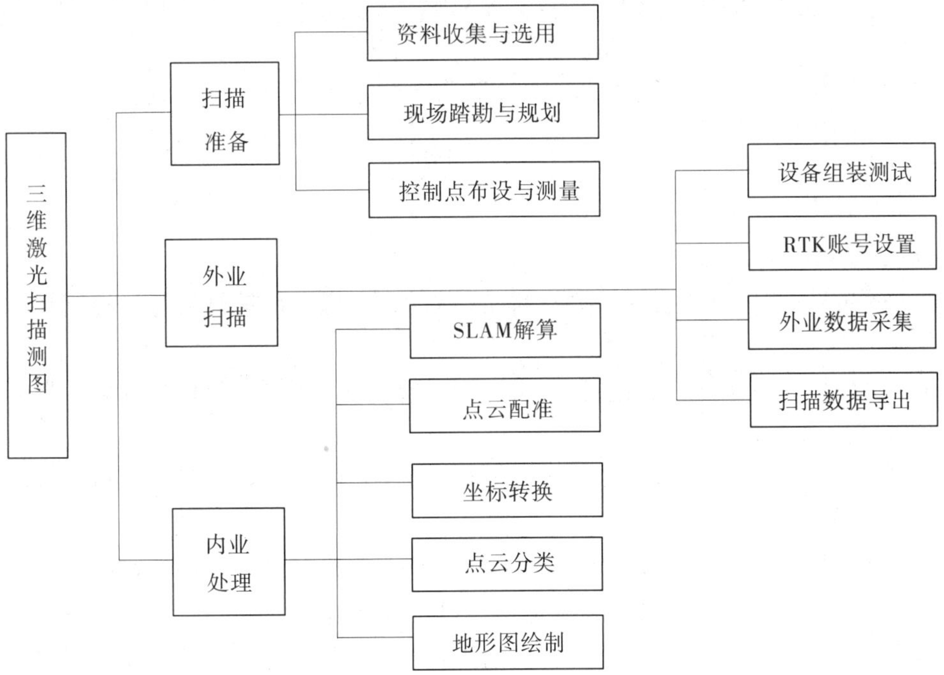

图 8-72 三维激光扫描测图流程

1. 基于手持 SLAM 的地形图测绘

下面以 1:1 000 大比例尺地形图测绘为例,介绍基于 RobotSLAM 手持式三维激光扫描仪的地形图测绘作业流程。

作业过程使用的设备及可用的软件如表 8-1 所示。

表 8-1　作业软件与硬件列表

序号	名称	主要作用
1	RobotSLAM 手持式三维激光扫描仪	扫描
2	华测 i93 RTK	检核点测量
3	RobotSLAM Engine 软件	点云解算、点云配准、坐标转换
4	SouthLidar Pro 2.0 激光雷达点云处理软件	点云配准、坐标转换、点云分类
5	South Map 南方测绘成图软件	绘制地形图

RobotSLAM 手持式三维激光扫描仪是由南方测绘自主研发的移动三维激光扫描产品，采用行业领先的高精度激光雷达传感器，集成超高性能的 MEMS 惯性测量单元，结合优异的 SLAM 算法加持，通过高质量点云数据重建还原三维空间场景。作业人员手持设备在走动中进行自身定位及增量式三维建图，从而获取周边环境的空间三维信息。该设备可不依赖于 GNSS 定位，直接获取室内外高精度空间三维信息，也可添加 RTK 服务，得到具有厘米级定位精度的空间三维信息。该设备支持手持、背包、车载、无人船载、无人机载、AI 机器狗等多种作业模式切换，广泛应用于智慧城市、林业巡检、地形测量、矿洞测量、堆体计量、岸线测量等。

2. 外业准备

1) 区域划分与路径规划

当测区面积较大时，需要结合 RobotSLAM 手持式三维激光扫描仪的性能特点对测区进行划分，并设计合理的扫描路线。

区域划分原则如下：

①每个区域的测量时间建议控制在规定的时间内，每次采集时长建议控制在 20 min 左右。

②每个区域保持 30%左右的重叠率，且需要选择特征丰富的区域作为重叠区域。

路径规划要求如下：

①初始位置需寻找拥有特征的标志性物体，且需要提前规划好每一块小区域的行走路线。

②扫描时若无 RTK，根据现场实际环境判断是否需要走回环。当扫描区域较小时，绕开始和结束位置的轨迹一圈可以形成大回环；当扫描区域较大时，除了大回环，应根据不同场景，适当在某些地方绕小圈形成小回环。适当的回环，可以提高后续数据处理的精度。

③扫描时若有 RTK，可选择不走回环，如采集一条马路上的数据，需在起始点获取 RTK 固定解，然后等待 1 min 开始采集，到结束点有 RTK 固定解即可停止采集，待相机数据下载至设备方可结束，如图 8-73 所示。

2) 控制点布设

在 GNSS 信号良好的区域，RobotSLAM 手持式三维激光扫描仪内置 GNSS 板卡，支持 RTK 定位功能，室外采集时使用 GNSS 定位辅助 SLAM 算法可以获得更精准的绝对坐标点

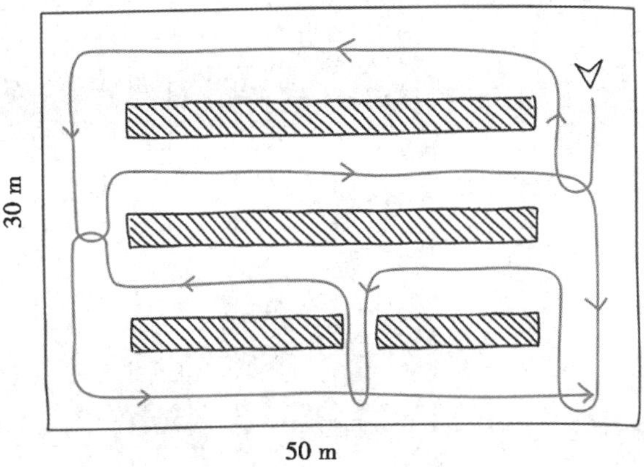

图 8-73 扫描路径规划

云,一般情况下只采集适量检核点即可,无须单独采集控制点。

在 GNSS 信号不好的区域(高楼之间、小巷)及无 GNSS 信号(地下走廊、地下停车场)区域,需要布设一定数量的控制点,进行坐标转换。控制点数量不少于 3 个,且均匀分布在整个测区。

3. 外业操作与点云数据处理

外业扫描操作包含设备组装与调试、RTK 账号设置、外业数据采集、扫描数据导出四部分;内业数据处理包含 SLAM 解算、点云优化、数据导出、点云配准、坐标转换、点云分类和地形图绘制,具体操作可扫二维码。

码 8-18 外业扫描与数据处理

4. 地形图绘制

1) 加载点云

打开 SouthMap,三维测图→加载三维数据,如图 8-74 所示,在三维测图菜单栏点击加载三维数据,弹出打开窗口,选择 las 格式点云数据。在第一次打开点云时,软件会将 las 格式点云转换成 slas 格式,再次打开时可直接选择 slas 格式,瞬间加载。加载点云后的界面,左侧是三维窗口,显示点云;右侧是二维窗口,显示绘制的地形图内容;按 Shift+Tab 键,锁定俯视状态;再次按 Shift+Tab 键,可以解除锁定。画图时可灵活选择合适点大小、点云显示方式(如真彩色显示、强度显示等),便于识别地物。

码 8-19 点云数据处理

2) 水平切片

在 SouthMap 中,点击三维测图→点云处理→水平切片,点云切片的目的是方便在地形图成图过程中绘制地面要素。若直接在所有点云的基础上进行地面相关要素的测量,则会因植被的遮盖、房屋的遮挡等产生诸多不便。首先点击点云处理→水平切片,弹出水平切片参数面板如图 8-75 所示,根据需要调整水平切片的高度、步距、厚度等参数,选择显示截面或者显示全部点云数据,根据绘图需要灵活进行状态切换,如图 8-76 所示。

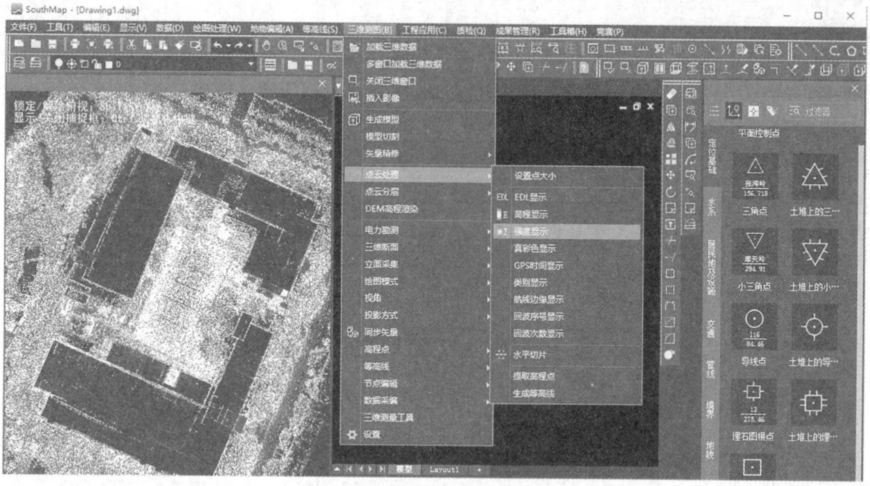

图 8-74　加载三维数据

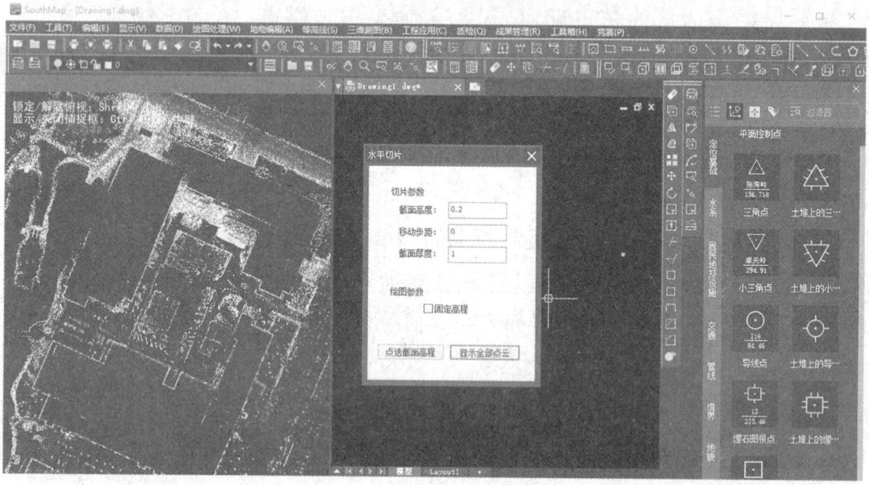

图 8-75　水平切片设置

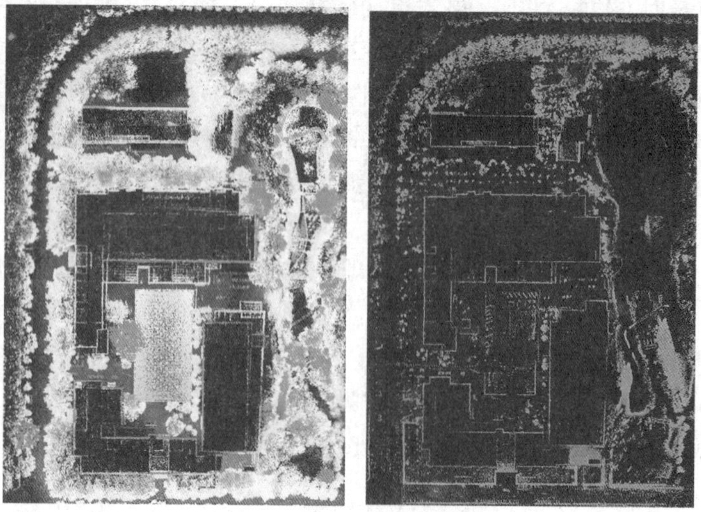

图 8-76　切片前后的点云数据

3)绘制地物

调整切片高程到合适位置,在地物绘制菜单中选择合适的命令分别进行房屋、道路、水系等地物绘制,如图 8-77、图 8-78 所示。

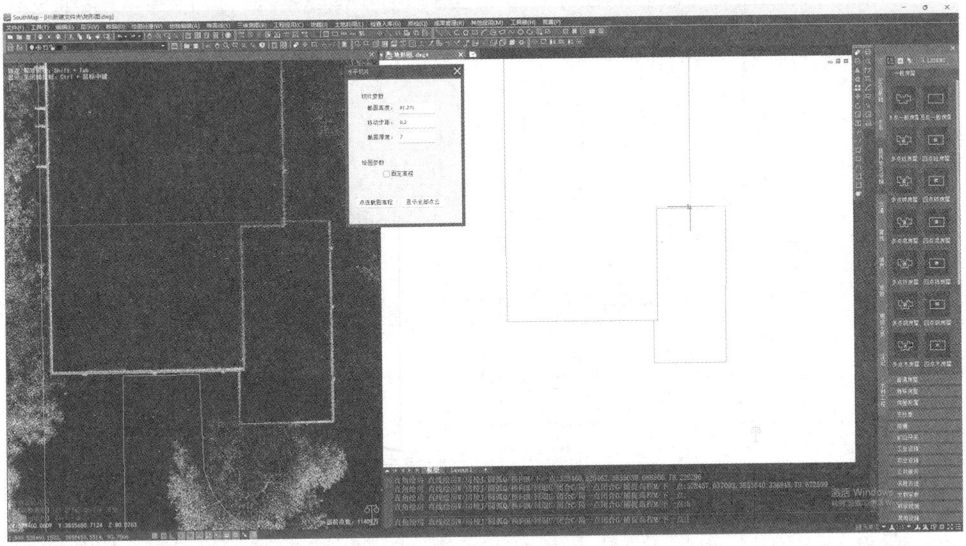

图 8-77　房屋绘制

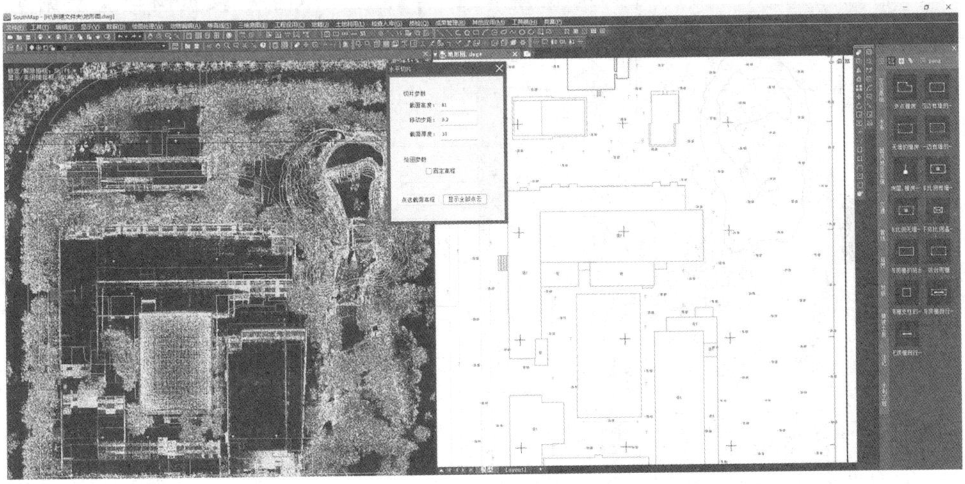

图 8-78　绘制好的地形图

4)绘制等高线

绘制等高线可采用基于高程点和基于 DEM 绘制等高线两种方法。

①基于高程点绘制等高线。

点击菜单:三维测图→点云处理→提取高程点,如图 8-79 所示,点击功能栏中提取高程点命令,选择范围线或者绘制范围线(回车默认提取所有高程点),弹出 DEM 重采样面板。DEM 路径浏览打开前面生成的 DEM 文件,输入旋转角度、单元格宽度和单元格高度后,勾选是否展高程点,选择高程点保存路径,点击确认,完成提取高程点并生成 GCD. dat 文本文件。

接下来点击等高线菜单,选择建立三角网、绘制等高线等命令,生成等高线。

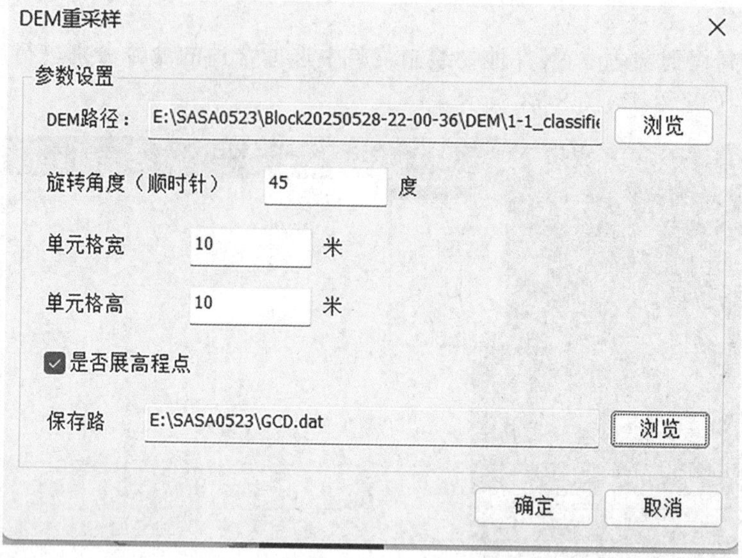

图 8-79 提取高程点

②基于 DEM 绘制等高线。

点击菜单:三维测图→点云处理→生成等高线,点击生成等高线命令后,软件弹出打开 DEM 文件窗口,选择数字高程模型 tif 格式文件,弹出等高线参数设置窗口。根据实际情况,设置拟合方式、等高距、等高线长度阈值等参数,生成的等高线如图 8-80 所示。

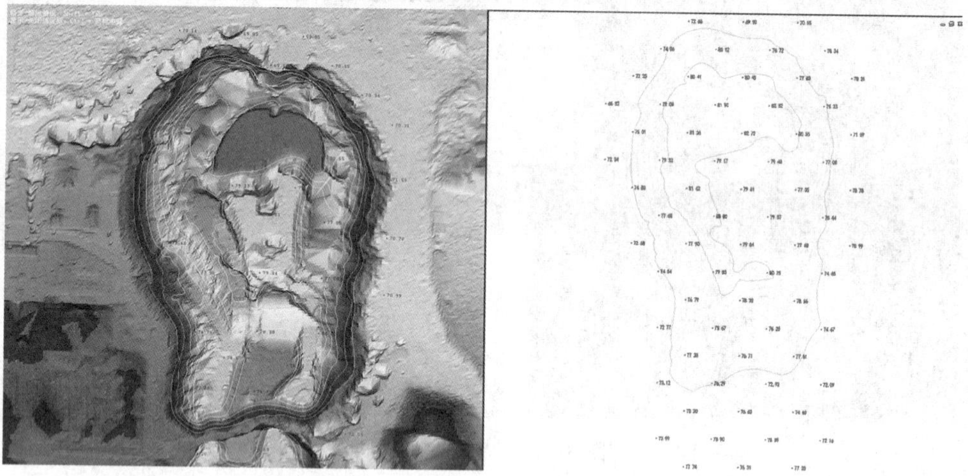

图 8-80 基于 DEM 生成等高线

项目小结

本项目主要讲大比例尺地形图测绘的方法,首先讲述了常用的全站仪测图和 GNSS RTK 测图,然后基于使用较广泛的数字成图软件南方 CASS11.0,讲述了地物绘制和编辑、等高线绘制、图幅整饰及地形图的各种应用。最后,就日益兴起的无人机测图与三维激光扫描测图,讲解了其基本概况、成图流程和绘图方法。本项目涵盖了当前数字测图的所有主要方法。

思考与习题

1. 简述全站仪坐标测量原理。
2. 全站仪建站需要哪些步骤？如何检验建站质量？
3. 简述草图法与编码法成图的优缺点。
4. GNSS RTK 有哪两种测量模式，简述其特点。
5. 使用南方 CASS 绘图，坐标定位与点号点位有何区别？各自适用于哪些情况？
6. 简述使用南方 CASS 绘制等高线的操作步骤。
7. 地形图的基本要素查询包含哪些内容？
8. 简述三角网法与方格网法土方量算流程。
9. 如何使用南方 CASS 软件进行纵横断面图绘制？
10. 倾斜摄影测量数据处理包含哪些步骤？
11. 使用 EPS 进行立体绘图，绘制房屋有哪些方法？
12. 三维激光扫描得到的点云数据有何特点？
13. 三维激光扫描技术有哪些特点？
14. 三维激光扫描仪有哪些分类？
15. 使用三维激光扫描仪进行地形图绘制，需要哪些步骤？

码 8-20　思考与习题参考答案

码 8-21　单选题

码 8-22　多选题

码 8-23　判断题

码 8-24　附录

参考文献

[1] 程效军,鲍峰,顾晓烈.测量学[M].上海:同济大学出版社,2016.
[2] 潘正风,程效军,成枢,等.数字地形测量学[M].2版.武汉:武汉大学出版社,2019.
[3] 李聚方,赵杰.地形测量[M].郑州:黄河水利出版社,2004.
[4] 王晓春.地形测量[M].北京:测绘出版社,2010.
[5] 赵红,张养安,李聚方,等.水利工程测量[M].北京:中国水利水电出版社,2016.
[6] 李青岳,陈永奇.工程测量学[M].北京:测绘出版社,2008.
[7] 李辉.建筑工程测量[M].重庆:重庆大学出版社,2013.
[8] 牛志宏.地形测量技术[M].北京:中国水利水电出版社,2012.
[9] 张博,曹志勇,王芳.地形测量[M].北京:中国水利水电出版社,2016.
[10] 全国地理信息标准化技术委员会.1:500 1:1 000 1:2 000 外业数字测图规程:GB/T 14912—2017[S].北京:中国标准出版社,2017.
[11] 中华人民共和国住房和城乡建设部.城市测量规范:GJJ/T 8—2011.北京:中国建筑工业出版社,2012.
[12] 靳祥升.水利工程测量[M].2版.郑州:黄河水利出版社,2019.
[13] 中华人民共和国住房和城乡建设部.工程测量通用规范:GB 55018—2021[S].北京:中国建筑工业出版社,2021.
[14] 焦建新,沈荣林,闫玮,等.全站仪测量导线中的错误分析和处理[J].南京工业大学学报,2007,29(4):98-100.
[15] 孙艳崇.导线测量边角错误的检查方法[J].科技展望,2015(7):147-148.
[16] 郭玉珍,朱恩利.测量数据处理及软件应用[M].2版.郑州:黄河水利出版社,2023.
[17] 靳祥升.测量平差[M].郑州:黄河水利出版社,2010.
[18] 张慧慧.误差理论与测量平差实训[M].西安:西安交通大学出版社,2014.
[19] 武汉大学测绘学院测量平差学科组.误差理论与测量平差基础习题集[M].武汉:武汉大学出版社,2015.
[20] 辛星.测量数据处理[M].北京:科学出版社,2011.
[21] 王冬梅.无人机测绘技术[M].武汉:武汉大学出版社,2020.
[22] 周建郑.GNSS 与北斗定位测量[M].4版.郑州:黄河水利出版社,2022.
[23] 邹进贵,冯永玖,王健,等.数字地形测量学[M].武汉:武汉大学出版社,2024.

全国测绘地理信息类职业教育“十四五”规划教材

地形测量实训指导

（第2版）

主　编　李永川
主　审　何　宽　陈　琳

本书立体化资源

黄河水利出版社
·郑州·

前　言

本书作为《地形测量》(第2版)教材的配套用书,主要解决《地形测量》实训教学中学生如何做的问题。职业教育中专业课实践教学占课程教学总课时的60%甚至更高比例,学好实操,对学好本课程至关重要。本书对应《地形测量》(第2版)教材内容,分为水准仪的认识与使用、图根水准测量等12个单项技能训练项目和1个水准导线测量实训指导。

本书具有如下特色:

一是活页装订,可直接取下使用,每个项目配备记录计算用表;

二是对难度较大、计算复杂的重点项目加入示例,便于学生学习模仿;

三是附带实训视频讲解,通过扫描二维码观看,可在实训前预习,实训中辅助,实训后巩固。

由于编者水平有限,书中难免有疏漏与不足之处,恳请广大读者提出宝贵意见,今后进一步修订完善。

编　者

2025年7月

目　录

单项技能训练1　水准仪的认识和使用

一、计划与准备

(一)仪器配置

(1)实验室配备：DS_3/DSZ_3 水准仪1台，脚架1个，水准尺1对，尺垫2个。

(2)小组配备：记录板1块，铅笔1支，小刀1把。

(二)实训内容

认识 DS_3/DSZ_3 水准仪，练习读数与计算。

(三)实训目标

(1)认识水准仪的基本构造。

(2)掌握水准仪的使用方法。

二、实训实施

(一)微倾水准仪构造

DS_3 水准仪结构如图1-1所示。

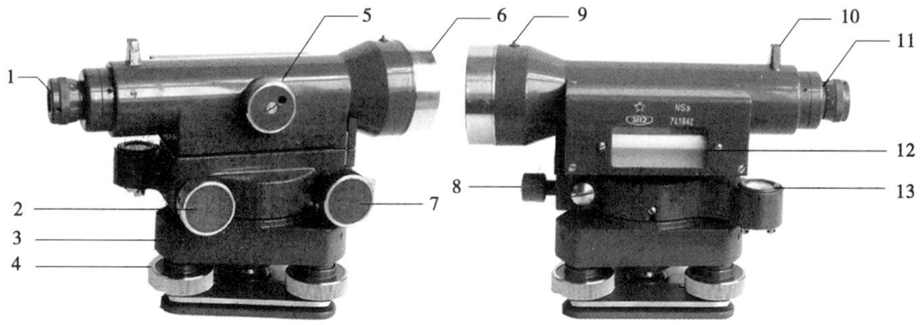

1—望远镜目镜；2—微倾螺旋；3—基座；4—脚螺旋；5—物镜调焦螺旋；6—望远镜物镜；7—微动螺旋；8—制动螺旋；9—准星；10—缺口；11—气泡观察镜；12—水准管；13—圆水准器。

图1-1　DS_3 水准仪结构

(二)自动安平水准仪构造

DSZ_3 水准仪结构如图1-2所示。

(三)水准仪使用

1. 安置

打开三脚架，并齐架腿，使脚架底座大致达到下颚高度，张开三脚架，架腿伸开适中，架头大致水平，取出水准仪，安放在三脚架头上，一手握住仪器，一手将三脚架中心连接螺旋旋入仪器基座中心螺孔中，适度扭紧，使仪器固定在三脚架上，防止仪器掉下来。

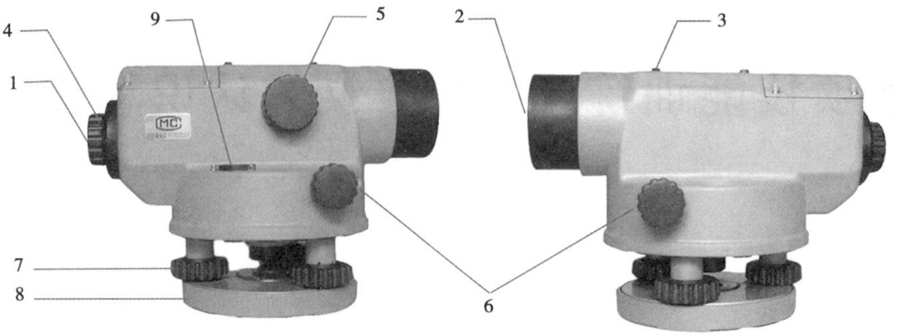

1—望远镜目镜;2—望远镜物镜;3—准星;4—目镜调焦螺旋;5—物镜调焦螺旋;6—水平微动螺旋;
7—脚螺旋;8—基座;9—圆水准器。

图 1-2　DSZ_3 水准仪结构

2. 粗平

旋转脚螺旋,使圆水准气泡居中,仪器粗平。

3. 瞄准

经历粗瞄、对光、精瞄,注意消除视差,望远镜十字丝竖丝对准标尺中央。

4. 精平

转动微倾旋钮,观察符合气泡影像符合,实现望远镜视准轴精确整平。

注:自动安平水准仪不包含该步骤,粗平后仪器即自动精平,可以观测。

5. 读数与记录

根据十字丝横丝截取的标尺刻划,读取刻划数字。读数后再检查一下符合水准管气泡两端的半影像是否吻合。若气泡不吻合,则应重新精平,重新读数。

视距计算:　　视距=(上丝-下丝)×0.1 (m)

高差计算:　　$h_{AB} = a - b$

码 1-1　微倾水准仪的认识

码 1-2　水准仪的架设

码 1-3　水准仪的整平

码 1-4　自动安平水准仪的认识

三、实训表格

水准测量外业记录如表 1-1 所示,完成记录与计算。

表 1-1　水准仪测量记录表

测站	后视上丝	后视下丝	前视上丝	前视下丝	后视中丝读数	前视中丝读数	高差
	后视距离		前视距离				
1	1822	0898	1782	0845	1360	1312	+0. 048
	92. 4		93. 7				

单项技能训练 2　图根水准测量

一、计划与准备

(一)仪器配置

(1)实验室配备:DSZ_3 水准仪 1 台,脚架 1 个,水准尺 1 对,尺垫 2 个。

(2)小组配备:记录板 1 块,铅笔 1 支,小刀 1 把。

(二)实训内容

(1)每组布设 1 条 4 测段闭合水准路线。

(2)每人完成 1 个测段包含 2 个测站的观测。

(3)观测、记录计算和扶尺 3 种角色轮换。

(三)实训目标

(1)掌握普通水准测量的观测、记录、计算。

(2)完成一条由 A、B、C、D 4 个水准点构成的闭合水准路线,计算高程闭合差。

二、实训实施

(一)观测步骤

(1)将水准尺立于已知高程的水准点上作为后视,水准仪置于施测路线附近合适的位置,在施测路线的前进方向上取仪器至后视大致相等的距离放置尺垫,在尺垫上竖立水准尺作为前视,注意视距不超过 100 m。

(2)整平仪器,瞄准后尺,读取后视中丝读数,调转望远镜,瞄准前尺,读取前视中丝读数,记录。

(3)迁至下一站,重复上述操作程序,直至全部路线施测完毕。

(4)计算高差闭合差及限差。

(二)注意事项

(1)观测前要精确整平仪器。

(2)注意用中丝读数,不要误读为上、下丝读数,读数时要消除视差。

(3)后视尺垫在水准仪搬动前不得移动,在仪器迁站时,前视尺垫不能移动。在已知高程点和待定高程点上不得放尺垫。

(4)水准尺必须扶直,不得前后左右倾斜。

三、实训表格

图根水准限差见表 2-1,外业记录见表 2-2,完成记录与计算。

表 2-1 图根水准测量的主要技术要求

等级	路线长度/km	水准仪	水准尺	视线长度/m	观测次数		往返较差、附合或环线闭合差	
					与已知点联测	附合或环线	平地/mm	山地/mm
等外	≤5	DS_3	单面	100	往返各次	往一次	$\pm 40\sqrt{L}$	$\pm 12\sqrt{n}$

表 2-2 图根水准测量手簿

测站	测点	水准尺读数/m		高差/m		高程/m	备注
		后视读数	前视读数	+	−		
1	2	3	4	5		6	7
高差闭合差:$f_n = h_1 + h_2 + h_3 = h_4 =$ ________（mm）　$f_{h限} = \pm 40\sqrt{L}$ ________（mm）							

单项技能训练 3　四等水准测量

一、计划与准备

(一)仪器配置

(1)实验室配备:DSZ_3 水准仪 1 台,脚架 1 个,水准尺 1 对,尺垫 2 个。

(2)小组配备:记录板 1 块,3H 铅笔 1 支,小刀 1 把。

(二)实训内容

(1)每组布设 1 条 4 测段闭合水准路线。

(2)每人完成 1 个测段包含 2 个测站的观测。

(三)实训目标

(1)掌握普通水准测量的观测、记录、计算和校核。

(2)完成一条由 A、B、C、D 4 个水准点构成的闭合水准路线,计算各待定点高程。

码 3-1　四等水准的实施

码 3-2　四等水准内业计算

二、实训实施

(一)测站观测顺序

(1)照准后视尺黑面,精平后读取上丝、下丝、中丝读数。

(2)照准后视尺红面,精平后读取中丝读数。

(3)照准前视尺黑面,精平后读取上丝、下丝、中丝读数。

(4)照准前视尺红面,精平后读取中丝读数。

(二)记录观测数据

限差要求如下:

(1)视线高度以三丝均能读数为准。

(2)视线长度不超过 100 m。

(3)前、后视距差不超过±3 m,视距累积差不超过±10 m。

(4)黑、红面读数差不超过±3 mm。

(5)黑、红面高差之差不超过±5 mm。

(6)高差闭合差不超过$\pm 20\sqrt{L}$ mm,L 为水准路线的长度,以 km 为单位。

(三)注意事项

(1)在观测的同时,记录员应及时进行测站计算检核,符合要求方可迁站,否则应重测。

(2)当仪器未迁站时,后视尺不得移动;当仪器迁站时,前视尺不得移动。

三、实训表格

四等水准记录计算范例、四等水准测量记录表、四等水准点高程计算表见表 3-1、表 3-2、表 3-3，A 点为已知点，$H_A=71.258$ m，完成记录计算。

表 3-1　四等水准记录计算范例

测站编号	测点编号	后尺 上丝 后尺 下丝 后距 视距差 d	前尺 上丝 前尺 下丝 前距 $\sum d$	方向及尺号	标尺读数 黑面	标尺读数 红面	K+黑−红	高差中数	备注
		(1) 后黑上丝	(5) 前黑上丝	后	(3) 后黑中丝	(4) 后红中丝	(9) (K+黑−红)		
		(2) 后黑下丝	(6) 前黑下丝	前	(7) 前黑中丝	(8) 前红中丝	(10) (K+黑−红)		
		(15) 后距	(16) 前距	后−前	(11) 黑面高差	(12) 红面高差	(13) 黑红面高差之差	(14) 测站高差中数	
		(17) 前后视距差	(18) 视距累积差						
1	BM_1 ~ TP_1	1575	1550	后 BM_1	1448	6234	+1		后视标尺4787
		1317	1288	前	1419	6107	−1		
		25.8	26.2	后−前	+0029	+0127	+2	+0.0280	
		−0.4	−0.4						
2	TP_1 ~ BM_2	1580	1572	后	1377	6063	+1		
		1170	1161	前 BM_2	1369	6155	+1		
		41.0	41.1	后−前	+0008	−0092	0	+0.0080	
		−0.1	−0.5						

表 3-2　四等水准测量记录表

<table>
<tr><td rowspan="4">测站编号</td><td rowspan="4">测点编号</td><td rowspan="2">后尺</td><td>下丝</td><td rowspan="2">前尺</td><td>下丝</td><td rowspan="4">方向及尺号</td><td colspan="2" rowspan="2">标尺读数</td><td rowspan="4">K+黑−红</td><td rowspan="4">高差中数</td><td rowspan="4">备注</td></tr>
<tr><td>上丝</td><td>上丝</td></tr>
<tr><td colspan="2">后距</td><td colspan="2">前距</td><td rowspan="2">黑面</td><td rowspan="2">红面</td></tr>
<tr><td colspan="2">视距差 d</td><td colspan="2">$\sum d$</td></tr>
<tr><td rowspan="4"></td><td rowspan="4"></td><td colspan="2"></td><td colspan="2"></td><td>后</td><td></td><td></td><td></td><td></td><td rowspan="20">后视标尺</td></tr>
<tr><td colspan="2"></td><td colspan="2"></td><td>前</td><td></td><td></td><td></td><td></td></tr>
<tr><td colspan="2"></td><td colspan="2"></td><td>后−前</td><td></td><td></td><td></td><td></td></tr>
<tr><td colspan="2"></td><td colspan="2"></td><td colspan="5"></td></tr>
<tr><td rowspan="4"></td><td rowspan="4"></td><td colspan="2"></td><td colspan="2"></td><td>后</td><td></td><td></td><td></td><td></td></tr>
<tr><td colspan="2"></td><td colspan="2"></td><td>前</td><td></td><td></td><td></td><td></td></tr>
<tr><td colspan="2"></td><td colspan="2"></td><td>后−前</td><td></td><td></td><td></td><td></td></tr>
<tr><td colspan="2"></td><td colspan="2"></td><td colspan="5"></td></tr>
<tr><td rowspan="4"></td><td rowspan="4"></td><td colspan="2"></td><td colspan="2"></td><td>后</td><td></td><td></td><td></td><td></td></tr>
<tr><td colspan="2"></td><td colspan="2"></td><td>前</td><td></td><td></td><td></td><td></td></tr>
<tr><td colspan="2"></td><td colspan="2"></td><td>后−前</td><td></td><td></td><td></td><td></td></tr>
<tr><td colspan="2"></td><td colspan="2"></td><td colspan="5"></td></tr>
<tr><td rowspan="4"></td><td rowspan="4"></td><td colspan="2"></td><td colspan="2"></td><td>后</td><td></td><td></td><td></td><td></td></tr>
<tr><td colspan="2"></td><td colspan="2"></td><td>前</td><td></td><td></td><td></td><td></td></tr>
<tr><td colspan="2"></td><td colspan="2"></td><td>后−前</td><td></td><td></td><td></td><td></td></tr>
<tr><td colspan="2"></td><td colspan="2"></td><td colspan="5"></td></tr>
<tr><td rowspan="4"></td><td rowspan="4"></td><td colspan="2"></td><td colspan="2"></td><td>后</td><td></td><td></td><td></td><td></td></tr>
<tr><td colspan="2"></td><td colspan="2"></td><td>前</td><td></td><td></td><td></td><td></td></tr>
<tr><td colspan="2"></td><td colspan="2"></td><td>后−前</td><td></td><td></td><td></td><td></td></tr>
<tr><td colspan="2"></td><td colspan="2"></td><td colspan="5"></td></tr>
</table>

表 3-3　四等水准点高程计算表

点名	路线长/km	观测高差/m	改正数/m	改正后高差/m	高程/m
Σ					
$f_h=$ ________ m　　$f_{h限}=\pm 20\sqrt{L}=$ ________ m					

单项技能训练 4　经纬仪的认识与使用

一、计划与准备

(一)仪器配置

(1)实验室配备:DJ_6 光学经纬仪 1 台,脚架 1 个,测钎 2 支。

(2)小组配备:记录板 1 块,铅笔 1 支,小刀 1 把。

(二)实训内容

(1)经纬仪的认识。

(2)对中整平。

(3)读数练习。

(三)实训目标

(1)了解 DJ_6 光学经纬仪或全站仪的基本构造及主要部件名称和作用。

(2)掌握经纬仪的基本操作:对中、整平、瞄准、读数。

码 4-1　经纬仪的认识与使用

码 4-2　经纬仪的对中整平

二、实训实施

(一)经纬仪的认识与使用

1. 经纬仪的构造

认识 DJ_6 光学经纬仪的构造和各部件名称,如图 4-1 所示。

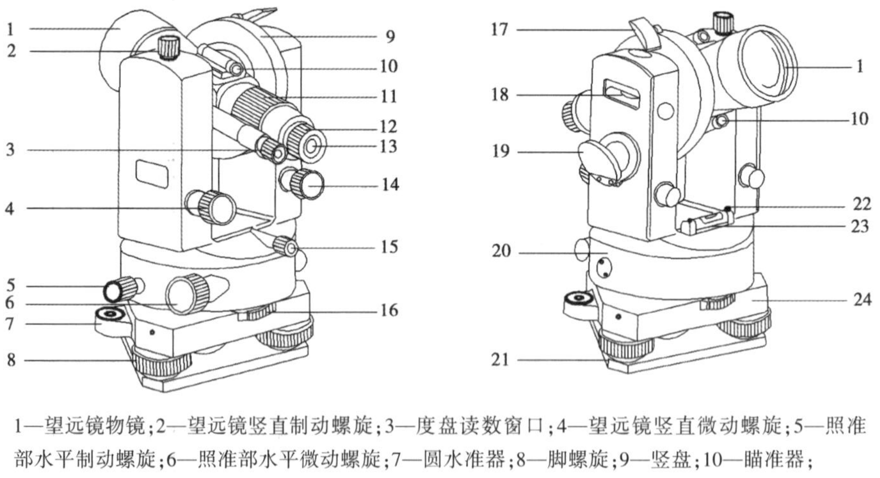

1—望远镜物镜;2—望远镜竖直制动螺旋;3—度盘读数窗口;4—望远镜竖直微动螺旋;5—照准部水平制动螺旋;6—照准部水平微动螺旋;7—圆水准器;8—脚螺旋;9—竖盘;10—瞄准器;11—望远镜物镜调焦环;12—望远镜目镜调焦环;13—望远镜目镜;14—竖盘水准管微倾螺旋;15—光学对点器;16—水平度盘位置变换轮;17—指标水准管反光镜;18—竖盘指标水准管;19—进光孔(照明镜);20—水平度盘;21—基座底板;22—管水准器校正螺丝;23—管水准器;24—基座。

图 4-1　DJ_6 型经纬仪的构造

2. 经纬仪的安置和读数

指定地面点,安置经纬仪作为测站点,瞄准测钎或觇牌。

1)对中

对中是把仪器中心安置在通过测站点的铅垂线上,眼睛观看光学对中器,同时两手各握一支架腿,左右前后移动,直至精确对中地面标志,需要注意对中时第三支架腿保持不动。

2)整平

经纬仪的基座上有圆水准器,用于粗平;照准部上有管水准器,用于精平,因此经纬仪的整平也分两步实现。

(1)粗平:松开三脚架架腿制动螺旋,调节三脚架,升降架腿使圆水准气泡居中,调整原则是圆水准气泡偏向哪一侧,说明该侧高,降低这一侧架腿或升高相反方向一侧架腿即可,最终使圆水准气泡在各个方向都居中。

(2)精平:让水准管平行于某两脚螺旋连线,如图 4-2(a)所示,同时向里或向外旋转这两个脚螺旋,使气泡居中。然后,转动照准部 90°,使管水准器垂直于这两个脚螺旋连线,如图 4-2(b)所示,只转动第三个脚螺旋,使气泡居中,多个方向调节,直到各方向管水准气泡均居中。

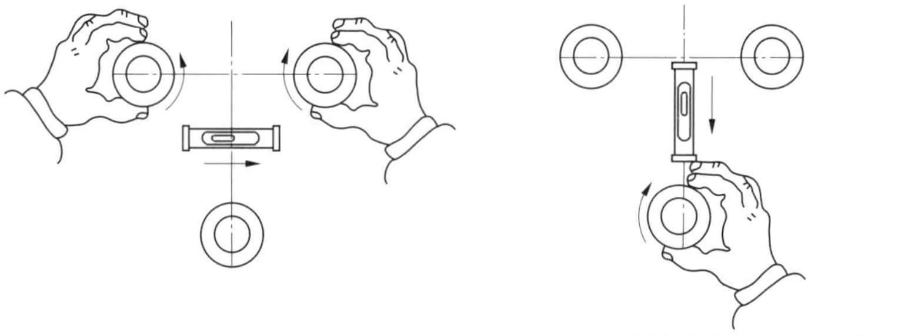

(a)与两脚螺旋连线平行方向整平　　(b)与两脚螺旋连线呈90°方向整平

图 4-2　用管水准器精平

3)瞄准

用照准部水平制动、微动和竖直制动、微动,配合使用,精确对准目标(测钎或觇牌)。注意消除视差:目镜调焦,使十字丝清晰;物镜调焦,使目标像清晰(与水准仪操作相同)。

4)读数

调整度盘照明镜位置,使读数窗亮度适当;调节度盘读数窗口,使度盘分划清晰。利用测微装置进行 DJ_6 经纬仪读数,度与分精读,秒估读至 6″,即秒值是 6″的整倍数。

如图 4-3(a)所示为水平方向与竖直方向值读数 226°47′48″和 85°26′30″,如图 4-3(b)所示为水平方向与竖直方向值读数 148°00′00″和 265°01′06″,图 4-3(b)水平方向值读数为特殊情形。

5)其他练习

盘左盘右观测:松开望远镜制动螺旋,纵转望远镜从盘左转为盘右(或相反),进行瞄准目标和读数的练习。

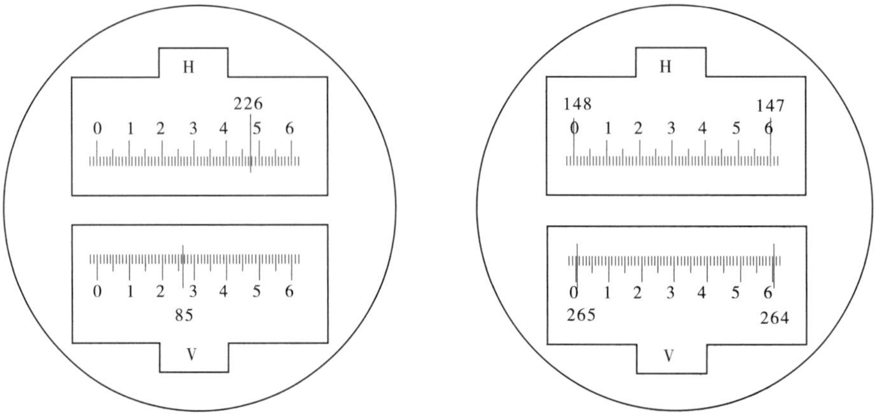

(a)读数窗口1　　(b)读数窗口2

图 4-3　经纬仪读数练习

变换度盘位置:旋紧水平制动螺旋,打开保护盖,转动水平度盘位置变换轮,从度盘读数窗口中观察水平度盘读数变化情况,可尝试配置 0°00′00″、90°00′00″等,完成并盖好保护盖。

(二)注意事项

(1)当经纬仪对中时,应使三脚架架头大致水平,否则会导致仪器整平困难。当安置经纬仪时,与地面点的对中误差应小于 2 mm。

(2)当瞄准目标时,应尽量瞄准目标底部,以减少由于目标倾斜引起水平角观测的误差。

单项技能训练 5　全站仪测回法水平角观测

一、计划与准备

码 5-1　全站仪的认识·外观

码 5-2　全站仪的认识·键盘

码 5-3　全站仪的对中整平

(一)仪器配置

(1)实验室配备:全站仪 1 台,脚架 2 个,棱镜 2 个。

(2)小组配备:记录板 1 块,3H 铅笔 1 支,小刀 1 把。

(二)任务内容与要求

(1)全站仪的认识与使用。

(2)测回法水平角观测。

(三)实训目标

(1)了解全站仪的基本构造,掌握全站仪的对中整平。

(2)掌握用全站仪进行测回法水平角观测。

二、实训实施

(一)全站仪基本构造

全站仪的基本结构如图 5-1 所示。

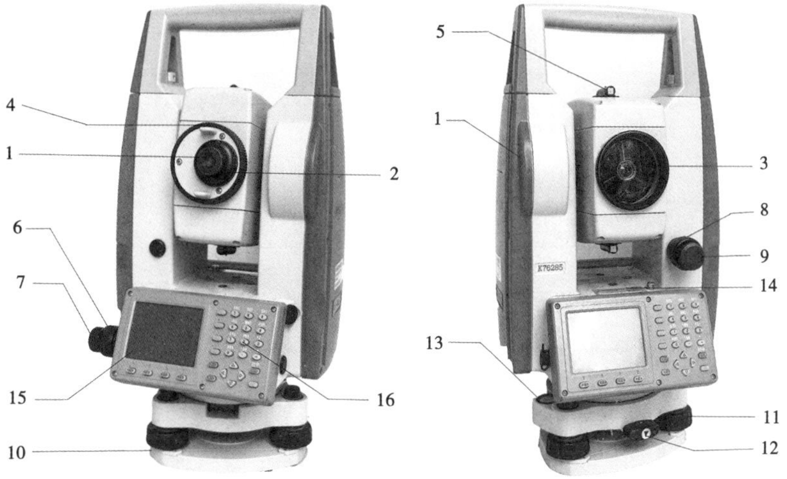

1—望远镜目镜;2—目镜调焦螺旋;3—望远镜物镜;4—物镜调焦螺旋;5—瞄准器;6—水平制动螺旋;7—水平微动螺旋;8—竖直制动螺旋;9—竖直微动螺旋;10—基座;11—脚螺旋;12—锁定旋钮;13—圆水准器;14—管水准器;15—显示屏;16—键盘。

图 5-1　全站仪基本构造

(二)全站仪对中整平

全站仪的对中整平与经纬仪步骤类似,不同的是现在全站仪一般用激光对中取代了光学对中,操作步骤为:架设仪器→对中目标→伸缩(或推拉)架腿粗平(圆水准气泡居中)→旋转脚螺旋精平(管水准气泡居中)→重复对中与精平,直至对中整平。

(三)测回法水平角观测

如图 5-2 所示,测站为 B,A、C 为照准目标,步骤如下:

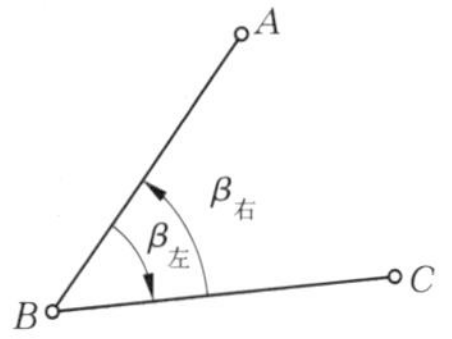

图 5-2 测回法角度观测

码 5-4 全站仪测回法角度观测讲解

码 5-5 全站仪测回法角度观测实施

(1)盘左照准 A,配置度盘,记录此数为 $a_{左}$;

(2)顺时针转动照准部,照准 C,读取水平度盘读数 $b_{左}$;

以上用盘左观测称为上半测回,其角值称为上半测回角值,大小为:

$$\beta_{左} = b_{左} - a_{左}$$

(3)倒转望远镜用盘右观测,照准 C,记录读数 $b_{右}$;

(4)逆时针转动照准部,照准 A,读数,记录 $a_{右}$。

以上用盘右观测称为下半测回,角值称为下半测回角值,大小为:

$$\beta_{右} = b_{右} - a_{右}$$

上、下两半测回称一测回,取上、下两半测回角值平均值作为最终水平角值:

$$\beta = \frac{1}{2}(\beta_{左} + \beta_{右})$$

测回法观测范例如图 5-3 所示。测回法水平角观测记录表如表 5-1 所示。

上下半测回角度之差不超过±36″

测站	测回	竖盘	目标	水平度盘读数 (° ′ ″)	半测回角值 (° ′ ″)	一测回角值 (° ′ ″)	各测回平均角值 (° ′ ″)	备注
B	1	左	A	0 30 00	125 20 42	125 20 33		上顺下逆 A C C A
			C	125 50 42				
		右	C	305 50 36	125 20 24			
			A	180 30 12				
B	2	左	A	90 30 00	125 20 36	125 20 24	125 20 28	
			C	215 50 36				
		右	C	35 50 30	125 20 12			
			A	270 30 18				

角度=第2方向-第1方向,减不动则+360°再减

测回间角度之差不超过±24″

四舍六入,奇进偶不进

图 5-4 测回法观测范例

表 5-1　测回法水平角观测记录表

测站	测回	竖盘位置	目标	水平度盘读数 (° ′ ″)	半测回角值 (° ′ ″)	一测回角值 (° ′ ″)	各测回平均角值 (° ′ ″)	备注
		左						
		右						
		左						
		右						
		左						
		右						
		左						
		右						
		左						
		右						
		左						
		右						
		左						
		右						

单项技能训练 6　全圆方向法水平角观测

一、计划与准备

(一)仪器配置

(1)实验室配备:全站仪 1 台,脚架 2 个,棱镜 2 个。

(2)小组配备:记录板 1 块,3H 铅笔 1 支,小刀 1 把。

(二)实训内容

方向法观测水平角。

(三)实训目标

(1)理解归零、归零差、归零方向值、2*C* 值与 2*C* 互差的概念。

(2)理解方向法水平角观测各项限差的含义。

(3)掌握方向法观测水平角的操作顺序及记录、计算方法。

码 6-1　经纬仪全圆方向法水平角观测

二、实训实施

(一)观测程序

全圆方向法水平角观测适用于观测 3 个以上目标的水平角观测方法,如图 6-1 所示,设测站为 *O*,需要观测 *A*、*B*、*C*、*D* 水平方向值的步骤如下:

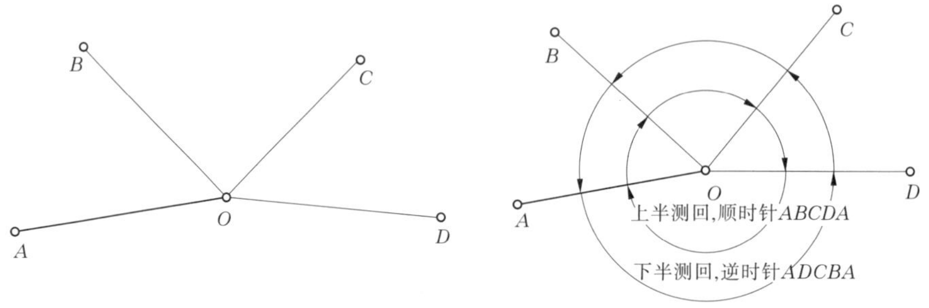

图 6-1　全圆方向法水平角观测

(1)全站仪安置于测站 *O*,对中整平,盘左位置精确瞄准零方向 *A*,配置度盘 0°00′10″,记录于表中。

(2)顺时针转动照准部,依次瞄准 *B*、*C*、*D*,记录读数。

(3)继续顺时针瞄准零方向 *A*,记录读数。

(4)倒转望远镜,盘右位置,瞄准零方向 *A*,记录读数。

(5)逆时针转动照准部,依次瞄准 *D*、*C*、*B*,记录读数。

(6)继续逆时针瞄准零方向 *A*,记录读数。

以上观测称为一测回，照准顺序为：上半测回 *ABCDA*，下半测回 *ADCBA*。按两测回观测，第二测回零方向可配置度盘 90°00′10″。全圆方向法水平角观测限差要求如表 6-1 所示。

表 6-1 全圆方向法水平角观测限差要求

经纬仪级别	半测回归零差/（″）	同一测回各方向 2C 互差/（″）	同一方向各测回互差/（″）
DJ_2	8	13	9
DJ_6	18	—	24

三、实训表格

全圆方向法水平角观测示例见表 6-2，记录表见表 6-3。

表 6-2 全圆方向法水平角观测示例

测回	目标	水平度盘读数		2C（″）	盘左盘右平均方向值（° ′ ″）	一测回归零方向值（° ′ ″）	各测回归零方向值（° ′ ″）	备注
		盘左（° ′ ″）	盘右（° ′ ″）					
1	2	3	4	5	6	7	8	9
Ⅰ	*A*	0 01 06	180 01 12	−6	**(0 01 14)** 0 01 09	0 00 00		
	B	71 52 06	251 52 00	+6	71 52 03	71 50 49		
	C	145 30 48	325 30 48	0	145 30 48	145 29 34		
	D	210 12 12	30 12 06	+6	210 12 09	210 10 55		
	A	0 01 18	180 01 18	0	0 01 18			
		$\Delta_{左}=12''$	$\Delta_{右}=6''$					
Ⅱ	*A*	90 01 24	270 01 12	+12	**(90 01 22)** 90 01 18	0 00 00	0 00 00	
	B	161 52 06	341 52 00	+6	161 52 03	71 50 41	71 50 45	
	C	235 30 54	55 30 48	+6	235 30 51	145 29 29	145 29 32	
	D	300 12 18	120 12 18	0	300 12 18	210 10 56	210 10 56	
	A	90 01 30	270 01 24	+6	90 01 27			
		$\Delta_{左}=6''$	$\Delta_{右}=12''$					

表 6-3　全圆方向法水平角观测记录手簿

测回	目标	水平度盘读数		$2C$ (″)	盘左盘右平均方向值 (° ′ ″)	一测回归零方向值 (° ′ ″)	各测回归零方向值 (° ′ ″)	备注
		盘左 (° ′ ″)	盘右 (° ′ ″)					
1	2	3	4	5	6	7	8	9

单项技能训练 7　竖直角观测

一、计划与准备

（一）仪器配置

（1）实验室配备：全站仪 1 台，脚架 2 个，棱镜 2 个。

（2）小组配备：记录板 1 块，3H 铅笔 1 支，小刀 1 把。

（二）任务内容与要求

（1）中丝法竖直角观测。

（2）三丝法竖直角观测。

（三）实训目标

（1）了解经纬仪竖直度盘构造、注记形式。

（2）掌握中丝法、三丝法竖直角观测、记录、计算及指标差的计算。

码 7-1　全站仪中丝法竖直角观测

二、实施步骤

（一）中丝法竖直角观测

（1）在测站点上安置全站仪，对中整平。

（2）选定某一觇牌或其他明显标志作为目标，盘左位置，瞄准目标（用十字丝中丝切目标顶部或固定位置），读取竖直度盘读数 L。

（3）盘右位置，再次照准目标，读取竖直度盘读数 R。

（4）按式（7-1）、式（7-2）计算一测回竖直角 α 及指标差 x：

$$\alpha = \frac{1}{2}(R - L - 180^\circ) \tag{7-1}$$

$$x = \frac{1}{2}(L + R - 360^\circ) \tag{7-2}$$

（5）每人至少向同一目标观测二测回，或向两个不同目标各观测一测回，指标差对于某一仪器为一常数，限差要求为：

一般说来，全站仪指标差 $x \leq 1'$；竖直角对指标差互差 Δ_x，DJ_6 经纬仪或同等精度全站仪 $\Delta_x \leq 24''$；DJ_2 经纬仪或同等精度全站仪 $\Delta_x \leq 15''$。

（二）三丝法竖直角观测

（1）在测站点上安置全站仪，对中整平。

（2）选定某一觇牌或其他明显标志作为目标，盘左位置，分别用上、中、下丝瞄准目标，读取竖直度盘读数 L_1、L_2、L_3。

（3）盘右位置，再次照准目标，读取竖直度盘读数 R_1、R_2、R_3。

按式（7-1）、式（7-2）分别计算上中下丝对应的指标差和竖直角。

(三)注意事项

(1)当进行竖直角观测瞄准目标时,横丝应通过目标的几何中心(如觇牌)或切于目标的顶部(如花杆)。

(2)当计算竖直角和指标差时,应注意正、负号。

三、实训表格

中丝法与三丝法竖直角观测记录计算示例如表 7-1 所示,中丝法竖直角观测记录表如表 7-2 所示,三丝法竖直角观测记录表如表 7-3 所示。

表 7-1 中丝法与三丝法竖直角观测记录计算示例

测站	觇点	读数		指标差(′ ″)	竖直角(° ′ ″)	仪器高/m	觇标高/m	照准觇标部位
		盘左(° ′ ″)	盘右(° ′ ″)					
M_6 花杆顶部 2.50 m	M_7	88 05 24 88 05 30	271 55 54 271 55 18	+39 +24 中数	+1 55 15 +1 54 54 +1 55 04	1.54	2.51	花杆顶部
M_6 花杆顶部 2.50 m	M_8	95 06 42 95 23 48 95 41 06	264 20 06 264 37 18 264 54 24	−16 36 +0 33 +17 45 中数	−5 23 18 −5 23 15 −5 23 21 −5 23 18	1.54	2.22	旗顶

表 7-2 中丝法竖直角观测记录表

测站	觇点	读数		指标差(″)	竖直角(° ′ ″)	仪器高/m	觇标高/m	照准觇标部位
		盘左(° ′ ″)	盘右(° ′ ″)					

表 7-3　三丝法竖直角观测记录表

测站	觇点	读数		指标差(″)	竖直角(°　′　″)	仪器高/m	觇标高/m	照准觇标部位
		盘左(°　′　″)	盘右(°　′　″)					

单项技能训练 8　导线外业测量

一、计划与准备

(一)仪器配置

(1)实验室配备:全站仪 1 台,脚架 3 个,棱镜 2 个。

(2)小组配备:记录板 1 块,3H 铅笔 1 支,小刀 1 把。

(二)实训内容

每组完成一条闭合导线的水平角观测、导线边长测量。

(三)实训目标

(1)掌握导线的布设方法。

(2)掌握导线的外业观测方法。

码 8-1　导线外业观测

二、实训实施

如图 8-1 所示为闭合导线示意图,A、B 为已知点,1、2、3 为待定导线点,B 点除测内角 β_1 外,还需要测连接角 β,观测方向按逆时针观测。

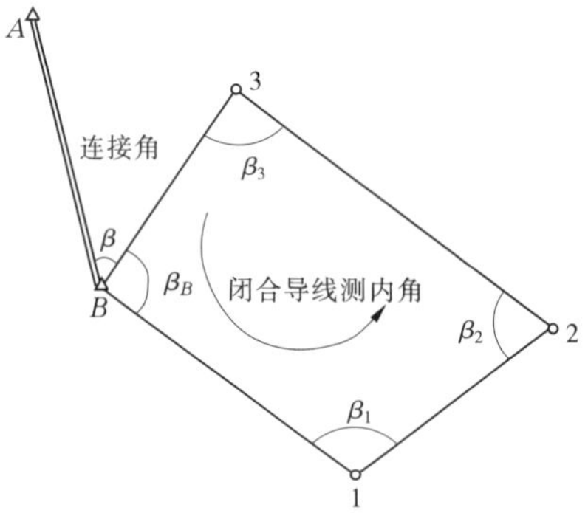

图 8-1　闭合导线示意

(一)角度观测

(1)闭合导线观测内角。

(2)沿逆时针路线观测。

(3)采用测回法观测水平角。

(4)限差要求:同一角度,上下半测回角度之差不超过±36″,测回间角度之差不超过±24″,导线角度闭合差不超过$\pm24\sqrt{n}''$,n 为架设仪器的导线点个数。

(二)距离测量

(1)采用全站仪进行电磁波测距。

（2）进行往测，测量二测回，一测回指照准目标，连续测量 4 次，若较差不超过±10 mm，取平均数作为最终距离。

三、实训表格

闭合导线测量外业记录表示例如表 8-1 所示，闭合导线测量外业记录表如表 8-2 所示。

表 8-1　闭合导线测量外业记录表示例

<table>
<tr><th>测点</th><th>盘位</th><th>目标</th><th>水平度盘读数
（°　′　″）</th><th>半测回角值
（°　′　″）</th><th>一测回角值
（°　′　″）</th><th>各测回角值
（°　′　″）</th><th>边长/m</th></tr>
<tr><td rowspan="4">B</td><td rowspan="2">左</td><td>3</td><td>0　10　00</td><td rowspan="2">81　21　02</td><td rowspan="4">81　20　52</td><td rowspan="4"></td><td rowspan="4">边长名：<u>B1</u>
<u>38.585</u>　<u>38.585</u>
<u>38.584</u>　<u>38.585</u>
平　均＝<u>38.585</u></td></tr>
<tr><td>1</td><td>81　31　02</td></tr>
<tr><td rowspan="2">右</td><td>3</td><td>180　10　24</td><td rowspan="2">81　20　41</td></tr>
<tr><td>1</td><td>261　31　05</td></tr>
<tr><td rowspan="4">B</td><td rowspan="2">左</td><td>3</td><td>90　10　00</td><td rowspan="2">81　20　55</td><td rowspan="4">81　20　52</td><td rowspan="4">81　20　52</td><td rowspan="4">边长名：________
________　________
________　________
平　均＝________</td></tr>
<tr><td>1</td><td>171　30　55</td></tr>
<tr><td rowspan="2">右</td><td>3</td><td>270　10　19</td><td rowspan="2">81　20　48</td></tr>
<tr><td>1</td><td>351　31　07</td></tr>
</table>

表 8-2　闭合导线测量外业记录表

<table>
<tr><th>测点</th><th>盘位</th><th>目标</th><th>水平度盘读数
（°　′　″）</th><th>半测回角值
（°　′　″）</th><th>一测回角值
（°　′　″）</th><th>各测回角值
（°　′　″）</th><th>边长/m</th></tr>
<tr><td rowspan="4"></td><td rowspan="2">左</td><td></td><td></td><td rowspan="2"></td><td rowspan="4"></td><td rowspan="4"></td><td rowspan="4">边长名：________
________　________
________　________
平　均＝________</td></tr>
<tr><td></td><td></td></tr>
<tr><td rowspan="2">右</td><td></td><td></td><td rowspan="2"></td></tr>
<tr><td></td><td></td></tr>
<tr><td rowspan="4"></td><td rowspan="2">左</td><td></td><td></td><td rowspan="2"></td><td rowspan="4"></td><td rowspan="4"></td><td rowspan="4">边长名：________
________　________
________　________
平　均＝________</td></tr>
<tr><td></td><td></td></tr>
<tr><td rowspan="2">右</td><td></td><td></td><td rowspan="2"></td></tr>
<tr><td></td><td></td></tr>
<tr><td rowspan="4"></td><td rowspan="2">左</td><td></td><td></td><td rowspan="2"></td><td rowspan="4"></td><td rowspan="4"></td><td rowspan="4">边长名：________
________　________
________　________
平　均＝________</td></tr>
<tr><td></td><td></td></tr>
<tr><td rowspan="2">右</td><td></td><td></td><td rowspan="2"></td></tr>
<tr><td></td><td></td></tr>
</table>

续表 8-2

测点	盘位	目标	水平度盘读数 (°　′　″)	半测回角值 (°　′　″)	一测回角值 (°　′　″)	各测回角值 (°　′　″)	边长/m
	左						边长名：
	右						
							平　均=
	左						边长名：
	右						
							平　均=
	左						边长名：
	右						
							平　均=
	左						边长名：
	右						
							平　均=
	左						边长名：
	右						
							平　均=
	左						边长名：
	右						
							平　均=
	左						边长名：
	右						
							平　均=

单项技能训练9　交会测量

一、计划与准备

(一)仪器配置

(1)实验室配备:全站仪1台,脚架3个,棱镜2个。

(2)小组配备:记录板1块,3H铅笔1支,小刀1把。

(二)任务内容与要求

(1)前方交会测量。

(2)后方交会测量。

(3)边长交会测量。

(三)实训目标

(1)掌握前方、后方与边长交会测量的方法。

(2)能使用计算器进行3种交会测量的计算。

二、实训实施

在实训场地布设一定数量的已知点,作为交会测量起算点,前方交会、边长交会和后方交会如图9-1(a)、(b)、(c)所示。

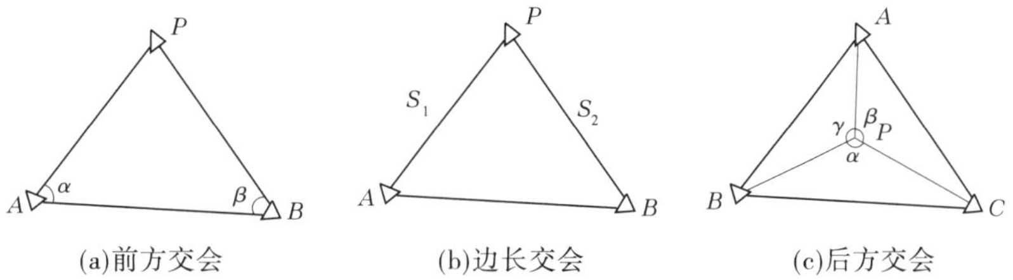

图9-1　交会测量示意图

(一)前方交会与边长交会

(1)如图9-1(a)、(b)所示,在已知点A架设全站仪,在待定点P、B架设棱镜,测量点A到点P的边长S_1及交会角α,记录数据。

(2)在已知点B架设全站仪,A点架设棱镜,待定点P的棱镜保持不动,测量点B至点P的边长S_2及交会角β,记录数据。

(3)根据观测数据进行前方交会与边长交会计算。

(二)后方交会

如图9-1(c)所示,在待定点P架设全站仪,在已知点A、B、C架设棱镜,分别测量交会角α、β和γ,记录数据,根据后方交会计算公式,计算待定点P的坐标。前方交会、边长交会和后方交会记录表如表9-1、表9-2和表9-3所示。

表 9-1　前方交会记录表

测站	测回	竖盘位置	目标	水平度盘读数（°　′　″）	半测回角值（°　′　″）	一测回角值（°　′　″）	各测回平均角值（°　′　″）	备注
		左						
		右						
		左						
		右						
		左						
		右						
		左						
		右						

表 9-2　边长交会记录表

测站点	觇点	距离	平均值	备注

表 9-3　后方交会记录表

测站	测回	竖盘位置	目标	水平度盘读数 (°　′　″)	半测回角值 (°　′　″)	一测回角值 (°　′　″)	各测回平均角值 (°　′　″)	备注
		左						
		右						
		左						
		右						
		左						
		右						
		左						
		右						
		左						
		右						
		左						
		右						

单项技能训练 10　三角高程测量

一、计划与准备

码 10-1　三角高程测量

(一)仪器配置

(1)实验室配备:全站仪 1 台,脚架 2 个,棱镜 1 个。

(2)小组配备:记录板 1 块,3H 铅笔 1 支,小刀 1 把,3 m 卷尺 1 把。

(二)任务内容与要求

闭合三角高程导线测量。

(三)实训目标

(1)掌握三角高程测量方法。

(2)学会三角高程测量记录计算、内业平差计算。

二、实施步骤

如图 10-1 所示,这是闭合高程导线,A 为已知高程点,$H_A=73.685$ m,B、C、D 为未知高程点。

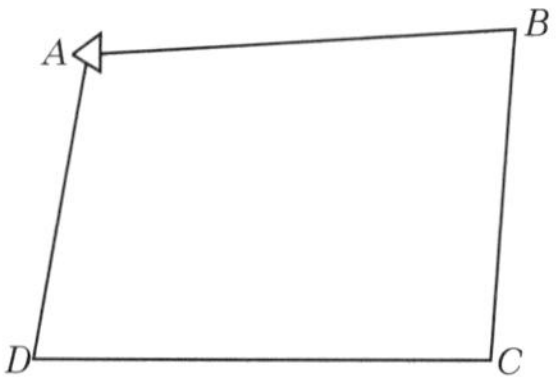

图 10-1　闭合高程导线示意图

(一)外业观测步骤

(1)在 A 点架设全站仪,在 B 点架设棱镜,观测从 A 到 B 的平距、竖直角,并测量仪器高与棱镜高。

(2)把仪器迁站至 B 点,棱镜迁站至 C 点,重复(1)中操作,直至测到 D 点结束。

(3)高差的计算:

$$h_{AB} = D\tan\alpha + i - v + 0.43\frac{D^2}{R}$$

(二)外业记录计算

中丝法竖直角观测记录表如表 10-1 所示,记录计算方法即竖直角观测记录计算。

表 10-1　中丝法竖直角观测记录表

测站	觇点	读数		指标差 (″)	竖直角 (°　′　″)	仪器 高/m	觇标 高/m	照准 觇标 部位
		盘左 (°　′　″)	盘右 (°　′　″)					

三角高程平差计算示例如表 10-2 所示,三角高程平差计算表如表 10-3 所示。

表 10-2　三角高程平差计算示例

点号	距离/m	平均高差/m	改正数/m	改正后高差/m	点之高程/m	备注
A					325.88	已知
	581.38	118.70	−0.01	118.69		
B					444.57	
	488.01	57.24	−0.01	57.23		
C					501.80	
	530.00	−95.20	−0.01	−95.21		
D					406.59	
	611.10	−80.70	−0.01	−80.71		
A					325.88	
Σ	2 210.49	0.04	−0.04	0		
辅助计算	$f_h=\sum h=+0.04\ \mathrm{m}, f_{允}=\pm 40\sqrt{\sum D}=\pm 59\ \mathrm{mm}, f_h<f_{允}$					

表 10-3 三角高程平差计算表

点号	距离/m	平均高差/m	改正数/m	改正后高差/m	点之高程/m	备注
						已知
Σ						
辅助计算	$f_h=\sum h=$ ______ m, $f_{允}=\pm 40\sqrt{\sum D}=$ ______ mm					

单项技能训练 11　全站仪坐标测量

一、计划与准备

(一)仪器配置

(1)实验室配备:全站仪 1 台,脚架 1 个,对中杆 1 个,棱镜 1 个。

(2)小组配备:记录板 1 块,3H 铅笔 1 支,小刀 1 把,3 m 卷尺 1 把。

(二)实训内容

(1)全站仪建站。

(2)碎部点测量。

(三)实训目标

(1)掌握全站仪建站方法。

(2)掌握全站仪碎部点测量。

(3)能初步绘制草图。

二、实施步骤

(一)全站仪的基本构造

全站仪的基本构造如图 5-1 所示。

(二)全站仪建站

以科力达 KTS460RM 全站仪为例,如图 11-1 所示为全站仪建站步骤。

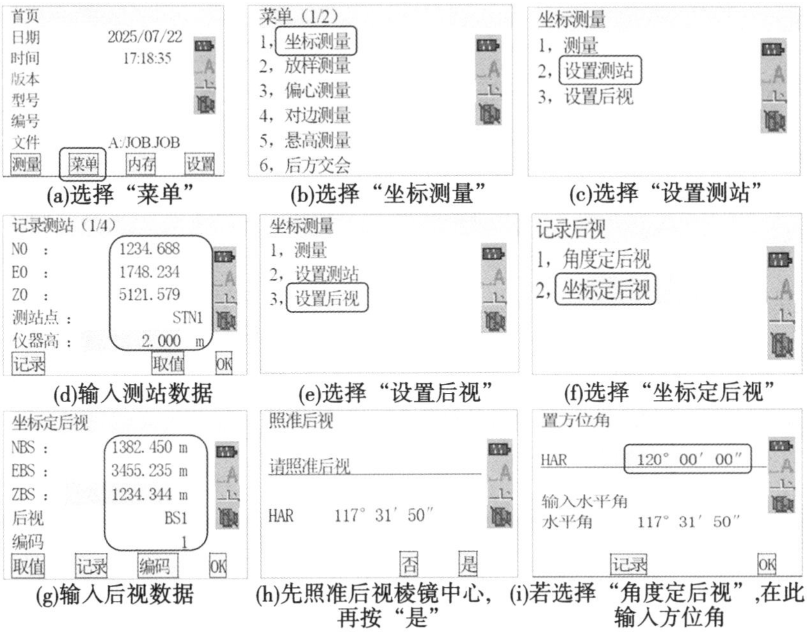

图 11-1　全站仪建站步骤

(1)在测站点上架设全站仪并对中整平。

(2)在后视点架设棱镜并对中整平。

(3)打开全站仪进入建站程序,输入测站点点号、X、Y、H,并测量仪器高,输入。

(4)输入后视点坐标(若已知坐标)或测站点到后视点方位角(若已知方位角)。

(5)转动照准部,精确照准后视点,按确认完成建站并测量,得到建站后所测后视点坐标与已知后视点坐标较差,在限差范围内视为合格。

全站仪建站与定性检查限差要求如下:

(1)仪器对中偏差不大于 5 mm。

(2)以较远测站点(或其他控制点)作为测站定向点来标定方向(起始方向),另一测站点(或其他控制点)作为检核,算得检核点平面位置较差不大于 $0.2\times M\times 10^{-3}$ m;高程较差不应大于 1/6 等高距。

(3)当每站数据采集结束时,应重新检测标定方向,检测结果如超出(2)中所规定的限差,其检测前所测的碎部点成果应重新计算,并应检测不少于 2 个碎部点。

码 11-1　全站仪建站　　码 11-2　碎部点测量　　码 11-3　坐标数据传输

(三)碎部点测量

(1)草图上所标注碎部点点号须和全站仪上所测点号一一对应,不能错位。

(2)跑棱镜者须把棱镜准确放置在碎部点上,杆子立直;注意把棱镜镜头对准全站仪,便于观测;不能漏测,少跑冤枉路。

(3)草图的绘制,基本要求是自己能看懂,美观工整,更有利于内业绘图,草图上的方位和实际方位要一致。

单项技能训练 12　GNSS RTK 碎部点测量

一、计划与准备

码 12-1　GNSS RTK 点校正

（一）仪器配置

（1）实验室配备：GNSS RTK 1 台，对中杆 1 个，手簿 1 个。

（2）小组配备：记录板 1 块，3H 铅笔 1 支，小刀 1 把，3 m 卷尺 1 把。

（二）实训内容

（1）GNSS RTK 点校正。

（2）GNSS RTK 碎部点测量。

（三）实训目标

（1）掌握 GNSS RTK 点校正方法。

（2）能使用 GNSS RTK 进行碎部点采集。

（3）能初步绘制草图。

二、实施步骤

（一）GNSS RTK 点校正

需在实验场地 3 个点位设置一定数量的已知点，以方便进行点校正。以华测 i93 为例，讲解点校正过程，即由 WGS84 坐标转换为 CGCS2000 坐标，其他坐标转换与此类似。

1. 新建工程

如图 12-1 所示，新建工程包含工程命名、坐标系统、中央子午线经度的设置。

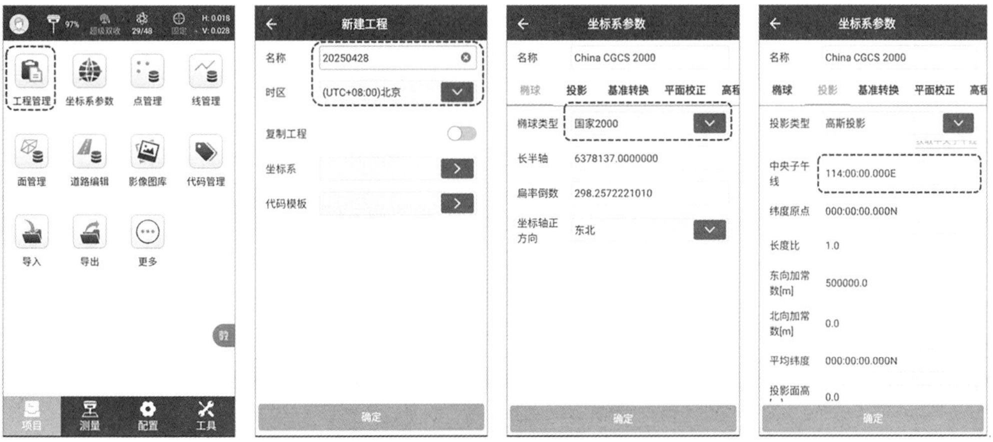

图 12-1　新建工程

2. 输入校正点本地坐标，测量校正点 WGS84 坐标

如图 12-2 所示，通过“项目→点管理→添加”，输入参与校正点 A6、B6、C6 本地坐标；通过“测量→点测量→控制点测量→测量参数设置→外业测量点”，测量参与校正点的 WGS84 坐标 A60、B60、C60（在原有点名基础上加个 0，以示与原点的区分）。

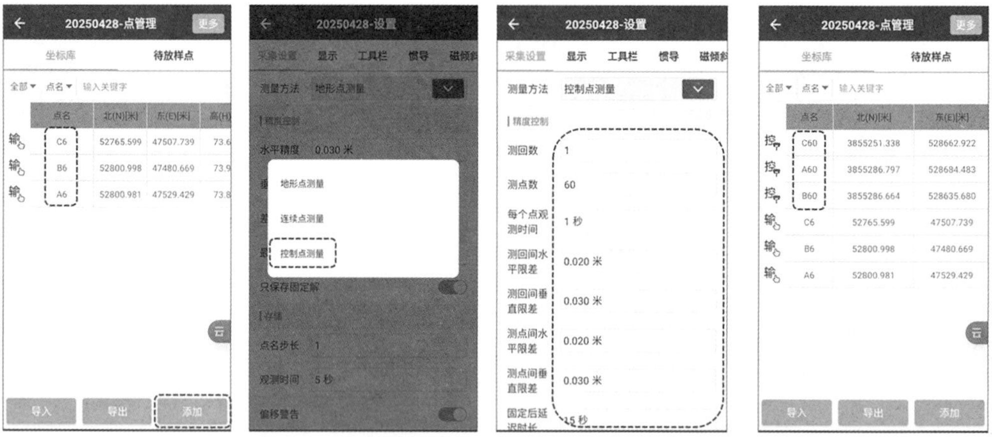

图 12-2　输入本地坐标系坐标，测量 WGS84 坐标

3. 点校正

如图 12-3 所示，通过“测量→点校正→添加控制点对→库选测量点和已知点”，计算转换参数，水平残差在 2 cm 以内即可。在校正参数计算完毕后，点击“应用”，即完成转换参数的应用，后续控制点测量可直接得到本地坐标。

图 12-3 所示为进行点校正计算，应用于坐标系统，点校正精度统计如表 12-1 所示。

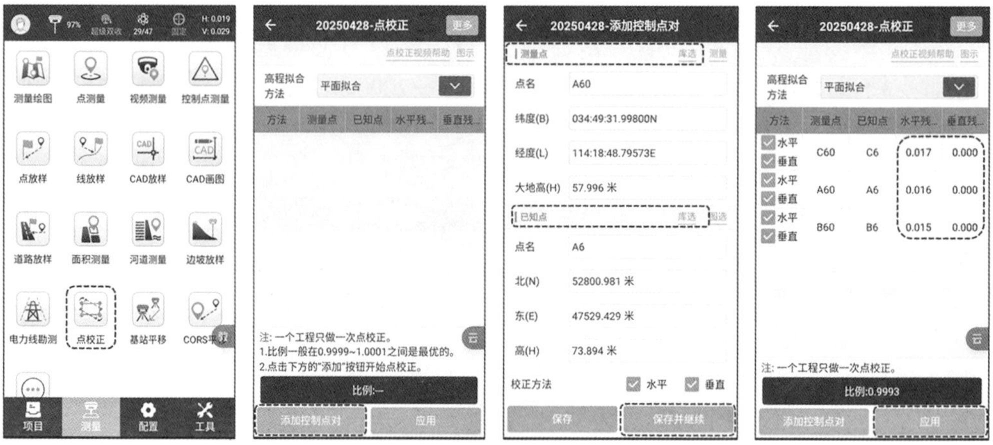

图 12-3　进行点校正计算，应用于坐标系统

表 12-1　点校正精度统计

校正点	水平残差	是否合格	垂直残差	是否合格
1		□是　□否		□是　□否
2		□是　□否		□是　□否
3		□是　□否		□是　□否

（二）GNSS RTK 碎部点采集

当 GNSS RTK 进行碎部点测量时，其工作状态有单点、浮动和固定 3 种。只有在固定时，才能进行碎部点采集。GNSS RTK 是否固定取决于以下因素：当处于单基站模式时，基准站是否工作正常，周围是否有建筑物、高大树木遮挡卫星信号，移动站能否正常接收来自基准站的差分信号；当处于网络模式时，移动站数据网络模式是否正常，网络账号与参数设置是否正确；移动站周围是否开阔，是否有遮挡卫星信号。当移动站不固定时，需要从以上因素判断，解决不固定的问题。

水准导线测量实训指导

一、实训目的与内容

(一)实训目的

地形测量作为工程测量及相关专业的专业基础课程,主要学习任务为测量基本概念、测量基本方法、测量基本计算和常规测量仪器使用。四等水准测量和导线测量是地形测量课程核心技能,是进行图根控制测量的基本方法,需要通过综合实训来掌握其测量与计算方法。

实训目的是通过水准导线测量实训,使同学们掌握四等水准测量的记录计算与平差计算方法,掌握图根导线的选点、外业测角测距与内业平差计算方法,完成平面与高程图根控制测量。

(二)实习内容

(1)四等水准测量。

(2)图根导线测量。

(三)技术规范

(1)《城市测量规范》(GJJ/T 8—2011)。

(2)《国家三、四等水准测量规范》(GB/T 12898—2009)。

二、实习实施

(一)四等水准测量

1. 线路设计

水准路线应沿有利于施测的公路、大路及坡度较小的乡村路布设。水准路线尽量避免跨越500 m以上的河流、湖泊、沼泽等障碍物。水准点应选在土质坚实、安全僻静、观测方便和有利于长期保存的地点。下列地点不应选设为水准点:

(1)易受水淹、潮湿或地下水水位较高处。

(2)易发生土崩、滑坡、沉陷的地点。

(3)距铁路50 m、公路30 m以内(特殊情况酌情处理)。

(4)短期内由于建设发展,可能毁坏标石或阻碍观测的地点。

2. 外业观测

1)观测方法

四等水准测量采用中丝读数法进行单程观测,支水准路线必须进行往返测。

2)设置测站要求

四等水准测量采用尺垫作转点。观测应在标尺分划线成像清晰稳定时进行,若成像欠佳,应酌情缩短视线长度,测站的视线长度如表 1 所示执行。

表 1 四等水准路线限差

视线长度		前后视距差/m	每站前后视距累积差/m	视线高度	数字水准仪重复测量次数	测段、路线往返测高差不符值/mm	附合路线和环线闭合差/mm	
仪器类型	视距/m						平原	山区
DS_3	≤100	≤3.0	≤10.0	三丝能读数	≥2 次	$\pm 20\sqrt{K}$	$\pm 20\sqrt{L}$	$\pm 25\sqrt{L}$
DS_1 DS_{05}	≤150							

3)观测过程

四等水准测量一般采用双面水准标尺和中丝测高法进行,每站观测顺序:后黑→后红→前黑→前红。四等水准测站限差如表 2 所示。

表 2 四等水准测站限差

等级	观测方法	基辅分划(黑红面)读数的差/mm	基辅分划(黑红面)所测高差的差/mm	检测间歇点高差之差/mm
四等	中丝法读数	3.0	5.0	5.0

(1)估读前后视距,视距(差)超限则调整测站或转点。

(2)后尺黑面上、下、中丝读数。

(3)后尺红面中丝读数。

(4)前尺黑面上、下、中丝读数。

(5)前尺红面中丝读数。

3. 注意问题

(1)当水准点(已知或待定)上立尺时,不得放尺垫。

(2)水准尺应立直,不能左右倾斜,更不能前后俯仰。

(3)在观测员未迁站之前,后视点尺垫不能移动。

(4)前后视距应大致相等,立尺时可用步丈量。

(5)外业观测记录必须在编号、装订成册的手簿上进行,已编号的各页不得任意撕去,记录中间不得留下空页或空格。

(6)一切外业原始观测值和记事项目必须在现场用铅笔直接记录在手簿中,需修改和观测结果的作废,禁止擦拭、涂抹与刮补,而应以横线或斜线正规划去,在本格内的上方写出正确数字和文字,并在备注栏注明原因。

(7)同一测站内不得有两个相关数字“连环更改”。如更改了标尺的黑面前两位读数后,就不能再更改同一标尺的红面前两位读数,有连环更改记录应立即废去重测。每站8个原始观测值的厘米和毫米位读数,不论任何原因都严禁更改,而应将该测站的观测结果废去重测。

(8)对于中丝读数,要求读记四位数,前后的0都要读记。

(9)作业手簿必须经过小组认真地检查,确认合格后,方可提交上一级检查验收。

4. 内业计算

1)使用计算器计算

附合水准路线是从已知水准点出发,经过若干待定水准点,结束于另一个已知高程点上。其计算步骤如下:

(1)计算高差闭合差:

$$f_h = \sum_{i=1}^{n} h_i - (H_{终} - H_{始}) \tag{1}$$

(2)若高差闭合差小于限差(四等水准测量限差),即

$$f_h \leqslant f_{限} = \pm 20\sqrt{L} \tag{2}$$

计算每一测段高差改正数:

$$v_i = -\frac{f_h}{\sum_{i=1}^{n} L_i} \cdot L_i \tag{3}$$

改正数之和应等于高差闭合差的相反数:

$$\sum_{i=1}^{n} v_i = -f_h \tag{4}$$

(3)计算改正后的测段高差:

$$h_{i改} = h_i + v_i \tag{5}$$

(4)推算待定点高程:

$$H_{i+1} = H_i + h_{i改} \tag{6}$$

终点已知高程应等于前一个点推算高程值加改正后的测段高差,以此作为检核:

$$H_{终} = H_i + h_{i改} \tag{7}$$

与附合水准路线相比,闭合水准路线的计算主要区别在高差闭合差的计算,闭合水准路线是从已知水准点出发,经过若干个测段又回到该点,因此高差理论值为0,那么其高差闭合差计算:

$$f_h = \sum_{i=1}^{n} h_i \tag{8}$$

其他计算与附合水准路线一样。附合水准测量平差计算算例如表3所示。

表 3　附合水准测量平差计算算例

点名	路线长/km	观测高差/m	改正数/m	改正后高差/m	高程/m
BM_A					56. 787
	0. 410	+2. 331	−0. 004	+2. 327	
N_1					59. 114
	0. 424	−1. 082	−0. 004	−1. 086	
N_2					58. 028
	0. 387	+5. 465	−0. 004	+5. 461	
N_3					63. 489
	0. 395	+4. 876	−0. 004	+4. 872	
BM_B					68. 361（检核）
Σ	1. 616	+11. 59	−0. 016（检核）		
$f_h=+0.016$ m $f_{h限}=\pm 20\sqrt{L}\approx \pm 0.025$ m					

2)使用软件计算

用于导线计算的软件有很多,这里选择易上手的 ESDPS4. 0 为例,讲解附合水准与闭合水准测量的平差计算,同学们可扫二维码观看软件使用方法。

码 1　附合水准平差(ESDPS)

码 2　闭合水准平差(ESDPS)

(二)导线测量

1. 导线分类

单一导线按照起算点数量和分布不同分为附合导线、闭合导线和支导线,如图 1 所示。附合导线有 4 个已知点,从 2 个已知点开始测量,最后附合到另外 2 个已知点上;闭合导线有 2 个已知点,从这 2 个点开始测量,最后仍闭合到这 2 个已知点上,这 2 种导线在测量中用得比较多,所以在测量中随着路线的延伸,精度不断降低,但有附合条件,可以有效控制精度恶化,并增加检核条件。支导线有 2 个已知点,但既不闭合,也没有附合到其他已知方向上，没有检核条件，一般很少用它来做平面控制，要增加这种导线的附合条件，必须进行往返测来解决。

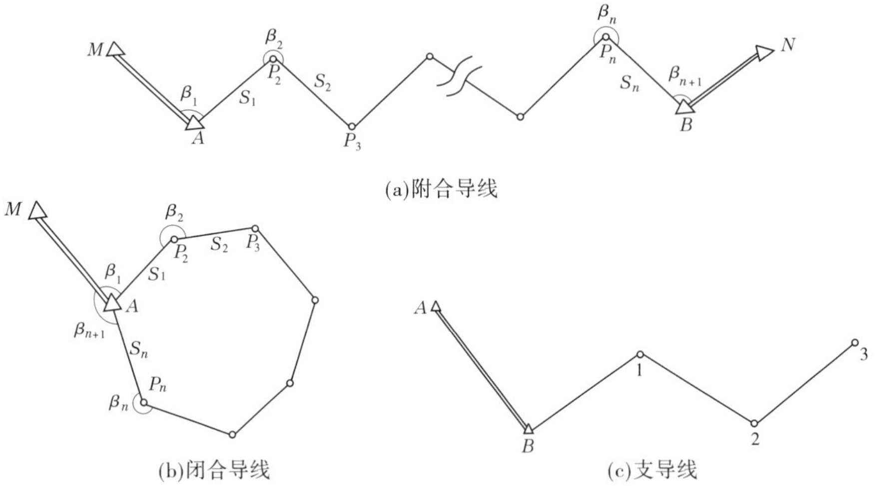

图 1　导线分类

2. 选点踏勘

(1)相邻点之间应通视良好，视线超越障碍物的距离宜在 0.5 m 以上。本次实训采用光电测距，还应该遵循下列原则：

①测距边的长度宜在各等级控制网平均边长的 1~1.3 倍的范围选择，并考虑所用测距仪(全站仪)的最佳测程。

②测线宜高出地面和离开障碍物 1 m 以上。

③测线应避免通过发热体(如散热塔、烟囱等)的上空及附近。

④安置全站仪的测站应避开受电磁场干扰的地方，离开高压线宜大于 5 m。

⑤应避免测距时的视线背景部分有反光物体。

(2)点位应该选在土质坚实的地方或坚固稳定的高建筑物顶面上，便于造标、埋石和观测，并能永久保存，为了便于查找，在各导线点旁边墙上做标志。

(3)点位周围应视野开阔，便于测量碎部点，尤其避免点位旁边有小树、独立地物等障碍物。

(4)图根导线点分布密度要根据不同测图比例尺的要求来进行确定。

埋石工作在选点时就确定，采用钉水泥钉的方式，在水泥钉上用红色油漆作标记，并给予编号；也可以用油性记号笔，在地面规范做好标记。

3. 外业观测

单一导线的水平角观测，除起点、终点外，都只观测一个转折角。以导线前进方向为准，左侧的转折角叫左角，右侧的转折角叫右角。导线测量观测一级及以下通常只观测左角或右角，一般测左角，闭合导线则观测内角。三等、四等导线则要左、右角或内、外角同测。除了观测转折角，闭合导线还要观测连接角，连接角起到定向作用。电磁波测距导线技术指标如表 4 所示。

表 4　电磁波测距导线技术指标

等级	导线长度/m	平均边长/km	测角中误差/(″)	测距中误差/mm	测回数			方位角闭合差/(″)	导线全长相对闭合差
					DJ_1	DJ_2	DJ_6		
三等	15	3	±1.5	±18	8	12	—	$\pm 3\sqrt{n}$	1/60 000
四等	10	1.6	±2.5	±18	4	6	—	$\pm 5\sqrt{n}$	1/40 000
一级	3.6	0.3	±5	±15	—	2	4	$\pm 10\sqrt{n}$	1/140 000
二级	2.4	0.2	±8	±15	—	1	3	$\pm 16\sqrt{n}$	1/10 000
三级	1.5	0.12	±12	±158	—	1	2	$\pm 24\sqrt{n}$	1/6 000

注：n 为测站数。

1）角度观测

导线观测采用测回法观测，每个测站观测两测回，观测限差为上下半测回角度之差不超过±36″，测回间角度之差不超过±24″。

2）距离观测

电磁波测距精度高、速度快、操作简单，是导线边长测量的主要方式。电磁波距离测量与测回法水平角观测相似，也是以测回为单位进行。电磁波测距一测回指照准目标，测量 4 次，记录 4 个读数，其较差在限差范围之内，取平均值作为最终距离，即导线边长。电磁波测距仪按精度等级分为Ⅰ级（1 km 测距中误差不超过 5 mm）和Ⅱ级测距仪（1 km 测距中误差大于 5 mm 且不超过 10 mm）。不同等级平面控制网电磁波测距技术指标如表 5 所示。一测回内 4 次读数限差如表 6 所示。

表 5　不同等级平面控制网电磁波测距技术指标

等级	仪器等级	观测次数		测回总数
		往	返	
二等	Ⅰ级	1	1	6
三等	Ⅰ级	1	1	4
	Ⅱ级			6
四等	Ⅰ级	1	1	2
	Ⅱ级			4
一级	Ⅱ级	1	—	2
二、三级	Ⅱ级	1	—	1

表 6 电磁波测距限差

<table>
<tr><th>仪器等级</th><th>一测回读数较差/mm</th><th>单测回间较差/mm</th><th>往返或不同时段的较差</th></tr>
<tr><td>Ⅰ级</td><td>5</td><td>7</td><td rowspan="2">$2(a+b\times D)$</td></tr>
<tr><td>Ⅱ级</td><td>10</td><td>15</td></tr>
</table>

4. 内业计算

导线计算是根据已知点坐标、外业观测的转折角和边长推算各导线点的坐标。导线的计算有近似平差和严密平差两种,严密平差在后续测量平差课程中学习。按照规范要求,对于低于国家四等标准的导线,可采用近似平差方法。

1)计算器计算

把外业观测数据填入平差计算表,使用计算器进行方位角推算及坐标正反算,完成导线内业平差计算。具体计算方法在项目六任务三中导线测量内业计算已详解,此处不再赘述。

2)软件计算

用于导线平差计算的软件有很多,这里选择易上手的 ESDPS4.0 为例,讲解附合导线与闭合导线测量的平差计算,同学们可扫二维码观看软件使用方法。

码 3 附合导线平差(ESDPS4.0)

码 4 闭合导线平差(ESDPS4.0)

三、水准导线测量表格

(1)四等水准测量记录手簿示例(见表 7)。

(2)四等水准平差计算表示例(见表 8)。

(3)四等水准测量记录手簿(见表 9)。

(4)四等水准平差计算表示例(见表 10)。

(5)测回法水平角观测记录表(见表 11)。

(6)导线点坐标计算表(见表 12)。

表 7　四等水准测量记录手簿示例

班级：__________　　路线编号：__________　　观测者：__________　　记录者：__________

测站编号	测点编号	后尺 上丝/下丝 后距 视距差 d	前尺 上丝/下丝 前距 $\sum d$	方向及尺号	标尺读数 黑面	标尺读数 红面	K+黑-红	高差中数	备注
		(1)	(5)	后	(3)	(4)	(10)		后视
		(2)	(6)	前	(7)	(8)	(9)		标尺
		(15)	(16)	后-前	(11)	(12)	(13)	(14)	4787
		(17)	(18)						
1	SZ_1	1571	0739	后 BM_1	3 1584	6171	0		记错
	~	1197	0363	前	0551	5239	-1		
	TP_1	37.4	37.6	后-前	+0833	+0932	+1	+0.8325	
		-0.2	-0.2						
2	TP_1	2121	2196	后	1934	6621	0		
	~	1747	1821	前	2008	6796	-1		
	TP_2	37.4	37.5	后-前	-0074	-0175	+1	-0.0745	
		-0.1	-0.3						
3	TP_2	1914	2055	后	1726	6513	0		
	~	1539	1678	前	1866	6554	-1		
	TP_3	37.5	37.7	后-前	-0140	-0041	+1	-0.1405	
		-0.2	-0.5						
4	TP_3	1965	2141	后	1832	6519	0		
	~	1700	1874	前 N_1	2007	6793	-1		
	SZ_2	26.5	26.7	后-前	-0175	-0274	+1	-0.1745	
		-0.2	-0.7						
								h_1 = +0.443 m	
								S_1 = 0.278 km	

表 8　四等水准平差计算表示例

班级名称：工程测量 1806　　　路线名称：1—2—3—4—1　　　计算者姓名：李×

点名	路线长/km	观测高差/m	改正数/m	改正后高差/m	高程/m
1					72.000
	0.423	-0.045	+0.003	-0.042	
2					71.958
	0.451	+0.108	+0.004	+0.112	
3					72.070
	0.524	-0.019	+0.004	-0.015	
4					72.055
	0.445	-0.058	+0.003	-0.055	
1					72.000
Σ	1.843	-0.014	+0.014	0.000	

$f_h = -0.014$ m

$f_{h限} = \pm 20\sqrt{L} = \pm 0.027$ m

表 9　四等水准测量记录手簿

班级:__________　　路线编号:__________　　观测者:__________　　记录者:__________

测站编号	测点编号	后尺 上丝 下丝	前尺 上丝 下丝	方向及尺号	标尺读数		K+黑-红	高差中数	备注
		后距	前距		黑面	红面			
		视距差 d	$\sum d$						
				后					
				前					
				后-前					
				后					
				前					
				后-前					
				后					
				前					
				后-前					
				后					
				前					
				后-前					
				后					
				前					
				后-前					
				后					
				前					
				后-前					
				后					
				前					
				后-前					
				后					
				前					
				后-前					
				后					
				前					
				后-前					

表 10　四等水准平差计算表示例

班级名称：__________　　路线名称：__________　　计算者姓名：__________

点名	路线长/km	观测高差/m	改正数/m	改正后高差/m	高程/m
Σ					

$f_h =$ ________ m

$f_{h限} = \pm 20\sqrt{L} =$ ________ m

表 11　测回法水平角观测记录表

班级：________　　组别：________　　姓名：________　　________年____月____日

测站	测回	竖盘	目标	水平度盘读数 (° ′ ″)	半测回角值 (° ′ ″)	一测回角值 (° ′ ″)	各测回平均角值 (° ′ ″)	测距	
		左						1	
								2	
		右						3	
								4	
		左						1	
								2	
		右						3	
								4	
		左						1	
								2	
		右						3	
								4	
		左						1	
								2	
		右						3	
								4	
		左						1	
								2	
		右						3	
								4	
		左						1	
								2	
		右						3	
								4	
		左						1	
								2	
		右						3	
								4	
		左						1	
								2	
		右						3	
								4	
		左						1	
								2	
		右						3	
								4	
		左						1	
								2	
		右						3	
								4	
		左						1	
								2	
		右						3	
								4	
		左						1	
								2	
		右						3	
								4	
		左						1	
								2	
		右						3	
								4	

表 12　导线点坐标计算表

班级:__________　　组别:__________　　路线:__________　　计算者姓名:__________

点号	观测角 (°　′　″)	改正后角度 (°　′　″)	坐标方位角 (°　′　″)	距离 D/m	纵坐标增量值		横坐标增量值		纵坐标值 x/m	横坐标值 y/m
					Δx/m	V_x/mm	Δy/m	V_y/mm		
1	2	3	4	5	6	7	8	9	10	11
Σ										
辅助计算	$n=$ $f''_{\beta限}=$	$f_\beta''=$ $V_\beta''=-f_\beta/n=$		$f_x=$ $f_y=$ $f_s=$				$K_s=f_s/\sum D=$ $K_{限}=1/$		